Zimmerer/Schönle: Kreditwesengesetz

Dr. Carl Zimmerer / Professor Dr. Herbert Schönle

Kreditwesengesetz

Systematische Einführung und Kommentar

BETRIEBSWIRTSCHAFTLICHER VERLAG DR. TH. GABLER

WIESBADEN

ISBN 978-3-663-00731-9   ISBN 978-3-663-02644-0 (eBook)
DOI 10.1007/978-3-663-02644-0
Verlags-Nr. 481

Vorwort

Mit dem neuen Gesetz über das Kreditwesen vom 10. Juli 1961, das am 1. Januar 1962 in Kraft tritt, ist der unbefriedigende und zum Teil unklare Rechtszustand, der seit Kriegsende auf dem Gebiete des Kreditwesens herrschte, beseitigt worden. Die interessierten Kreise halten das neue Kreditwesengesetz für eine abgewogene Grundsatzgesetzgebung, die die im öffentlichen Interesse erforderliche Einflußnahme des Staates auf die Tätigkeit der Kreditinstitute ohne störende Eingriffe in deren Geschäftspolitik gewährleistet. Das Gesetz vermeidet in gleicher Weise die Lücken eines Rahmengesetzes wie die Gefahren eines perfektionistischen Gesetzes. Es wird auf unabsehbare Zeit die maßgebliche Rechtsgrundlage für die Beurteilung öffentlich-rechtlicher und privatrechtlicher Fragen der Kreditwirtschaft sein.

Zur Erläuterung der Zielsetzung und der Anforderungen des neuen Gesetzes haben es zwei Autoren, die beide den Ruf erster Fachleute für sich in Anspruch nehmen dürfen, unternommen, eine systematische Einführung und einen Kommentar zu verfassen. Dr. Carl Zimmerer, früher Direktor einer Großbank, seit einigen Jahren geschäftsführender Gesellschafter einer Finanzierungsgesellschaft, schrieb die systematische Einführung und legte dabei vor allem Wert auf die Änderungen, die das Gesetz im Vergleich zum bisher geltenden Recht mit sich brachte. Dr. Herbert Schönle, ao. Professor für deutsches Zivil-, Handels- und Wirtschaftsrecht an der Universität Genf, kommentierte die Normen des Gesetzes im einzelnen.

Den beiden Autoren standen die gesamten Gesetzesmaterialien, insbesondere auch nicht veröffentlichte Sitzungsberichte der Bundestagsausschüsse, zur Verfügung. Es dürfte für die Praxis von Bedeutung sein, auf Grund dieser gesetzgeberischen Unterlagen eine Einführung und Kommentierung zu erhalten, die es sich zum Ziele gesetzt hat, sowohl die wirtschaftlichen Hintergründe und Auswirkungen des neuen Gesetzes aufzuzeigen als auch jeden einzelnen der 65 teils sehr umfangreichen Rechtsnormen unter rechtssystematischen Gesichtspunkten zu erläutern. Wir hoffen, daß das Werk die ihm zukommende Beachtung im Rechts- und Wirtschaftsleben finden wird.

Der Verlag

Inhaltsverzeichnis

ERSTER TEIL

Systematische Einführung

ZWEITER TEIL

Kommentar

Gesetz über das Kreditwesen vom 10. Juli 1961 (BGBl. I 881)

Erster Abschnitt: Allgemeine Vorschriften

ERSTER TEIL

Systematische Einführung

1. Die geschichtliche Entwicklung der Bankenaufsicht

Die Anfänge der Bankenaufsicht reichen ins 16. Jahrhundert zurück. Bereits 1524 wurde in einer venezianischen Verordnung bestimmt, daß jede Bank einen Revisor haben müsse, der darüber zu wachen habe, daß sich die geschäftliche Tätigkeit im Rahmen der Gesetze bewege[1]. Eine große Reihe von Bankgründungen im Zeitalter des Merkantilismus geht auf staatliche Initiativen zurück. Das gilt z. B. auch von der Gründung zahlreicher kommunaler Banken und Realkreditinstitute während der friderizianischen Zeit in Preußen.

Der Liberalismus des XIX. Jahrhunderts duldete zunächst keine staatliche Aufsicht über das Kreditwesen; in der Gewerbeordnung von 1869 wurde die G e w e r b e f r e i h e i t auch für das Bankwesen grundsätzlich verankert. Allerdings ist es auf Grund verschiedener Bank- und Währungskrisen in einigen Ländern schon frühzeitig zur Einführung einer besonderen Bankaufsicht gekommen[2]. Das gilt z. B. für Schweden (1846), die USA (1863), Kanada (1867) und für eine Reihe von lateinamerikanischen Ländern; weiterhin für Finnland (1886), Japan (1890) und Ungarn (1916). Eine Reihe weiterer Staaten folgte nach dem ersten Weltkrieg (Norwegen, Dänemark, Österreich, Spanien, Polen, die CSR und Italien).

Die deutsche Bankenaufsicht ist ein Kind der Weltwirtschaftskrise. Zwar hat es schon in der Vorkriegszeit nicht an Vorschlägen für ihre Einführung gefehlt; indessen konnten sich die Anhänger der Reglementierung nicht durchsetzen. „Erstmals 1874 trat im Zusammenhang mit der Beratung des Reichsbankgesetzes der Reichstagsabgeordnete Sonnemann für den Erlaß eines Depositenbankgesetzes ein. Anlaß hierzu gaben die Vorkommnisse in Österreich 1873 sowie die zahlreichen Bankzusammenbrüche in Deutschland während der 70er Jahre. ... Sonnemann fordert die Genehmigungspflicht für Kreditinstitute sowie die Überwachung der Privatbanken. Das Gesetz scheiterte jedoch an der Gewerbefreiheit"[3]. 1891 schlug der Frankfurter Bankier Straus die Gründung einer staatlich beaufsichtigten Reichsdepositenbank und die Einführung der Bankenaufsicht vor. 1896 legte der Reichstagsabgeordnete Graf von Arnim einen Gesetzentwurf für die Regelung des Depositenbankwesens vor[4]. 1901 forderte der bekannte Nationalökonom Adolph W a g n e r , noch frisch unter dem Eindruck der Zusammenbrüche der Dresdner Kreditanstalt und der Leipziger Bank, die Errichtung eines staatlichen Bankenaufsichtsamtes. Ähnliche Vorschläge wurden in der Folgezeit von anderen Wissenschaftlern und Politikern gemacht. Hiergegen nahm der III. Allgemeine Bankiertag in Hamburg 1907 erfolgreich Stellung.

---

[1] Vgl. Tambert, F. A.: „Die Banken und der Staat in Deutschland", Köln 1938.
[2] Vgl. Tomberg, W.: „Die neueste Entwicklung der Bankgesetzgebung im Ausland", in „Die Bank", Heft 2 vom 8 VII. 1936 und v. Hantelmann, K.: „Die Aufsicht des Staates über die Banken nach deutschem Recht", Würzburger Dissertation 1936.
[3] Vgl. Honold, E.: „Die Bankenaufsicht", Mannheimer Dissertation 1956, S. 40.
[4] Vgl. u. a. Milden, F.: „Die staatliche Bankenaufsicht im Deutschen Reich", Würzburger Dissertation 1934.

Das einzig praktische Resultat der Bankenaufsichtsdiskussion war die in den Jahren 1908 und 1 9 0 9 durchgeführte B a n k - E n q u ê t e. Sie bestand im wesentlichen zwar aus währungspolitischen Fragen; in Punkt sechs wurde aber auch gefragt, welche Maßnahmen ergriffen werden sollten, um die Anlage der Depositen und Sichtgelder sicherzustellen. Den staatlichen Eingriffen wurde dadurch vorgebeugt, daß sich die acht bedeutendsten Berliner und die fünf bedeutendsten Münchener Banken bereit erklärten, vom 1. VI. 1909 an Zweimonatsbilanzen vorzulegen. Damit waren die Vorschläge des Wirtschaftswissenschaftlers Georg O b s t und das Gutachten von Roland-Lücke zunächst ad acta gelegt. Beide Gutachten hatten sich für eine laufende öffentliche Überwachung der Bonität der Banken ausgesprochen. Auch entsprechende Vorschläge der nächsten Jahre, wie sie von Prof. Faßbender und von dem Reichstagsabgeordneten Warmuth und Genossen gemacht worden waren, blieben de facto wirkungslos. Die Großbanken hielten sich noch nicht einmal an die Empfehlung der Reichsbank, 10 % ihrer Einlagen als Reserve in bar oder als Guthaben bei der Reichsbank zu unterhalten.

Während der Sektor der privaten Geschäftsbanken unreglementiert blieb, wurden für einige Gruppen von Kreditinstituten schon im XIX. Jahrhundert Sonderregelungen geschaffen. So unterstanden die Sparkassen in Preußen durch ein besonderes Reglement bereits seit 1838 einer staatlichen Aufsicht. Auch die übrigen deutschen Länder führten eine S p a r k a s s e n a u f s i c h t ein. Das Hypothekenbankgesetz vom 13. VII. 1899 unterwarf die privaten Realkreditinstitute einer strengen Kontrolle. Die Ausübung des Geschäftsbetriebs einer H y p o t h e k e n b a n k bedurfte von diesem Zeitpunkt an einer staatlichen Genehmigung. Nur die Rechtsform der Aktiengesellschaft und der Kommanditgesellschaft auf Aktien war zulässig. Mit Ausnahme weniger bereits bestehender Institute (Bayerische Hypotheken- und Wechselbank, Bayerische Vereinsbank) wurde die Geschäftstätigkeit im wesentlichen im Aktivgeschäft auf die Gewährung erststellig gesicherter Kredite für den Wohnungsbau und Darlehen an Gemeinden und Gemeindeverbände und im Passivgeschäft auf die Ausgabe von Pfandbriefen und Kommunalobligationen beschränkt. Weiterhin wurden genaue Deckungsvorschriften erlassen, die staatliche Aufsicht über den Geschäftsbetrieb verankert und für jede Hypothekenbank ein Treuhänder bestellt. Die B ö r s e n a u f s i c h t war schon 1896 eingeführt worden. Die privaten Versicherungsunternehmungen wurden durch ein Gesetz vom 12. V. 1901 dem Reichsaufsichtsamt für Privatversicherungen unterstellt.

In gewisser Weise ist das K a p i t a l f l u c h t g e s e t z vom 12. I.1920 als Vorläufer des späteren Kreditwesengesetzes anzusehen. Es beschränkte die Freizügigkeit im Bankwesen. Die Neugründung von Instituten, die das Depositen- oder das Depotgeschäft betreiben wollten, wurde davon abhängig gemacht, daß die Inhaber mindestens fünf Jahre als Angestellte bereits im Bankwesen gearbeitet haben. Das Gesetz wurde am 26. I. 1924 neu bekanntgemacht; der Hauptinhalt wurde durch Notverordnung vom 29. IV.

1924 verlängert und durch Gesetz vom 16. IV. 1925 erneuert. Das Gesetz über D e p o t - u n d D e p o s i t e n g e s c h ä f t e vom 26. VI. 1925 brachte dann zusammenfassend folgende Vorschriften:[5]

1. Bankunternehmungen in Form der Einzelfirma, der oHG und der KG dürfen nur von Personen gegründet werden, die fünf Jahre im Bankwesen tätig waren;

2. Genossenschaften erhalten dann das Depot- und Depositenrecht, wenn sie einem Revisionsverband angehören und ihren Geschäftsbetrieb auf ihre Mitglieder beschränken;

3. Aktiengesellschaften und Kommanditgesellschaften auf Aktien sowie öffentliche Sparkassen bedürfen der öffentlichen Konzession, wenn sie Bankgeschäfte betreiben wollen;

4. Konzessionsbehörde ist die oberste Landesbehörde; die Reichsbank ist empfehlend eingeschaltet. Die Zulassung darf jedoch nur erfolgen, wenn

    a) dem Unternehmen das nötige Kapital zur Verfügung steht,

    b) wenn die Vorstandsmitglieder oder Inhaber fachlich vorgebildet und persönlich zuverlässig sind,

    c) wenn die Zulassung volkswirtschaftlich gerechtfertigt ist;

5. bestimmte Tatsachen sind der Landesbehörde anzuzeigen, wie Beginn und Einstellung des Geschäftsbetriebs, Änderungen in der Person der Inhaber, persönlich haftende Gesellschafter oder Vorstandsmitglieder.

Im Jahre 1928 verpflichteten sich die Großbanken, ihre Bilanzen monatlich bekanntzugeben. Das Gesetz über das Depot- und Depositengeschäft wurde mehrmals verlängert, lief aber am 31. XII. 1929 ab.

Die Wirtschaftskrise setzte also ein, ohne daß im Deutschen Reich eine allgemeine Bankenaufsicht vorhanden war. Sie schlug die Banken ebenso sehr in ihren Bann wie die Industrie; zeitweise schien sie sogar vorwiegend eine Bankenkrise zu sein. Zahlreiche Kreditinstitute, namentlich die Großbanken, wurden durch den Abzug der Auslandsgelder illiquid, so daß der Staat gezwungen war, einzugreifen. Durch eine N o t v e r o r d n u n g vom 19. IX. 1931[6]) wurde die Bankenaufsicht eingeführt.

Der Aufsicht wurden alle privaten Kreditinstitute unterworfen, die nicht schon auf Grund von Spezialgesetzen der Staatsaufsicht unterlagen, wie z. B. die Hypothekenbanken oder die Bausparkassen. Im wesentlichen be-

---

[5]) Zusammenfassung nach Honold, aaO, S. 45.
[6]) Verordnung des Reichspräsidenten über Aktienrecht, Bankenaufsicht und über eine Steueramnestie. RGBl I S. 493.

schränkte sich die Bankenaufsicht somit auf die privaten Geschäftsbanken, die das kurzfristige Kreditgeschäft und das Effektengeschäft betreiben. Für den Aufbau der Organisation galten folgende Grundsätze:

1. enge Zusammenarbeit zwischen Staat und Reichsbank,

2. weitgehende Freistellung der Bankenaufsichtsbehörden von politischen Einflüssen,

3. Konzentration der Aufsichtsbefugnisse in der Hand eines zentralen Exekutivvorgangs[7]).

Als Aufsichtsorgane wurden berufen:

a) das K u r a t o r i u m f ü r d a s B a n k g e w e r b e, bestehend aus dem Reichsbankpräsidenten als Vorsitzer, einem Staatssekretär des Reichswirtschaftsministeriums, einem Staatssekretär des Reichsfinanzministeriums, einem von der Reichsbank zu bestellenden Mitglied und dem Reichskommissar für das Bankgewerbe;

b) der R e i c h s k o m m i s s a r f ü r d a s B a n k g e w e r b e, der vom Reichspräsidenten auf Vorschlag der Reichsregierung ernannt wurde.

Das Kuratorium sollte Grundsätze allgemeiner Art für die Geschäftsführung der Banken aufstellen und Richtlinien für die Tätigkeit des Reichskommissars erlassen. Der Reichskommissar hatte sich laufend über die Lage im deutschen Bankgewerbe zu unterrichten und sollte die Bankpolitik nach volkswirtschaftlichen Grundsätzen ausrichten. Man ermächtigte ihn, Informationen von den Banken einzuholen, Bücher und Geschäftspapiere der Banken einzusehen, an Generalversammlungen teilzunehmen und Unterstützungen anderer Behörden in Anspruch zu nehmen. Er konnte Ordnungsstrafen bis zur Höhe von 100 000,— RM im Einzelfall verhängen. Auch war er berechtigt, mit Genehmigung des Kuratoriums seine Befugnisse auf andere Stellen zu übertragen.

Der Reichskommissar bemühte sich um die Sanierung der Großbanken und um die Erhaltung der übrigen Kreditinstitute und initiierte die ersten verbindlichen Abmachungen zwischen den Verbänden des Kreditgewerbes über die Soll- und Habenzinsen und über den Wettbewerb[8]). In der zweiten Durchführungsverordnung zur Notverordnung vom 19. IX. 1931 wurden Vorschriften über die Aufstellung der Jahresbilanzen der Kreditinstitute niedergelegt. Durch eine Verordnung vom 21. IV. 1933 wurden die Kosten der Bankenaufsicht auf die Kreditinstitute verteilt. Auf Grund des Gesetzes über die Befugnisse des Reichskommissars für das Bankgewerbe vom 7. VIII. 1933 erhielt der Reichskommissar das Recht, Ordnungsstrafen bei Verstößen gegen die Zinsvereinbarungen zu verhängen.

---

[7]) Vgl. Schreihage, H.: „Das Gesetz über das Kreditwesen", in „Die Bank", Wiesbaden 1952, 1. Band, S. 296.

[8]) Abgedruckt im Reichsanzeiger Nr. 819 vom 11. und 12. I. 1932.

Die endgültige Neuordnung wurde durch eine B a n k e n q u ê t e eingeleitet. Das liest sich bei Pröhl so: „Der zur Untersuchung und Feststellung der im Kreditwesen vorhandenen Mängel und zur Vorbereitung einer Neuordnung gemäß Auftrag des Herrn Reichskanzlers berufene Untersuchungsausschuß für das Bankwesen trat am 6. September 1933 zu seiner ersten Sitzung zusammen. Um eine geeignete Grundlage für die mündlichen Verhandlungen zu gewinnen, ließ sich der Ausschuß von Männern der Wissenschaft und Praxis 26 Referate über die wichtigsten Fragen, die zur Erörterung kommen sollten, erstellen. . . . Insgesamt wurden 123 Sachverständige vor den Ausschuß gebeten, und zwar Vertreter der Wissenschaft, der verschiedenen Gruppen von Kreditinstituten, ferner des Handels, der Industrie, der Landwirtschaft, des Handwerks und der Arbeitnehmer. Die Verhandlungen fanden am 20. Dezember 1933 ihren Abschluß"[9]).

Der Ausschuß kam zwar zu der Feststellung, daß an der Kreditkrise selbst das deutsche Bankwesen nicht schuld war. Indessen hätte die Krise keine so einschneidenden Auswirkungen gehabt, wenn nicht folgende Fehldispositionen vorgekommen wären:

1. In größerem Ausmaß sind kurzfristige Kredite zur Finanzierung von Investitionen gegeben worden. Eine Umschuldung war nicht möglich, weil der Kapitalmarkt nicht aufnahmefähig war.

2. Die Kredite an einzelne Großunternehmen waren zu hoch. Bei ihrem Einfrieren wurden die Großbanken illiquid.

3. Die Liquidität der deutschen Kreditinstitute war, mit wenigen Ausnahmen, bereits vor der Krise unzureichend. Am 31. XII. 1913 betrug die Barliquidität der Großbanken 7,4 % aller Kreditoren, die Liquidität ersten Grades[10]) 50,7 %; im Monatsenddurchschnitt 1929 lag sie bei 2,2 % bzw. 38,4 %; im Monatsenddurchschnitt 1930 bei 2,0 bzw. 36,0 %.

4. Der Bankapparat wurde zu stark aufgebläht. Man zählte Ende 1913 34 451 Banken und Zweigstellen, Ende 1932 hingegen 40 432 Banken und Zweigstellen, obwohl die Bilanzsumme um ein Siebentel niedriger lag. Die Expansion fällt fast ausschließlich den Sparkassen und den Kreditgenossenschaften zur Last. Innerhalb des privaten Bankgewerbes vollzog sich eine Umschichtung zugunsten der Großbanken.

5. Während die Erträge, vor allem des Wertpapiergeschäftes, schrumpften, wuchsen die Aufwendungen durch die Sanierungen und durch die Übernahme hoheitlicher Aufgaben (Devisenbewirtschaftung) an.

---

[9]) Pröhl, H.: „Reichsgesetz über das Kreditwesen", 2. Aufl., Berlin 1939, S. 1.
[10]) Barliquidität: Kasse, Zentralbankguthaben, Postscheck; Liquidität ersten Grades: Barliquidität zuzüglich Bankguthaben, Wechsel, Schecks und unverzinsliche Schatzanweisungen.

2*

Pröhl formuliert die Ziele der Neuordnung so:

1. Beaufsichtigung aller Kreditinstitute,

2. Unterwerfung aller Kreditinstitute unter einen Genehmigungszwang,

3. Sicherstellung einer ausreichenden Liquidität,

4. Trennung von Geldmarkt und Kapitalmarkt und damit Besicherung des Spargeschäfts,

5. Sicherstellung eines geordneten Zahlungsverkehrs,

6. Überwachung des Kreditgeschäfts und weitgehende Publizität,

7. zweckmäßige Zusammensetzung des Aufsichtsamtes.

Diesen Zielen sollte das R e i c h s g e s e t z ü b e r d a s K r e d i t w e s e n vom 5. XII. 1934[11]) dienen. Das Gesetz ist in seinen wesentlichen Grundzügen auch das Vorbild des Bundesgesetzes. Es ist in den folgenden Jahren noch häufig abgeändert und ergänzt worden, namentlich in bezug auf die Befugnisse und die Organisation der Aufsichtsbehörden[12]).

Das Abkommen der Spitzenverbände aus dem Jahre 1932 wurde neu gefaßt und am 22. XII. 1935 als Mantelvertrag, Habenzinsabkommen, Sollzinsabkommen und Wettbewerbsabkommen im Reichsanzeiger veröffentlicht und vom Reichskommissar für das Kreditwesen für allgemeinverbindlich erklärt. Für die Durchführung der Abkommen wurde ein zentraler Kreditausschuß mit Sitz Berlin berufen, der vom Reichskommissar, später vom Reichsaufsichtsamt und vom Reichswirtschaftsminister einberufen wurde. Die Entscheidungen wurden jeweils einstimmig gefaßt und vom Reichskommissar in Kraft gesetzt.

Das Aufsichtsamt wurde nach der Verordnung vom 15. IX. 1939 aufgelöst; seine Befugnisse wurden auf den Reichswirtschaftsminister übertragen. Die Behörde des Reichskommissars wurde als „Reichsaufsichtsamt für das Kreditwesen" dem Reichswirtschaftsministerium nachgeordnet. Das Kreditwesengesetz wurde neu gefaßt und unter dem 25. IX. 1939 neu verkündet; an die Stelle des Aufsichtsamtes traten die Befugnisse des Reichswirtschaftsministers.

Gegen Kriegsende, am 18. IX. 1944, wurde das Reichsaufsichtsamt aufgelöst; seine hoheitlichen Befugnisse gingen auf den Reichswirtschafts-

---

[11]) RGBl I S. 120.

[12]) Vgl. das erste Änderungsgesetz vom 13. XII. 1936 (RGBl I S. 1456), das zweite Änderungsgesetz vom 4. IX. 1938 (RGBl I S. 1151), Verordnung vom 18. IX. 1939 (RGBl I S. 1953), Verordnung vom 23. VII. 1940 (RGBl I S. 1047), Verordnung vom 18. IX. 1944 (RGBl I S. 211) sowie die Durchführungsverordnungen vom 9. II. 1935, 27. VII. 1935, 30. VI. 1935, 30. VI. 1936, 31. V 1937 und 9. V. 1940, alle abgedruckt im Reichsgesetzblatt.

minister, die materielle Aufsicht auf das Reichsbankdirektorium über. Die Überwachung der Abkommen der Spitzenverbände wurde auf die Reichsgruppe IV (Banken) delegiert.

Nach dem Zusammenbruch wurden Reichsbankdirektorium und Reichswirtschaftsministerium aufgelöst. In den drei westlichen Besatzungszonen wurden die hoheitlichen Funktionen aus dem Kreditwesengesetz z. T. von den Länderwirtschaftsministerien, z. T. von den Länderfinanzministerien ausgeübt. Die materiellen Befugnisse gingen zunächst auf die Reichsbankhauptstellen, später auf die Landeszentralbanken, z. T. auch auf die Bank deutscher Länder über. Formell waren in den ersten Jahren die Besatzungsmächte für die Bankpolitik verantwortlich. Die Bankenaufsichtsbehörden der einzelnen Länder übten ihre Tätigkeit im Rahmen der Landespolitik aus. Versuche, z. B. des Bankenausschusses, beim Länderrat der amerikanischen Zone (1946) eine einheitliche Regelung durchzusetzen, blieben ohne Erfolg. Nach Gründung der Bundesrepublik Deutschland kam es zu einer Koordinierungsstelle der Bankenaufsichtsbehörden („Sonderausschuß Bankenaufsicht"). Die Bankenaufsichtsbehörden wurden nun allgemein den Länderwirtschaftsministerien unterstellt; lediglich in Bremen verblieb die Bankenaufsicht beim Finanzsenator.

Zunächst war es fraglich gewesen, ob das Kreditwesengesetz überhaupt noch geltendes Recht sei. Allmählich setzte sich jedoch die Auffassung durch, daß das, mit Ausnahme bestimmter Artikel, der Fall sei. Die Rechtsunsicherheit dauerte, gleichviel, an. So setzte sich z. B. erst relativ spät die Auffassung durch, daß die Zulassungsbeschränkung für die Gründung von Instituten oder für die Errichtung von Zweigstellen mit dem Grundgesetz nicht zu vereinbaren sei. Solange die Kreditinstitute die Maßnahmen der Bankenaufsichtsbehörden und der Zentralbank akzeptierten, hielt man sich stillschweigend an das Prinzip des unveränderten Fortgeltens des KWG. Die Anzeigepflichten der Kreditinstitute wurden teilweise an die Landeszentralbanken, teilweise an die Bankenaufsichtsbehörden übertragen. Hinsichtlich der Liquiditätsvorschriften verhielt man sich passiv; jedoch schrieb die Bank deutscher Länder in der Sitzung des Zentralbankrates vom 31. I. 1951 sogenannte Kreditrichtsätze vor, die, mit bestimmten Änderungen, heute noch in Kraft sind. Ebenso sind durch die Mindestreservebestimmungen, deren Rechtsgrundlage heute im Bundesbankgesetz ist, Maßnahmen aus dem KWG ersetzt worden. 1950 hat die Bundesregierung neue Formblätter für die Bilanzen der Kreditinstitute vorgeschrieben. Die Bankenaufsichtsbehörden haben 1951 — 1954 Richtlinien für die Aufstellung der Jahresabschlüsse erlassen. Auch für die Depotprüfung wurden Richtlinien erlassen. Die Fortgeltung der Abkommen der Spitzenverbände des Kreditgewerbes wurde durch einen gemeinsamen Beschluß der Bankenaufsichtsbehörden am 1./2. IX. 1955 sichergestellt.

Das Provisorium dauerte verhältnismäßig lange. Grund hierfür war einerseits das Fehlen zwingender Gründe für eine umfassende Reform — das

Kreditgewerbe funktionierte, schon durch die permanente Hochkonjunktur, fast störungsfrei —; andererseits war das Verhältnis zwischen den Kreditinstituten einerseits und den Bankenaufsichtsbehörden und der Zentralbank andererseits ausgezeichnet. Ein wesentliches Antriebsmoment bildete die Neuformierung der Großbanken[13]), deren Beaufsichtigung eine zentrale Lösung erheischte. Die Diskussion blieb jahrelang gering; im Grunde war niemand an einer einschneidenden Änderung interessiert. So legte das Bundeswirtschaftsministerium erst am 18. I. 1958 seinen ersten Entwurf eines Gesetzes über das Kreditwesen vor. Nachdem die Spitzenverbände der Kreditinstitute, des Handels und der Industrie — die Öffentlichkeit befaßte sich nur sehr wenig mit den neuen Vorschriften — ihre Stellungnahmen abgegeben hatten, brachte die Bundesregierung am 25. V. 1959[14]) den leicht geänderten Gesetzentwurf im Parlament ein. Der Bundesrat seinerseits versuchte, durch den Entwurf eines Gesetzes über Zinsen, sonstige Entgelte und Werbung der Kreditinstitute vom 23. II. 1959[15]) die Regelung dieser Materien vorzuziehen. Der Entwurf wurde dem Bundesrat am 27. II. 1959 zugeleitet und von diesem am 20. III. 1959 an die Bundesregierung zurückgegeben. Der Bundestag beriet den Entwurf des Gesetzes über das Kreditwesen am 4. XI. 1959 und überwies ihn an den Finanzausschuß und an den W i r t s c h a f t s a u s s c h u ß[16]). In langen Beratungen im Wirtschaftsausschuß wurde der Entwurf umgearbeitet. Er ist vom Deutschen Bundestag am 15. III. 1961 verabschiedet worden. Am 14. VI. 1961 wurde ein Antrag des vom Bundesrat einberufenen Vermittlungsausschusses zurückgewiesen; am 28. VI. 1961 wurde der Einspruch des Bundesrates zurückgewiesen. Damit konnte das Gesetz in Kraft treten. Es wurde am 10. VII. 1961 verkündet (Bundesgesetzblatt Teil I S. 881) und ab 1. I. 1962 in Kraft gesetzt.

2. Die Zielsetzung des Kreditwesengesetzes

Die Begründung des Gesetzes liegt im wesentlichen in der Verhinderung von Erscheinungen, wie sie die Weltwirtschaftskrise gebracht hat. Ministerialrat Consbruch, der Leiter der Bankenaufsicht in Baden-Württemberg, führt in einem Aufsatz „Fünfundzwanzig Jahre Kreditwesengesetz" aus:[17]) „Die Beseitigung der Gewerbefreiheit in der Kreditwirtschaft und die Staatsaufsicht über die Kreditinstitute lagen seit langem in der Luft. Den letzten Anstoß hatte der Zusammenbruch der deutschen Kreditwirtschaft im Juli 1931 gegeben. . . . In Deutschland, aber auch in anderen europäischen Ländern, wurde die Gegnerschaft gegen solche legislatorischen Absichten erst durch die Erfahrungen der dreißiger Jahre überwunden. Es setzte sich die Erkenntnis durch, daß in der modernen arbeitsteiligen Volkswirtschaft mit

---

[13]) Vgl. Gesetz über den Niederlassungsbereich von Kreditinstituten vom 29. III. 1952.
[14]) Vgl. Bundestagsdrucksache 884 / 3. Wahlperiode, Bundesratsdrucksache 50/59.
[15]) Vgl. Bundestagsdrucksache 1114 / 3. Wahlperiode.
[16]) Vgl. Bundesanzeiger vom 9. XI. 1960.
[17]) „FAZ" vom 6. I. 1960.

manipulierter Banknotenwährung das Geld- und Kreditwesen währungs- und konjunkturpolitisch von so ausschlaggebender Bedeutung ist, daß Staat und Notenbank sich Möglichkeiten der Kontrolle schaffen müssen, um diesen Apparat funktionsfähig zu erhalten und dadurch zugleich das unentbehrliche Vertrauen des Publikums zu den Kreditinstituten zu bewahren ... "

Das Kreditwesengesetz ist, wie Consbruch ausführt, der gewerberechtliche Kodex der Kreditinstitute. Über die Notwendigkeit eines solchen Spezialgesetzes, das die allgemeinen Normen der Gewerbeordnung ersetzt, ist man sich in der Diskussion nicht ganz einig. Aber nur ein kleiner Teil der Kritik hat die literarische Form erhalten. In der Begründung des Gesetzentwurfs vom 25. V. 1959 sind folgende Punkte aufgeführt:

Das Kreditwesengesetz ist nötig,

1. um ernstere Schwierigkeiten in der Kreditwirtschaft, die das Wirtschaftsgefüge eines Landes in schwere Gefahr bringen, zu verhindern;

2. um größere Zahlungseinstellungen von Banken zu verhindern, weil dadurch eine allgemeine Vertrauenskrise entstehen kann;

3. „Neben die währungspolitischen Befugnisse, die die Notenbank unter dem Gesichtspunkt einer quantitativen Einflußnahme ausübt, muß die Möglichkeit einer qualitativen Einwirkung auf die Kreditinstitute treten, wenn die allgemeine Ordnung im Kreditwesen gewährleistet sein soll."

Kurz zusammengefaßt: „Der Entwurf sieht sein Ziel darin, die Funktionsfähigkeit des Kreditapparates zu wahren und die Gläubiger der Kreditinstitute nach Möglichkeit vor Verlusten zu schützen."

Was die ernsteren, großen Schwierigkeiten angeht, so ist zu fragen, ob sie durch die Existenz einer Bankenaufsichtsbehörde zu verhindern sind. Schließlich ist die große Krise der dreißiger Jahre politisch bedingt gewesen, wenngleich bestimmte Auswirkungen in Dispositionsfehlern einer Anzahl von Leitern der Kreditinstitute zu suchen sind. Aber eine Bankenaufsicht kann zwar gegen einzelne Bankleitungen, die ihrer Meinung nach zu mutig Kredite gewähren oder zu stark expandieren, vorgehen, sie kann aber allgemeine Entwicklungstendenzen im Bankwesen weder aufhalten noch kann sie Angewohnheiten, die bisher zu keiner Beanstandung Anlaß gegeben haben, von sich aus ändern. Durch das Zusammenwirken zwischen Bundesbank und Bundesaufsichtsamt kann allerdings manches erreicht werden; appelliert die Bundesbank an die Bankleitungen, sie mögen z. B. den Effektenlombardkredit abbauen, so kann die Bankenaufsicht dann z. B. Untersuchungen gegen einzelne Institute, die den Appell ignorieren, einleiten, wenn sie durch ein Gesetz hierzu ermächtigt ist.

Für den G l ä u b i g e r s c h u t z gibt es u. U. auch andere, vielleicht sogar wirkungsvollere Möglichkeiten. Zu denken ist z. B. an eine allgemeine Depositenversicherung, wie sie z. B. in den USA besteht[18]), oder an die Ansammlung eines gemeinsamen Fonds, wie ihn 1953 die Volksbanken eingerichtet haben[19]). Überhaupt ist das Gläubigerschutzprinzip in Deutschland bei den meisten Gruppen der Kreditinstitute schon auf andere Weise verwirklicht. Die öffentlich-rechtlichen Kreditinstitute unterstehen ohnehin der Staatsaufsicht; für die Sparkassen z. B. haftet als „Gewährträger" entweder eine Stadtgemeinde oder ein Landkreis oder eine Gruppe von juristischen Personen des öffentlichen Rechts[20]). Die Kreditgenossenschaften werden durch Prüfungsverbände überwacht; außer dem genossenschaftlichen Garantiefonds, der oben erwähnt worden ist, bemühen sich auch die Zentralkassen um die Geschäftsgebarung der Institute. Lediglich für die privaten Geschäftsbanken gibt es keine Sonderaufsicht, keinen gemeinsamen Prüfungsverband und keine Solidarhaftung für Ausfälle. Da für die Großbanken und für die großen Regionalbanken ohnehin eine „latente Staatsverantwortung" besteht, wie es in einem vertraulichen Ausschußprotokoll in den Beratungen des Gesetzentwurfs heißt, beschränken sich die praktischen Risiken der Einleger auf die 300 — 400 Privatbankiers und kleinen Aktienbanken, die es z. Z. in Deutschland gibt. Somit ist das Kreditwesengesetz in erster Linie wegen dieses Kreises von Instituten notwendig. Würde man z. B. eine Solidaritätskasse errichten, der man einen Prüfungsverband zugesellen könnte, so wäre das Gläubigerschutzprinzip ausreichend gewährleistet — möglicherweise sogar besser als durch eine Bankenaufsicht, von der Ministerialrat Dr. Schreihage sagt: „Die staatliche Bankenaufsicht wäre aber überfordert, wenn man von ihr erwartete, daß sie jeden Bankzusammenbruch verhindern könnte[21])."

Aber auch wenn man zu der Überzeugung kommen würde, daß

---

[18]) Vgl. z. B. Geisler, R.: „Notenbankverfassung und Notenbankentwicklung in USA und Westdeutschland", Berlin 1953.

[19]) Vermutlicherweise gibt es auch einen Fonds für die landwirtschaftlichen Kreditgenossenschaften. Genauere Angaben sind von den zuständigen Stellen nicht zu erhalten. Ähnliche Einrichtungen bestanden schon vor dem Krieg; die Gründung des Garantiefonds für die Volksbanken soll ursprünglich schon 1937 erfolgt sein. Nach Zeitungsmeldungen ist im Jahre 1958 in Bayern „ein Spezialfonds gegründet worden, der sich aus Beiträgen aller privaten Kreditinstitute im Lande speist. Die Beträge werden im wesentlichen nach der Bilanzsumme der einzelnen Banken aufgeschlüsselt und als Ausgaben abgebucht. . . . Den Anstoß hierzu hatte die Schließung der Schalter und die spätere Liquidation eines bekannten Bankgeschäftes in Nürnberg gegeben. Die privaten Banken in Bayern hatten sich damals zusammengeschlossen und die Einleger voll befriedigt." Die Meldung entstammt dem Vorstand der Bayerischen Hypotheken- und Wechselbank (vgl. FAZ vom 20. X. 1960). — Die Bundestagsfraktion der CSU hat nach einer anderen Zeitungsmeldung geplant, dieses System allgemein einzuführen. „Das Funktionieren der außerhalb des bisherigen Kreditwesengesetzes entstandenen Selbsthilfeeinrichtungen der Genossenschaften und Sparkassen habe . . . bewiesen, daß ein unter normalen Verhältnissen vollständiger Schutz der Einlagen sehr wohl erreichbar sei. Dieser müsse nicht nur gesetzlich sanktioniert, sondern auch auf den Bereich der privaten Kreditinstitute ausgedehnt werden. Einlagen annehmende Institute müßten einem regional gebildeten Fonds angehören, der erforderlichenfalls Liquiditätshilfe gewähren kann. Die regionalen Fonds könnten sich . . . bei einem der Deutschen Bundesbank als unselbständiges Sondervermögen gebildeten Deckungsfonds refinanzieren, der aus den Gewinnen der regionalen Fonds zu speisen wäre." (FAZ vom 14. IX. 1960.)

[20]) Zum Sparkassenrecht siehe: Esch-Oberbillig, Sparkassenrecht im Lande Rheinland-Pfalz, Loseblatt-Sammlung, Mainz-Gonsenheim 1958. — Illig, Das Recht der Bayerischen Sparkassen, Loseblatt-Sammlung, Mainz-Gonsenheim 1958. — Oeckinghaus, Sparkassenrecht im Lande Nordrhein-Westfalen, Loseblatt-Sammlung, Mainz-Gonsenheim 1958. — Schlierbach, Kommentar zum Hessischen Sparkassengesetz, Loseblatt-Sammlung, Mainz-Gonsenheim 1958.

[21]) „Wettbewerb und Wettbewerbsbeschränkung im Kreditgewerbe", ZfK Nr. 1 vom 1. I. 1960.

1. allgemeine Kreditkrisen durch eine Bankenaufsicht nicht verhindert werden und

2. der Gläubigerschutz möglicherweise durch Selbsthilfeeinrichtungen des privaten Bankgewerbes im Verein mit den bereits bestehenden Kontrollen und Fonds für die übrigen Institute wirkungsvoller als durch ein Kreditwesengesetz durchgeführt werden könnte,

bliebe am Ende noch übrig, daß es Kontrollfunktionen gibt, die von der Bundesbank nicht durchgeführt werden können und die man auf Grund ihrer besonderen Lagerung nicht der allgemeinen Gewerbeaufsicht übertragen kann. Zudem ist es auch gut, beim Eintritt einer allgemeinen Kreditkrise ein Instrument zu besitzen, das sofort eingesetzt werden kann.

In der Begründung des Gesetzentwurfes heißt es:

„Die Zusammenarbeit zwischen Staat und Notenbank vollzieht sich nach folgenden Grundsätzen:

1. Die hoheitlichen Aufgaben liegen beim Bundesaufsichtsamt.

2. Soweit das Bundesaufsichtsamt allgemeine Regelungen für die Kreditinstitute trifft, deren Inhalt das Aufgabengebiet der Bundesbank berührt, ist es an das Einvernehmen der Bundesbank gebunden. Dadurch wird ausgeschlossen, daß generelle bankaufsichtliche Maßnahmen in einen Widerspruch zur Kreditpolitik der Bundesbank geraten.

3. Bei der materiellen Bankenaufsicht, d. h. der Beobachtung der inneren Struktur der Kreditinstitute, führt die Bundesbank die routinemäßige Überwachung auf Grund der einzureichenden Kreditmeldungen, Monatsausweise und Bilanzen durch. Die Sichtung und vorbereitende Bearbeitung des anfallenden Materials im Zweigstellennetz der Bundesbank ist besonders zweckmäßig, weil hierbei deren Unterlagen für die Zwecke der Bankenaufsicht nutzbar gemacht werden. Werden bei einem Kreditinstitut bedenkliche Momente festgestellt, so unterrichtet die Bundesbank das Bundesaufsichtsamt, das nun die erforderlichen Maßnahmen treffen kann.

4. Bei dem Erlaß von Rechtsverordnungen zur Durchführung des Gesetzes ist die Bundesbank in dem verfassungsrechtlich zulässigen Maß eingeschaltet, damit auch diese staatlichen Maßnahmen mit den Auffassungen der Notenbank koordiniert werden."

Kurz gesagt: Die Bundesbank „wirkt als Filter, durch den nur die bankaufsichtlich bedeutsamen Fälle an die Aufsichtsbehörde gelangen. Das Bundesaufsichtsamt kann sich daher auf die intensive Überwachung derjenigen Institute konzentrieren, bei denen Mängel oder bedenkliche Entwicklungen festgestellt worden sind".

Das bedeutet nicht unbedingt, daß die „bedenklichen Momente" nur durch eine Bankaufsichtsbehörde beseitigt werden können. Die Feststellung von

„Mängeln oder bedenklichen Entwicklungen" kann ebensogut durch Prüfungsverbände vorgenommen werden, die Beseitigung möglicherweise wesentlich besser durch einen Apparat, der einen Fonds von Geldmitteln einsetzen kann. Sind Möglichkeiten dieser Art aber nicht in ausreichendem Umfang vorhanden, wie das gegenwärtig für die meisten Zweige des privaten Bankgewerbes gilt, so muß die Bundesrepublik die Behandlung dieser Einzelfälle auf eine Behörde übertragen können. Eine solche Behörde muß sowohl Beobachtungs- als auch Einwirkungsbefugnisse haben.

Die Neufassung des Gesetzes über das Kreditwesen hatte keinen akuten Anlaß. Man hat deshalb auch einschneidende Änderungen vermieden, und man hat auch keine neue Bankenquête durchgeführt. Die Regeln für die Liquidität usw. überließ man der Exekutive, die allerdings vorher mit den Spitzenverbänden der Kreditinstitute Fühlung aufnehmen muß. Das mag bedauert werden, namentlich von denen, die den Anlaß benutzen wollten, um bestimmte Reformen, z. B. das Zinsverbot für Sichteinlagen und das Verbot, Kontokorrentkonten debitorisch zu führen, gerne im neuen Gesetz verankert hätten.

Der Gesetzentwurf beschränkt sich auf die Feststellung, daß die Grundgedanken des alten KWG „auch noch heute weitgehend Gültigkeit haben". Lediglich seien einige Vorschriften durch die „staatliche Umwälzung überholt und decken sich nicht mehr mit der veränderten Wirtschaftsauffassung. Ferner ist eine Anpassung an die durch das Bundesbankgesetz geschaffene Rechtslage notwendig, da die Notenbank maßgeblich an der Bankenaufsicht beteiligt werden muß. Schließlich wird die Anwendbarkeit des geltenden Gesetzes auch dadurch beeinträchtigt, daß es durch Ergänzungen und Ausnahmebestimmungen, die in zahlreichen Durchführungsverordnungen und Bekanntmachungen verstreut sind, außerordentlich unübersichtlich geworden ist".

Die eigentliche Problematik beginnt aber erst nach Erlaß des Gesetzes, wenn die konkreten Zins- und Liquiditätsregelungen kommen und wenn die Kreditrichtsätze neu gefaßt sind.

Das ist, vom rechtlichen wie vom betriebswirtschaftlichen Standpunkt aus, zu bedauern. Namentlich die überbetrieblichen Rationalisierungsmaßnahmen, die in den Dreißigerjahren eingeleitet worden sind, hätten durch das Kreditwesengesetz wesentlich vorangetrieben werden können. Man denke an ein — z. B. in den USA bestehendes — Verzinsungsverbot für Sichteinlagen[22]), an die Vereinigung von Sollzins und Kreditprovision[23]) und an anderes mehr[24]).

---

[22]) Vgl. z. B. Lembke, U.: „Zinsstaffeln, eine unnötige Arbeit", in „Österreichisches Bankarchiv" vom September 1960, S. 222 ff und Zimmerer, C.: „Bankkostenrechnung", Frankfurt a. M. 1956.

[23]) Vgl. z. B. Zimmerer, C.: „Einzelfragen der Bankrationalisierung", in ZfK vom 1. XII. 1957, S. 892 f, „Rationalisierung im Zahlungsverkehr" in „Der Bankkaufmann" vom Februar 1958 und Friedrich Schwedt: „Wünsche zur Bank-Rationalisierung", in ZfK vom 15. VI. 1958, S. 455 ff.

[24]) Vgl. z. B. Zimmerer, C.: „Probleme des neuen Kreditwesengesetzes", in ZfB, Jahrgang 1960, S. 638 ff.

3. Der sachliche Geltungsbereich

Dem Kreditwesengesetz unterfallen alle Kreditinstitute, die „einen in kaufmännischer Weise eingerichteten Geschäftsbetrieb" erfordern. Damit ist von vornherein klargestellt, daß Einmannbetriebe oder sonstige kleinere Familienunternehmungen ausscheiden. Die Bankaufsicht braucht sich also etwa mit nebenamtlich verwalteten Raiffeisenkassen oder mit Leuten, die davon leben, Geld an Private zu verleihen, nicht zu befassen. Gegenüber dem alten Kreditwesengesetz sind die Tatbestandsmerkmale des Kreditinstituts erweitert worden. Das alte KWG sah vor:

a) Einlagengeschäfte,

b) Wertpapierkommissionsgeschäfte,

c) Depotgeschäfte,

d) Bürgschafts- und Garantiegeschäfte;

das neue Kreditwesengesetz erweitert diesen Katalog um:

e) Kreditgeschäfte,

f) Diskontgeschäfte,

g) Investmentgeschäfte,

h) Girogeschäfte,

i) die Eingehung der Verpflichtung, Darlehensforderungen vor Fälligkeit zu erwerben.

Wie im alten KWG können durch Rechtsverordnung auch in Zukunft weitere Tatbestandsmerkmale festgelegt werden. „Die Kreditinstitutseigenschaft setzt nicht voraus, daß die in Absatz 1 Satz 2 genannten Bankgeschäfte nebeneinander oder als alleiniger Geschäftszweig betrieben werden; der Betrieb auch nur einer Art dieser Geschäfte in dem genannten Umfang genügt ebenso wie der Betrieb von Bankgeschäften neben anderen Geschäftsarten." (Begründung.) Nach § 4 entscheidet das Bundesaufsichtsamt für das Kreditwesen in Zweifelsfällen, ob ein Unternehmen den Vorschriften dieses Gesetzes unterliegt.

Strittig war, ob diesem Gesetz auch die F i n a n z m a k l e r unterstellt werden sollten. Bei einzelnen dieser Institute stieg der Umfang der vermittelten kurz-, mittel- und langfristigen Kredite auf über eine Milliarde Mark jährlich (Münemann, Westfinanz), so daß die Unterstellung sowohl unter die Bankaufsicht als auch unter die Kontrolle der Bundesbank einzelnen Beobachtern nötig erschien. Insbesondere ist aus Kreisen des privaten Bankgewerbes der Vorwurf erhoben worden, daß es sich um einen unfairen Wettbewerb handle. Der Finanzmakler unterschreitet die Sollzinssätze und überschreitet die Habenzinssätze der Banken; seine Courtage kann deshalb geringer sein als die Zinsspanne der Banken, weil die Banken der

Mindestreservepflicht für Einlagen unterliegen und daher auf erhebliche Zinseinnahmen verzichten müßten. Außerdem würde der von einigen Finanzmaklern geübte „revolving credit" währungsgefährdend wirken[25].

Weiterhin wurde auch gefordert, den Vertrieb von (ausländischen) Investmentanteilen dem Kreditwesengesetz zu unterstellen[26]. Das dürfte für Whisky-Zertifikate u. ä. dann wohl auch gelten.

Die Unterstellung der Kreditvermittlung unter das Gesetz hat man bewußt unterlassen. Auf besonderen Wunsch der Bundesbank hat man allerdings in einem Fall verfügt, daß Finanzmakler der Bankenaufsicht unterliegen, und zwar wenn sie sich verpflichten, Darlehensforderungen vor Fälligkeit zu erwerben. Diese Formulierung ist erst nach längeren Debatten über die Zulässigkeit bestimmter Maklergeschäfte gefunden worden. Man hat mit dieser Vorschrift erreicht, daß die reine Kreditvermittlung unbeaufsichtigt bleibt. Nur wenn der Vermittler einem Darlehensgeber erklärt, seine Forderung (die ihm der Makler vermittelt hat) im Bedarfsfall auch vor der Fälligkeit zurückzukaufen, unterfällt das Vermittlungsgeschäft diesem Gesetz. Im übrigen würde auch die Garantie des Maklers, für die vermittelte Forderung jederzeit einzustehen, dem Gesetz unterfallen, weil sie ja der Ziffer 8 der gesetzlich geregelten Gegenstände unterfiele (Garantiegeschäft). Der Regelung nach Ziffer 7 lagen Geschäfte eines süddeutschen Finanzmaklers zugrunde, über die die Bundesbank in einem vertraulichen Bericht an den Wirtschaftsausschuß des Bundestages referiert hatte[27].

---

[25]) Vgl. z. B. W. Könneker, Direktoriumsmitglied der Deutschen Bundesbank: „Revolvingkredite in der deutschen Geld- und Kreditordnung", ZfK vom 15 XII. 1959. Prof. Dr. O. Möhring hat nach Pressemeldungen für den Bundesverband des privaten Bankgewerbes ein Gutachten erstellt; der Bundesverband hat dieses Gutachten allerdings weder publiziert noch es dem Verfasser zur Verfügung gestellt. Die Sparkassenorganisation hat in einer undatierten Stellungnahme nach der Sitzung des Wirtschaftsausschusses vom 24. II. 1960 gefordert: „Die Bestrebungen, gewisse Transaktionen der Finanzmakler (An- und Verkauf von Geldforderungen, Vermittlung von Revolvingkrediten) durch eine Erweiterung des Katalogs der in § 1 Abs. 1 aufgezählten Bankgeschäfte unter die Kontrolle des Bundesaufsichtsamtes und der Bundesbank zu stellen, werden unterstützt." — Der Münchener Finanzmakler R. Münemann hat einige volkswirtschaftliche Gutachten eingeholt. So hat das Gutachten von Prof. Dr. Carell „Währungspolitik, Kreditwirtschaft und Revolving-System", das am 4. II. 1960 erstattet worden ist, die Argumentation der Banken in wesentlichen Punkten widerlegt; Prof. Dr. F. W. Meyer kommt in seiner „Wirtschaftswissenschaftlichen Stellungnahme zu der Frage des geschäftlichen Charakters des Finanzierungssystems 7 m der Firma Münemann" u. a. zu folgendem Ergebnis: „... Daß die Revolvingsysteme für den Schutz der Einleger keine Gefahren mit sich bringen können, versteht sich von selbst, weil die Systeme des Revolvingkredits damit nichts zu tun haben ... spricht alles für die Vermutung, daß die geforderte Einbeziehung des Finanzierungssystems eines Kreditvermittlers in das Kreditwesengesetz mit allen Konsequenzen bis zur Liquiditätshaltung in die Reihe der ‚durchgreifenden' Maßnahmen gehören soll, die auf Beseitigung eines unbequemen Konkurrenten hinzielen. Ein Eingehen der Bankenaufsicht auf dieses Ansinnen würde nicht nur einen glatten Bruch mit den ordnungspolitisch begründeten Prinzipien ihres Aufsichtsrechts bedeuten, sondern einen Schlag gegen den im Bereich der Kreditwirtschaft ohnehin durch die mehr als fragwürdig begründeten Haben- und Sollzinsabkommen reichlich verdünnten Wettbewerb darstellen. Im Zeichen des Bekenntnisses zur Wettbewerbsordnung, das auch in der amtlichen Begründung zum Entwurf eines Gesetzes über das Kreditwesen nicht fehlt, sollte man sich darauf besinnen, daß die geforderte Einbeziehung des Revolvingkredits eine ganz klare Grenze beseitigen würde, die man sogar im nationalsozialistischen Staat, der dem Dirigismus gewiß nicht abhold war, respektierte."

[26]) Vgl. die Motion von F. H. Ulrich, Vorstandsmitglied der Deutschen Bank AG; Nachricht im „Handelsblatt" vom 6./7. XI. 1959.

[27]) In diesem Bericht hieß es etwa sinngemäß: Der betreffende Makler hatte sich verpflichtet, die von ihm vermittelten Darlehen vor Fälligkeit aufzunehmen. Durch die liquiditätspolitischen Maßnahmen der Deutschen Bundesbank im Jahre 1960 geriet er in ernstliche Schwierigkeiten, da er nicht mehr imstande war, die jeweils für eine kürzere oder längere Frist veräußerten Darlehensforderungen am Fälligkeitstage wieder anderweitig unterzubringen. — Inzwischen ist diese Geschäftssparte allerdings, wie man hört, nach einer längeren Unterredung mit den maßgeblichen Stellen, von dem betreffenden Finanzmakler abgebaut worden.

Dem Kreditwesengesetz unterfallen laut § 2 nicht die Deutsche Bundesbank, die Deutsche Bundespost, die Kreditanstalt für Wiederaufbau, die privaten und öffentlichen Versicherungsunternehmungen, die Sozialversicherungsträger und die Bundesanstalt für Arbeitsvermittlung und Arbeitslosenversicherung, die Bausparkassen, die gemeinnützigen Wohnungsunternehmungen und das Pfandleihgewerbe. Allerdings unterliegt die Bundespost hinsichtlich des Postscheck- und Postsparverkehrs den Regelungen für das Girogeschäft und über die Spareinlagen; die Versicherungsunternehmungen, die Sozialversicherungsträger, die Bundesanstalt für Arbeitsvermittlung und Arbeitslosenversicherung unterliegen dem § 14, der die Anzeigepflicht für Millionenkredite festlegt. Diese Vorschriften sind allerdings in einigen Punkten umstritten. Hinsichtlich der Bundesbank und der Kreditanstalt für Wiederaufbau (der es verboten ist, Einlagen anzunehmen) gibt es keine Zweifel an der Richtigkeit der Entscheidung. Ähnliches gilt von der Bundespost, wenngleich einige Praktiken bisher von den Kreditinstituten als unfair angesehen worden sind, da z. B. der Zahlungsverkehr mit zu niedrigen Gebühren versehen wurde, so daß das Defizit aus den anderen Sparten der Posttätigkeit getragen werden mußte. Auch hinsichtlich des Pfandleihgewerbes, soweit es sich auf die Beleihung von Faustpfändern beschränkt und nicht etwa Kredite gegen Sachen in Sicherungsübereignung gewährt, können angesichts des geringen Umfangs kaum Zweifel in die Regelung des Kreditwesengesetzes gestellt werden. Das gilt ferner auch für die Versicherungswirtschaft, die ja einer besonderen Aufsicht unterliegt. Konkurrierende Geschäfte sind das Bürgschafts- und Garantiegeschäft der Banken. Problematisch schon ist die Unterstellung der B a u s p a r k a s s e n unter die Versicherungsaufsicht; auch die Bedeutung der Kreditgeschäfte im Rahmen der gemeinnützigen Wohnungsbaugesellschaften würde es rechtfertigen, daß man diese Gesellschaften der Bankaufsicht unterstellt. Die SPD-Fraktion des Deutschen Bundestages hatte angekündigt, daß sie die Unterstellung der Bausparkassen unter das KWG fordern wird[28]); da gewisse Bestrebungen in diesem Sektor für die Hereinnahme allgemeiner Depositen erkennbar sind, könnte eine solche Unterstellung durchaus im Sinne der Bausparkassen liegen. Es kommt noch hinzu, daß für die Unterstellung unter die Versicherungsaufsicht auch nur die Ergänzungsdeckung im Aktivgeschäft spricht; bei der Anlage von Terminguthaben werden die Bausparkassen seit eh und je wie Kreditinstitute behandelt, d. h. ihre Einlagenzinssätze können frei vereinbart werden; die Bestimmungen des Habenzinsabkommens gelten für Einlagen von Bausparkassen nicht[29]). Diesem Begehren wurde von seiten des Bundeswirtschaftsministeriums entgegengehalten, daß alle 17 privaten Bausparkassen jetzt schon Depositen unterhalten, was sie automatisch der Bankenaufsicht unterstellt. Die drei öffentlichen Bausparkassen unterliegen z. Zt. allerdings keiner staatlichen Aufsicht, soweit sie nicht Unterabteilungen der Girozentralen sind. Ein allgemeines materielles Aufsichtsrecht für die öffentlichen Bausparkassen muß

---

[28]) Vgl. „Handelsblatt" vom 6./7. XI. 1959.
[29]) Vgl. § 3 des Mantelvertrages vom 22. XII. 1936.

also noch geschaffen werden. Der Wirtschaftsausschuß des Bundestages hat daher einen Entschließungsentwurf vorgelegt, „in dem die Bundesregierung aufgefordert wird, alsbald den Entwurf eines Bausparkassengesetzes vorzulegen, welches der Aufsichtsrat für private und öffentlich-rechtliche Bausparkassen einheitlich regelt und das Bundesaufsichtsamt für das Kreditwesen zur Aufsichtsbehörde für alle Bausparkassen erklärt"[30]).

Die Entscheidung, das Bundesaufsichtsamt nach Berlin zu verlegen, dürfte sich möglicherweise für die Zusammenarbeit mit dem Aufsichtsamt für das Versicherungs- und Bausparwesen, das auch in Berlin residiert, günstig auswirken.

4. Der persönliche Geltungsbereich

Verantwortlich im Sinne des Gesetzes sind die Geschäftsleiter, also die „natürlichen Personen, die nach Gesetz, Satzung oder Gesellschaftsvertrag zur Führung der Geschäfte und zur Vertretung eines Kreditinstituts in der Rechtsform einer juristischen Person oder einer Personenhandelsgesellschaft berufen sind, Geschäftsführer von Kreditgenossenschaften auch dann, wenn sie nicht dem Vorstand angehören". Daß heißt also, daß bei Einzelkaufleuten und bei offenen Handelsgesellschaften die Inhaber, bei Kommanditgesellschaften die Komplementäre, bei den GmbH & Co KG die Geschäftsführer der GmbH, bei den Gesellschaften mit beschränkter Haftung die Geschäftsführer, bei Kreditgenossenschaften und bei Aktiengesellschaften die Vorstandsmitglieder zuständig sind. Wenn die „geborenen" Geschäftsleiter, z. B. durch Krankheit, an der Ausübung der Geschäftsführung verhindert sind, so kann das Bundesaufsichtsamt auch eine andere mit der Führung der Geschäfte betraute und zur Vertretung ermächtigte Person, z. B. einen Prokuristen, widerruflich als Geschäftsleiter bezeichnen, wenn diese Person zuverlässig ist und die erforderliche Eignung besitzt. Auch das Kreditinstitut kann den Antrag stellen, eine bestimmte Person widerruflich als Geschäftsleiter zu bezeichnen.

Der Bundesrat hatte gefordert, daß zu den Geschäftsleitern auch „Direktoren öffentlich-rechtlicher Kreditinstitute, wenn ihnen die Vertretungsmacht nach Gesetz oder Satzung nicht zusteht", gehören sollen. Dieser Vorschlag wurde von der Bundesregierung abgelehnt.

Die persönliche Zuständigkeit wird nun in § 1 geregelt, während sie im alten KWG in § 4 geregelt war.

---

[30]) Vgl. Bericht des Abg. Ruland zu Drucksache 2563/3. Wahlperiode.

5. Verbotene Geschäfte

Weiterhin verboten bleiben die W e r k s p a r k a s s e n in § 3, die bereits in der vierten Verordnung zur Durchführung und Ergänzung des Reichsgesetzes über das Kreditwesen vom 31. V. 1937 (RGBl I S. 608) zur Auflösung gezwungen worden sind. Die Gründe dieser Maßnahme lagen einmal darin, daß die Werksparkassen ihre Gelder nicht so risikolos anlegten wie die öffentlich-rechtlichen Sparkassen; zum anderen wollte man nicht den Arbeitnehmer einem doppelten Risiko beim Zusammenbruch seines Unternehmens aussetzen, nämlich dem Risiko des Verlustes des Arbeitsplatzes und der Ersparnisse. Obwohl in der amtlichen Begründung nur diese beiden Momente genannt sind, darf man davon ausgehen, daß auch die mangelnde Kontrollmöglichkeit durch die Bankenaufsicht eine Rolle spielt. Bei der Bankenquête 1933 hatte sich Dr. Dr. Paersch sehr negativ geäußert („Werksparkassen sind demnach besonders unerwünschte Branchebanken")[31]. Die beiden ersten Gründe dürften hingegen nicht mehr ausschlaggebend sein, da man in der Nachkriegszeit a) die Ansammlung von Pensionsrückstellungen (die de facto einbehaltene Lohn- und Gehaltsteile sind) und b) die Ausgabe von Belegschaftsaktien steuerlich gefördert und politisch propagiert hat. Wahrscheinlich ist das Kontrollmoment entscheidend; darüber hinaus möchte man wohl auch die Kreditinstitute vor der Konkurrenz schützen. Das Argument, daß beim Rückzug sämtlicher Spargelder das Unternehmen in Schwierigkeit geraten könne, sticht nicht. Ähnliches würde den öffentlich-rechtlichen Sparkassen auch beim Abzug der bei ihnen unterhaltenen Einlagen passieren[32].

Das Verbot erstreckt sich nicht auf Kreditinstitute, bei denen die sonstigen Bankgeschäfte den Umfang dieses Einlagengeschäftes übersteigen.

Verboten bleiben weiterhin Z w e c k s p a r u n t e r n e h m e n mit Ausnahme der Bausparkassen. Sie mußten nach dem „Gesetz über die Auflösung der Zwecksparunternehmungen" vom 13. XII. 1935 (RGBl I S. 1457) liquidiert werden. Die Auflösung stützte sich vor allem auf einige Mißstände bei Mobiliarzwecksparkassen (lange Wartezeiten, ungenügende Kreditkontrollen usw.). Es ist jedoch nicht einzusehen, weshalb das Bausparkassenprinzip nicht auf andere Wirtschaftsbereiche, z. B. auf die Industrie oder auf die Landwirtschaft, übertragen werden sollte. In der Nachkriegszeit ist einige Male die Gründung von „Investitionssparkassen"[33] vorgeschlagen worden; aus diesem Grunde muß das rigorose Verbot, von dem der Bundeswirtschaftsminister nicht einmal in einer Rechtsverordnung Ausnahmen machen kann, bedauert werden.

---

[31]) I. Teil 2. Bd., Berlin 1933.
[32]) Wie Verf. aus dem Bundesverband der deutschen Industrie hörte, wird das Verbot der Werksparkassen von einer größeren Anzahl von Unternehmern für unzeitgemäß gehalten.
[33]) Vgl. z. B. die Glosse „Investitionssparkassen" von C. Zimmerer in ZfK vom 15. VI. 1958, S. 458 und „Warum keine Investitionssparkassen?" in ZfK vom 1. X. 1960.

Weiterhin verboten bleiben auch Institute, bei denen man über die Kredite oder Einlagen nicht bar verfügen kann. Das Verbot war bereits in dem Gesetz gegen Mißbrauch des bargeldlosen Zahlungsverkehrs vom 3. VII. 1934 (RGBl I S. 593) verankert.

In den Gesetzentwurf hatte man ursprünglich auch das Verbot der W e c h s e l a u s t a u s c h r i n g e aufgenommen. Der organisierte Akzeptaustausch ist besonders nach dem Zusammenbruch der Frankfurter Finanzmaklerfirma „Allfinanz" kritisiert worden; der Bundesgerichtshof hat ihn für sittenwidrig erklärt[34]). In der Begründung wird das Geschäft wie folgt beschrieben: „Der kreditsuchende Interessent reicht dem Vermittler Wechselakzepte im Betrage des gewünschten Kredits ein und erhält dafür in gleicher Höhe Akzepte anderer Interessenten, die er als Aussteller unterzeichnet. Er muß versuchen, die Wechsel durch Weitergabe an seine Gläubiger oder durch Diskontierung zu verwerten. Die besondere Gefährlichkeit dieses Systems für den Kreditsucher liegt darin, daß er möglicherweise zweimal in Höhe der Kreditsumme in Anspruch genommen wird. Denn er haftet nicht nur aus seinem eigenen Akzept, sondern im Regreßwege nochmals, wenn das Akzept, das er als Aussteller unterzeichnet, nicht eingelöst wird. Diese Gefahr ist groß, wie die Praxis erwiesen hat. Da der einzelne Teilnehmer seine Tauschpartner in der Regel nicht kennt, kann er deren Bonität nicht prüfen. . . . " — Das Verbot der Wechselaustauschringe gilt nach dem Urteil jedoch nicht, wenn der Vermittler oder Organisator des Tausches die volle Haftung übernimmt.

In der Ausschußberatung hat man das Verbot dann aus dem Gesetz herausgenommen, da es ja bereits im Bundesgerichtsurteil niedergelegt ist.

6. Das Bundesaufsichtsamt für das Kreditwesen

Gegen den ausdrücklichen Protest der Länderregierungen ist die Bankenaufsicht zentralisiert worden. In der Gesetzesbegründung wird hierzu folgendes ausgeführt: „Die zentrale Beaufsichtigung der Kreditinstitute ist zweckmäßiger und sinnvoller als eine dezentrale Bankenaufsicht, weil sie der organischen Einheit des Kreditapparates entspricht, die notwendige Einheitlichkeit der Verwaltungspraxis gewährleistet und weil nur bei ihr die gebotene Zusammenarbeit mit der Bundesbank voll zur Wirkung kommt . . ."

In viel stärkerem Maße als andere Wirtschaftszweige bildet das Kreditgewerbe innerhalb der Volkswirtschaft einen alle seine Glieder umfassenden geschlossenen Organismus. Die wirtschaftlichen Verflechtungen der Kreditinstitute untereinander geben diesem Gewerbe einen überregionalen einheitlichen Charakter. Dies wird insbesondere beim bargeldlosen Zahlungsverkehr sichtbar.

---

[34]) Urteil vom 28. IV. 1958 — II ZR 197/57 — BGHZ 27, S. 172.

„... Innerhalb des Kreditapparates ist die Mehrzahl aller Institute, die Sparkassen- und Kreditgenossenschaften, durch organisatorische Zusammenfassung, insbesondere durch eigene Liquiditätszüge mit überregionalen Spitzeninstituten, besonders eng miteinander verbunden. Diese Institute und ihre regionalen und zentralen Ausgleichsstellen müssen zusammen als einheitliche, sich über das ganze Bundesgebiet erstreckende Organismen gesehen werden. ... Dieser organischen Geschlossenheit des Kreditgewerbes wird eine dezentrale Bankenaufsicht nicht gerecht; einer regionalen Aufsichtsbehörde fehlt der umfassende Überblick über das gesamte Kreditgewerbe und seine überregionalen Verflechtungen, so daß sie ihre Maßnahmen nur unter dem begrenzten Blickwinkel ihres Zuständigkeitsgebietes treffen kann. Dieser Nachteil beeinträchtigt auch die wirksame Beaufsichtigung der überregionalen Großinstitute, die im Kreditapparat zunehmende Bedeutung gewonnen haben. Ihnen muß eine Behörde mit entsprechendem Gewicht gegenüber stehen, deren Zuständigkeitsbereich sich mit dem Niederlassungsgebiet der Institute deckt und die die Verhältnisse im ganzen Bundesgebiet berücksichtigt. Wichtige allgemeine Maßnahmen der Bankaufsichtsbehörde können nur wirksam werden, wenn sie einheitlich für das gesamte Kreditgewerbe getroffen werden können. Hierzu gehören insbesondere die Aufstellung der Grundsätze für das Eigenkapital und für die Liquidität (§§ 10 und 11) sowie die Regelung der Konditionen und der Werbung (§ 23) ..."

„... Auch soweit der Entwurf Einzelmaßnahmen gegenüber den Kreditinstituten vorsieht, ist eine einheitliche Verwaltungspraxis im ganzen Bundesgebiet erforderlich. Diese wird vor allem dadurch gewährleistet, daß der zuständigen Behörde das gesamte Erkenntnismaterial und entsprechende Vergleichsmöglichkeiten zur Verfügung stehen, was bei einer Zentralinstanz stets, bei regionalen Behörden dagegen nur beschränkt der Fall sein kann. ... Erst seit dem Wegfall der Reichsinstanzen im Jahre 1945 fungieren die zehn Länderregierungen — z. Zt. die Wirtschaftsminister, in Bremen der Senator für die Finanzen — als Bankaufsichtsbehörden. Es erwies sich bald, daß die Bankenaufsicht ohne einheitliche Handhabung ihrer Aufgabe nicht gerecht werden kann. Bereits 1948 führte diese Einsicht zur Bildung des „Sonderausschusses Bankenaufsicht", in dem die Länder ihre Verwaltungspraxis koordinieren. ... Dem Sonderausschuß fehlt eine staatsrechtliche Grundlage, so daß seine Beschlüsse keine bindende Wirkung haben, sondern nur Empfehlungen darstellen. ...". Das dezentrale Aufsichtssystem ist schwerfällig; Verzögerungen sind unvermeidbar. Die große Zahl der Kreditinstitute — reichlich 13 300, davon rund 11 720 Kreditgenossenschaften und 870 Sparkassen, die bereits auf Grund anderer Vorschriften überwacht werden — steht einer zentralen Ausübung der Bankenaufsicht nicht entgegen; schließlich haben die Bankaufsichtsinstanzen des Reiches vor 1945 mehr als 25 000 Kreditinstitute mit anerkanntem Erfolg zentral überwacht. Auch im Ausland — mit Ausnahme der USA — ist der Aufsichtsapparat durchweg zentral organisiert.

Die materiellen Einwendungen des Bundesrats liefen im wesentlichen darauf hinaus, daß die dezentrale Bankenaufsicht seit 1945 einwandfrei gearbeitet hätte, so daß keine Änderung dieses Zustandes notwendig sei. Die formellen Bedenken knüpfen an das Grundgesetz, das den föderalistischen Aufbau der Bundesrepublik gewährleistet[35]). Die Einwendungen wurden abgelehnt.

Nach § 5 des Gesetzes wird das Bundesaufsichtsamt für das Kreditwesen als eine selbständige Bundesbehörde im Geschäftsbereich des Bundesministers für Wirtschaft errichtet. Ursprünglich wurde gefordert, daß es seinen Sitz am Sitz der Deutschen Bundesbank, also z. Zt. in Frankfurt a./M. haben sollte, um unnötige Aufwendungen zu ersparen. Im Laufe der Ausschußberatungen wurde dann aber als Sitz Berlin festgelegt. In Berlin hat auch das Bundesaufsichtsamt für das Versicherungs- und Bausparwesen seinen Sitz. Der Präsident des Bundesaufsichtsamtes wird auf Vorschlag der Bundesregierung durch den Bundespräsidenten ernannt; die Bundesregierung hat bei ihrem Vorschlag die Deutsche Bundesbank anzuhören. Über das Fortbestehen der Landesaufsichtsbehörden ist nichts gesagt; da grundsätzlich alle Kompetenzen auf Grund des Kreditwesengesetzes durch das Bundesaufsichtsamt ausgeübt werden, soweit sie nicht der Deutschen Bundesbank delegiert sind, hat die Tätigkeit der Bankaufsichtsbehörden der Länder ihre Rechtsgrundlage verloren (Ausnahme: § 62 III KWG). Man kann damit rechnen, daß sie daher von den Landesbehörden aufgelöst werden.

Das Bundesaufsichtsamt hat laut § 6 die Aufgabe, Mißständen im Kreditwesen entgegenzuwirken, die die Sicherheit der den Kreditinstituten anvertrauten Vermögenswerte gefährden, die ordnungsmäßige Durchführung der Bankgeschäfte beeinträchtigen oder erhebliche Nachteile für die Gesamtwirtschaft herbeiführen können.

Das Bundesaufsichtsamt steht in dauerndem Informationsaustausch mit der Bundesbank; das Bundesaufsichtsamt hat weiterhin das Recht, sich bei der Durchführung seiner Aufgaben anderer Personen und Einrichtungen zu bedienen (§ 8); hierbei ist an die Einschaltung von Wirtschaftsprüfern für Revisionen, an die Verbände der Sparkassen und Genossenschaften für gutachtliche Stellungnahmen, an die Amtshilfe durch andere Ämter (vgl. Artikel 35 Grundgesetz), an die Information durch die Finanzämter, vor allem aber auch an die nach Landesrecht für Angelegenheiten des Bank- und Sparkassenwesens zuständigen Behörden gedacht. Das Steuergeheimnis nach § 22 Reichsabgabenordnung wird durch § 8 KWG ausdrücklich für Mitteilungen der Steuerbehörden an die Bankaufsichtsbehörde auf-

---

[35]) Vgl. den Bericht über die 203. Sitzung des Bundesrats in Bonn am 20. III. 1959. Die einzelnen Landeswirtschaftsminister richteten gleichlautende Schreiben an die Bundestagsabgeordneten ihres Landes, in denen sie ihre Gründe für die Beibehaltung der dezentralen Aufsicht noch einmal darlegten. Der Wirtschaftsminister von Baden-Württemberg, Dr. Hermann Veit, prophezeite in einem Aufsatz in der FAZ vom 16. XII. 1958 unter dem Titel „Ist eine zentrale Bankenaufsicht notwendig?", daß die zentrale Bankenaufsicht mit Sicherheit teurer arbeiten werde als die bisher dezentrale Bankenaufsicht, die insgesamt nur 72 Beamte und Angestellte (einschließlich Hilfskräften) beschäftige.

gehoben. Die beim Bundesaufsichtsamt beschäftigten Personen sowie die Aufsichtspersonen, die nach § 46 für ein Kreditinstitut bei Gefahr bestellt werden können, unterliegen der Schweigepflicht. (§ 9.)

Erst im Verlauf der Ausschußberatungen hat man diese Bestimmung konkretisiert. So ist im einzelnen festgelegt worden:

1. Bundesbank und Bundesaufsichtsamt haben einander Beobachtungen mitzuteilen, die für die Erfüllung der beiderseitigen Aufgaben von Bedeutung sein können.

2. Die Bundesbank hat vor der Anordnung einer statistischen Erhebung nach § 16 Bundesbankgesetz das Bundesaufsichtsamt zu hören.

3. Der Präsident des Bundesaufsichtsamtes, im Falle der Verhinderung sein Stellvertreter, hat das Recht, an den Beratungen des Zentralbankrates der Deutschen Bundesbank teilzunehmen, soweit bei dieser Gegenstände seines Aufgabenbereichs behandelt werden. Er hat kein Stimmrecht, kann aber Anträge stellen.

Durch diese Konkretisierung ist erreicht worden, daß die sehr weitgehenden Einblicke und Eingriffsrechte der Bundesbank in das Kreditwesen auch in vollem Umfang dem Bundesaufsichtsamt kenntlich werden.

7. Eigenkapitalausstattung und Liquidität

An den Vorschriften über die Höhe des Eigenkapitals (§ 10) hat sich im neuen Gesetz wenig geändert. Der Gesetzgeber verlangt, daß die Kreditinstitute im Interesse der Erfüllung ihrer Verpflichtungen gegenüber ihren Gläubigern, insbesondere zur Sicherheit der ihnen anvertrauten Vermögenswerte, ein angemessenes, haftendes Eigenkapital haben müssen, ohne diesen Begriff zu präzisieren. Dem Bundesaufsichtsamt bleibt es vorbehalten, im Einvernehmen mit der Deutschen Bundesbank Grundsätze aufzustellen, „nach denen es für den Regelfall beurteilt, ob die Anforderungen des Satzes 1 erfüllt sind; die Spitzenverbände der Kreditinstitute sind vorher anzuhören". Man wird nicht fehl in der Annahme gehen, daß die seit 1951 angewandten Kreditrichtsätze der Bank deutscher Länder die Grundlage dieser Richtlinien bilden werden. Allerdings wird in der Begründung ausdrücklich festgestellt: „Bei der Konstruktion der Grundsätze nach Absatz 1 Satz 2 ist das Bundesaufsichtsamt frei. Die Grundsätze können als Bezugsgröße für das Eigenkapital somit entweder Passivposten (z. B. die Gesamtverbindlichkeiten) oder Aktivposten (z. B. gewisse Ausleihungen) vorsehen." Ruland bemerkt in seinem Bericht hierzu: „Diese Grundsätze sind nicht unmittelbar rechtsverbindlich. Sie sind weder Rechtsverordnungen

3*

noch Verwaltungsakte; mit ihnen gibt das Aufsichtsamt vielmehr bekannt, wie es sein Ermessen ausüben wird[36]."

Die Kreditrichtsätze haben z. Z. folgendes Aussehen[37]):

R i c h t s a t z I : Die Summe der kurzfristigen und mittelfristigen Kredite an Wirtschaftsunternehmungen und Private soll das 18fache der haftenden Mittel der Kreditinstitute nicht übersteigen. Dieser Satz gilt für Kreditbanken; für Sparkassen, für gewerbliche Kreditgenossenschaften, für ländliche Kreditgenossenschaften, für Girozentralen gilt das 15fache, für gewerbliche Zentralkassen das 5fache und für ländliche Zentralkassen das 20fache. Bei allen Kreditinstituten außer den Kreditbanken gelten lediglich die kurzfristigen Kredite. Bei den gewerblichen und ländlichen Kreditgenossenschaften heißt es: ... soll das 15fache der haftenden Mittel ... (zuzüglich des gesetzlichen Haftsummenzuschlages) nicht übersteigen.

R i c h t s a t z II für Kreditbanken: Die Debitoren sollen 60 v. H. der haftenden Mittel und Einlagen nicht übersteigen.

Richtsatz II für Sparkassen: Die Summe der Debitoren und Debitorenziehungen soll 60 v. H. der haftenden Mittel und Einlagen, wobei die Spareinlagen nur in Höhe von 50 v. H. einbezogen werden, nicht übersteigen. — Für Girozentralen 70 v. H. der haftenden Mittel und Einlagen, sonst gleicher Text.

Richtsatz II für Kreditgenossenschaften: Die Summe der Debitoren und Debitorenziehungen soll 70 v. H. der haftenden Mittel (zuzüglich des gesetzlichen Haftsummenzuschlages) und Einlagen nicht übersteigen.

Richtsatz II für Gewerbliche Zentralkassen: Die Summe der Debitoren und Debitorenziehungen soll 80 v. H. der haftenden Mittel und Einlagen nicht übersteigen. — Für ländliche Zentralkassen ist kein Richtsatz niedergelegt. R i c h t s a t z I I I für Kreditbanken: Die liquiden Mittel sollen 20 v. H. der fremden Gelder nicht unterschreiten.

Richtsatz III für Sparkassen, Girozentralen, Kreditgenossenschaften und gewerbliche Zentralkassen: Die liquiden Mittel sollen 20 v. H. der fremden Gelder, wobei die Spareinlagen nur in Höhe von 50 v. H. einbezogen werden, nicht unterschreiten.

Für ländliche Zentralkassen ist kein Richtsatz festgelegt.

R i c h t s a t z I V a : Die Summe der Akzeptkredite und Debitorenziehungen soll das 3fache der haftenden Mittel nicht übersteigen.

R i c h t s a t z I V b : Die in den Akzeptkrediten und Debitorenziehungen enthaltenen, nicht der unmittelbaren Ausfuhr-, Einfuhr- und Erntefinanzierung dienenden Akzeptkredite und Debitorenziehungen sollen die haftenden Mittel nicht übersteigen.

E r g ä n z e n d e B e s t i m m u n g e n :

Liegt eine Kreditbank im Richtsatz I erheblich günstiger als die Norm, so kann die Bundesbank dies berücksichtigen, soweit die Durchsetzung des Richtsatzes II in Betracht kommt (Beschluß vom 20. / 21. Juni 1951). — Ein Kredit, den ein Kreditinstitut Vertriebenen gewährt hat, bleibt bei der Feststellung, ob und inwieweit die Kreditgewährung des Instituts den Richtsätzen entspricht, grundsätzlich dann unberücksichtigt, wenn die Lastenausgleichsbank (Bank für Vertriebene und Geschädigte) für den Kredit eine Garantie übernommen und die Mittel bereitgestellt hat. Dies gilt auch für den Teil des Kredits, für den das Kreditinstitut selbst haftet (Beschluß vom 11. / 12. April 1951).

B e g r i f f s b e s t i m m u n g e n :

Haftende Mittel: Haftendes Eigenkapital gemäß § 11 KWG (von 1939) Abs. 2 und 3 und steuerrechtlich zugelassene Sammelwertberichtigungen.

Debitoren: Kontokorrentkredite und Akzeptkredite.

Liquide Mittel: Kassenbestand, Guthaben bei der Deutschen Bundesbank, Postscheckguthaben, Schecks und Wechsel, Schatzwechsel und unverzinsliche Schatzanweisungen des Bundes und der Länder, bestimmte ausländische Schatzwechsel und ausländische unverzinsliche Schatzanweisungen.

Fremde Gelder: Einlagen, aufgenommene Gelder, eigene Akzepte und Solawechsel im Umlauf.

Am 5. August 1960 veröffentlichte die Deutsche Bundesbank folgenden Vorschlag einer N e u f a s s u n g d e r R i c h t s ä t z e :

R i c h t s a t z I : Die Summe der kurz-, mittel- und langfristigen Kredite an Wirtschaftsunternehmen, Private und Kreditinstitute und der Beteiligungen soll nach Abzug der Sammelwertberichtigungen das 20-fache des haftenden Eigenkapitals eines Kreditinstituts nicht übersteigen.

Bei den Emissionsinstituten und Sparkassen bleiben die im Rahmen der gesetzlichen oder satzungsmäßigen Vorschriften gewährten langfristigen, durch Grundpfandrechte gesicherten Objektkredite an Wirtschaftsunternehmen, Private und Kreditinstitute unberücksichtigt.

Richtsatz II: Die Summe der langfristigen Ausleihungen, der Konsortialbeteiligungen, der Beteiligungen, der Grundstücke und Gebäude und der nicht börsengängigen Wertpapiere soll die Summe der langfristigen Finanzierungsmittel eines Kreditinstituts nicht übersteigen.

Als langfristige Finanzierungsmittel gelten das Eigenkapital, die eigenen Schuldverschreibungen im Umlauf, die vorverkauften Schuldverschreibungen, die aufgenommenen langfristigen Darlehen, 60 % der Spareinlagen und 10 % der Sicht- und Termineinlagen von Nichtbanken sowie bei Girozentralen und Zentralkassen 10 % der Termineinlagen von angeschlossenen Kreditinstituten mit einer Kündigungsfrist oder vereinbarten Laufzeit von 6 Monaten und darüber.

Richtsatz III: Die Summe der Debitoren, der Debitorenziehungen, der börsengängigen Dividendenwerte und des in der bilanzstatistischen Position „Sonstige Aktiva" ausgewiesenen Betrages soll die Summe von 60 % der Sicht- und Termineinlagen von Nichtbanken, von 35 % der Sicht- und Termineinlagen von Kreditinstituten, von 20 % der Spareinlagen sowie der seitens der Kundschaft bei Dritten benutzten Kredite zuzüglich des Finanzierungsüberschusses bzw. abzüglich des Finanzierungsfehlbetrages im Richtsatz II nicht übersteigen.

Bei den ländlichen Kreditgenossenschaften mit Warengeschäft bleiben die in der Position „Sonstige Aktiva" enthaltenen Warenbestände unberücksichtigt.

Richtsatz IV: Die umlaufenden eigenen Akzepte, Solawechsel und Debitorenziehungen eines Kreditinstituts sollen das 1,5fache seines haftenden Eigenkapitals nicht übersteigen.

Der Bundesrat versuchte vergebens, bereits im Gesetz eine verbindliche Norm zu verankern, indem er vorschlug, das Eigenkapital solle in der Regel 5 % der um die Barreserve verminderten Gesamtverpflichtungen nicht unterschreiten.

Ein Leiter einer Bankaufsichtsbehörde versuchte den Abgeordneten vergebens begreiflich zu machen, daß eine nur programmäßige Regelung zur Folge haben würde, daß das Schwergewicht bei einer der wichtigsten Fragen der materiellen Bankaufsicht auf die Verwaltungsebene verlagert würde. Ein Bundestagsabgeordneter bemerkte, daß der Vorschlag des Bundesrates deshalb unbefriedigend sei, weil er nur die Verhältnisse auf der Passivseite der Bankbilanz berücksichtige. Aber der Ausschuß setzte sich wohl über die Bedenken des Bundesrates hinweg und schloß sich dem Entwurf an.

Definiert wird im Gesetz der Begriff des haftenden Eigenkapitals wie folgt: Grundsätzlich gilt das eingezahlte Geschäftskapital einschließlich der Rücklagen und des nicht zur Ausschüttung bestimmten Gewinns, jedoch abzüglich der Kredite an die haftenden Inhaber oder Gesellschafter, der Verluste und des Schuldüberhangs beim freien Vermögen der haftenden Gesellschafter. Auf Antrag kann das freie Vermögen der haftenden Gesellschafter berücksichtigt werden; das gleiche gilt von den Einlagen stiller Gesellschafter, soweit sie bis zur vollen Höhe am Verlust teilnehmen. Steuerrückstände sind, insbesondere bei den Rücklagen, abzusetzen.

Umstritten war die Definition des haftenden Eigenkapitals bei den öffentlich-rechtlichen S p a r k a s s e n. Hier forderte der Bundesrat: „Bei Kreditinstituten, für deren Verbindlichkeiten öffentlich-rechtliche Körperschaften als Gewährträger haften, gilt das haftende Eigenkapital als angemessen, sofern die durch Gesetz oder Satzung vorgeschriebenen jährlichen Zuführungen zu den Rücklagen vorgenommen werden." Diese Forderung wurde abgelehnt. Das heißt allerdings nicht, daß man die Sparkassen, deren Eigenkapitalanteil vergleichsweise niedrig liegt[38]), den gleichen Anforderungen unterwerfen muß wie die übrigen Kreditinstitute. Auch bei den Kreditrichtsätzen hat man sie besser behandelt. Allerdings sieht § 9 Absatz 1 nicht ausdrücklich vor, daß die Richtlinien für die Gruppen der Kreditinstitute unterschiedlich sein können.

Bei eingetragenen Genossenschaften gelten als Eigenkapital:

1. die Geschäftsguthaben der Genossen, soweit diese nicht zum Jahresende ausscheiden;

2. die Rücklagen;

3. ein Zuschlag, welcher der Haftsummenverpflichtung der Genossen Rechnung trägt. Die Höhe wird vom Bundeswirtschaftsminister in einer Rechtsverordnung niedergelegt. Der Bundeswirtschaftsminister kann die Ermächtigung zum Erlaß von Rechtsverordnungen auf das Bundesaufsichtsamt übertragen;

4. außerdem, wie oben bereits ausgeführt, auch der Reingewinn, soweit er dazu bestimmt ist, im Unternehmen zu verbleiben. Es dürfte dem Sinne des Gesetzes entsprechen, wenn die darauf zu zahlenden Steuern abgesetzt werden.

Welches sind nun die Rechtsfolgen bei einem Verstoß gegen die Richtlinien?

Zunächst ist festzustellen, daß die Richtlinien keine Mußvorschriften, sondern nur Sollvorschriften enthalten. Das heißt, daß kein Institutsleiter bestraft werden kann, wenn er die Richtlinien nicht einhält. Er macht sich sozusagen nur verdächtig. Die Bankenaufsicht wird ihn zunächst zur Stel-

---

[38]) Er lag am 31. XII. 1959 im Durchschnitt bei 2,9 %o der Bilanzsumme; vgl. Jahresbericht des Deutschen Sparkassen- und Giroverbandes e. V. für 1959. S. 89.

lungnahme auffordern. „Weist das Kreditinstitut nicht nach, daß bei ihm Sonderverhältnisse vorliegen, die geringere Anforderungen an das Eigenkapital oder die Liquidität rechtfertigen und behebt es den Mangel nicht in einer angemessenen Frist, kann das Bundesaufsichtsamt die in § 45 vorgesehenen Maßnahmen ergreifen ... ", allerdings erst nach Anhörung der Spitzenverbände. § 45 sieht die Untersagung oder Beschränkung der Privatentnahmen oder der Gewinnausschüttung vor.

Auch die Vorschriften über die L i q u i d i t ä t sind im Gesetz nur allgemein formuliert. In § 11 heißt es: „Die Kreditinstitute müssen ihre Mittel so anlegen, daß jederzeit eine ausreichende Zahlungsbereitschaft gewährleistet ist." Die Konkretisierung wird ebenfalls den Grundsätzen, die das Bundesaufsichtsamt aufstellt und die im Bundesanzeiger zu veröffentlichen sind, überlassen. § 16 des alten Gesetzes hatte genauere Formulierungen enthalten. Allerdings sind im Dritten Reich die Mindestreservevorschriften nicht angewendet worden, die heute als ein integrierender Bestandteil der Notenbankpolitik angesehen werden[39]). Dadurch ist mindestens sichergestellt, daß die Kreditinstitute über ausreichende Guthaben bei der Deutschen Bundesbank verfügen. Im übrigen ist es nicht einfach, Grundsätze zu erlassen, die allen vorkommenden Tatbeständen entsprechen. Ginge man von der Goldenen Bankregel aus, so dürften z. B. täglich fällige Guthaben nur in Kasse, Bundesbankguthaben und ähnlichen Anlagen, höchstens aber in solchen zinstragenden Aktiven (z. B. diskontfähige Wechsel) angelegt werden, die sofort in Kasse verwandelt werden können. Die Spareinlagen mit gesetzlicher Kündigung, sofern sie täglich fällig sind, müßten nach ähnlichen Gesichtspunkten verwendet werden; darüberhinaus müßte für unausgenutzte Kontokorrentkredite und für mögliche Überziehungen ein entsprechender Fonds sofort verfügbarer Mittel bereitgehalten werden. Kontokorrentkredite dürften dann nur aus Termineinlagen gewährt werden usw. An diese Regeln hält sich das Banksystem nicht, eben weil auf dem organisierten Geldmarkt jederzeit für unvorhergesehene Fälle sozusagen ein gemeinsamer Fonds vorhanden ist. Aber einem allgemeinen „run" könnte dieser Fonds auch nicht standhalten[40]).

§ 12 wiederholt im wesentlichen die Vorschrift des alten § 17 (2), wonach die Anlagen eines Kreditinstituts in Grundstücken, Gebäuden, Schiffen und Beteiligungen nicht höher sein dürfen als das haftende Eigenkapital; Ausnahmen können auf Antrag vorübergehend vom Bundesaufsichtsamt zugelassen werden. Gegenüber der bisherigen Regelung tritt eine Verschärfung ein, indem die Sollvorschrift zur Mußvorschrift (wenngleich mit der Möglichkeit von Ausnahmegenehmigungen) ausgestaltet worden ist. In einem Punkte wird den Banken jedoch ein Zugeständnis gemacht, das sie bisher schon stillschweigend in Anspruch genommen haben; es heißt näm-

---

[39]) Vgl. § 16 des Gesetzes über die Deutsche Bundesbank vom 26. VII. 1957, BGBl I 1957, S. 745 ff. Van Zwoll, J. H.: „Mindestreserven als Geld- und Kreditpolitik", Berlin 1954.
[40]) Zur Literatur vgl. z. B. Zimmerer, C.: „Die formelle und die materielle Geltung der Goldenen Bankregeln", in ZfB, Dezember 1957.

lich jetzt: die d a u e r n d e n Anlagen. Was nun dauernd ist, ist freilich Tatfrage. Das Bilanzschema kennt keinen Unterschied zwischen dauernden und zeitweiligen Anlagen in Grundstücken, Gebäuden usw.[41]). Es ist zwar nicht zu verkennen, daß Banken zur Verwertung ihrer Sicherheiten des öfteren Gebäude, ganze Unternehmungen usw. hereinnehmen, und es wäre eine Härte, wenn man ihnen die Verwertung dieser Sicherheiten nur außerhalb der Bilanz gestatten würde (oder über eine Tochtergesellschaft, der man dann wieder entsprechende Kredite gibt). Andererseits ist die Nichtfestlegung des Begriffes „dauernd" im Gesetz dazu angetan, die Einhaltung des Prinzips — nämlich die Anlage in schwer veräußerlichen Werten zu begrenzen — in der Praxis zu durchbrechen. Es heißt zwar in der Begründung hinsichtlich der Anlage in Grundstücken: „ . . . Sie kann aber eine Daueranlage werden, wenn das Kreditinstitut die Absicht einer nur vorübergehenden Übernahme ändert. Diese Änderung ist zu vermuten, wenn das Kreditinstitut solche Grundstücke ohne zwingenden Grund längere Zeit behält." Aber, was man unter „längerer Zeit" zu verstehen hat, wird nicht gesagt.

Die größte Schwierigkeit besteht bei den B e t e i l i g u n g e n. Die bisherige Übung war so, daß für die Einstellung von Aktienpaketen Freiheit bestand, ob sie unter Beteiligungen oder unter den Wertpapieren ausgewiesen wurden; zahlreiche Industriebeteiligungen in Aktienform werden von den Großbanken und Regionalbanken seit Jahrzehnten unter den Aktien aufgeführt, obwohl es sich um Pakete handelt, die 25 % und mehr des Grundkapitals der Gesellschaften umfassen. Da ein Verkaufswunsch nicht besteht, könnte man daraus schließen, daß es sich um dauernde Beteiligungen handelt. In den „Richtlinien" zur Bilanzaufstellung heißt es aaO: „Liegt die Absicht einer Beteiligung nicht vor, sind sie — also die Aktien und Kuxe — unter Position ‚Wertpapiere' zu erfassen". In der Begründung zu § 11 werden auch Tatbestandmerkmale für die Rechtsvermutung einer Beteiligung genannt: Zusätzliche Umstände, z. B. enge wirtschaftliche Beziehungen, Vertretung im Aufsichtsrat oder die Höhe des Anteils, wobei auf § 131 A II 6 des Aktiengesetzes hingewiesen wird (25 %-Klausel). Das ist noch nicht scharf genug; nötig wäre wohl eine schärfere Fassung in den Bilanzvorschriften, weil sonst Entwicklungen dieser Art nur in seltenen Fällen erkennbar sind.

8. Die Vorschriften für das Kreditgeschäft

Die schon bisher geltenden Vorschriften für G r o ß k r e d i t e sind präzisiert und erweitert worden. Im einzelnen wird vorgeschrieben:

---

[41]) Vgl. Verordnung über Formblätter für die Gliederung des Jahresabschlusses der Kreditinstitute am 15. XII. 1950 (BGBl I, S. 142), ferner die Ergänzungsverordnungen, die seither ergangen sind sowie die Richtlinien zur Bilanzaufstellung nach einer gemeinsamen Bekanntmachung der Bankaufsichtsbehörden vom 4. V. 1951 (MinBlFin S. 102).

a) Kredite im zugesagten oder beanspruchten Betrag von über 20 000,— DM sind der Deutschen Bundesbank zu melden, wenn sie 15 % des haftenden Eigenkapitals übersteigen;

b) sie dürfen nur auf Grund des einstimmigen Beschlusses aller Geschäftsleiter eingeräumt werden. Der Beschluß ist aktenkundig zu machen;

c) beanspruchte Großkredite sollen zusammen nicht mehr als die Hälfte aller Kredite des Kreditinstituts ausmachen;

d) der einzelne (eingeräumte oder beanspruchte) Großkredit soll das haftende Eigenkapital nicht übersteigen.

Bei der Errechnung der Großkredite sind Bürgschaften, Garantien und sonstige Gewährleistungen für andere sowie Kredite aus dem Ankauf von bundesbankfähigen Wechseln nur zur Hälfte anzusetzen.

In der Begründung wird hierzu ausgeführt: „Ein wichtiges Erfordernis solider Kreditgebarung ist die angemessene Kreditstreuung. Hohe Einzelkredite sind für das Kreditinstitut und damit für die Einlagen besonders gefährlich, weil der Ausfall oder das Einfrieren eines einzigen solchen Kredits das Institut in ernsthafte Schwierigkeiten bringen kann. Die Ursache der Bankinsolvenzen, die in den letzten Jahren aufgetreten sind, lag fast immer in der unverhältnismäßigen Höhe einzelner Kredite und in der ungenügenden Streuung der Kredite überhaupt. Das Risiko verringert sich, wenn anstatt eines einzelnen Großkredits mehrere kleinere Kredite an verschiedene Kreditnehmer gewährt werden. ..." Die Untergrenze von 20 000,— DM ist eine Erleichterung, die man den kleinen Banken, vor allem den Kreditgenossenschaften, gewährt hat. Die Bundesbank ist deshalb zum Erstadressaten gemacht worden, weil sie auf Grund des vorhandenen Bilanz- und Auskunftsmaterials in der Lage ist, die Bonität der Kreditnehmer zu prüfen. Sie reicht die Meldungen dann, in der Regel mit einer Stellungnahme, an das Bundesaufsichtsamt weiter. Die 50 %-Grenze (der Gesamtkredite) und die 100 %-Grenze (des haftenden Eigenkapitals) hat man als Sollgrenzen festgesetzt, von denen einzelne Kreditinstitute oder Arten oder Gruppen von Kreditinstituten nach § 31 freigestellt werden können. Handelt es sich um generelle Befreiungen, so muß eine entsprechende Rechtsverordnung des Bundesministers für Wirtschaft ergehen; einzelne Kreditinstitute können auch vom Bundesaufsichtsamt von den Verpflichtungen dieser Art freigestellt werden. „Das kann insbesondere Bedeutung haben für Zentralkreditinstitute, für bestimmte öffentlich-rechtliche Kreditanstalten, für Kreditgenossenschaften und für Institute, die vorwiegend gewisse Import- und Exportgeschäfte finanzieren." (Begründung der Regierungsvorlage.)

Durch die Meldepflicht für Großkredite werden heute, wie aus Kreisen der Bundesbank zu erfahren war, über 40 % des Kreditvolumens von der Bundesbank überwacht. Die Regelung der 20 000-DM-Grenze wurde eingeführt, um das Aufsichtsamt von Bagatellsachen zu entlasten. Indessen wandte der Deutsche Raiffeisenverband in einem Schreiben vom 1. XII. 1960 an den Vorsitzenden des Wirtschaftsausschusses des Deutschen Bundestages[42]) ein, daß „nunmehr neben dieser generellen Meldegrenze noch eine Vielzahl individuell geringerer Meldegrenzen zu beachten sind, und zwar der Höhe nach gesondert für jede Kreditgenossenschaft und haftenden Mitteln unter 20 000,— DM ... Wir haben festgestellt, daß von den rund 11 000 ländlichen Kreditgenossenschaften etwa 1800 z. Z. ein haftendes Eigenkapital unter 20 000,— DM haben". Für diese Institute schlug der Raiffeisenverband vor, eine neue generelle Meldegrenze von 15 000 DM vorzuziehen, damit die Durchführung des Gesetzes erleichtert werde. Der Bundestag schloß sich diesem Vorschlag nicht an.

Im Teilzahlungsgeschäft gilt der zugesagte Kreditrahmen als Kredit; der Gesetzgeber sieht also den Händler als Kreditnehmer an.

Um die Abwicklung zu erleichtern, wurde im Laufe der Beratungen des Gesetzentwurfs auf Vorstellungen des Wirtschaftsverbandes Teilzahlungsbanken e. V. [43]) hin Absatz 6 dahingehend ergänzt, „daß die Anzeigen an Stichtagen zu erstatten sind, die vom Bundesaufsichtsamt bestimmt werden".

§ 14 übernimmt die Vorschriften des bisherigen § 9 über Millionenkredite mit kleinen Änderungen. Danach haben die Kreditinstitute jeweils bis zum 10. II., 10. IV., 10. VI., 10. VIII., 10. X. und 10. XII. „diejenigen Kreditnehmer anzuzeigen, deren Verschuldung bei ihnen zu irgendeinem Zeitpunkt während der dem Meldetermin vorhergehenden zwei Kalendermonate eine Million Deutsche Mark oder mehr betragen hat". Bei Gemeinschaftskrediten gilt das auch dann, wenn der Anteil des einzelnen Kreditinstituts unter einer Million DM liegt. Die Bundesbank benachrichtigt die Kreditinstitute über den Stand der angezeigten Gesamtverschuldung, wenn der Kreditnehmer auch bei anderen Instituten Kredite in meldepflichtiger Höhe in Anspruch genommen hat. — Bürgschaften, Garantien und sonstige Gewährleistungen werden gesondert erfaßt, ebenso Diskontkredite.

Im Laufe der Beratungen wurde die Berichterstattung über die Konzernkredite auch auf die einzelnen Konzernunternehmen ausgedehnt. Außerdem wollte man noch die Berichterstattung über die revolvierenden Kredite einfügen. Das wurde aber durch die Unterstellung dieser Geschäfte unter die Bankaufsicht unnötig.

Die Forderungen nach einer zentralen Meldestelle (Evidenzzentrale) wurden bereits in den Krisenjahren 1900/1901 und 1907 erhoben. Sie wur-

---

[42]) Nicht veröffentlicht.
[43]) Schreiben vom 8. II. 1960 an den Vorsitzenden des Wirtschaftsausschusses des Bundestages.

den jedoch erst 1934 verwirklicht. Pröhl bemerkt hierzu: „Die vorstehende Bestimmung ist der erste Ansatz zur Ein- und Durchführung einer Kreditkontrolle[44]." In Frankreich sind z. B. bereits Kredite in einer Höhe von mehr als 50 000 NF meldepflichtig; diese größere Evidenz erlaubt es auch, volkswirtschaftliche Daten (etwa die Verteilung der Kredite auf die einzelnen Wirtschaftszweige) festzustellen[45]. „Bei den sogenannten Organkrediten — das sind Kredite an Personen, die bei dem Kreditinstitut tätig sind oder ihm nahestehen, sowie an Unternehmen, die rechtlich, wirtschaftlich oder personell in irgendeiner Form mit dem Kreditinstitut verbunden sind — besteht die Gefahr, daß bei der Gewährung eines Kredits persönliche Motive in den Vordergrund treten oder sonstwie die erforderliche Sorgfalt vernachlässigt wird. Dem sollen die §§ 15 bis 17 entgegenwirken, ohne die Gewährung solcher Kredite zu verbieten oder zu begrenzen[46]."

Die Vorschriften über die Gewährung von O r g a n k r e d i t e n (§§ 15 bis 17) sind neu gefaßt worden. Abschnitt 1) sagt, daß bestimmte Kredite nur dann gewährt und Privatentnahmen nur vorgenommen werden dürfen, wenn die Geschäftsleiter einstimmig hierüber beschließen und Aufsichtsrat bzw. Verwaltungsrat ausdrücklich zustimmen. Zu diesen Krediten gehören:

1. Kredite an Geschäftsleiter der Institute,

2. an andere Gesellschafter des Instituts, die nicht in der Geschäftsleitung sind, sofern das Institut in der Rechtsform einer Personenhandelsgesellschaft oder der GmbH betrieben wird;

3. Aufsichtsrats- bzw. Verwaltungsratsmitglieder, wenn die Überwachungsbefugnisse des Organs durch Gesetz geregelt sind;

4. Beamte und Angestellte (soweit sie über ein Monatsgehalt hinausgehen);

5. Ehegatten und minderjährige Kinder der Gruppen 1) bis 4);

6. dritte Personen, die für Rechnung einer unter 1) bis 5) genannten Person handeln;

7. juristische Personen und Personenhandelsgesellschaften, wenn ein Geschäftsleiter des Kreditinstituts gesetzlicher Vertreter oder Mitglied des Aufsichtsrats oder des Verwaltungsrats der juristischen Person oder Gesellschaft oder Personenhandelsgesellschaft ist, und Personenhandelsgesellschaften, wenn ein Geschäftsleiter des Kreditinstituts Gesellschafter der Personenhandelsgesellschaft ist;

---

[44]) Pröhl, aaO, S. 206.
[45]) Decret Nr. 46—1247 vom 28. V. 1946, Art. 14: Les banques sont tenues de fournir à la Banque de France pour fonctionnement du service central des risques bancaires, tous les renseignements qui leur seront demandés sur les crédits accordés par elle.
[46]) Ruland, zu Bundestagsdrucksache 2563 / 3. Wahlperiode, S. 9.

8. juristische Personen und Personenhandelsgesellschaften, wenn ein gesetzlicher Vertreter der juristischen Person oder ein Gesellschafter der Personenhandelsgesellschaft dem Aufsichtsorgan des Kreditinstituts angehört;

9. Unternehmungen, an denen das Kreditinstitut oder ein Geschäftsleiter mit wenigstens 25 % der Anteile vorübergehend oder dauernd beteiligt ist;

10. Unternehmungen, die an dem Kreditinstitut wenigstens mit 25 % vorübergehend oder dauernd beteiligt sind;

11. juristische Personen und Personenhandelsgesellschaften, wenn ein gesetzlicher Vertreter der juristischen Person oder ein Gesellschafter der Personenhandelsgesellschaft an dem Kreditinstitut mit wenigstens 25 % vorübergehend oder dauernd beteiligt ist.

Diese Kredite sind nach § 16 dem Bundesaufsichtsamt anzuzeigen, wenn sie gewisse Grenzen überschreiten. Bei Geschäftsleitern und leitenden Beamten liegt diese Grenze bei der Höhe der Gesamtbezüge pro Jahr; bei den sonstigen Gesellschaftskrediten (Punkt 2) liegt sie bei 10 % des Kapitalanteils, bei Punkt 7 bis 11 sind sämtliche Kredite zu melden.

Der Gesetzgeber läßt offen, was unter Gesamtbeträgen zu verstehen ist. Im allgemeinen fallen wohl Gehalt, Tantieme, Gratifikationen, Kurzuschüsse und ähnliche Geldleistungen darunter. Die freiwilligen sozialen Leistungen, z. B. die Zurverfügungstellung einer Dienstwohnung und eines Dienstwagens, die Spesenpauschale, die Beiträge zu gesetzlichen und freiwilligen Versicherungen u. ä., dürften nicht darunterfallen. Ob der steuerrechtliche Begriff des Einkommens herangezogen werden darf, ist nicht gesagt, kann im Zweifel also als Anhaltspunkt gelten. Nach § 19 Einkommensteuergesetz gehören zu den Einkünften aus nicht selbständiger Arbeit: Gehälter, Löhne, Gratifikationen, Tantiemen und andere Bezüge und Vorteile, jedoch nicht Spesen, Reisekostenentschädigungen usw. Eine Schwierigkeit ergibt sich dadurch, daß der Gewinnanteil nicht von vornherein feststeht. Geht man nach dem Einnahmeprinzip vor, so fiele die Tantieme erst im folgenden Jahr an. Soweit also keine Tantiemengarantie in einer bestimmten betragsmäßigen Höhe besteht, könnte z. B. im ersten Jahr der Beschäftigung eines leitenden Angestellten nur das fest zugesagte Gehalt als Bemessungsgrundlage dienen.

In Absatz 2 des § 15 wird festgelegt, daß die Vorschriften des Absatzes 1 entsprechend für die Gewährung von Krediten an persönlich haftende Gesellschafter, an Geschäftsführer, an Mitglieder des Vorstandes, an Mitglieder des Aufsichtsrates oder des Verwaltungsrates und an leitende Beamte und leitende Angestellte eines von dem Kreditinstitut abhängigen oder es beherrschenden Unternehmens sowie an Personen, die zu ihnen in der in Absatz 1 Nr. 5 oder 6 bezeichneten Beziehung stehen, gelten.

Die vorgeschriebenen Beschlüsse sind vor der Gewährung des Kredits zu fassen und müssen aktenkundig gemacht werden. Sie müssen Bestimmungen über die Verzinsung und Rückzahlung des Kredits enthalten. Bei Nr. 7 und 8 kann die Zustimmung nachträglich erteilt werden, wenn die Kreditgewährung eilbedürftig ist. Sind die Beschlüsse nicht innerhalb eines Monats, bei Organkrediten innerhalb von zwei Monaten, nachgeholt, so ist dies dem Bundesaufsichtsamt anzuzeigen.

§ 17 legt fest, daß bei Verstößen gegen § 15 die Verantwortlichen dem Kreditinstitut gesamtschuldnerisch für den entstehenden Schaden haften, wenn sie trotz Kenntnis gegen eine beabsichtigte Kreditgewährung pflichtwidrig nicht einschreiten. Der Ersatzanspruch kann auch von den Gläubigern geltend gemacht werden, wenn sie von dem Kreditinstitut keine Befriedigung ihrer Forderungen erlangen können. „Den Gläubigern gegenüber wird die Ersatzpflicht weder durch einen Verzicht oder Vergleich des Kreditinstituts noch, bei Kreditinstituten in der Rechtsform einer juristischen Person, dadurch aufgehoben, daß die Kreditgewährung auf einen Beschluß des obersten Organs des Kreditinstituts (Hauptversammlung, Generalversammlung, Gesellschafterversammlung) beruht." Die Ansprüche verjähren erst nach fünf Jahren.

Die Vorschrift über den Entlastungsbeweis der betroffenen Geschäftsleiter oder Mitglieder des Kontrollorgans entspricht dem § 84 Abs. II Satz 2 des Aktiengesetzes.

Im wesentlichen entsprechen auch die Vorschriften des § 17 den bereits geltenden Normen.

In § 18 wird — ähnlich früheren Vorschriften — verlangt, daß bei Blankokrediten über 20 000,— DM das Kreditinstitut von den Kreditnehmern „die Offenlegung ihrer wirtschaftlichen Verhältnisse, insbesondere die Vorlage der Jahresabschlüsse" zu verlangen hat. In der Begründung heißt es hierzu: „Die Vorschrift soll sicherstellen, daß die Kreditinstitute die Kreditwürdigkeit ihrer Kreditnehmer in ausreichendem Maße anhand von Unterlagen prüfen. Durch die gesetzliche Pflicht, die für alle Kreditinstitute gilt, soll deren Stellung der Kundschaft gegenüber gestärkt und verhindert werden, daß die Kreditnehmer die Kreditinstitute unter Hinweis auf eine großzügigere Handhabung durch die Konkurrenz zum Verzicht auf die Prüfung veranlassen." Die Jahresabschlüsse müssen eingefordert werden, solange das Kreditverhältnis besteht. Wo üblicherweise keine Bilanzen erstellt werden, können solche nicht verlangt werden; das Kreditinstitut muß sich dann auf andere Weise Gewißheit über die wirtschaftliche Lage des Kreditnehmers verschaffen. Die Heraufsetzung von 5000,— RM (vgl. § 13 KWG 1939) bzw. 10 000,— DM auf 20 000,— DM ergab sich erst während der Gesetzesberatung auf Grund von Vorstellungen seitens der Vertreter der kleinen Kreditinstitute.

§ 19 enthält den Begriff des Kredits. Aufgeführt werden:

1. Gelddarlehen jeder Art, übernommene Darlehensforderungen sowie Akzeptkredite;

2. die Diskontierung von Wechseln und Schecks;

3. die Stundung von Forderungen aus nicht bankmäßigen Handelsgeschäften, insbesondere Warengeschäften, über die landesübliche Frist hinaus;

4. Bürgschaften, Garantien und sonstige Gewährleistungen eines Kreditinstituts für andere;

5. vorübergehende oder dauernde Beteiligung eines Kreditinstituts an dem Unternehmen eines Kreditnehmers mit mindestens 25 % des eingezahlten Kapitals des Unternehmens.

Es fehlen die Begriffe des Akzeptkredits und des Forderungsankaufs (factoring). In der Ausschußberatung wurde ausdrücklich festgestellt, daß die Tätigkeit der ärztlichen Verrechnungsstellen nicht hier hineinfalle, weil es sich um Geschäfte in fremdem Namen handele, die in der Regel nicht durch Kredite bevorschußt werden.

Die Sicherheiten und die Guthaben des Kreditnehmers bleiben außer Betracht. Als Kreditnehmer gelten „alle Unternehmen, die demselben Konzern angehören oder durch Verträge verbunden sind, die vorsehen, daß die Leitung des einen Unternehmens einem anderen Unternehmen unterstellt wird oder daß das eine Unternehmen verpflichtet ist, seinen ganzen Gewinn an ein anderes Unternehmen abzuführen".

§ 20 regelt die A u s n a h m e n (Kredite an öffentliche Körperschaften, Zentralkassen, Girozentralen, Sozialversicherungsträger und an die Bundesanstalt für Arbeitsvermittlung und Arbeitslosenversicherung; an Kreditinstitute bis zu drei Monaten; Wechsel von anderen Kreditinstituten mit einer Laufzeit bis zu drei Monaten; abgeschriebene Kredite). Ausgenommen bleiben Kredite im Hypothekengeschäft und Kredite, die von einer öffentlichen Körperschaft oder von einem Sondervermögen des Bundes verbürgt sind sowie Kredite anderer Kreditinstitute, die nach den Erfordernissen der §§ 11 und 12 Absatz 1 und 2 des Hypothekenbankgesetzes gewährt werden, wenn sie frühestens vier Jahre nach der Entstehung rückzahlbar sind oder einer regelmäßigen Tilgung unterliegen, die sich über mindestens vier Jahre erstreckt. Die Anzeige der Millionenkredite gilt nicht für Kredite der Versicherungsgesellschaften, die den Vorschriften des § 68 Absatz 1 Nr. 1 und Absatz 2 sowie des § 69 des Gesetzes über die Beaufsichtigung der privaten Versicherungsunternehmen und Bausparkassen entsprechen.

9. Die Vorschriften über den Sparverkehr

Der Gesetzgeber verzichtet auf die Definition des Wortes „Sparen" und beschränkt sich auf die Formulierung: „Spareinlagen sind Einlagen, die durch

Ausfertigung einer Urkunde, insbesondere eines Sparbuches, als solche gekennzeichnet sind." In Absatz 2 heißt es dann allerdings, daß als Spareinlagen „nur Beträge angenommen werden, die der Ansammlung oder Anlage von Vermögen dienen; Geldbeträge, die zur Verwendung im Geschäftsbetrieb oder für den Zahlungsverkehr bestimmt sind, erfüllen diese Voraussetzungen nicht." Das Bundeswirtschaftsministerium hatte sich darauf versteift, daß als Spareinlagen nur Beträge deklariert werden dürften, die von vornherein a u f u n b e s t i m m t e Z e i t hereingegeben werden. Die beispielhafte Aufzeichnung, daß Gehalts-, Pensions- und Rentenzahlungen nicht auf Sparkonten gutgeschrieben werden dürfen, ist vom Wirtschaftsausschuß des Deutschen Bundestages im Verlaufe seiner Beratungen gestrichen worden. Im übrigen ist es bei der bisherigen Regelung geblieben, daß nämlich über Sparguthaben nicht durch Scheck und Überweisung verfügt werden kann, wodurch die geschäftliche Verwendung mindestens stark eingeschränkt wird. Inwieweit der Zwang zur Ausfertigung einer Urkunde, insbesondere eines Sparbuchs, die Spareinlagen gegenüber den anderen Einlagenformen abgrenzt, bleibt Tatfrage. Für steuerbegünstigte Spareinlagen wird im allgemeinen kein Sparbuch ausgestellt; das Benachrichtigungsschreiben der Bank hat aber keinen anderen rechtlichen Charakter als das Schreiben, das den Eingang eines Betrages auf einem Festgeldkonto anzeigt.

Sehr umstritten war die Begrenzung der Anlage von S p a r g e l d e r n j u r i s t i s c h e r P e r s o n e n und Personenhandelsgesellschaften. An sich widerspricht es der sprachlichen Auffassung, daß Personenhandelsgesellschaften und juristische Personen „sparen" können. Das Wort „Sparen" ist genau wie das Wort „Einkommen" und das Wort „Verbrauch" auf natürliche Personen bezogen[47]). Es kommt hinzu, daß die Einbeziehung juristischer Personen die Wettbewerbsfrage in zwei Punkten berührt:

1. Die Sparkassen sind im Gegensatz zu den Privatbanken hinsichtlich ihres Spargeschäfts von der Zahlung bestimmter Steuern befreit[48]).

---

[47]) Während die deutsche Volkswirtschaftslehre meist stillschweigend unterstellt, daß nur natürliche Personen sparen können, ist die angelsächsische Auffassung vom Sparen als Nichtverbrauchen in dieser Hinsicht ohne Einschränkung. Bücher, die auf der angelsächsischen Lehre aufbauen, machen keinen Wesensunterschied mehr zwischen Nichtverbrauchen und Sparen und lassen auch juristische Personen Sparakte vollziehen (s. z. B. Paulsen, A.: Neue Wirtschaftslehre, 3. Aufl., Berlin und Frankfurt 1954, S. 58). W. Röpke unterscheidet vier Formen der geldwirtschaftlichen Kapitalbildung (K. durch Sparen, Unternehmungskapitalbildung, finanzwirtschaftliche K. und kreditpolitische K.; Die Lehre von der Wirtschaft, 8. Aufl., Echenbach—Zürich und Stuttgart, 1958, S. 180), wobei es beim ersteren heißt: „Kapitalbildung durch Sparen, d. h. dadurch, daß Einkommensteile aus freiwilligem Entschluß nicht verbraucht, sondern dem Kapitalmarkt zur Verfügung gestellt werden." Vgl. auch C. Zimmerer, Kompendium der Volkswirtschaftslehre, Düsseldorf 1960, S. 105 ff.

[48]) Vgl. § 4 Körperschaftsteuergesetz: „Von der Körperschaftsteuer sind befreit ... die öffentlichen oder unter Staatsaufsicht stehenden Sparkassen, soweit sie der Pflege des eigentlichen Sparverkehrs dienen"; § 3 Vermögensteuergesetz: „Von der Vermögensteuer sind befreit ... die öffentlichen oder unter Staatsaufsicht stehenden Sparkassen, soweit sie der Pflege des eigentlichen Sparverkehrs dienen ..."; § 3 Gewerbesteuergesetz: „Von der Gewerbesteuer sind befreit ... die öffentlichen oder unter Staatsaufsicht stehenden Sparkassen, soweit sie der Pflege des eigentlichen Sparverkehrs dienen ..."; § 51 Durchführungsverordnung zum Bewertungsgesetz: „Bei öffentlichen oder unter Staatsaufsicht stehenden Sparkassen gehören nur die Wirtschaftsgüter zum Betriebsvermögen, die nicht der Pflege des eigentlichen Sparverkehrs dienen. Als Wert des Betriebsvermögens gilt der Teil des gesamten Vermögens der Sparkasse, der sich aus dem Verhältnis ergibt, in dem die nicht in Spareinlagen bestehenden Einlagen und die eingegangenen Verbindlichkeiten einerseits zu den gesamten Einlagen und den eingegangenen Verbindlichkeiten andererseits stehen." — Der Versuch, dieses Sparkassenprivileg auf die übrigen Kreditinstitute auszudehnen, ist nach starken Pressionen von

2. Für die Spareinlagen sind im allgemeinen niedrigere Mindestreserven zu halten als für Termin- und Kündigungsgelder[49]. Diese Vorschrift bezieht sich auf sämtliche Kreditinstitute.

Es haben also sämtliche Institute einen Vorteil, wenn ein Betrag in Spareinlagen statt in Termin- und Kündigungsgeldern angelegt wird, weil die Mindestreservepflicht im allgemeinen geringer ist (jedenfalls war dies bisher, d. h. bis zum Erlaß des Gesetzes, immer der Fall). Dieser Vorteil kann allerdings durch höhere Zinssätze ausgeglichen oder sogar überkompensiert werden. Der weit stärkere Vorteil, nämlich der steuerlicher Art, liegt nur bei den Sparkassen. Bei ihnen konzentrieren sich auch von jeher Spareinlagen juristischer Personen, namentlich der Gemeinden, aber auch — infolge ihres Mündelsicherheitsprivilegs — Gelder von Kindern und Stiftungen. Wenn der Gesetzgeber ohne besondere Nachweispflicht Gelder dieser Stellen (Einrichtungen, die gemeinnützigen, mildtätigen oder kirchlichen Zwecken dienen) als Spareinlagen zuläßt, so stärkt er auf Grund der oben erwähnten Tatsachen die Rentabilität der Sparkassen. Daß eine solche Ausnahme den Widerspruch der übrigen Gruppen der Kreditinstitute, namentlich der Kreditgenossenschaften (auf Grund ihrer ähnlichen Kundenstruktur), herausfordert, ist selbstverständlich[50].

Bei Geldbeträgen anderer juristischer Personen und Personenhandelsgesellschaften muß der Zweck der Vermögensansammlung dargetan werden[51].

In der Begründung wird hierzu ausgeführt: „Ein solcher Verwendungszweck wird z. B. bei Pensionsfonds von Wirtschaftsunternehmen und bei echten Rücklagen der Kommunen gegeben sein. ... Die Ansammlung von Beträgen zur Erneuerung von Wirtschaftsgütern dient einem Geschäftszweck, so daß solche Gelder nicht als Spareinlagen angenommen werden dürfen. ... " Der Bundestag hat die Vorschrift im Laufe seiner Verhandlungen präzisiert, indem vorgeschrieben wurde, daß in jedem Fall eine

---

Sparkassenseite gescheitert (vgl. Antrag der Fraktion der FDP an den Deutschen Bundestag: „Entwurf eines Gesetzes zur gleichmäßigen Besteuerung des Sparkassenverkehrs", Bundestagsdrucksache 2857/1953; ferner die Aufsätze von H. Glembin in „Sparkasse" Nr. 19/1955, H. 3; Floitgraf in ZfK Nr. 11/1956 u. a. m.) „Die Sparkasse" bringt auf S. 98 in Heft 7 vom 1. IV. 1960 eine Zusammenstellung der Diskussionsbeiträge.

[49]) Das trifft für die Politik der Bank deutscher Länder und der Deutschen Bundesbank bisher immer zu; § 16 des Gesetzes über die Deutsche Bundesbank vom 26. VII. 1957 legt als Höchstsätze für Mindestreserven fest: 20 % der befristeten Verbindlichkeiten, 10 % der Spareinlagen. Der Jahresbericht 1959 des Deutschen Sparkassen- und Giroverbandes führt auf S. 55 noch aus: „Steuerbegünstigungen genießen ebenso die Kreditgenossenschaften (Ermäßigung des Körperschaftsteuersatzes auf ein Drittel) unter dem wirtschaftspolitischen Gesichtspunkt der Förderung des Genossenschaftsgedankens und der Kreditgewährung an den Mittelstand. Die privaten und öffentlichen Pfandbriefbanken, die das Realkreditgeschäft betreiben, sowie die Bausparkassen genießen Steuervergünstigungen. Die Begründung liegt hier in dem besonders hohen, überdurchschnittlichen Aufwand des langfristigen Darlehensgeschäftes (Real-, Kommunal-, Meliorationskredit.) Beide Begründungen, das Mittelstands- wie das Überdurchschnittskosten-Argument, treffen sinngemäß für die Sparkassen zu. ... "

[50]) Vgl. z. B. die Erklärungen des Anwalts des Deutschen Genossenschaftsverbandes (Schulze-Delitzsch), Dr. Johann Lang in FAZ vom 3. II. 1960, von Dr. O. Lettner, Vorstandsmitglied der Zentralkasse Bayerischer Volksbanken eGmbH, in „Handelsblatt" vom 2. VI. 1960; Gutachten des Deutschen Genossenschaftsverbandes (Schulze-Delitzsch), in „Handelsblatt" vom 16./17. VI. 1960; Gutachten von Minister a. D. Dr. Peters in „Handelsblatt" vom 29. I. 1960.

[51]) Im Entwurf heißt es „nachgewiesen".

schriftliche Erklärung des Einlegers verlangt werden solle, daß die geforderten Voraussetzungen zutreffen. Der Vorschlag des Genossenschaftsverbandes, eine Begrenzung des Gesamtbetrages aller Spareinlagen einer juristischen Person oder Personenhandelsgesellschaft auf 20 000,— DM vorzunehmen, wurde auf Grund von rechtlichen Bedenken des Bundesjustizministeriums fallengelassen.

Absatz 3 des § 20 bringt außer dem Verbot unbarer Verfügung — bei Auszahlungen ist die „Urkunde" vorzulegen, bei voller Rückzahlung die Urkunde zurückzufordern — noch das generelle Verbot, die Urkunde (also in der Regel das Sparbuch) bei dem Kreditinstitut zu hinterlegen; Ausnahmen, die wohl im Belieben der Geschäftspartner stehen, sind zulässig.

Die beiden Typen Spareinlagen mit g e s e t z l i c h e r K ü n d i g u n g s frist und Spareinlagen mit vereinbarter Kündigungsfrist werden beibehalten (§ 22). Für Spareinlagen mit gesetzlicher Kündigungsfrist beträgt die Kündigungsfrist drei Monate; innerhalb von dreißig Zinstagen können bis zu eintausend Mark ohne Kündigung zurückgefordert werden. Nach bisheriger Übung konnten auch höhere Beträge zurückgefordert werden. Es mußte dann allerdings ein „Vorschußzins" berechnet werden, der nach § 9 des Habenzinsabkommens „den für das hereingenommene Geld oder den dem Vorschuß entsprechenden Teil des hereingenommenen Geldes vereinbarten Habenzinssatz nur um ein Viertel übersteigt", sofern kein Notstand vorlag. Diese Regelung ist in den Absatz 3 des § 22 übernommen worden[52]).

Bei den Spareinlagen mit v e r e i n b a r t e r K ü n d i g u n g s f r i s t hat man nach längerer Beratung nur den Typ mit mindestens sechsmonatiger Kündigungsfrist festgelegt. Da erst nach sechs Monaten gekündigt werden kann, handelt es sich de facto um Gelder, die mindestens zwölf Monate festliegen. Damit ist die Zinskonkurrenz mit den Fest- und Kündigungsgeldern weitgehend eingeschränkt worden. Selbstverständlich ist es nicht verboten, auch den Typ der längerfristigen Einlage zu schaffen, z. B. nominell 12-, faktisch 18-Monatsgelder.

Die frühere Regelung der Späterverzinsung um 15 Tage hat man aufgehoben, obwohl dies als Gepflogenheit schon seit der Jahrhundertwende bei den Sparkassen bestand. Der Sinn dieser Maßnahme lag darin, das rasche Ein- und Auszahlen, dessen Kosten für die Kreditinstitute erheblich sind, zu verhindern (also den Zweck der Ansammlung von Vermögen zu fördern) und andererseits den erheblichen Zinsunterschied zu den Sichteinlagen abzumildern. Inwieweit diese Ziele erreicht worden sind, ist nicht bekannt[53]).

---

[52]) Fs bleibt jedem Sparer unbenommen, mehrere Sparbücher, auch beim gleichen Kreditinstitut, zu unterhalten und auf jedes Sparbuch 1000 DM einzuzahlen. Dadurch ist die jederzeitige Liquidierbarkeit des Guthabens sichergestellt.

[53]) Nach dem Jahresbericht 1959 des Deutschen Sparkassen- und Giroverbandes e. V. betrug der Bestand der Spareinlagen bei den Sparkassen per 1. I. 1959 22 881,1 Mio. DM, die Einzahlungen im Jahre 1959 erreichten 17 801,2, die Zinsgutschriften 817,3 Mio. DM, die Auszahlungen

➤

Vorschriften über Sichteinlagen (wie überhaupt über Kontokorrentkonten), Termin- und Festgelder fehlen im Gesetz. Das entspricht einer Übung des alten Gesetzes, wenngleich dort wenigstens Vorschriften über den unbaren Zahlungsverkehr zu finden waren. Die Bestimmungen des Soll- und des Habenzinsabkommens werden nicht übernommen. Die Vorschriften, daß die Kosten des Spargeschäfts in den Jahresabschlüssen ersichtlich gemacht werden müssen (§ 25 des alten KWG) ist nicht ins neue Gesetz übernommen worden; die Kreditinstitute haben diese Vorschrift auch bisher nicht beachtet. Ebenso fehlt der Satz, daß Spareinlagen gesondert anzulegen sind; eine Vorschrift, zu der keine Ausführungsbestimmungen ergangen sind.

10. Zinsen, Provisionen und Werbung

Der Gesetzgeber beschränkt sich in § 23 auf eine Generalklausel, derzufolge durch Rechtsverordnung Anordnungen für die Kreditinstitute über die Bedingungen erlassen werden können, zu denen Kredite gewährt und Einlagen entgegengenommen werden dürfen. „Die Anordnungen sollen für die Zinsen und Provisionen, die im Zusammenhang mit der Gewährung von Krediten oder der Entgegennahme von Einlagen berechnet werden, Grenzen festsetzen; diese sind so zu bemessen, daß die kreditpolitischen Maßnahmen der Deutschen Bundesbank unterstützt werden und die Funktionsfähigkeit des Kreditgewerbes gewahrt bleibt. ... " In der Ausschußberatung ist noch eingefügt worden, daß bei der Festsetzung von Grenzen für die Zinssätze darauf Bedacht zu nehmen ist, daß eine der gesamtwirtschaftlichen Entwicklung angemessene Kreditversorgung gesichert und die Spartätigkeit gefördert wird. „Die Rechtsverordnungen werden vom Bundesminister für Wirtschaft im Benehmen mit der Deutschen Bundesbank erlassen"; der Bundesminister für Wirtschaft kann diese Ermächtigung auch auf das Bundesaufsichtsamt mit der Maßgabe übertragen, daß Rechtsverordnungen des Bundesaufsichtsamtes nur im Einvernehmen mit der Deutschen Bundesbank ergehen.

Ob alle vier Ziele miteinander in Einklang zu bringen sind, ist mindestens theoretisch zweifelhaft. Eine Kreditrestriktion kann z. B. die Kreditversorgung der Wirtschaft erschweren, eine Zinsreduktion den Anreiz zur Förderung des Sparens verschlechtern. Bedenken dieser Art waren schon in den Ausschußberatungen geltend gemacht worden; man hat dann den Katalog der Zielsetzungen abgemildert, ohne ihn allerdings aufzugeben.

---

13 419,8 Mio. DM. Leider sind in diesem Betrag die Spareinlagen mit gesetzlicher Kündigungsfrist und die Spareinlagen mit vereinbarter Kündigungsfrist zusammengefaßt. Ginge man von einem Durchschnittsbetrag von 26,3 Mrd. DM aus und würde man die Lastschriften von 13,4 Mrd. DM gegenüberstellen, so erhielte man eine Umschlagsziffer von etwa 23—24 Monaten. Im Spargiro- und Scheckverkehr ergeben sich Lastschriften von rd. 460 Mrd. DM (ohne Barabhebungen). Die Sichteinlagen betrugen per 31. XII. 1958 rd. 7 Mrd. DM, am 31. XII. 1959 rd. 8,1 Mrd. DM, die Kontokorrentkredite 3,4 Mrd. DM bzw. 3,8 Mrd. DM. Geht man von einem Durchschnittsbestand beider von 11,1 Mrd. DM aus, so würde sich im Kontokorrentverkehr ein Umschlag ergeben, der fast achtzigmal so hoch ist wie der Umschlag der Sparkonten. Die Rechnung ist aus vielen Gründen ungenau; sie gibt aber die Tendenz recht deutlich wieder.

4*

Der Bundesrat hatte konkretere Vorschläge gemacht; insbesondere hatte er verlangt, daß die Sollzinssätze in einem bestimmten Verhältnis zum Diskontsatz der Bundesbank stehen sollen und daß die Grenzen für die Habenzinsen den Anlagemöglichkeiten am Geld- und Kapitalmarkt entsprechen sollen. Das ist abgelehnt worden; jedoch ist der Vorschlag des Bundesrates, die Spitzenverbände der Kreditinstitute anzuhören, ehe Rechtsverordnungen oder allgemeine Maßnahmen erlassen werden, angenommen worden. § 36 des alten Gesetzes hatte diesen sogar grundsätzlich das Recht zur Zinsfestsetzung eingeräumt; das Reichsaufsichtsamt sollte nur eingreifen, wenn die Spitzenverbände zu keiner Einigung kämen. Übrigens wird in dieser eminent wichtigen Frage die andere Seite — z. B. die Vertretung der Industrie, des Handels, der Sparer usw. — nicht gehört.

Mit dieser Vorschrift ist nicht gesagt, daß der Bundesminister für Wirtschaft solche Regelungen erlassen muß; den Spitzenverbänden ist eine Regelung dieser Art noch nicht einmal ausdrücklich zugestanden worden. Das bedeutet aber nicht, daß sie nach Aufhebung der Zinsabkommen aus dem Jahre 1936 keine Beschlüsse fassen dürften. Das Gesetz gegen Wettbewerbsbeschränkungen vom 27. VII. 1957 nimmt in § 99 die Kreditwirtschaft ausdrücklich von dem Kartellverbot aus. Allerdings kann das Bundeskartellamt bei Mißbräuchen eingreifen; aber ein Mißbrauch muß erst einmal bewiesen werden. Die Begründung des Gesetzvorschlages sieht vor, daß sowohl Mindest- als auch Höchstzinssätze vorgeschrieben werden können; auch sei eine Bindung an den Diskontsatz der Bundesbank in manchen Situationen nötig. „Zweck einer Habenzinsregelung kann auch sein, zu verhindern, daß eine einschneidende Beschränkung der Sollzinsen die Rentabilität der Kreditinstitute zu stark mindert. ... Die Eigenverantwortung der Kreditinstitute macht staatliche Eingriffe in die Habenzinsgestaltung nicht entbehrlich, da die Kreditinstitute erfahrungsgemäß unter dem Druck des Marktes gesamtwirtschaftliche Belange nicht immer ausreichend berücksichtigen." Mit dem Wort „Grenzen" bleibt aber ausgedrückt, daß keine Festpreise erlassen werden, sondern daß ein Spielraum bleibt. Allerdings hat das Habenzinsabkommen für die Habenzinssätze auch „Höchstsätze" verordnet, die in der Praxis als Einheitszinssätze wirkten, die niemand unterschritt[54]).

Die Notwendigkeit von Zinskartellen wird in einer freiheitlich gestalteten Wirtschaftsordnung immer umstritten bleiben[55]). Solange Konkurrenz

---

[54]) § 1 des Habenzinsabkommens vom 22. XII. 1936 (Reichsanzeiger Nr. 299/36).

[55]) So wendet sich z. B. F. W. Meyer in einem temperamentvollen Aufsatz unter dem Titel „Weiterhin Zinsdirigismus" gegen die obrigkeitliche Festsetzung der Zinsen mit folgenden Argumenten:
1. Sie führt „zwangsläufig zu einer bedenklichen Verquickung der Interessen der Kreditwirtschaft und der mit ihrer Beaufsichtigung betrauten Institutionen. ... Sobald die staatlichen Stellen durch ihre ausschlaggebende Mitwirkung bei der Festsetzung der Zinskonditionen die Rolle des Kartelldirigenten übernommen haben, ist es unvermeidbar, daß ihnen damit zugleich auch die Rolle des Kartellprotektors zufällt. ..."
2. Die Verhinderung des Fallissements durch Wettbewerbsbeschränkungen als Begründung für einen Zinsdirigismus ist ... nicht nur abwegig, weil dieses Mittel für den angegebenen Zweck überflüssig ist, sondern noch viel mehr, weil es ihn gar nicht zu erreichen vermag. ... „Niemand wird behaupten wollen, daß ruinöse Konkurrenz zwischen den Kreditinstituten die Bankenkrise von 1931 verursacht habe. Auch die wenigen Institute, die durch leichtfertige langfristige Ausleihung von kurzfristigen Krediten aus dem Ausland infolge

herrscht, wird man versuchen, den guten Schuldner mit niedrigeren Zinsen und den größeren Einleger mit höheren Vergütungen zu locken. Im einzelnen sind folgende Regelungen denkbar:

1. der Staat setzt H ö c h s t z i n s s ä t z e fest, die im Soll allerdings nur dann durchschlagen, wenn gleichzeitig auch die Provisionen und Gebühren für das Kreditgeschäft und für den Zahlungsverkehr festgelegt werden und wenn die Valutierungsdifferenzen nach oben im Soll und Haben eindeutig begrenzt werden;

2. Der Staat setzt M i n d e s t z i n s s ä t z e fest, die ebenfalls im Soll mit den oben erwähnten Nebenregelungen verbunden werden müssen;

3. der Staat setzt N o r m a l s ä t z e fest im Sinne von Richtpreisen, die über- und unterschritten werden können;

4. der Staat erläßt F e s t s ä t z e , was allerdings, zusammen mit den oben erwähnten Regelungen, kompliziert sein dürfte, da die Unterschiedlichkeit doch sehr groß ist.

Diese vier Formen können im Soll und im Haben miteinander kombiniert werden; man kann aber z. B. auch die Habenzinssätze festlegen und die Sollzinssätze freigeben[56]).

Teilregelungen, wie z. B. die Festlegung der Zinssätze, haben den Nachteil, daß die Wettbewerbsbedingungen unübersichtlich werden („Konditionenwirrwarr"). Aber selbst wenn Sollzinssätze, Provisionen, Gebühren, Spesen und Valutierung festlägen, könnte sich der Wettbewerb im Kreditgeschäft noch auf die Ebene der Sicherstellung, auf bestimmte, durchaus zulässige Arten des Service, auf die Kulanz der Behandlung und auf die Beeinflussung durch Werbung beziehen.

Eine Festlegung der Habenzinssätze ist hingegen weniger gefährlich, da Provisionen und Spätervalutierungen kaum zur Debatte stehen (sieht man von Sichteinlagen ab). Da man aber — schon um den Geldmarkt nicht zu stören — nur die Zinssätze für Gelder von Nichtbanken festlegen kann, so kann sich zeitweise eine größere Differenz zwischen Bankengeldern und Kundschaftsgeldern ergeben. Wenn man z. B für Dreimonatsgelder von Banken 4 %, für Dreimonatsgelder von Nichtbanken 3 % zahlen muß, so kann die Differenz von 1 % bei den Instituten, die relativ geldmarktabhängig sind, zu Überlegungen führen, wie man die Festsetzung der Habenzinsen

---

der Abziehung der Auslandskredite zusammenbrachen, hatten in den vorangegangenen Jahren an den Segnungen von Konkurrenzbeschränkungen durch Zinskartelle teilgehabt. Sie haben diese Institute nicht vor dem Zusammenbruch bewahrt."
3. Auch die Einführung von Wettbewerbsbeschränkungen als Ausgleich für rentabilitätsmäßige Auswirkungen der Zentralbankpolitik ist unnötig (FAZ vom 14. IV. 1960).

[56]) Zur Zinsdiskussion vgl. z. B. „Weiterhin Zinsdirigismus?" von Prof. Dr. F. W. Meyer, in FAZ vom 14. IV. 1960 sowie in der Wirtschaftspolitischen Chronik des Instituts für Wirtschaftspolitik an der Universität zu Köln, Heft 2/1960. „Zinsdirigismus' oder wirksame Kreditpolitik?" von Prof. Dr. H. Rittershausen, in FAZ vom 26. IV. 1960; „Die Habenzinsen freigegeben" von H. Brestel, in FAZ vom 15. VI. 1960.

umgehen kann. Vielfach sind in solchen Fällen Wechsel oder festverzinsliche Wertpapiere den Kunden „in Pension" gegeben worden, d. h. man hat ihnen z. B für die Dauer von drei Monaten Aktiva abgetreten, die einen höheren Zinssatz erbrachten. Da Bankengelder im allgemeinen nicht mindestreservepflichtig sind, muß dann schon eine Differenz zum Geldmarktzins bestehen, wenn die Kosten gleichhoch sein sollen.

B e i s p i e l:

> Mindestreservepflicht 20 %; Kundschaftsgelder 3 %, d. h.: von 1 Mio. DM Kundschaftsgeldern stehen nur 800 000 DM zur zinstragenden Ausleihung zur Verfügung; diese 800 000 DM kosten aber 3 % von 1 Mio. DM = 30 000 DM Zins p. a., mithin 3³/₄ %. Nur wenn das Bankengeld mehr kostet als 3³/₄ %, lohnt sich eine Manipulation wie oben angegeben. Die Gegenüberstellung setzt allerdings voraus, daß Bankengelder unbeschränkt zur Verfügung stehen[57]).

Eine andere Ausweichmöglichkeit ergab sich dadurch, die Einlagen über Finanzmakler zu leiten, aus deren Provisionen dann ein Teil an die einlegende Kundschaft zurückfließen konnte.

Die bestehenden Richtpunkte für Gebühren, Provisionen u. dgl., die von den einzelnen Verbänden der Kreditinstitute „unter der Hand" zusammengestellt und nur an die Mitglieder verteilt werden, stellen Ansätze zu gemeinsamen Regelungen dar. Indessen haben diese gemeinsamen Konditionen in der Regel den Nachteil, weder dem betriebswirtschaftlichen Gesichtspunkt der Kostengerechtigkeit noch dem volkswirtschaftlichen Gesichtspunkt der Transparenz zu entsprechen; von rechtlichen Bedenken ganz abgesehen[58]).

Das Bundeswirtschaftsministerium erörterte am 15. II. 1960 in einem „informatorischen Gespräch mit den Spitzenverbänden des Kreditgewerbes" die Frage einer Auszeichnungspflicht für Kreditkosten. Es stieß dabei auf eine derart heftige Ablehnung, daß es diesen Wunsch, der wohl von seiten der mittelständischen Industrie vorgeschlagen war und der sich auf Erfahrungen in den USA stützte, aufgab[59]).

Ein weiteres Problem bildet die unterschiedliche Ausgangsposition der einzelnen Gruppen der Kreditinstitute. Einerseits bestehen Sonderrechte (Steuervergünstigungen, Mündelsicherheit, Gewährträgerhaftung), andererseits Sonderpflichten (man vergleiche z. B. die Schwerfälligkeit des Sparkassenapparates bei der Gewährung von Industriekrediten), Diskriminierun-

---

[57]) Vgl. zum ganzen Abschnitt Zimmerer, C.: „Bankkostenrechnung", Frankfurt a. M. 1956.
[58]) Vgl. z. B. die kritischen Bemerkungen von Jonas, H. H.: „Grenzen der Kreditfinanzierung", Wiesbaden 1960, S. 25 ff.
[59]) Vgl. „Handelsblatt" vom 9./10. IX. 1960 („Preisauszeichnung") und ZfK vom 1. IX. 1960 („Preis-Sonderrecht für das Kreditgewerbe"). Wenn die letztgenannte Zeitschrift den Vorschlag deshalb ablehnt, weil die Preislisten so kompliziert aussähen, „daß Menschen mit einem durchschnittlichen geschäftlichen Verstand und ohne Spezialkenntnisse des Bankwesens sich gar nicht auskennen könnten", dann stellt dies ein vernichtendes Urteil über die Preisklarheit der deutschen Kreditinstitute dar. Wenn das Preissystem für den Bankkunden nicht mehr „ohne Spezialkenntnisse des Bankwesens" zu durchschauen ist, so sollte man endlich darangehen, es zu reformieren.

gen (worauf bei der Behandlung der Teilzahlungsbanken hingewiesen worden ist) und Privilegien. Der Kunde, der 1000,— DM Spargelder anlegen will, kann gehen:

a) zu jeder Sparkasse,

b) zu jeder Genossenschaftsbank,

c) ziemlich zu jeder privaten Geschäftsbank,

d) zur Bundespost.

Fast überall erhält er die gleichen Konditionen. Wer einen Industriekredit von 1 Million DM mit einer Laufzeit von 10 Jahren haben will, kann gehen:

a) zur Industriekreditbank AG,

b) zu einer Girozentrale,

c) u. U. über seine Hausbank zur Kreditanstalt für Wiederaufbau.

Die Märkte sind also für jedes Bankgeschäft verschieden. Auch der Konkurrenzgrad ist unterschiedlich[60]).

Wenn nun die Bedingungen freigegeben werden, ohne eine Startgleichheit herzustellen, so fürchtet man, daß z. B. die Expansionskraft des öffentlichen Sektors des Kreditwesens die übrigen Teile der Kreditwirtschaft an die Wand drücken könnte.

Die Sicht- und Termineinlagen der Sparkassen betrugen 1934 rund 1,5 Mrd. RM, Ende 1960 hingegen (einschließlich Girozentralen) rund 12,6 Mrd. DM; bei den privaten Kreditinstituten (ohne Privatbankiers, aber einschließlich der Staatsbanken) beliefen sich die Kundschaftseinlagen (ohne Spareinlagen) am 31. XII. 1934 auf 15 Mrd. RM, am 31. XII. 1960 hingegen auf 23,1 Mrd. DM.

Die Zahlen würden noch günstiger für den Sektor der Sparkassen aussehen, wenn man die Kundschaftseinlagen der Girozentralen (1960: ohne Spareinlagen 3,5 Mrd. DM[61]) einbeziehen würde und unter den privaten Kreditinstituten die Staatsbanken ausklammern könnte und die Privatbankiers, deren Zahl sich halbiert hat, einbeziehen würde.

Diese Entwicklung ist zweifellos nicht nur der Ausfluß der zweigstellen- und spartenbedingten Expansion der Sparkassen sowie deren Steuervorteile usw., sondern auch eine Folge der sozialen Umschichtung unseres Volkes. Bei steigendem Wohlstand könnte z. B. sehr wohl der Privatbankierstand wieder stärker zur Geltung kommen. Aber von einer Startgleichheit kann man jedenfalls nicht sprechen.

---

[60]) Vgl. C. Zimmerer: „Der Markt für Bankleistungen", in „Wirtschaft und Wettbewerb", Juni 1957.
[61]) Vgl. Monatsbericht der Deutschen Bundesbank vom Juni 1961, S. 82 ff.

Die Frage der Anpassung der Zinspolitik an die Ziele der Notenbankpolitik ist nicht so einfach. Setzt die Notenbank den Diskontsatz herauf, so will sie die Geschäftstätigkeit lähmen, also die Nachfrage von Krediten dämpfen. Würden die Banken diese Maßnahmen im Soll und im Haben weitergeben, so ergäbe sich folgende Situation:

a) geringere Kreditnachfrage,

b) höhere Ersparnisbildung.

Die Folge für den Geldmarkt wäre eine gleichzeitig verringerte Nachfrage und ein erhöhtes Angebot. Dadurch würde der Geldmarktzinssatz absinken und die heraufgesetzten Habenzinssätze würden der Marktlage nicht mehr entsprechen. Selbstverständlich kann die Notenbank z. B. durch Verkauf an Geldmarktpapieren und durch Erhöhung der Mindestreserven die stärkere Liquidität für eine gewisse Zeit abschöpfen. Aber das Verschieben der Zinsspanne nach oben und unten ist doch außerordentlich problematisch; denken wir z. B. daran, daß die Mindestreservepolitik die Zinsspanne der Banken auch nicht unberücksichtigt läßt.

Eine Frage ist natürlich, ob die Rechtsverordnungen die Zinsen für verschiedene Gruppen von Kreditinstituten verschieden hoch bemessen können und ob überhaupt die Zins- und Provisionsregelungen nur für Gruppen von Kreditinstituten eingeführt werden können. Bisher war es so, daß z. B. die Postscheckämter eine eigene Gebührenpolitik und die Postsparkassen eine eigene Zinspolitik betrieben. Es ist nun in § 2 sichergestellt, daß diese Institute den Rechtsverordnungen laut § 23 ebenfalls unterliegen. Die Frage der Zinsordnung für kleine Institute, wie sie im Habenzinsabkommen niedergelegt ist, spielt ebenfalls eine Rolle. Bei enger Auslegung des § 23 dürfte eine unterschiedliche Regelung nicht Platz greifen; für die Festlegung eines Z i n s v o r a u s fehlt die Rechtsgrundlage[62]). Man könnte sich allerdings auf den Standpunkt stellen: Wo kein Kläger ist, ist kein Richter — das heißt, wenn die Kreditinstitute sich einig sind, dann könnte durch einen Beschluß z. B. bei der Festsetzung von Höchstsätzen für Habenzinsen eine Zinsordnung gebilligt werden; aber das ist immerhin nur eine Notlösung. In der Begründung heißt es ausdrücklich: „Anordnungen über die Konditionen der Kreditinstitute haben generellen Charakter. Sie sollen allgemein für das Kreditgewerbe gelten, auch für diejenigen Kreditinstitute, die erst nach Erlaß der Anordnungen errichtet werden."

Ein Sonderproblem stellt sich für T e i l z a h l u n g s b a n k e n . Bei ihnen handelt es sich im allgemeinen um Institute, die keine Einlagen annehmen dürfen. Sie müssen sich aus diesem Grunde entweder mit höher verzinslichen Privatdarlehen finanzieren oder sich Geld von Vollbanken besorgen.

---

[62]) Nach der Neuregelung durch Beschluß des Sonderausschusses Bankenaufsicht vom 25./26. III. 1954 gab es einen allgemeinen Zinsvoraus von $1/8 - 1/2$ % für Privatbankiers und Personengesellschaften und ähnliche Sätze für Kreditgenossenschaften mit Bilanzsummen unter 40 Mill. DM und Kapitalgesellschaften mit Bilanzsummen unter 60 Mill. DM.

Die Verzinsung dieser Gelder liegt in der Nähe des Sollzinssatzes. Wenn die Teilzahlungsbanken die gleiche Zinsspanne wie die Vollbanken kalkulieren, dann müßte ihr Zinssatz im Soll etwa 3 — 4 % über dem Zinssatz für Kontokorrentkredite liegen. Der höhere Zinssatz für Teilzahlungskredite erklärt sich daher nicht vorwiegend aus dem höheren Risiko der Teilzahlungskredite und aus den größeren Abwicklungskosten infolge der relativ niedrigen Beträge (die z. T. durch die Formularstrenge, z. T. durch Gebühren aufgefangen werden), sondern aus dem Verbot seitens der Bankenaufsicht, Einlagen anzunehmen. Da die Teilzahlungsbanken den mittelfristigen Kredit pflegen, der von den Vollbanken vernachlässigt worden ist und nur von den Sparkassen und Kreditgenossenschaften betrieben wird, bleibt ihnen ein relativ großes Feld der Betätigung offen. Die Aktion des Personalkleinkredits der Großbanken hat sie ebenfalls nicht entscheidend getroffen; die Zinsen und Gebühren dieses Schemas lagen auch nicht wesentlich unter den Konditionen der Teilzahlungsbanken.

Am 29. III. 1939 hat der Reichskommissar für das Kreditwesen Richtlinien über die Kosten der K l e i n k r e d i t e mit Verpflichtung zur regelmäßigen Tilgung erlassen (Reichsanzeiger Nr. 78). Die Richtlinien stützen sich auf § 7 Abs. 2 des Sollzinsabkommens. Zu den Kleinkrediten gehörten Kredite bis zum Betrag von 600,— DM mit einer Laufzeit zwischen 6 und 18 Monaten. Laut Beschluß des Sonderausschusses Bankenaufsicht gelten diese Richtlinien fort. Für die K a u f k r e d i t e der Sparkassen gibt es eigene Richtlinien.

Die T e i l z a h l u n g s b a n k e n hatten eine Ausnahmegenehmigung für das Kreditgeschäft[63]). Es „lautete bisher so, daß im Unterschied zu den für Sparkassen und Geschäftsbanken geltenden Bedingungen ein Höchstsatz von 1 % je Monat (vom Anfangsbetrag) zuzüglich Bearbeitungsgebühr zugelassen war, was je nach der Laufzeit einem Jahressatz zwischen 18 und 24 % entspricht. Dieser hohe Satz erschien dadurch gerechtfertigt, daß sich sowohl die Bearbeitung als auch die Refinanzierung von Teilzahlungskrediten erheblich teurer als bei Krediten der Sparkassen und Geschäftsbanken stellte. ... Eine Gruppe von Teilzahlungsbanken ist ... dazu übergegangen, Personalkredite zu den üblichen Teilzahlungsbedingungen zu gewähren, statt, wie bisher, die Darlehenssumme in Form von Anweisungen auszuzahlen, die nur von den den Teilzahlungsinstituten angeschlossenen Einzelhandelsgeschäften in Zahlung genommen werden ... Das Dilemma der Teilzahlungsbanken besteht darin, daß sie Bar- und Teilzahlungskredite nicht zu unterschiedlichen Bedingungen gewähren können. Die Kreditnehmer würden sich für die billigere Kreditart entscheiden, damit wäre der teuere Teilzahlungskredit uninteressant. ... Die Frage, vor die sie sich gestellt sehen, ist im Grunde die, ob sie beim traditionellen Teilzahlungskreditgeschäft bleiben oder auf Bankkredite übergehen und

---

[63]) Vgl. zum ganzen Abschnitt: „Handbuch der Teilzahlungswirtschaft", Frankfurt a. M. 1958.

Geschäftsbank werden sollen. Es steht ihnen frei, den Antrag auf Zulassung als Geschäftsbank — mit entsprechend günstigen Refinanzierungsmöglichkeiten — zu stellen, wenn sie sich für den Bankkredit entscheiden sollten[64][65]."

---

[64]) Vgl. W. Bongard: „Das Dilemma der Teilzahlungsbanken", in FAZ vom 20. V. 1959.

[65]) Vgl. z. B. folgende Anordnung vom 5. XI. 1959: Der Minister für Wirtschaft und Verkehr des Landes Nordrhein-Westfalen, Bankenaufsicht — II/B 2 — 183 — 23 —.

I. Auf Grund von § 36 des Gesetzes über das Kreditwesen werden in Übereinstimmung mit der Deutschen Bundesbank mit Wirkung vom 1. Januar 1960 folgende Höchstsätze für die Kreditgebühr bestimmt:

  1. A - u n d B - G e s c h ä f t :

    a) bei Kreditbeträgen bis 300,— DM
      1 % pro Monat vom ursprünglichen Kreditbetrag,

    b) bei Kreditbeträgen von mehr als 300,— DM bis 600,— DM
      0,9 % pro Monat vom ursprünglichen Kreditbetrag,

    c) bei Kreditbeträgen von mehr als 600,— DM
      0,8 % pro Monat vom ursprünglichen Kreditbetrag.

  Daneben ist die Berechnung einer einmaligen Antragsgebühr bis zu 2,50 DM zulässig.

  2. C - G e s c h ä f t :

    0,65 % — bei Gebrauchtfahrzeugen 0,7 % —
      pro Monat vom ursprünglichen Kreditbetrag zuzüglich einer Inkassogebühr von höchstens 1,50 DM bei bankdomizilierten und 2,— DM bei sonstigen Wechseln.

II. Die Laufzeit der Kredite soll 24 Monate nicht überschreiten.

III. Die Kreditinstitute haben die Anschlußfirmen zu verpflichten, daß sie im B- und C-Geschäft den Kreditnehmern keine höheren Kreditgebühren als die nach Abschnitt I zulässigen berechnen.

IV. R ü c k e r s t a t t u n g v o n K o s t e n

  1. A - u n d B - G e s c h ä f t :

    Im Fall vorzeitiger Rückzahlung des gesamten Darlehens oder von Darlehensrestbeträgen sind mindestens die gemäß Abschnitt I belasteten unverbrauchten Kreditgebühren anteilig vom vorzeitig zurückgezahlten Kreditbetrag zurückzuerstatten, sofern die Rückzahlungssumme mindestens zwei Monatsraten umfaßt und wenigstens 200,— DM beträgt.

  2. C - G e s c h ä f t :

    Im Falle einer vorzeitigen Rückzahlung des gesamten Darlehens oder von Darlehensrestbeträgen sind mindestens 5 % p. a. vom vorzeitig zurückgezahlten Kreditbetrag zurückzuerstatten.

V. V e r m i t t l e r k o s t e n

  Für die Vermittlung von Teilzahlungsfinanzierungskrediten darf der Kreditgeber vom Darlehensnehmer keine Provision fordern. Soweit von Kreditgebern die Mitarbeit von Vermittlern in Anspruch genommen wird, sind die Vergütungen hierfür vom Kreditgeber selbst zu tragen. Die Annahme oder Vereinbarung sogenannter freiwilliger Vergütungen ist untersagt.

sowie: A n o r d n u n g über Gebührensätze für Kredite der Teilzahlungsfinanzierungsinstitute.

Auf Grund von § 36 des Gesetzes über das Kreditwesen vom 25. September 1939 (RGBl. I S. 1955) wird in Übereinstimmung mit der Deutschen Bundesbank die Anordnung vom 5. November 1959 (GV S. 161) wie folgt ergänzt:

VI. Die unter Abschnitt I bestimmten Höchstsätze für die Kreditgebühr werden wie folgt abgeändert, wenn und solange der Diskontsatz der Deutschen Bundesbank 4 % übersteigt:

  1. A - u n d B - G e s c h ä f t

    a) bei Kreditbeträgen bis 500,— DM
      1 % pro Monat vom ursprünglichen Kreditbetrag,

    b) bei Kreditbeträgen von mehr als 500,— DM bis 1000,— DM,
      0,9 % pro Monat vom ursprünglichen Kreditbetrag,

    c) bei Kreditbeträgen von mehr als 1000,— DM
      0,8 % pro Monat vom ursprünglichen Kreditbetrag.

  Daneben ist die Berechnung einer einmaligen Antragsgebühr bis zu 2,50 DM zulässig.

  2. C - G e s c h ä f t

    0,75 % — bei Gebrauchtfahrzeugen 0,8 % — pro Monat vom ursprünglichen Kreditbetrag zuzüglich einer Inkassogebühr von höchstens 1,50 DM bei bankdomizilierten und 2,— DM bei sonstigen Wechseln.

Die Pfandleihhäuser sind aus dem Gesetz ja ausdrücklich ausgenommen. Das Bundeskartellamt genehmigte am 4. X. 1960 ein Konditionenkartell zwischen zwölf Leihhäusern, in dem allerdings die Zinshöhe nicht geregelt ist.

Die Frage nach der Zulässigkeit von Zinsfestsetzungen für langfristige Kredite ist vom Gesetzgeber nicht ausdrücklich angeschnitten worden. Auch das Sollzinsabkommen kannte keine Begrenzung, wurde aber nur für kurzfristige Kredite angewendet.

Gebühren für den Zahlungsverkehr, für das Depotgeschäft und für das Effektengeschäft fallen nicht unter den § 23. Hier können also keine obrigkeitlichen Eingriffe in die bankbetriebliche Einzel- oder Kollektivsphäre erfolgen[66]).

Weiterhin hat man davon abgesehen, Anordnungen aus Gründen der Rationalisierung zu erlassen (z. B. für Gebühren im Zahlungsverkehr u. dgl.). Das Gesetz ist an sich nicht von dem Gedanken überbetrieblicher Rationalisierung erfüllt, obwohl in dieser Beziehung gewaltige Möglichkeiten stecken, die auf einzelbetrieblicher Ebene nicht durchgeführt werden können.

Absatz 2 des § 23 gibt dem Bundesaufsichtsamt die Möglichkeit, bestimmte Arten der Werbung zu untersagen, um Mißständen zu begegnen. Damit wird eine Praxis der bisherigen Bankenaufsichtsbehörden auf Grund von § 38 bzw. § 36 des alten KWG übernommen. Der Reichskommissar für das Kreditwesen wandte sich u. a. gegen folgende Mißstände[67]):

Rundschreiben vom 2. IV. 1932:

...Nicht zu vereinbaren mit dem Wettbewerbsabkommen ist es, wenn öffentlich-rechtliche Kreditinstitute, für die ein Staat oder eine öffentlich-rechtliche Körperschaft eine Garantie übernommen hat, diese Tatsache besonders hervorheben, um den Eindruck einer größeren Sicherheit im Vergleich zu anderen Instituten zu erwecken.

Rundschreiben vom 8. VIII. 1934:

... Ich habe ... den Standpunkt vertreten, daß persönlich gehaltene Werbeschreiben der Kreditinstitute nur an Personen versandt werden dürfen, von denen feststeht, daß sie nicht bereits mit anderen Instituten zusammenarbeiten. Sollen Kunden anderer Institute auf das eigene Institut aufmerksam gemacht werden, so genügt hierfür die allgemeine, unpersönlich gehaltene Werbung.

---

[66]) Auf Grund einer Anfrage des hessischen Wirtschaftsministeriums hat der Leiter der Dritten Beschlußabteilung des Bundeskartellamtes nach einer Aussprache mit den Vertretern der Bankenaufsichtsbehörden erklärt, daß die Bankenaufsichtsbehörden noch niemals Effektenprovisionen festgesetzt hätten. „Dies sei allein Sache der Kreditinstitute, die allerdings seit langem ihre Konditionslisten zur Kenntnisnahme einreichen." — Vgl. FAZ vom 19. XI. 1960.

[67]) Vgl. Reichsgesetz über das Kreditwesen, Loseblattausgabe, Stuttgart, o. J.; Kantel: „Zins- und Wettbewerbsabkommen", Kommentar, Stuttgart 1955.

Schreiben vom 17. VII. 1935:

Ich halte grundsätzlich an der Auffassung fest, daß eine Abholung von Geldern durch Kreditinstitute nur dann mit den Gepflogenheiten des Kreditgewerbes im Einklang steht, wenn mit dieser Abholung eine Förderung des eigentlichen Spargeschäfts bezweckt wird. Dementsprechend erscheint mir die regelmäßige Abholung von Geldbeträgen, die dem laufenden Geschäftsverkehr dienen, nicht angängig.

Schreiben vom 26. VI. 1936:

Bei der Werbung für ein bestimmtes unbares Zahlungssystem sind künftig

1. alle Superlative zu unterlassen,

2. bei Neuauflagen von Werbedrucksachen, die für Nichtkunden bestimmt sind, keine vergleichsweisen Darstellungen unbarer Zahlungssysteme mehr aufzunehmen.

Schreiben vom 17. IX. 1936:

Nach eingehender Prüfung des Vorschlages, Geschenksparbücher bis zu 5,— RM bei der Geburt des vierten Kindes und weiterer Kinder zuzulassen, beabsichtige ich, an dem bisherigen Grundsatz der Begrenzung auf 3,— RM festzuhalten. Ich bemerke dazu, daß ich eine Werbung durch Verteilung von Geschenksparbüchern ohnehin nicht sehr begrüße und daß ich aus diesem Gesichtspunkt heraus es nicht für wünschenswert halte, daß ein solcher besonderer Anlaß noch zur Verstärkung dieser Werbung ausgenützt wird.

Schreiben vom 24. I. 1938:

... habe ich die Auffassung vertreten, daß eine Werbung mit dem Begriff der kostenlosen Beratung möglichst unterbleiben solle. ...

11. Besondere Pflichten der Kreditinstitute

Nach § 24 haben die Kreditinstitute sowohl dem Bundesaufsichtsamt als auch der Deutschen Bundesbank folgende Punkte anzuzeigen:

1. die Bestellung eines Geschäftsleiters und die Ermächtigung einer Person zu Einzelvertretung des Kreditinstituts in dessen gesamtem Geschäftsbereich unter Angabe der Tatsachen, die für die Beurteilung der Zuverlässigkeit und der fachlichen Eignung wesentlich sind,

2. das Ausscheiden eines Geschäftsleiters sowie die Entziehung der Befugnis zu Einzelvertretung des Kreditinstituts in dessen gesamtem Geschäftsbereich,

3. die Übernahme einer dauernden Beteiligung an einem anderen Kreditinstitut,

4. die Änderung der Rechtsform, soweit sie nicht nach § 31 erlaubnispflichtig ist,

5. Kapitalveränderungen, die in öffentliche Register eingetragen werden müssen,

6. die Verlegung der Niederlassung oder des Sitzes,

7. die Errichtung und Schließung einer Zweigstelle,

8. die Einstellung des Geschäftsbetriebs.

Hat ein Kreditinstitut die Absicht, sich mit einem anderen Kreditinstitut zu vereinigen, so hat es dies dem Bundesaufsichtsamt und der Deutschen Bundesbank rechtzeitig anzuzeigen.

Damit wird an dem geltenden Rechtszustand so gut wie nichts geändert. In der Begründung wird ausgeführt: Der Begriff der dauernden Beteiligung deckt sich mit dem der dauernden Anlage in Beteiligung in § 12. Unter Absatz 1 Nr. 4 fallen z. B. das Ausscheiden der einzigen Kommanditisten und die Aufnahme eines Kommanditisten durch eine Einzelfirma oder eine Offene Handelsgesellschaft.

§ 25 schreibt vor, daß die Kreditinstitute ihre M o n a t s b i l a n z e n der Deutschen Bundesbank einzureichen haben. Die Meldungen nach § 18 Bundesbankgesetz gelten als Monatsausweise. Einzelne Institute können nach § 31 von dieser Verpflichtung freigestellt werden; das wird wohl für die kleineren Kreditinstitute allgemein zutreffen.

§ 26 schreibt die unverzügliche Einreichung des erläuterten Jahresabschlusses vor; der Prüfungsbericht ist beizufügen. Der Begriff der „Unverzüglichkeit" wird nicht erläutert.

Hinsichtlich der P r ü f u n g s p f l i c h t schreibt das Gesetz vor: Zu prüfen ist:

a) nach § 27 der Jahresabschluß unter Einbeziehung der Buchführung und der Geschäftsberichte, soweit er den Jahresabschluß erläutert;

b) ob die Anzeigepflichten nach § 13 Abs. 1, § 14 Abs. 1, § 16 und § 24 erfüllt sind (§ 29);

c) bei Kreditinstituten, die das Effektengeschäft oder das Depotgeschäft betreiben, diese Geschäfte. Das Bundesaufsichtsamt erläßt hierfür nähere Bestimmungen über Art, Umfang und Zeitpunkt der Depotprüfung (§ 30).

Der Prüfung haben sich alle Kreditinstitute zu unterziehen mit Ausnahme der eingetragenen Genossenschaften mit einer Bilanzsumme unter 10 Mill. Deutsche Mark (unbeschadet der Vorschriften nach § 33 Abs. 3 des Gesetzes betreffend die Erwerbs- und Wirtschaftsgenossenschaften).

Als Prüfer werden in § 27 (1) genannt: Abschlußprüfer, genossenschaftliche Prüfungsverbände und Prüfungsstellen eines Sparkassen- und Giroverbandes. Als Abschlußprüfer können nur öffentlich bestellte Wirtschaftsprüfer oder Wirtschaftsprüfungsgesellschaften fungieren (Hinweis auf § 137 (1) AktG).

Die Wahl des Prüfers obliegt nach § 27 Abs. 2 dem zuständigen Organ des Kreditinstituts (bei AG Hauptversammlung, bei GmbH, KG und oHG die Gesellschafterversammlung, bei Genossenschaft die Generalversammlung). Der im Laufe der Beratungen eingegangene Vorschlag, dem Aufsichtsamt das Recht zur Bestellung der Prüfer zu geben, wurde abgelehnt. Die Wahl der Prüfer soll vor Abschluß des Geschäftsjahres erfolgen; sie ist dem Bundesaufsichtsamt mitzuteilen. Dieses kann innerhalb eines Monats die Bestellung eines anderen Prüfers verlangen, wenn dies zur Erreichung des Prüfungszweckes geboten ist (§ 28 Abs. 1). Widerspruch und Anfechtungsklage hingegen haben keine aufschiebende Wirkung. Wenn die Wahl des Prüfers nicht gemeldet ist oder das Kreditinstitut dem Verlangen auf Wahl eines anderen Prüfers nicht nachkommt, oder wenn der gewählte Prüfer die Annahme des Prüfungsauftrages abgelehnt hat oder nicht in der Lage ist, die Prüfung durchzuführen, dann hat auf Antrag des Bundesaufsichtsamtes das Registergericht einen Prüfer zu bestellen. Die Bestellung durch das Gericht ist endgültig. Der Prüfer hat dem Bundesaufsichtsamt und der Deutschen Bundesbank auf Verlangen den Prüfungsbericht zu erläutern (§ 29).

Der Depotprüfer wird vom Bundesaufsichtsamt bestellt. Das Bundesaufsichtsamt kann das Recht zur Bestellung der Depotprüfer in Einzelfällen auf die Deutsche Bundesbank übertragen. Durch seine Bestellung erlangt er Anspruch auf Vergütung gegen das Bundesaufsichtsamt (§ 30), das seinerseits wiederum Anspruch auf Kostenerstattung durch das Kreditinstitut hat (§ 51 (3)).

Außer der Anzeigepflicht (§ 24 bis 26) und der Prüfungspflicht (§ 27 bis 30) schreibt das Gesetz noch in § 44 ein allgemeines A u s k u n f t s r e c h t des Bundesaufsichtsamtes vor. Es erstreckt sich „über alle Geschäftsangelegenheiten sowie die Vorlegung der Bücher und Schriften"; „die Bediensteten des Bundesaufsichtsamtes können hierzu die Geschäftsräume des Kreditinstituts betreten" und „die erforderlichen Prüfungen vornehmen".

Die beiden Referentenentwürfe hatten die Jahresabschlußprüfung innerhalb von 6 Monaten nach Ablauf des Geschäftsjahres angeordnet. Im Zuge der Tendenz der Verkürzung der Prüfungstermine, die auch im Aktiengesetz spürbar ist, wurde diese Frist auf 5 Monate beschränkt. Der Gesetzgeber hat damit der Notwendigkeit entsprochen, die unerwünschten Entwicklungstendenzen möglichst frühzeitig zu erkennen, damit auch möglichst bald eingegriffen werden kann; historische Tatbestände sind keine Unterlagen für aktuelle Entscheidungen. Gegen diese Fristverkürzung protestierte der Deutsche Genossenschaftsverband e. V.[68]) mit der Begründung: „Mit dem vorhandenen Prüfungspersonal ist es unmöglich, dieser Vorschrift zu genügen. Andererseits ist es aber auch nicht möglich, den Prüfungsstab zu vergrößern, weil dieser sodann nicht für das ganze Jahr voll beschäftigt werden kann. Schließlich würde eine wesentliche Vergrößerung des Prüfungsstabes ohnehin schon an dem allgemeinen Arbeitskräftemangel scheitern." Dieser Grund wurde nicht anerkannt; die Formulierung „innerhalb von 5 Monaten nach Ablauf des Jahres" wurde in den Halbsatz „spätestens bis zum Ablauf von 5 Monaten nach Schluß des Geschäftsjahres" umgewandelt.

Die Depotprüfung soll in der Regel einmal jährlich erfolgen.

Das Bundesaufsichtsamt kann sogar Vertreter zu den Haupt-, Gesellschafter-, General- und Vertreterversammlungen sowie zu Sitzungen der Aufsichtsorgane entsenden, wenn das Kreditinstitut die Rechtsform einer juristischen Person hat. Die Vertreter des Bundesaufsichtsamtes sind berechtigt, in diesen Versammlungen das Wort zu ergreifen. Versammlungen und Sitzungen dieser Art sind beim Bundesaufsichtsamt vorher anzukündigen.

Wenn Tatsachen die Annahme rechtfertigen, daß ein Unternehmen ein Kreditinstitut ist oder nach § 3 verbotene Geschäfte betreibt, kann das Bundesaufsichtsamt Auskünfte über die Geschäftsangelegenheiten und die Vorlegung der Bücher und Schriften verlangen (§ 44 Abs. 2). Die betroffenen Personen können die Auskunft verweigern, wenn deren Beantwortung sie selbst oder einen der in § 383 Abs. 1 Nr. 1 bis 3 der Zivilprozeßordnung bezeichneten Angehörigen der Gefahr strafrechtlicher Verfolgung oder eines Verfahrens nach dem Gesetz über Ordnungswidrigkeiten aussetzen würde (§ 44 Abs. 3).

§ 31 regelt die Freistellungsmöglichkeit von der Pflicht zur Anzeige bestimmter Kredite und Tatbestände, sofern diese Angaben für die Aufsicht ohne Bedeutung sind.

12. Zulassung zum Geschäftsbetrieb

§ 32 macht den Betrieb eines Kreditinstitutes von der schriftlichen Erlaubnis des Bundesaufsichtsamtes abhängig. Die Erlaubnis kann nach Abs. 2 auf

---

[68]) Brief vom 12. X. 1960 an den Vorsitzenden des Wirtschaftsausschusses der Deutschen Bundestages; nicht veröffentlicht.

einzelne Bankgeschäfte beschränkt werden. Sie kann unter Auflagen erteilt werden. Bei bestehenden Kreditinstituten gilt nach § 61 die Erlaubnis nach nach § 32 insoweit als erteilt, als bei Inkrafttreten des Gesetzes nach den bisherigen Vorschriften Bankgeschäfte betrieben werden dürfen.

Der Konzessionszwang schränkt die Gewerbefreiheit für Kreditinstitute prinzipiell ein. In der Praxis ist dieses Prinzip jedoch weitgehend dadurch durchbrochen, daß nach § 32 die Erlaubnis nur versagt werden darf:

1. wenn die zum Geschäftsbetrieb erforderlichen Mittel, insbesondere ein ausreichendes haftendes Eigenkapital, im Geltungsbereich dieses Gesetzes nicht zur Verfügung stehen;

2. wenn Tatsachen vorliegen, aus denen sich ergibt, daß ein Antragsteller oder eine der in § 1 Abs. 2 Satz 1 bezeichneten Personen nicht zuverlässig ist;

3. wenn Tatsachen vorliegen, aus denen sich ergibt, daß der Inhaber oder eine der in § 1 Abs. 2 Satz 1 bezeichneten Personen nicht die zur Leitung des Kreditinstituts erforderliche fachliche Eignung hat und auch nicht eine andere Person nach § 1 Abs. 2 Satz 2 als Geschäftsleiter bezeichnet wird.

Demgemäß ist das Bedürfnisprinzip, das in § 4 des alten Gesetzes so formuliert worden ist: „ ... Die Erlaubnis darf nur versagt werden. ... b) wenn die Erlaubnis unter Berücksichtigung der örtlichen und gesamtwirtschaftlichen Bedürfnisse nicht gerechtfertigt erscheint, ... ", weggefallen. Mit dem Wegfall des Bedürfnisprinzips ist eine, wenn auch beschränkte, Gründungs- und Niederlassungsfreiheit festgelegt. Gewisse Willkürmomente könnten sich allerdings noch ergeben. Das gilt z. B. für den Begriff des a u s r e i - c h e n d e n h a f t e n d e n E i g e n k a p i t a l s, zu dem in der Begründung des Gesetzentwurfs folgendes ausgeführt wird: „Die unterschiedlichen Verhältnisse im Kreditgewerbe machen es unmöglich, ein Mindestkapital einheitlich vorzuschreiben. Es muß daher der Praxis der Bankenaufsicht überlassen bleiben, Grundsätze für die Anfangskapitalausstattung in den einzelnen Zweigen des Kreditgewerbes herauszubilden." Ob diese Grundsätze anders sein müssen als die ohnehin zu erlassenden Richtlinien für die Eigenkapitalausstattung (§ 10), ist zwar nicht ausdrücklich gesagt, kann aber angenommen werden. Damit könnte der Fall eintreten, daß neu hinzukommende Institute schlechter gestellt werden als Institute, die schon im Markt sind. Ein Riegel wird einer solchen Praxis nicht vorgeschoben. Nimmt man z. B.. an, ein Börsenmakler wolle sich als Bankier niederlassen, aber nur das Effektenkommissionsgeschäft betreiben — vorausgesetzt, er hat bereits eine gute Kundschaft —, so ist nicht einzusehen, weshalb er ein größeres Kapital haben muß, als er für die Ausstattung seines Büros und zur

Finanzierung bestimmter Spitzen benötigt. Die Begründung weist darauf hin, daß für solche Fälle andere Regeln gelten müssen als für das Tätigwerden als Kreditbank[69]).

Die Frage der persönlichen Zuverlässigkeit hat in der Nachkriegszeit bei der Zulassung des früheren Reichsbankpräsidenten Dr. H. Schacht eine Rolle gespielt. Man hatte danach mit Rücksicht auf seine Tätigkeit im Dritten Reich die persönliche Zuverlässigkeit verneint. Einer solchen willkürlichen Auslegung beugen weder Gesetz noch Begründung vor; in dieser heißt es lediglich: „Die persönliche Zuverlässigkeit ist in der Regel zu verneinen, wenn der Inhaber oder Geschäftsleiter Vermögensdelikte begangen, gegen gesetzliche Ordnungsvorschriften für den Betrieb eines Unternehmens nachhaltig verstoßen oder in seinem privaten oder geschäftlichen Verhalten gezeigt hat, daß von ihm eine solide Geschäftsführung nicht erwartet werden kann ... " Es heißt aber nicht positiv, daß die persönliche Zuverlässigkeit anzunehmen ist, wenn nicht ...

Die fachliche Eignung für die Leitung eines Kreditinstituts ist nach § 33 (2) regelmäßig anzunehmen, wenn eine dreijährige leitende Tätigkeit bei einem Kreditinstitut von vergleichbarer Größe und Geschäftsart nachgewiesen wird. Das stellt gewissermaßen eine Richtlinie für die Beurteilung durch das Bundesaufsichtsamt dar, verleiht aber noch keinen Rechtsanspruch. In der Begründung wird gesagt: „Da die Bestimmung Ausnahmen zuläßt, kann das Bundesaufsichtsamt im Einzelfall eine beantragte Erlaubnis versagen, obwohl ein Inhaber oder Geschäftsleiter eine dreijährige leitende Tätigkeit bei einem vergleichbaren Kreditinstitut nachweist."

Im Kreditwesengesetz gilt die Regel: „Die Vorschrift zählt die Tatsachen erschöpfend auf, die dem Bundesaufsichtsamt das Recht geben, eine beantragte Erlaubnis zu versagen. Liegen die in ihr genannten Versagungsgründe nicht vor, so hat der Antragsteller einen Rechtsanspruch auf Erteilung der Erlaubnis. Das Bundesaufsichtsamt muß einen Antrag nicht zurückweisen, wenn Versagungsgründe vorliegen, sondern kann in besonderen Fällen, ggf. unter Auflagen, nach seinem pflichtgemäßen Ermessen die Erlaubnis dennoch erteilen." (Begründung der Regierungsvorlage.)

Ob diese Regel jedoch auf Grund anderer Vorschriften auch für H y p o t h e k e n b a n k e n gilt, wird bestritten[70]).

Schon im Bericht des Verbandes Privater Hypothekenbanken e. V. über das Geschäftsjahr 1958 wurde (S. 21) Kritik daran geübt, daß die Zulassungs-

---

[69]) Selbstverständlich können in Spezialgesetzen Sonderauflagen gemacht werden. So schreibt z. B. das Hypothekenbankgesetz vor, daß Hypothekenbanken nur in der Rechtsform der AG oder der KGaA betrieben werden dürfen, was bedeutet, daß sie nach dem Aktiengesetz ein Mindestkapital von 100 000,— DM haben müssen. Nach dem Gesetz über Kapitalanlagegesellschaften vom 16. IV. 1959 (BGBl. I S. 378) müssen Kapitalanlagegesellschaften ein Nennkapital von mindestens 500 000,— DM haben.

[70]) Vgl. die Aufsätze in ZfK von Min.-Rat Dr. R. Fleischmann: „Warum Bedürfnisprüfung bei Hypothekenbanken?" (15. VI. 1959) und: „NOCHMALS: Die Zulassung von Hypothekenbanken" (15. I. 1960) sowie Prof. Dr. H. Peters: „Die Zulassung von Hypothekenbanken" (15. IX. 1960).

und Aufsichtsrechte auf Grund des Hypothekenbankgesetzes auf die Bankenaufsichtsbehörde übergehen sollen. Da das Bundesverfassungsgericht in seinem Urteil vom 11. VI. 1958 (BVerf. G. E. 7, S. 377 ff.) sich mit der Frage auseinandergesetzt hat, inwieweit Bedürfnisprüfungen im Zulassungsverfahren mit dem Grundrecht der freien Berufswahl vereinbar seien und sich das Bundesverwaltungsgericht am 10. VII. 1958 (Neue Juristische Wochenschrift 1959, S. 590 ff.) mit diesem Problem im Hinblick auf die Kreditinstitute befaßte und von diesem Zeitpunkt eine liberale Handhabung bei der Zulassung neuer Kreditinstitute und Niederlassungen bestehender Institute Platz griff, versuchten die privaten Hypothekenbanken auf Grund des Hypothekenbankgesetzes, die liberale Zulassungspraxis für ihren Bereich zu verhindern.

Das Rechtsgutachten von Prof. Dr. Peters (Frankfurt a. M. 1959) über die Zulassung von Hypothekenbanken kommt zu dem Schluß: „Während die in § 3 Kreditwesengesetz vorgesehene Erlaubnis für ‚Unternehmungen, welche Geschäfte von Kreditinstituten im Inland betreiben', in der Tat eine bloße gewerbliche Genehmigung darstellt, auf Grund deren die natürliche Handlungsfreiheit wiederhergestellt wird, bedeutet die in § 1 Hypothekenbankgesetz vorgesehene Genehmigung eine echte Rechtsverleihung. Tatsächlich geht der Geschäftsbereich einer Hypothekenbank wesentlich über die jedermann offenstehende gewerbliche Tätigkeit hinaus. Die Hypothekenbanken geben nicht einfach Schuldverschreibungen auf den Inhaber mit der in § 795 Bürgerliches Gesetzbuch vorgesehenen staatlichen Genehmigung heraus, sondern übernahmen die Weiterentwicklung des Pfandbriefs der öffentlich-rechtlichen Landschaften, also einer bisher im Bereich des öffentlichen Rechts liegenden Tätigkeit ... Im Hinblick auf das mit der Zulassung einer Hypothekenbank verbundene Recht der Daueremission von mit ausdrücklichem Namenschutz versehenen, mit Mündelsicherheit ausgestatteten Pfandbriefen kann die Genehmigung einer Hypothekenbank nicht als gewerbepolizeiliche Erlaubnis, sondern nur als echte Rechtsverleihung angesehen werden. ... “

Peters glaubt allerdings, daß das Hypothekenbankgesetz ergänzt werden müßte um eine Vorschrift, die die Versagungsgründe bei der Zulassung aufzählt. Außer den „subjektiven Gründen", die auch das Kreditwesengesetz enthält, sollte im Hypothekenbankgesetz „etwa folgende Vorschrift" eingefügt werden: „Die Genehmigung ist ferner zu versagen, wenn durch Neuerrichtung der beantragten Hypothekenbank die gesunde Ordnung des Realkreditapparates bedroht, die Währung gefährdet wird oder sonstige erhebliche Störungen der Volkswirtschaft in der gesamten Bundesrepublik oder in einem engeren Wirtschaftsbezirk zu befürchten sind."

Ob diese Klausel jemals angezogen werden könnte (es steht ja wohl immer die Zulassung einer einzigen Bank infrage), ist fraglich.

Gegen diese Argumentation wendet sich Dr. Fleischmann in den erwähnten Aufsätzen. In dem erstgenannten Aufsatz führt er aus: „Niemand wird bestreiten, daß Hypothekenbanken als Spezialinstitute für langfristigen Kredit mit ihrer Tätigkeit den Kapitalmarkt erheblich beeinflussen. Auch die Feststellung, daß ein gesunder Kapitalmarkt zu den wichtigen Gemeinschaftsgütern gehört, deren Schutz Einschränkungen der Freiheit des einzelnen zu rechtfertigen vermag, wird ebenso wenig auf Widerspruch stoßen wie die Ansicht, daß eine große Zahl von Emittenten die Möglichkeit einer umfangreicheren Inanspruchnahme des Kapitalmarktes mit sich bringt als eine kleine Anzahl. Damit ist aber noch nicht gesagt, daß die Zulassung neuer Hypothekenbanken zu einer „nachweisbaren oder höchstwahrscheinlich schweren Gefährdung" des Kapitalmarktes führen würde ... Gelten weiterhin auch hier die Feststellungen des Bundesverwaltungsgerichts, daß die Zahl der dauernd benötigten Institute sich schon deshalb nicht ermitteln lasse, weil die künftige wirtschaftliche Entwicklung und das Ausmaß möglicher wirtschaftlicher Rückschläge nicht voraussehbar sind und der daraus zu ziehende entsprechende Schluß, daß eine Bedürfnisprüfung, die den Zweck hat, dem Entstehen einer krisenhaften Gefährdung des Kapitalmarktes entgegenzuwirken, nicht sachgemäß gehandhabt werden kann."

Die grundsätzliche Freiheit bestehender Institute, Niederlassungen zu errichten, bedeutet allerdings nicht, daß eine ungehemmte Expansion des Bankenapparates auch von der Zentralbank gewünscht wird. So hat Anfang 1960 die Deutsche Bundesbank die starke Ausdehnung, besonders des Sparkassen- und Volksbankennetzes, kritisiert[71]), worauf die Spitzenverbände der Kreditinstitute beschlossen haben, die Zahl der neu zu errichtenden Zweigstellen freiwillig zu begrenzen[72]).

§ 34 legt fest, daß nach dem Tode des Inhabers das Kreditinstitut ein Jahr durch einen S t e l l v e r t r e t e r fortgeführt werden kann, wenn dieser zuverlässig ist und die erforderliche fachliche Eignung besitzt. Danach muß der neue Inhaber eine Erlaubnis für seine Tätigkeit als Geschäftsleiter einholen, sonst kann das Unternehmen geschlossen werden. Die Frist kann verlängert werden, wenn besondere Gründe vorliegen. § 45 der Gewerbeordnung ist für Kreditinstitute außer Kraft gesetzt (Fortführung des Gewerbebetriebs durch den Stellvertreter ohne zeitliche Begrenzung).

Da der Stellvertreter als Geschäftsleiter gilt, ist seine Bestellung nach § 24 Abs. 1 Nr. 1 anzuzeigen. Fehlt dem Stellvertreter die erforderliche Zuverlässigkeit oder fachliche Eignung, so kann das Bundesaufsichtsamt das Kreditinstitut nach § 37 schließen, da dann die Voraussetzungen für das Betreiben eines Kreditinstituts ohne Erlaubnis nicht erfüllt sind.

---

[71]) Monatsbericht vom Oktober 1959, S. 59; vgl. auch den Aufsatz von Könnecke: „Neue Entwicklung des Wettbewerbs in der Kreditwirtschaft", in „Der Volkswirt", vom 25. VII. 1959.
[72]) Vgl. „Handelsblatt" vom 24. III. 1960.

5*

§ 35 legt fest, daß die Erlaubnis erlischt, wenn von ihr nicht innerhalb eines Jahres seit ihrer Erteilung Gebrauch gemacht wird. Das Bundesaufsichtsamt kann die Erlaubnis ferner zurücknehmen, wenn sie durch unrichtige oder unvollständige Angaben, durch Täuschung, Drohung oder durch sonstige unlautere Mittel erwirkt worden ist, wenn der Geschäftsbetrieb ein Jahr nicht mehr ausgeübt worden ist, wenn die Geschäftsleiter nicht persönlich und nicht fachlich zuverlässig sind und wenn Gefahr für die Sicherheit der einem Kreditinstitut anvertrauten Vermögenswerte besteht und die Gefahr nicht durch andere Maßnahmen nach diesem Gesetz abgewendet werden kann.

Statt der Rücknahme der Erlaubnis kann nach § 36 auch die Abberufung von Geschäftsleitern verlangt werden, auf deren Person sich die Tatsachen nach § 35 beziehen oder wenn diese vorsätzlich oder leichtfertig gegen die Bestimmungen des Gesetzes, die zu seiner Durchführung erlassenen Verordnungen oder gegen Anordnungen des Bundesaufsichtsamt dieses Verhalten fortsetzen.

Nach § 37 kann das Bundesaufsichtsamt unmittelbar einschreiten, um Bankgeschäfte ohne Erlaubnis oder verbotene Geschäfte (§ 3) zu verhindern.

Die Rücknahme der Erlaubnis führt im allgemeinen zur Abwicklung des Kreditinstituts. Das muß allerdings durch eine ausdrückliche Entscheidung des Bundesaufsichtsamtes angeordnet werden (§ 38). Die Entscheidung wirkt wie ein Auflösungsbeschluß; sie ist dem Registergericht mitzuteilen und von diesem in das betreffende Register einzutragen. Wenn die sonst zur Abwicklung berufenen Personen keine Gewähr für die ordnungsgemäße Abwicklung bieten, hat das Registergericht auf Antrag des Bundesaufsichtsamtes Abwickler zu bestellen. Das gilt nicht für juristische Personen des öffentlichen Rechts. Die Rücknahme der Erlaubnis kann vom Bundesaufsichtsamt im Bundesanzeiger und in den Tageszeitungen bekanntgemacht werden.

13. Schutz der Bezeichnung Bank, Sparkasse usw.

Entsprechend dem § 10 des alten Kreditwesengesetzes enthält das neue Gesetz in § 39 ff. Vorschriften über den Schutz der Bezeichnungen Bank, Bankier und Sparkasse. Der Vorschlag der gewerblichen Kreditgenossenschaften, auch die Bezeichnung Volksbank für schutzbedürftig zu erklären[73]), wurde erst im Verlaufe der Verhandlungen akzeptiert. Diese Bezeichnung dürfen Kreditinstitute nur dann neu aufnehmen, wenn sie in der Rechtsform einer eingetragenen Genossenschaft betrieben werden und einem Prüfungsverband angehören. Als Bank oder Bankier dürfen sich nur Unternehmen bezeichnen, die bei Inkrafttreten des Gesetzes dazu befugt waren

---

[73]) Vgl. FAZ vom 17. III. 1960

oder die eine entsprechende Erlaubnis nach § 32 besitzen. Das Bundesaufsichtsamt kann bei Erteilung der Erlaubnis bestimmen, daß diese Bezeichnungen nicht geführt werden dürfen, „wenn Art oder Umfang der Geschäfte des Kreditinstituts nach der Verkehrsanschauung die Führung einer solchen Bezeichnung nicht rechtfertigen" (§ 39 Abs. 3). Damit ist klar zum Ausdruck gebracht, daß noch nicht einmal jedermann, dem es erlaubt ist, Bankgeschäfte zu betreiben, den Anspruch erhält, den Namen Bank in seine Firmenbezeichnung oder Bankier als Standesbezeichnung zu gebrauchen. Allerdings ist die einmal zugestandene Bezeichnung nur rücknehmbar, wenn die Erlaubnis nach § 32 gestrichen wird.

Problematisch ist der Fall, wenn sich eine Sparkasse als Bank bezeichnet. Dr. Geiger, Vorstandsmitglied der Bayerischen Hypotheken- und Wechsel-Bank in München, hat kritisiert, daß die Bankenaufsichtsbehörde von Bayern der Sparkasse von Oberammergau erlaubt hat, sich öffentlich als Bank zu bezeichnen, während es umgekehrt den Banken untersagt sei, sich als Sparkasse zu bezeichnen, auch wenn sie das Spargeschäft in großem Umfang betreiben[74]. Der Bundesverband des privaten Bankgewerbes hat in einem Schreiben an den Vorsitzer des Wirtschaftsausschusses des Deutschen Bundestages vom 28. VII. 1960 angeregt, eine Vorschrift in das Kreditwesengesetz aufzunehmen, die es den öffentlich-rechtlichen Sparkassen auch zur Bezeichnung des Geschäftszwecks und zu Werbezwecken untersagt, die Bezeichnung „Bank" oder „Bankier" zu verwenden[75].

Der Deutsche Sparkassen- und Giroverband hat in seiner Stellungnahme vom 3. IX. 1960 u. a. folgendes ausgeführt[76]):

1. ... Abgesehen von geringfügigen Ausnahmen ist in der Firmenbezeichnung der Sparkassen das Wort „Bank" nicht enthalten. An eine Änderung des Rechtszustandes im Sparkassenrecht ist nicht gedacht... In einer Reihe von Gesetzen werden unter dem Sammelbegriff der Bank auch die Sparkassen genannt. ... „Unter einer Bank im weiteren Sinne ist ... jedes Kreditinstitut zu verstehen."

2. ... Die Führung der Bezeichnung „Sparkasse" ist einigen genossenschaftlichen Kreditinstituten ausdrücklich — vgl. hierzu den Beschluß des Sonderausschusses Bankenaufsicht vom 16. VI. 1950 und das Schreiben des Vorsitzenden des Sonderausschusses Bankenaufsicht vom 21. III. 1951 — zugestanden worden. In Zukunft soll allerdings die Bezeichnung Sparkasse nur noch neu an öffentlich-rechtliche Sparkassen verliehen werden.

3. „ ... In der Werbung wird von Sparkassen gelegentlich der Ausdruck ‚Erledigung bankmäßiger Geschäfte' oder ähnliche Formulierungen zur

---

[74] Vgl. FAZ vom 15. X. 1960, S. 9.
[75] Der Text des Schreibens lag dem Verfasser nicht vor.
[76] Vgl. Schreiben an den Vorsitzenden des Wirtschaftsausschusses des Deutschen Bundestages vom 3. IX. 1960.

Unterrichtung der Kundschaft über die von ihnen betriebenen zulässigen
Geschäftszweig- und Dienstleistungsgeschäfte verwendet. Es handelt sich
dabei um allgemein eingebürgerte technische Bezeichnungen, mit denen
eine irgendwie qualitative Wirkung für die Werbung nicht verbunden
ist. ... " Außerdem gab es „einige wenige Fälle, bei denen Sparkassen in
besonders stark von Ausländern besuchten Reiseverkehrszentren durch
die Anbringung der Bezeichnung ‚Bank' an ihrem Geschäftsgebäude die
mit dem Wort „Sparkasse' nicht vertraute ausländische Kundschaft auf
die Möglichkeit der Einlösung von Reiseschecks hinweisen wollten".

Der Deutsche Sparkassen- und Giroverband verpflichtet seine Mitglieder jedoch nicht ausdrücklich, diese Werbung zu unterlassen.

Der Deutsche Raiffeisenverband e. V. schaltete sich mit einer Stellungnahme
ein, die in folgenden Formulierungen gipfelte: „Es erscheint ... als zweck-
mäßigste Lösung des Meinungsstreits im Kreditgewerbe, den Schutz der Bezeichnungen ‚Bank' und ‚Sparkasse' im bisherigen Umfang nur noch gegenüber gewerbefremden Unternehmen aufrechtzuerhalten. Im Innenverhältnis
der Kreditinstitute sollte er aber auf ein ordnendes Mindestmaß beschränkt
werden, soweit dies dem ü b e r e i n s t i m m e n d e n Willen des Kreditgewerbes entspricht[77]."

Ein Unterschied zwischen Bankier und Bank wird nicht gemacht. Es dürfte
jedoch der Verkehrsauffassung entsprechen, als Bankier nur eine natürliche
Person zu bezeichnen, die voll haftender Inhaber eines Bankgeschäftes ist.
Der Geschäftsführer einer GmbH oder das Vorstandsmitglied einer Aktiengesellschaft können demnach den Titel „Bankier" nicht führen. Strafvorschriften bestehen hierfür allerdings nicht.

Die gleichen Vorschriften wie für die Bezeichnung Bank gelten für die
Bezeichnung Sparkasse. Generell sind jedoch die Bausparkassen und die
eingetragenen Genossenschaften, die die Bezeichnung „Spar- und Darlehenskasse" führen, von dem Verbot ausgenommen (Vgl. § 40 (2)). Außerdem sind nach § 41 die Institute, die die Worte Bank, Bankier oder Sparkasse in einem Zusammenhang führen, der den Anschein ausschließt, daß
sie Bankgeschäfte betreiben, von dem Verbot befreit. Zu denken ist an den
Sparkassenverlag, an die Blutbank oder an die Bankiervereinigung.

Andere Bezeichnungen sind nicht geschützt. Ein Schmetterlingshändler darf
also, ohne mit dem Kreditwesengesetz zu kollidieren, eine Schmetterlings-
börse veranstalten; jedermann darf eine Finanzierungsgesellschaft gründen
oder sich Finanzmakler oder Finanzberater nennen. Es besteht andererseits
aber auch kein Zwang für die Kreditinstitute, die Namen Bank oder Sparkasse anzunehmen. Die öffentlichen Realkreditinstitute dürfen sich weiter-

---

[77] Schreiben an den Vorsitzenden des Wirtschaftsausschusses des Deutschen Bundestages vom
17. X. 1960

hin Kreditanstalten nennen; die Frankfurter Metallgesellschaft kann ruhig eine Bankabteilung unterhalten; sie braucht sich deshalb, weil sie auch Bankgeschäfte betreibt, nicht Metallgesellschafts-Bank zu nennen.

Die Entscheidung des Bundesaufsichtsamtes wird dem Registergericht mitgeteilt. Das Registergericht hat die Firmen, die unbefugterweise einen der drei geschützten Titel in ihrem Namen führen, zu löschen (§ 43); das Bundesaufsichtsamt kann entsprechende Anträge stellen; die betroffenen Firmen können nach den Grundsätzen des Reichsgesetzes über die Angelegenheiten der freiwilligen Gerichtsbarkeit Rechtsmittel einlegen.

14. Eingriffsrechte der Bankenaufsicht in besonderen Fällen

Die besonderen Fälle sind in den §§ 45 ff. geregelt. Es fallen hierunter:

1. unzureichendes Eigenkapital (§ 45 Abs. 1),

2. unzureichende Liquidität (§ 45 Abs. 2),

3. Gefahr für die Sicherheit der einem Kreditinstitut anvertrauten Vermögenswerte (§ 46),

4. Moratorium, Einstellung des Bank- und Börsenverkehrs (§ 47).

Zu den Vorschriften des § 45 führt die Begründung des Gesetzentwurfs aus:

„Die Bildung eines angemessenen Eigenkapitals und einer ausreichenden Liquidität hängt nicht allein vom Willen des Kreditinstituts ab, sondern wird auch von wirtschaftlichen Faktoren beeinflußt, auf die die Geschäftsleitung nicht einwirken kann. Es wäre deshalb unrealistisch, einem Kreditinstitut durch vollziehbaren Verwaltungsakt aufzugeben, ein angemessenes Eigenkapital oder eine ausreichende Liquidität zu beschaffen. ... Die Abhängigkeit der Eigenkapitalbeschaffung und der Liquiditätsverstärkung von wirtschaftlichen Faktoren gebietet es, die Eingriffe des Bundesaufsichtsamtes erst zuzulassen, nachdem dem Institut Gelegenheit gegeben worden ist, selbst dem Mangel abzuhelfen. Die Fristsetzung ist kein vollziehbarer Verwaltungsakt. Wird das mittelbar in ihr enthaltene Gebot, das Eigenkapital oder die Liquidität zu verbessern, nicht befolgt, so können weder Zwangsmittel nach § 50 angewendet, noch Geldbußen nach § 56 Abs. 1 Nr. 2 verhängt werden. Diese Maßnahmen sind nur zulässig, wenn gegen die Anordnungen des Bundesaufsichtsamtes verstoßen wird, die dieses nach Ablauf der Frist erläßt. Als Spezialvorschrift für Verstöße gegen §§ 10 und 11 schließt § 45 andere unmittelbare Maßnahmen aus."

Die Maßnahmen bei u n z u r e i c h e n d e m E i g e n k a p i t a l bestehen darin, daß das Bundesaufsichtsamt zunächst eine Frist für die Herstellung der

Relationen der Richtsätze auf Grund des § 10 stellt. Wenn innerhalb dieser Frist die dort verschriebenen Relationen nicht erreicht werden, kann das Bundesaufsichtsamt Entnahmen durch die Inhaber oder Gesellschafter sowie die Ausschüttung von Gewinn untersagen oder beschränken. Beschlüsse über die Gewinnausschüttung sind insoweit nichtig, als sie einer solchen Anordnung widersprechen.

Bei u n z u r e i c h e n d e r L i q u i d i t ä t wird ebenfalls zunächst eine Frist gesetzt und erst danach eingegriffen. Das Bundesaufsichtsamt kann dann untersagen, verfügbare Mittel in Grundstücken, Gebäuden, Schiffen und Beteiligungen anzulegen sowie Kredite (§ 19 Abs. 1) zu gewähren. Weiterhin kann auch die Gewinnausschüttung wie bei unzureichendem Eigenkapital untersagt werden.

Welche Frist als angemessen angesehen wird, ist weder in der Begründung gesagt, noch ist sie aus den Kommentaren des alten Kreditwesengesetzes herauszulesen. Da offenbar keine Streitigkeiten an die Gerichte gekommen sind, besteht keine normative Auffassung.

§ 46 befaßt sich mit den Maßnahmen bei G e f a h r f ü r d i e E r f ü l l u n g der Verpflichtungen eines Kreditinstituts gegenüber seinen Gläubigern, insbesondere f ü r d i e S i c h e r h e i t der ihm anvertrauten Vermögenswerte. Diese Vermögenswerte können einmal in den angenommenen Einlagen, Darlehen u. dgl. bestehen, zum anderen auch in den verwahrten Wertpapieren, Edelmetallen u. dgl. Die Gefahren können in concreto dadurch erkennbar werden, daß das betroffene Kreditinstitut in Zahlungsschwierigkeiten kommt oder bilanzmäßig überschuldet ist. Eine Bank kann durchaus den Richtlinien nach § 11 genügen, ohne dem Prinzip, nämlich der ständigen Zahlungsbereitschaft, Genüge zu tun. Diese kann gefährdet werden durch plötzlichen größeren Einlagenabzug oder durch Verluste im Aktivgeschäft (Ausfälle bei Krediten, Kursrückgänge von Wertpapieren usw.). Solange das Unternehmen Verluste aus eigenen Mitteln decken kann, solange also fremde Vermögenswerte nicht gefährdet sind, hat die Bankenaufsicht kein Recht zum Eingreifen.

Die Maßnahmen sind v o r ü b e r g e h e n d e r N a t u r. Sie betreffen im einzelnen:

1. Anweisungen für die Geschäftsführung des Kreditinstituts zu erlassen,

2. die Annahme von Einlagen zu begrenzen oder sogar zu verbieten,

3. die Gewährung von Krediten zu begrenzen oder sogar zu verbieten,

4. Inhabern und Geschäftsleitern die Ausübung ihrer Tätigkeit zu beschränken oder sogar zu untersagen,

5. Aufsichtspersonen zu bestellen,

6. soweit die erforderlichen gesetzlichen Vertreter fehlen oder der Inhaber verhindert oder weggefallen ist und soweit auf Antrag eines Beteiligten vom Gericht eine vertretungsberechtigte Person bestellt werden kann, selbst beim Gericht einen entsprechenden Antrag zu stellen.

§ 47 regelt den Fall bei s c h w e r w i e g e n d e n G e f a h r e n für die G e s a m t w i r t s c h a f t, die durch wirtschaftliche Schwierigkeiten von Kreditinstituten entstehen können. Der Bundesregierung kann durch Rechtsverordnung dann folgende Maßnahmen ergreifen:

1. Sie kann nach der Anhörung der Deutschen Bundesbank einem Kreditinstitut einen Aufschub für die Erfüllung seiner Verbindlichkeiten gewähren und anordnen, daß während der Dauer des Aufschubs Zwangsvollstreckungen, Arreste und einstweilige Verfügungen gegen das Kreditinstitut sowie das Vergleichsverfahren oder der Konkurs über das Vermögen des Kreditinstituts nicht zulässig sind; diese Maßnahmen gelten für höchstens drei Monate;

2. anordnen, daß die Kreditinstitute für den Verkehr mit ihrer Kundschaft vorübergehend geschlossen bleiben und im Kundenverkehr Zahlungen und Überweisungen weder leisten noch entgegennehmen dürfen; sie kann diese Anordnung auf Arten oder Gruppen von Kreditinstituten sowie auf bestimmte Bankgeschäfte beschränken;

3. anordnen, daß die Wertpapierbörsen vorübergehend geschlossen bleiben.

Trifft die Bundesregierung solche Maßnahmen, so hat sie durch Rechtsverordnung die Rechtsfolgen zu bestimmen, die sich hierdurch für Fristen und Termine auf dem Gebiet des bürgerlichen Rechts, des Handels-, Gesellschafts-, Wechsel-, Scheck- und Verfahrenrechts sowie des Steuerrechts ergeben.

Diese Maßnahmen müssen aus den Folgen der Krise von 1931 verstanden werden, als der Zusammenbruch einer Großbank verheerende Folgen für den Bankenapparat und für die Wirtschaft ausgelöst hat. § 48 regelt die allmähliche Wiederaufnahme des Bank- und Börsenverkehrs. Die Bundesregierung kann nach Absprache mit der Bundesbank durch Rechtsverordnung z. B. bestimmen, daß die Auszahlung von Guthaben zeitweiligen Beschränkungen unterliegt. Für Geldbeträge, die nach einer vorübergehenden Schließung der Kreditinstitute angenommen werden, dürfen solche Beschränkungen allerdings nicht angeordnet werden. Auch diese Maßnahmen treten, wenn sie nicht vorübergehend aufgehoben worden sind, drei Monate nach ihrer Verkündigung außer Kraft.

In den Ausschußberatungen hat man dann noch die Bestimmung eingefügt, daß Widerspruch und Anfechtungsklage gegen Maßnahmen des Bundesaufsichtsamtes in den Fällen von § 35 Abs. 2 Nr. 4 (Gefahr für die Sicherheit der einem Kreditinstitut anvertrauten Vermögenswerte nach dem Tode des Inhabers), §§ 36 (Unzuverlässigkeit von Geschäftsleitern), 45 (unzureichendes Eigenkapital und unzureichende Liquidität) und 46 (Gefahr für die Erfüllung der Verpflichtungen eines Kreditinstituts) keine aufschiebende Wirkung haben.

15. Kosten, Gebühren, Zwangsmittel, Strafen

Auf Grund des § 50 kann das Bundesaufsichtsamt die Befolgung der Verfügungen, die es innerhalb seiner gesetzlichen Befugnisse trifft, mit Zwangsmitteln nach den Bestimmungen des Verwaltungsvollstreckungsgesetzes vom 27. IV. 1953 (BGBl. I S. 157) durchsetzen. Es kann Zwangsmittel auch gegen Kreditinstitute anwenden, die juristische Personen des öffentlichen Rechts sind.

Eine etwas eigenartige Konstruktion sieht der § 51 vor. Er ist noch aus der Zeit zu erklären, da man den Reichskommissar gewissermaßen als Vertreter der Banken gegenüber dem Staat und den Einlegern ansah, in der also die Hoheitsaufgabe weniger spürbar gewesen ist. Er sieht nämlich vor, daß die Kosten des Bundesaufsichtsamtes dem Bund von den Kreditinstituten (mit Rücksicht auf eine Regelung für die Versicherungswirtschaft) zu neunzig vom Hundert zu erstatten sind, soweit sie nicht durch Gebühren oder durch besondere Erstattung — z. B. bei Prüfungen — gedeckt sind. In der Anlage zur Begründung des § 51 wird davon ausgegangen, daß der jährliche Haushalt des Bundesaufsichtsamtes etwa 1 250 000,— DM umfassen wird, wozu im ersten Jahr an einmaligen Ausgaben noch 250 000,— DM treten[78]).Somit sind die Umlagebeträge also nicht allzu hoch, sondern dürften niedriger sein als 10,— DM pro Beschäftigten pro Jahr. Eine ähnliche Regelung ist in § 101 Versicherungsaufsichtsgesetz für die Versicherungsunternehmen und Bausparkassen niedergelegt (und im § 40 des alten Kreditwesengesetzes).

Der Bundesrat hat gegen dieses Prinzip folgendes eingewandt:

„Es widerspricht einem Grundprinzip der modernen hoheitlichen Staatsverwaltung sowie rechtsstaatlichen Grundsätzen, die Kosten für eine staatliche Aufsichtstätigkeit, welche im Interesse aller Staatsbürger ausgeübt wird, durch eine Umlage aufzubringen, die den dieser Aufsicht unterstehenden Einrichtungen auferlegt wird. Darüber hinaus würde eine derartige Regelung auch Bedenken nach Artikel 3 Abs. 1 Grundgesetz begegnen."

---

[78]) Im Regierungsentwurf des Bundeshaushalts für 1961 wurden 1 082 Mill. DM Ausgaben für das „Bundesaufsichtsamt für das Kreditwesen" eingesetzt (s. „Handelsblatt" vom 4. X. 1960)

Die Begründung der Aufrechterhaltung dieses Paragraphen führt hingegen folgendes aus:

„Die Tatsache, daß die Bankenaufsicht dem Wohle der Allgemeinheit dient, schließt nicht aus, daß die beaufsichtigten Unternehmen zur Aufbringung der durch die Aufsicht entstehenden Kosten herangezogen werden. Es ist zulässig und üblich, von Unternehmen, deren Betrieb Gefahren für die Allgemeinheit mit sich bringt, auf ihre Kosten die erforderlichen Sicherungsmaßnahmen zu verlangen ..."

Außer der allgemeinen Kostenumlage kann sich die Bankenaufsicht auch durch Gebühren finanzieren. Sie kann für Entscheidungen auf Grund der §§ 32 (Erlaubnis), 34 Abs. 2 (Fortführung durch den Stellvertreter) und §§ 35 bis 37 (Erlöschen und Rücknahme der Erlaubnis, Abberufung von Geschäftsleitern, Verhinderung ungesetzlicher Geschäfte) Gebühren in Höhe von 100,— DM bis 10 000,— DM festsetzen. Die Höhe der Gebühr soll sich im Einzelfalle nach dem für die Entscheidung erforderlichen Arbeitsaufwand und nach dem Geschäftsumfang des betroffenen Unternehmens richten.

§ 54 regelt: Wer vorsätzlich verbotene Geschäfte (§ 3) oder Bankgeschäfte ohne Zulassung betreibt, wird mit Gefängnis bis zu einem Jahr und mit Geldstrafe oder mit einer dieser Strafen bestraft. Bei Fahrlässigkeit wird der Täter mit einer Geldstrafe belegt.

Auch wer die in § 9 niedergelegte Schweigepflicht verletzt, wird mit Gefängnis bis zu einem Jahr und/oder mit Geldstrafe belegt. „Handelt der Täter gegen Entgelt oder in der Absicht, sich oder einem Dritten einen Vermögensvorteil zu verschaffen oder jemanden zu schädigen, so ist die Strafe Gefängnis bis zu zwei Jahren. Daneben kann auf Geldstrafe erkannt werden." (§ 55 Abs. 2).

§ 56 regelt die O r d n u n g s w i d r i g k e i t e n. Danach begeht eine Ordnungswidrigkeit, wer

1. vorsätzlich oder fahrlässig entgegen § 44 Abs. 1 Nr. 1 Abs. 2 oder 2 (also bei Prüfungen durch das Bundesaufsichtsamt) eine Auskunft nicht, nicht rechtzeitig, nicht vollständig oder unrichtig erteilt, die Bücher oder Schriften nicht, nicht rechtzeitig oder nicht vollständig vorlegt oder die Ausübung der in § 44 Abs. 1 Nr. 1, 2 und 3 zweiter Halbsatz und Abs. 3 Satz 1 bezeichneten Befugnisse nicht duldet;

2. vorsätzlich oder fahrlässig einer Vorschrift, einer auf Grund dieses Gesetzes erlassenen Rechtsverordnung, soweit für bestimmte Tatbestände diese ausdrücklich auf diese Bußgeldvorschrift verweist, zuwiderhandelt;

3. vorsätzlich oder fahrlässig einer auf Grund des § 23 Abs. 2 (Mißstände in der Werbung), des § 32 Abs. 2 Satz 2 (beschränkte Erlaubnis oder Erlaubnis mit Auflagen), des § 44 Abs. 1 Nr. 3 erster Halbsatz (Das Bundesaufsichtsamt ist befugt, von Kreditinstituten in der Rechtsform der juristischen Person die Einberufung von Aufsichtsratssitzungen, Hauptversammlungen usw. zu verlangen), der §§ 45 (Maßnahmen bei unzureichendem Eigenkapital oder unzureichender Liquidität) oder 46 Abs. 1 (Maßnahmen bei Gefahr) erlassenen vollziehbaren Verfügung zuwiderhandelt;

4. vorsätzlich oder leichtfertig der Pflicht zur Anzeige nach § 13 Abs. 1 Satz 1 (Großkredite) und § 2 Abs. 2 Satz 5, § 13 Abs. 1 (Millionenkredite), § 15 Abs. 3 Satz 4 zweiter Halbsatz (Zustimmung von Organkrediten), §§ 16 (Kredite an Geschäftsleiter usw), 24 Abs. 1 (Bestellung von Geschäftsleitern, Erwerb von Beteiligungen an anderen Kreditinstituten usw.) oder § 28 Abs. 1 Satz 1 (Meldung des Prüfers an das Bundesaufsichtsamt) nicht, nicht rechtzeitig oder nicht vollständig nachkommt oder in einer solchen Anzeige oder in einem Monatsausweis unrichtige Angaben macht;

5. vorsätzlich oder leichtfertig der Pflicht zur Einreichung von Monatsausweisen nach § 25 sowie des Jahresabschlusses und des Prüfungsberichts nach § 26 nicht, nicht rechtzeitig oder nicht vollständig nachkommt oder in einem Monatsausweis unrichtige Angaben macht;

6. vorsätzlich den Vorschriften des § 21 Abs. 4 Satz 1 oder 3 (Urkunden über Sparkonten dürfen ohne Einlage nicht ausgegeben werden; Verfügungen über Spareinlagen dürfen nicht durch Überweisung oder Scheck und nur gegen Vorlegung der Urkunde zugelassen werden) oder des § 22 Abs. 3 (Berechnung von Vorschußzinsen für vorzeitig zurückgezahlte Spareinlagen) zuwiderhandelt;

7. vorsätzlich seine Tätigkeit als Inhaber oder Geschäftsleiter eines Kreditinstituts trotz Untersagung durch das Bundesaufsichtsamt nach § 36 oder 46 Abs. 1 Satz 2 fortsetzt.

Wenn die Ordnungswidrigkeiten vorsätzlich begangen worden sind, kann eine Geldbuße bis zur Höhe von 100 000 DM, wenn sie leichtfertig oder fahrlässig begangen worden ist, mit Geldstrafe bis zu 50 000,— DM geahndet werden. Die Strafandrohungen zu § 54 und die Bußgelddrohungen des § 56 gelten nach § 57 auch für diejenigen, die als Mitglieder des zur gesetzlichen Vertretung berufenen Organs einer juristischen Person oder sonst als Vertreter von anderen handeln. Bei fahrlässiger Verletzung der Aufsichtspflicht durch einen Inhaber oder Geschäftsleiter kann eine Geldbuße bis zu 50 000,— DM, bei vorsätzlicher Verletzung der Aufsichtspflicht eine Geldbuße bis zu 100 000 DM,— festgesetzt werden (§ 58). Nach § 59 kann auch eine Geldbuße gegen das Kreditinstitut selbst festgesetzt werden, wenn dieses eine juristische Person ist. Verwaltungsbehörde im Sinne des § 73 des Gesetzes gegen Ordnungswidrigkeiten ist das Bundesaufsichtsamt. Die Verfolgung von Ordnungswidrigkeiten im Sinne dieses Gesetzes verjährt in zwei Jahren.

Die Zwangsmittel des Bundesaufsichtsamtes richten sich nach den Bestimmungen des Verwaltungsvollstreckungsgesetzes vom 27. April 1953 (Bundesgesetzblatt I S. 157). Die Höhe des Zwangsgeldes bei Nichtbefolgung von Verfügungen beträgt bis zu 50 000,— DM (§ 50).

Der Gesetzentwurf hatte sogar eine Besserstellung der ausländischen Banken enthalten. Das ist im Laufe der Gesetzesberatungen ins Gegenteil verkehrt worden. Soweit sich ausländische Bankfilialen darauf beschränken, Kontakte zu halten, Reiseschecks einzulösen oder Börsenaufträge ihrer (ausländischen) Kundschaft auszuführen, kann natürlich eine Sonderbehandlung gerechtfertigt erscheinen. Ein Teil der jetzt tätigen Institute verhält sich jedoch wie eine Vollbank; man nimmt Einlagen entgegen und gewährt Kredite[79]). Während es im Ausland sogar üblich ist, Niederlassungen fremder Banken besonders stark zu kontrollieren, haben wir vor Erlaß des neuen Kreditwesengesetzes diesen Instituten in bezug auf die Überwachung eine Vorzugsbehandlung gewährt. Das war mit dem Gleichheitsgrundsatz nicht zu vereinbaren.

§ 61 besagt, daß bei Kreditinstituten, die bei Inkrafttreten dieses Gesetzes Bankgeschäfte betreiben durften, die Erlaubnis nach § 32 als erteilt gilt.

§ 62 regelt, daß die bestehenden Vorschriften in Geltung bleiben, soweit ihnen nicht Vorschriften dieses Gesetzes entgegenstehen. Vorschriften, die für die geschäftliche Betätigung bestimmter Arten von Kreditinstituten strengere Anforderungen stellen als dieses Gesetz, bleiben unberührt. Die Befugnisse der Landesaufsichtsbehörden, die auf Grund des Kreditwesengesetzes ausgeübt werden, gehen auf das Bundesaufsichtsamt über.

Nach § 63 tritt das Kreditwesengesetz nebst Änderungs- und Durchführungsverordnungen außer Kraft. Das gilt auch für die Gesetze, die dem KWG zuvorgegangen sind und von diesem nicht ausdrücklich aufgehoben wurden, sowie für Nebengesetze, wie das Gesetz über die Auflösung der Zwecksparunternehmen vom 13. XII. 1935 samt Verordnungen, das Gesetz gegen Mißbrauch des bargeldlosen Zahlungsverkehrs vom 3. VII. 1934, das Gesetz über Staatsbanken vom 10. X. 1935, über Prüfungsverordnungen sowie für die Ländergesetze über das Kreditwesen. Über die Weitergeltung der Wettbewerbsabkommen samt Soll- und Habenzinsabkommen ist direkt

---

[79]) Vgl. auch Reischauer: „Die Niederlassung ausländischer Banken in der Bundesrepublik", ZfK, Heft 10/1960, S. 434.

nichts gesagt; ob man sie aus § 62 I 1 ableiten kann, ist fraglich, da dieser Paragraph nur von „Rechtsvorschriften" spricht. Damit bleiben diese Abkommen vorläufig in Kraft. Ob ihnen ein Rechtsschutz gewährt wird, steht dahin.

Das Gesetz gilt auch in Berlin (§ 64).

16. Sonder-, Übergangs- und Schlußvorschriften

§ 52 legt folgendes fest: Soweit Kreditinstitute einer anderen staatlichen Aufsicht unterliegen, bleibt diese neben der Aufsicht des Bundesaufsichtsamtes bestehen. „Der Entwurf weicht insoweit von § 49 des geltenden Kreditwesengesetzes ab, der gewisse Befugnisse der allgemeinen Bankenaufsicht der Sonderaufsichtsbehörde überträgt. Eine solche Regelung widerspricht jedoch dem Prinzip einer einheitlichen Bankenaufsicht, das grundsätzlich die gleichmäßige Anwendung des Gesetzes gegenüber allen Kreditinstituten verlangt. . . . Deshalb verbietet es sich auch, das Bundesaufsichtsamt bei seinen Entscheidungen gegen Kreditinstitute, die unter Sonderaufsicht stehen, an das Einvernehmen der Sonderaufsichtsbehörde zu binden." (Begr. der Regierungsvorlage zu § 52 = § 57 des Entwurfs.)

Die Zulassungs- und Aufsichtsrechte auf Grund des Hypothekenbankgesetzes gehen jedoch an das Bundesaufsichtsamt nach § 52 Abs. 2 über. Z w e i g s t e l l e n   a u s l ä n d i s c h e r   K r e d i t i n s t i t u t e   gelten als Kreditinstitute; für sie gelten einige Sondervorschriften. So muß das ausländische Unternehmen mindestens eine natürliche Person mit Wohnsitz im Geltungsbereich des Kreditwesengesetzes bestellen, die für den Geschäftsbereich des Kreditinstituts zur Geschäftsführung und zur Vertretung des ausländischen Unternehmens befugt ist. Außerdem muß eine gesonderte Buchführung vorhanden sein mit einem ordnungsgemäßen Jahresabschluß gemäß den Vorschriften des Handelsgesetzbuches und des Aktiengesetzes. Als haftendes Eigenkapital gilt nur der Betrag, der im Inland verfügbar ist. Ausländische Bankzweigstellen im Inland bedürfen der Erlaubnis, die auch wegen Fehlens „gesamtwirtschaftlicher Bedürfnisse" versagt werden darf.

ZWEITER TEIL

Kommentar

GESETZ ÜBER DAS KREDITWESEN

vom 10. Juli 1961 (BGBl I 881)

ERSTER ABSCHNITT:

Allgemeine Vorschriften

---

1. Kreditinstitute

§ 1 Begriffsbestimmungen

(1) Kreditinstitute sind Unternehmen, die Bankgeschäfte betreiben, wenn der Umfang dieser Geschäfte einen in kaufmännischer Weise eingerichteten Geschäftsbetrieb erfordert. Bankgeschäfte sind

1. *die Annahme fremder Gelder als Einlagen ohne Rücksicht darauf, ob Zinsen vergütet werden (Einlagengeschäft);*

2. *die Gewährung von Gelddarlehen und Akzeptkrediten (Kreditgeschäft);*

3. *der Ankauf von Wechseln und Schecks (Diskontgeschäft);*

4. *die Anschaffung und die Veräußerung von Wertpapieren für andere (Effektengeschäft);*

5. *die Verwahrung und die Verwaltung von Wertpapieren für andere (Depotgeschäft);*

6. *die in § 1 des Gesetzes über Kapitalanlagegesellschaften vom 16. April 1957 (Bundesgesetzbl. I S. 378) bezeichneten Geschäfte (Investmentgeschäft);*

7. *die Eingehung der Verpflichtung, Darlehnsforderungen vor Fälligkeit zu erwerben;*

8. *die Übernahme von Bürgschaften, Garantien und sonstigen Gewährleistungen für andere (Garantiegeschäft);*

9. *die Durchführung des bargeldlosen Zahlungsverkehrs und des Abrechnungsverkehrs (Girogeschäft).*

Der Bundesminister für Wirtschaft kann nach Anhörung der Deutschen Bundesbank durch Rechtsverordnung weitere Geschäfte als Bankgeschäfte bezeichnen, wenn dies nach der Verkehrsauffassung unter Berücksichtigung des mit diesem Gesetz verfolgten Aufsichtszweckes gerechtfertigt ist.

(2) Geschäftsleiter im Sinne dieses Gesetzes sind diejenigen natürlichen Personen, die nach Gesetz, Satzung oder Gesellschaftsvertrag zur Führung der Geschäfte und zur Vertretung eines Kreditinstituts in der Rechtsform einer juristischen Person oder einer Personenhandelsgesellschaft berufen sind, Geschäftsführer von Kreditgenossenschaften auch dann, wenn sie nicht dem Vorstand angehören. In Ausnahmefällen kann das Bundesaufsichtsamt für das Kreditwesen (§ 5) auch eine andere mit der Führung der Geschäfte betraute und zur Vertretung ermächtigte Person widerruflich als Geschäftsleiter bezeichnen, wenn sie zuverlässig ist und die erforderliche fachliche Eignung hat; § 33 Abs. 2 ist anzuwenden. Wird das Kreditinstitut von einem Einzelkaufmann betrieben, so kann in Ausnahmefällen unter den Voraussetzungen des Satzes 2 eine von dem Inhaber mit der Führung der Geschäfte betraute und zur Vertretung ermächtigte Person widerruflich als Geschäftsleiter bezeichnet werden. Beruht die Bezeichnung einer Person als Geschäftsleiter auf einem Antrag des Kreditinstituts, so ist sie auf Antrag des Kreditinstituts oder des Geschäftsleiters zu widerrufen.

I. Der Begriff „Kreditinstitut" (Abs. 1)

(1)   Abs. 1 gibt eine Legaldefinition des Kreditinstituts. Damit wird implicite (im KWG von 1939 ausdrücklich!) der sachliche Geltungsbereich des Gesetzes abgesteckt: Das KWG erstreckt sich auf öffentlich-rechtliche und privatrechtliche Rechtsverhältnisse von „Kreditinstituten".

Unternehmen, die nicht der Legaldefinition des Abs. 1 genügen, werden vom KWG nur insoweit erfaßt, als sich einzelne Bestimmungen des Gesetzes ausdrücklich oder stillschweigend auch auf sie für anwendbar erklären. Beispiele: § 3 über das Verbot der Vornahme bestimmter Geschäfte (u. a. durch Nicht-Kreditinstitute); § 44 Abs. 2 über das Auskunftsrecht des Bundesaufsichtsamts hinsichtlich dieser Geschäfte; § 4 über die Entscheidungsbefugnis des Bundesaufsichtsamts in Zweifelsfällen; § 39 Abs. 1, § 40 Abs. 1, § 42 und § 43 Abs. 2 über die Firma (u. a. von Nicht-Kreditinstituten); § 47 Abs. 1 Ziff. 3, Abs. 2 und 3, sowie § 48 über die vorübergehende Schließung der Wertpapierbörsen, § 1 Abs. 1 S. 3 über die ministerielle Ausdehnungsmöglichkeit der Kreditinstitutseigenschaft, u. a. m.

1. Das Erfordernis eines kaufmännischen Geschäftsbetriebs (Abs. 1 S. 1)

a) Das Begriffselement

Kreditinstitute sind Unternehmen, die Bankgeschäfte betreiben, „wenn der Umfang dieser Geschäfte einen in kaufmännischer Weise eingerichteten Geschäftsbetrieb erfordert".

Erster Begriffsbestandteil ist der Geschäftsbetrieb des Unternehmens. In **(2)**
allen Fällen von Kreditinstituten wird vorausgesetzt, daß ein Geschäftsbetrieb, das Geschäftsmäßige des Unternehmens, d. h. die wiederholte
Vornahme von Bankgeschäften, oder zum mindesten die Absicht einer
wiederholten Vornahme, erforderlich ist. Die Absicht, Bankgeschäfte gleicher Art planmäßig in fortgesetztem Zusammenhang zu betreiben, muß
ersichtlich sein (vgl. RGSt 72, 315; ferner RG 74, 150; 130, 235; OLG KG
12, 413 u. a.m. zum verwandten Begriff des Gewerbes). Es darf nicht nur
eine Mehrzahl einzelner Gelegenheitsgeschäfte erkennbar oder beabsich-
tigt sein (RG 66, 51; OLG Dresden 36, 249).

Die BR-Stellgn. (II. 2. a) schlug zur Hervorhebung der Nachhaltigkeit des
Geschäftsbetriebs und zur Vermeidung des Begriffs „Unternehmen" (vgl.
OLG Stuttgart, BB 13 [1958] 1003, NJW 11 [1958] 1360) die Formulierung
„gewerbsmäßiger Betrieb von Bankgeschäften" vor. Die Änderung wurde
mit Recht als überflüssig abgelehnt, weil der Begriff „Geschäftsbetrieb"
ebenfalls die wiederholte Vornahme der Bankgeschäfte ausdrückt, andererseits aber nicht die Erwerbsabsicht beinhaltet, die Begriffsmerkmal
des Gewerbebetriebs ist (vgl. BReg-Stellgn. II. 2. a; ferner Reichardt Anm.
10 zu § 1; unten Anm. 7 ff.).

Zweites Begriffselement ist die kaufmännische Einrichtung des Geschäfts- **(3)**
betriebs. Ein Unternehmen hat vor allem dann einen in kaufmännischer
Weise eingerichteten Geschäftsbetrieb, wenn es Einrichtungen zur Erzielung von Ordnung und Übersicht herausgebildet hat, die nicht nur für
das Unternehmen vorteilhaft sind, sondern auch die mit dem Unternehmen in geschäftlichen Verkehr tretenden Personen, seine Gläubiger,
seine Kunden und seine Hilfskräfte vor Nachteilen schützen sollen. „Dazu
gehört in erster Linie eine nach bestimmten Grundsätzen eingerichtete
Buchführung, eine geordnete Aufbewahrung von Abschriften der abge-
sandten Geschäftsbriefe sowie der Urschriften der empfangenen, eine
geregelte Kassenführung, regelmäßig wiederkehrende Aufstellung einer
Inventur und Bilanz, Beschäftigung genügenden Personals und dessen
Beaufsichtigung" (Würdinger, Anm. 6 zu § 2 HGB; OLG KG 2, 396).
Weitere Kennzeichen eines in kaufmännischer Weise eingerichteten Ge-
schäftsbetriebs sind regelmäßige Kostenrechnungen, Betriebsanalysen,
Betriebsstatistiken, Planungsrechnungen usw.

Drittes Begriffselement ist die Erforderlichkeit eines solchen in kauf- **(4)**
männischer Weise eingerichteten Geschäftsbetriebs. Die kaufmännische
Einrichtung muß sachlich erforderlich, nicht tatsächlich vorhanden sein.
Ein Kreditinstitut kann sich nicht den Vorschriften des KWG dadurch entziehen, daß es keinen kaufmännischen Geschäftsbetrieb einrichtet, wenn
sein Umfang einen solchen erforderlich macht. Umgekehrt kann ein
Unternehmen, das seinem Umfang nach keinen kaufmännischen Geschäftsbetrieb benötigt, nicht dadurch die Anwendbarkeit des KWG herbeiführen, daß es sich einen solchen einrichtet.

(5) Erforderlich ist die kaufmännische Einrichtung, wenn nur durch sie ein Überblick über den Geschäftsbetrieb gewonnen werden kann. Ein Unternehmen braucht einen in kaufmännischer Weise eingerichteten Geschäftsbetrieb insbesondere dann, wenn es durch einen gewissen Umfang, durch erhöhte Möglichkeit vergeblichen Einsatzes, aber auch verhältnismäßig großen Gewinnes, sowie durch einen hohen Stand der Planung und Organisation des Arbeits- und Kapitaleinsatzes gekennzeichnet ist. Hinweise für die Beurteilung der Erforderlichkeit bieten u. a. die Zahl der Beschäftigten, die Größe des Umsatzes, die Vielfalt der Leistungen, die Höhe des Vermögens u. a. m. (vgl. Bayer. OLG in LZ 32, 1314).

(6) Viertes Begriffselement: Der in kaufmännischer Weise eingerichtete Geschäftsbetrieb muß dem U m f a n g der Bankgeschäfte nach erforderlich sein, nicht aus anderen Gründen. Anders § 2 HGB für „Soll“-Kaufleute und § 4 HGB e contrario für die „Voll“-Kaufleute unter den „Muß“-Kaufleuten: Erforderlichkeit der kaufmännischen Einrichtung sowohl nach Art (Gegenstand und Betriebsweise) wie auch nach Umfang des Unternehmens. Über den Unterschied vgl. Würdinger, Anm. 8 ff. zu § 2 HGB; Schönle, BB 15 (1960) 1230. Man wird allerdings annehmen dürfen, daß Bankgeschäfte bereits ihrem Gegenstand, also auch der Art nach i. S. von §§ 2 und 4 HGB kaufmännische Einrichtungen erfordern. Ist der kaufmännische Geschäftsbetrieb nur der Art, nicht auch dem Umfang nach nötig, so kann das Unternehmen nicht als Kreditinstitut i. S. von § 1 qualifiziert werden.

Die kaufmännischen Einrichtungen müssen außerdem dem Umfang der B a n k g e s c h ä f t e nach erforderlich sein. Eine Vermögensverwaltungsgesellschaft, die nebenbei nur im Umfang des § 4 HGB das Einlagen- oder Kreditgeschäft betreibt, ist nicht Kreditinstitut i. S. von § 1. Sie ist dann allerdings auch nicht passiv scheckfähig, vgl. Art. 3, 54 Ziff. 2 und 60 ScheckG i. V. mit § 4 HGB. Auch bei den zentralen Gelddispositions- und Konzernverrechnungsstellen kommt es, neben den übrigen Begriffselementen eines Kreditinstituts, darauf an, ob sie dem Umfang ihrer Bankgeschäfte nach einen vollkaufmännisch eingerichteten Geschäftsbetrieb erfordern.

b) Die Abgrenzung Kreditinstitut — Gewerbebetrieb

(7) Kreditinstitute sind in der Regel — nicht immer — gewerbliche Unternehmen. Rechtsfolge: Sie unterliegen in der Regel den Vorschriften der GewO (und, soweit das Gewerbe die zusätzlichen Voraussetzungen des Handelsgewerbes i. S. von § 1, 5 oder 6 HGB erfüllt, den Bestimmungen des HGB; vgl. darüber unten Anm. 14 ff.). Voraussetzung: die Kreditinstitute haben die Merkmale von Gewerbebetrieben i. S. der GewO (ggf.

des HGB) aufzuweisen. Die GewO enthält keine ausdrückliche Begriffsbestimmung des Gewerbebetriebs. Rechtsprechung und Lehrmeinung stellen auf folgende vier Elemente ab:

Erstes, übereinstimmendes Begriffselement: Gewerbebetriebe und Kredit- **(8)**
institute müssen rechtlich — nicht notwendig auch wirtschaftlich (KG
JFG 18, 311) — selbständig sein (Würdinger, Anm. 5 zu § 1 HGB). Das
heißt nicht, daß das rechtlich selbständige Unternehmen n u r Bankgeschäfte betreiben dürfte. Große Industrie- und Handelsunternehmen,
die eine wirtschaftlich ausgegliederte Bankabteilung führen, sind Kreditinstitute i. S. des § 1 Abs. 1 und Gewerbebetriebe i. S. der GewO. Sie
betreiben als rechtlich selbständige natürliche oder juristische Personen
bzw. Personenhandelsgesellschaften neben ihrem Industrie- oder Handelsunternehmen ein Bankgewerbe. Eine bloße, rechtlich abhängige Zweigstelle eines Industrie- und Handelsunternehmens, auch eines Kreditinstituts, ist dagegen nicht selbst Kreditinstitut und Gewerbebetrieb. Die
Kreditinstituts- und Gewerbeeigenschaft trifft das Hauptunternehmen.
Ausnahme: § 53: inländische Zweigstellen ausländischer Kreditinstitute
gelten im Gegensatz zu Zweigstellen inländischer Kreditinstitute als selbständige Kreditinstitute i. S. des KWG. Sie unterliegen auch selbständig
der GewO (und ggf. dem HGB, vgl. unten Anm. 14).

Zweites, übereinstimmendes Begriffselement: Die Ausübung einer recht- **(9)**
lich zulässigen Tätigkeit (umstr.; bejahend z. B. Würdinger, Anm. 8 zu
§ 1 HGB; verneinend z. B. Baumbach-Duden, Anm. 2 C zu § 1). Kreditinstitute dürfen insbesondere nicht die in § 3 aufgezählten verbotenen
Geschäfte zum Gegenstand haben.

Drittes, übereinstimmendes Begriffselement: Die Ausübung einer auf **(10)**
Dauer angelegten Tätigkeit, bzw. die Absicht dazu. Vgl. oben Anm. 2;
über den Unterschied zwischen Geschäftsmäßigkeit und Gewerbsmäßigkeit
vgl. auch Reichardt, Anm. 10 zu § 1.

Viertes, nicht notwendig übereinstimmendes Begriffselement: Kreditinsti- **(11)**
tute müssen, um Gewerbebetriebe zu sein, die Absicht zur Erzielung wirtschaftlichen Gewinns erkennen lassen. Die Gewinnabsicht ist zu vermuten,
auch bei Betrieben der öffentlichen Hand (RG 138, 16; vgl. auch RG 132,
372; OLG Hamburg 9, 241). Zweifelhaft kann die Gewinnabsicht nach der
Rechtsprechung insbesondere bei Sparkassen sein. Will eine Sparkasse
aus ihren Geschäften nicht mehr erzielen, als daß sie die Einlagen der
Sparer vertragsgemäß verzinsen, ihre Verwaltungskosten bestreiten und
eine Rücklage zur Deckung von Verlusten und damit zur Sicherung der
Spareinlagen bilden kann, so fehlt ihr die Gewinnabsicht und damit der
Gewerbecharakter; will sie darüber hinaus Gewinne erzielen, so betreibt
sie ein Gewerbe (BGHZ 6, 55; RG 146, 49; Sächs. OVG in DJZ 1911, 823;

OLG Jena in RJA 2, 23; KGJ 33 A 111; Würdinger, Anm. 6 und 37 zu § 1 HGB). Die Abgrenzung wird in der Praxis allerdings Schwierigkeiten bereiten, da Rücklagen im allgemeinen zurückbehaltene Gewinne sind, und damit eine Sparkasse, die wenigstens Rücklagen zu bilden versucht, zwar nicht gewinnmaximal orientiert ist, aber doch mit Gewinnabsichten arbeitet. Zweifelhafter kann die Gewinnerzielungsabsicht bei Genossenschaften sein, wenn diese nur mit ihren Mitgliedern Geschäfte tätigen, was z. B. bei kleineren Raiffeisenkassen der Fall ist, vor allem bei jenen, die nur ehrenamtlich verwaltet werden und keinen Geschäftsbetrieb unterhalten. Sie sind keine Gewerbebetriebe. Wenn sie keine vollkaufmännischen Einrichtungen benötigen, unterliegen sie allerdings auch nicht dem KWG.

Die Verwendung der Gewinne ist für das Begriffselement der Gewerbetätigkeit gleichgültig (RG 74, 150; 116, 229; 127, 228; 132, 372; RArbG in DJZ 1930, 629; RFH in BankA 25, 372). Fehlt der Gewerbecharakter (Gewinnabsicht), so untersteht das Kreditinstitut zwar dem KWG, nicht aber der GewO.

2. Das Betreiben von Bankgeschäften (Abs. 1 S. 1)

a) Das „Betreiben"

(12) Das „Betreiben" von Bankgeschäften bezeichnet die Unternehmertätigkeit. Natürliche oder juristische Personen müssen als Unternehmer, ggf. als Kaufleute i. S. von §§ 1—6 HGB (vgl. unten Anm. 14—18), auftreten. Unternehmer ist derjenige, in dessen Namen oder unter dessen Firma der Geschäftsbetrieb als selbständige Veranstaltung geführt wird, der also Träger der im Betrieb entstandenen Rechte und Verbindlichkeiten wird (RG 13, 146; 37, 61; RGSt 69, 68; KG in KGJ 26 A 214). Problematisch kann die Unternehmereigenschaft u. U. bei Verpachtung des Unternehmens sein, bei Nießbrauchbestellung, Treuhandschaft, Strohmannverhältnis, Konkurs usw. Vgl. dazu im einzelnen Weipert, Anm. 13 ff. zu § 1 HGB, Baumbach-Duden, Anm. 3 zu § 1 HGB. Über das „Betreiben" von Bankgeschäften vgl. auch unten Anm. 1 zu § 32.

Das KWG läßt Rechte und Pflichten nicht nur in der (natürlichen oder juristischen) Person des Bankgeschäfte „betreibenden" Unternehmers eintreten, sondern auch in der Person der „Geschäftsleiter". Über die Legaldefinition dieses Begriffes vgl. die Anm. zu Abs. 2.

b) Die Bankgeschäfte

(1) Der Begriff „Bankgeschäft"

(13) Das KWG begnügt sich mit einer Aufzählung einzelner Bankgeschäfte. Da diese Aufzählung unter Vorbehalt von Abs. 1 S. 3 erschöpfend ist, da ferner das Bundesaufsichtsamt in Zweifelsfällen entscheidungsbefugt ist und die Verwaltungsbehörden sowie das Registergericht an die Entscheidung gebunden sind (vgl. §§ 4, 42 und 43), erübrigt sich eine Definition des Bankgeschäfts im allgemeinen.

Grundsätzlich sind auch unter dem Begriff „Bank-" oder „Bankiergeschäft" im Tatbestand anderer Gesetze, z. B. in § 1 Abs. 2 Ziff. 4 HGB, § 367 HGB, § 41 Abs. 4 GmbHG, Art. 3 und 53 ScheckG, § 53 Abs. 2 Nr. 1 BörsG, § 16 DepG, die in § 1 Abs. 1 S. 2 aufgezählten Bankgeschäfte zu verstehen.

(2) Die Abgrenzung Kreditinstitut — Handelsgewerbe i. S. von § 1 HGB

Im besonderen ist der Begriff „Bankgeschäfte" (KWG) inhaltlich gleich- **(14)** bedeutend mit dem Begriff „Bankiergeschäfte" i. S. von § 1 Abs. 2 Ziff. 4 HGB. Soweit bestimmte Arten von „Bankgeschäften" (KWG) vom HGB-Gesetzgeber nicht als „Bankiergeschäfte" vorausgesehen werden konnten (z. B. das Investmentgeschäft, § 1 Abs. 1 S. 2 Ziff. 6), ergibt sich die Anwendbarkeit von § 1 Abs. 2 Ziff. 4 HGB in teleologischer Auslegung.

Kreditinstitute sind deshalb Handelsgewerbe i. S. von § 1 Abs. 2 HGB, wenn sie mit Gewinnabsicht arbeiten, d. h. als Gewerbeunternehmen qualifiziert werden können. Denn Handelsgewerbe i. S. von § 1 Abs. 2 HGB sind gewerbliche Unternehmen, die durch den Betrieb eines der in § 1 Abs. 2 HGB aufgezählten „Grundhandelsgeschäfte" gekennzeichnet sind. Rechtsfolge: Kreditinstitute mit Gewerbecharakter (Gewinnabsicht) unterliegen den Bestimmungen des HGB. Inländische Zweigstellen ausländischer Kreditinstitute gelten auch handelsrechtlich als selbständige Kreditinstitute, § 13 b Abs. 3 HGB (vgl. oben Anm. 8).

Kreditinstitute mit Gewerbecharakter (Gewinnabsicht) sind „Mußkauf- **(15)** leute" i. S. von § 1 Abs. 2 HGB, nicht „Sollkaufleute" i. S. von § 2 HGB. Rechtsfolge: Firma und Sitz der gewerbsmäßigen Kreditinstitute sind zwar zur Eintragung in das Handelsregister anzumelden (§ 29 HGB). Die Eintragung wirkt aber nur deklaratorisch. Kreditinstitute mit Gewerbecharakter (Gewinnabsicht), die noch nicht in das Handelsregister eingetragen sind, unterliegen gleichwohl den Bestimmungen des HGB.

Auch juristische Personen des öffentlichen Rechts, die das Bankgewerbe **(16)** betreiben, sind insofern Kaufleute i. S. von § 1 HGB; so früher die Reichsbank, §§ 13 ff. RBankG, jetzt die Deutsche Bundesbank (§ 29 Abs. 3 BBG e contrario), die Kreditanstalt für Wiederaufbau (§ 11 Abs. 4 Gesetz über die Kreditanstalt für Wiederaufbau i. d. F. vom 22. I. 1952, BGBl I 65), die Deutsche Genossenschaftskasse (§ 14 Abs. 1 des Gesetzes über die Deutsche Genossenschaftskasse i. d. F. vom 4. IV. 1957, BGBl I 372 e contrario), die Landwirtschaftliche Rentenbank (§ 12 Abs. 1 des Gesetzes

über die Landwirtschaftliche Rentenbank i. d. F. vom 14. IX. 1953, BGBl I
1330 e contrario), die Lastenausgleichsbank (§ 14 Abs. 5 Gesetz über die
Lastenausgleichsbank vom 28. X. 1954, BGBl I 293 e contrario), die öffentlich-rechtlichen Sparkassen (RG 116, 229; 127, 228; früher str.) öffentlich-
rechtliche Realkreditinstitute (vgl. Baumbach-Duden, Anm. D zu § 1
HGB) u. a. m. Dem KWG unterliegen diese öffentlich-rechtlichen Körperschaften nur zum Teil, vgl. § 2.

(3) Die Abgrenzung Kreditinstitut — Kleingewerbe i. S. von § 4 HGB

(17) Kreditinstitute mit Gewerbecharakter (Gewinnabsicht) sind stets Handelsgewerbe von Vollkaufleuten, entweder weil sie als Handelsgesellschaften
i. S. des § 6 Abs. 1 HGB betrieben werden (§ 6 Abs. 2 HGB), oder weil
sie jedenfalls Bankgeschäfte „in einem Umfange betreiben, der einen in
kaufmännischer Weise eingerichteten Geschäftsbetrieb erfordert" (§ 1
Abs. 1 S. 1 KWG, § 4 Abs. 1 HGB). Rechtsfolge: Alle Bestimmungen des
HGB, auch die Vorschriften über Firma, Handelsbücher, Prokura, Vertrag-
strafe, Bürgschaft, Schuldversprechen, Schuldanerkenntnis etc. können
subsidiär zum KWG auf Kreditinstitute mit Gewerbecharakter Anwendung
finden (§§ 4 und 351 HGB).

(18) Aktiengesellschaften, Kommanditgesellschaften auf Aktien, Gesellschaften
mit beschränkter Haftung und eingetragene Genossenschaften, die Bankgeschäfte in einem Umfang betreiben, der k e i n e n in kaufmännischer
Weise eingerichteten Geschäftsbetrieb erfordert, unterstehen ebenso wie
Kreditinstitute von Vollkaufleuten allen Bestimmungen des HGB (§ 6
Abs. 2 HGB). Dagegen unterliegen sie nicht den Bestimmungen des KWG.
Auf sonstige Personen und Personenverbindungen, die Bankgeschäfte
nur im Umfang eines Kleingewerbes betreiben, ist das HGB nur zum Teil
anwendbar (§§ 4 und 351 HGB); den Vorschriften des KWG unterliegen
diese Personen ebensowenig, wie die kleingewerbetreibenden Verbands-
personen des § 6 Abs. 2 HGB. Durch das KWG sollen nur Bankbetriebe
von einer gewissen Größe erfaßt werden, weil allein diese für den mit
dem Gesetz verfolgten Zweck bedeutsam sind (Begr. zu § 1). Deshalb
beschränkt Abs. 1 den Begriff des Kreditinstituts (entgegen BR-Stellgn.
II. 2. a) auf Unternehmen, deren Bankgeschäfte ihrem Umfang nach eine
kaufmännische Organisation erfordern.

Die Rechtsform spielt also für die Anwendbarkeit des HGB, nicht aber
für die des KWG, eine Rolle. Die KWG schreibt für Kreditinstitute auch
keine bestimmte Rechtsform vor. Allerdings dürfen gewisse Bankgeschäfte
nur von Unternehmen bestimmter Rechtsform betrieben werden. So können Kapitalanlagegesellschaften nur in der Rechtsform der Aktiengesellschaft oder der Gesellschaft mit beschränkter Haftung tätig werden, vgl.
§ 1 Abs. 2 KAGG. Die „hypothekarische Beleihung von Grundstücken
und die Ausgabe von Schuldverschreibungen auf Grund der erworbenen

Hypotheken" darf nicht von Einzelunternehmern, offenen Handelsgesellschaften, Kommanditgesellschaften, Gesellschaften mit beschränkter Haftung und eingetragenen Genossenschaften vorgenommen werden (§ 2 in Verbindung mit § 1 Abs. 1 HypbankG). Das gleiche gilt für Schiffspfandbriefbanken hinsichtlich der „Gewährung von Darlehen gegen Bestellung von Schiffshypotheken und der Ausgabe von Schuldverschreibungen auf Grund der erworbenen durch Schiffshypotheken gesicherten Darlehensforderungen" (§ 2 in Verbindung mit § 1 Abs. 1 des Gesetzes über Schiffspfandbriefbanken vom 8. IV. 1943 [RGBl I 241] i. d. F. vom 18. XII. 1956 [BGBl I S. 925]). Auch rechtsfähige und nicht rechtsfähige Vereine sind von diesem Geschäftszweig ausgeschlossen.

3. Die Arten von Bankgeschäften im besonderen (Abs. 1 S. 2)

Der dem Kreditinstitut zugrunde liegende Begriff des Bankgeschäfts (19) konnte durch eine Aufzählung und Definition einzelner Bankgeschäfte in Abs. 1 S. 2 klar abgegrenzt werden, da die Aufzählung unter Vorbehalt von Abs. 1 S. 3 erschöpfend ist. Sofern die Geschäfte eines Unternehmens nicht den Anforderungen einer der verschiedenen Definitionen des Abs. 1 S. 2 genügen, untersteht das Unternehmen selbst dann nicht dem KWG, wenn es einer kaufmännischen Organisation bedarf; Beispiel: das Unternehmen des Finanzmaklers unter Vorbehalt der Revolvinggeschäfte des sogenannten Systems 7 M i. S. von § 1 Abs. 1 S. 2 Ziff. 7 (vgl. unten Anm. 44).

Andererseits setzt die Kreditinstitutseigenschaft weder voraus, daß nur (20) eines der in Abs. 1 S. 2 aufgezählten Bankgeschäfte als alleiniger Geschäftszweig Gegenstand des Kreditinstituts ist, noch daß mehrere oder alle Arten von Bankgeschäften nebeneinander betrieben werden, noch daß Bankgeschäfte ausschließlich und nicht auch neben anderen Geschäftsarten getätigt werden. Der Betrieb auch nur einer Art dieser Geschäfte im erforderlichen Umfang genügt. Zulässig und üblich ist auch die Verbindung mehrerer Bankgeschäfte, z. B. von Spareinlagegeschäften mit Kreditgeschäften. Möglich ist ferner die gewerbsmäßige Vornahme von Vermögensverwaltungen, Kreditvermittlungen, Finanzberatungen, Safevermietungen usw. neben den Bankgeschäften i. S. von § 1 Abs. 1 S. 2. Auch völlig artfremde Geschäfte können mit Bankgeschäften verbunden werden: Warengenossenschaften sind insoweit Kreditinstitute, als sie Geschäfte, wie sie § 1 Abs. 1 S. 2 KWG aufführt, im erforderlichen Umfang betreiben. Sie unterliegen insoweit den Vorschriften des KWG. Es kommt nicht darauf an, ob die bankgeschäftliche Tätigkeit das Warengeschäft überwiegt (Bescheid des Reichskommissars für das Kreditwesen vom 16. VI. 1936, Hofmann-Dermitzel S. 202; vgl. aber über die Spareinrichtungen von Verbrauchergenossenschaften Reichardt, Anm. 20 b zu § 1). Auch die in § 2 Abs. 1 Nr. 5—9 als Nicht-Kreditinstitute bezeichneten Unternehmen unterliegen dem KWG, soweit sie Bankgeschäfte betreiben,

„die nicht zu den ihnen eigentümlichen Geschäften gehören" (vgl. § 2 Abs. 3). Über Brauereikundensparkassen vgl. § 2 f der 16. Bekanntmachung des Reichsaufsichtsamts vom 4. XII. 1939 (RAnz. Nr. 288) und Reichardt, Anm. 20 c zu § 1.

a) Das Einlagengeschäft (Abs. 1 S. 2 Ziff. 1)

(21) Die Annahme fremder Gelder als Einlagen kann in verschiedener rechtlicher Ausgestaltung erfolgen. Allen Formen ist gemeinsam, daß das Kreditinstitut Gelder entweder als Darlehen i. S. von § 607 Abs. 1 BGB oder (häufiger) in unregelmäßige Verwahrung (Summenverwahrung) i. S. von § 700 BGB übernimmt. Das Kreditinstitut ist Darlehensnehmerin, also Rückerstattungsschuldnerin der Einlagebeträge. Deshalb finden auf das Einlagengeschäft die §§ 607 ff. BGB Anwendung, ggf. auch, soweit die Einlagen im Rahmen eines Kontokorrentverhältnisses bewirkt werden, die §§ 355 ff. HGB. Im Falle der unregelmäßigen Summenverwahrung bestimmen sich Zeit und Ort der Rückgabe im Zweifel nach den Vorschriften über den Verwahrungsvertrag, §§ 688 ff. BGB. Die übrigen Rechtsfolgen beurteilen sich ebenfalls nach Darlehensrecht, § 700 BGB.

Der uneigentliche Verwahrungsvertrag unterscheidet sich vom Darlehen dadurch, daß er nicht überwiegend dem Interesse des Empfängers, sondern dem des Hinterlegers dient (vgl. Palandt, Anm. 1 zu § 700 BGB; Protokolle der Kommission zur Beratung eines ADHGB, 2. Teil S. 397; Ratz, Anm. 27 zu Anh. II nach § 424 HGB); daher meist niedrigerer Zinsfuß als beim Darlehen. Zweck des Darlehens ist die Gebrauchsüberlassung, die Hingabe zur zeitweiligen Nutzung der Kapitalsumme; Zweck des unregelmäßigen Verwahrungsvertrags die Verwahrung und Kapitalanlage im Interesse des Kapitalgebers.

(22) Nicht jede Aufnahme von Darlehen i. S. von § 607 Abs. 1 BGB oder Summenverwahrung i. S. von § 700 BGB genügt den Anforderungen des Einlagengeschäfts i. S. von § 1 Abs. 1 S. 2 Ziff. 1 KWG; nicht jede Annahme fremder Gelder macht ein Unternehmen, dessen Geschäfte einen in kaufmännischer Weise eingerichteten Geschäftsbetrieb erfordern, zum Kreditinstitut. Die Übernahme von sogenannten Nostroverpflichtungen, die Ausstellung eigener Akzepte und Solawechsel, die Aufnahme langfristiger Darlehen, insbesondere gegen Grundpfandrechte, sind Arten passiver Kreditgeschäfte, die vom Einlagengeschäft i. e. S. unterschieden werden. Soweit sich die Abgrenzung zwischen Einlagengeschäft und sonstigen passiven Kreditgeschäften nicht bereits aus den Bedingungen (Verzinsung, Laufzeit, Sicherungen, Verpflichtung zur Rückzahlung ohne Abruf des Gläubigers) ergibt, sind als Nostroverpflichtungen und Darlehen i. w. S. alle Gelder anzusehen, deren Hereinnahme auf die Initiative oder Disposition des Kreditinstituts als des Schuldners zurückgeht:

„Durch die Aufnahme von Darlehen (im Sinne von Nostroverpflichtungen
und langfristigen Darlehen) werden die Voraussetzungen des § 1 KWG
nicht erfüllt und die für Darlehen zu entrichtenden Zinsen sind in ihrer
Höhe nicht an die allgemein verbindlichen Zinsabkommen gebunden.
Darlehen werden benötigt zur Verstärkung des Kapitals des Unternehmens und werden deshalb auf Anregung des Darlehenssuchenden zur
Verfügung gestellt. Ihre Hergabe erfolgt grundsätzlich auf eine längere
Zeit; der Hergabe eines jeden Darlehensbetrages liegt in der Regel ein
ins einzelne gehender Vertrag zugrunde. Einlagen dagegen werden überwiegend im Interesse des Einlegers und deshalb regelmäßig auf Anregung
des Einlegers hereingenommen, der damit seine Gelder sicher und zins-
bringend anlegen will. Wird für den Geldgeber ein Konto mit Ein- und
Auszahlungsverkehr unterhalten, so wird es sich regelmäßig um Einlagen
handeln; Gelder dieser Art, auch soweit sie der Eigenfinanzierung des
Geschäfts dienen, unterliegen den eingangs erwähnten Abkommen und
sind somit an die Höchstzinssätze gebunden" (Schreiben des Reichskommissars für das Kreditwesen vom 10. XII. 1935, Consbruch-Möller S. 71,
Hofmann-Dermitzel S. 202; vgl. auch Reichardt, Anm. 16 zu § 1).

Kein Einlagengeschäft ist z. B. das Pfandbriefgeschäft. Es verbindet ein
langfristiges passives Kreditgeschäft mit einem aktiven Kreditgeschäft.
Pfandbriefe sind Inhaberschuldverschreibungen und als solche keine Einlagen i. S. von Abs. 1 S. 2 Ziff. 1. Die Kreditinstitute nehmen gegen die
Ausgabe von Pfandbriefen langfristige Gelder herein; sie legen sie
wiederum in Hypotheken an. Nur die Gewährung von hypothekarisch
gesicherten Darlehen, das aktive Kreditgeschäft, macht das Pfandbriefgeschäft zum Bankgeschäft i. S. von § 1 Abs. 1 (vgl. HypothekenbankG
vom 13. VII. 1899, RGBl 375).

Nicht zu den Einlagen, sondern zu den Nostroverpflichtungen rechnen
auch die Haben-Salden auf Nostro- (auch Verrechnungs-) Konten, Bar-
vorschüsse im Ausland, von der Kundschaft bei Dritten benutzte Kredite,
sowie Verbindlichkeiten aus Nostro-Wertpapiergeschäften und aus der
Diskontierung eigener Ziehungen, die den Kreditnehmern nicht abgerech-
net worden sind (vgl. gemeinsame Bekanntmachung der Bankaufsichtsbehörden des Bundesgebietes betr. Richtlinien für die Aufstellung der
Jahresbilanz und Anlage zur Jahresbilanz der Kreditinstitute vom 4. V.
1951, BAnz. Nr. 91, und 20. XII. 1954, BAnz. Nr. 252, Anlage 1, II, 2).

Je nach Fälligkeit der Einlagen werden Sichteinlagen, befristete Einlagen **(23)**
und Spareinlagen unterschieden. Sichteinlagen können von ihren Gläubigern jederzeit abgerufen werden. Zins- und gebührenmäßig sind
„provisionsfreie" und „provisionspflichtige" Sichteinlagen zu unterscheiden.
Bei provisionsfreien Konten berechnet das Kreditinstitut keine Umsatzprovision, vergütet aber auch keinen oder nur einen sehr niedrigen Zins-

satz. Für provisionspflichtige Einlagen wird zwar ein hoher Zinssatz vergütet, dafür aber auch eine Umsatzprovision berechnet (vgl. Zimmerer, Bankbetriebslehre S. 20). Provisionsfreie Sichteinlagen sind in der Regel uneigentliche Summenverwahrungen i. S. von § 700 BGB, da die Einlagen überwiegend dem Interesse des „Hinterlegers" dienen. — Über den Begriff „Zinsen" vgl. RGZ 168, 284 (285) vom 29. I. 1942.

Befristete Einlagen haben entweder eine vereinbarte feste Laufzeit — „Festgelder" —, oder eine vereinbarte Kündigungsfrist — „Kündigungsgelder". Ist die Kündigungsfrist von Kündigungsgeldern ausnahmsweise nicht vertraglich vereinbart worden, so beträgt sie bei Einlagen von mehr als 300,— DM drei Monate, bei Darlehen von geringerem Betrag einen Monat, § 609 Abs. 2 BGB. Befristete Einlagen sind in der Regel keine unregelmäßigen Verwahrungen i. S. von § 700 BGB, sondern echte Darlehen.

Über Spareinlagen vgl. §§ 20 ff. Sie sind in der Regel Darlehen, nicht Summenverwahrungen i. S. von § 700 BGB, RGZ 73, 221.

(24) Je nach der Zwecksetzung der Einlagen werden Eigenkonten und Anderkonten unterschieden. Eigenkonten dienen eigenen Zwecken des Kontoinhabers, Anderkonten dienen fremden Zwecken, obgleich allein der Kontoinhaber dem Kreditinstitut gegenüber als berechtigt und verpflichtet gilt. Anderkonten unterstehen infolge ihres Treuhandcharakters und kraft vertraglicher Vereinbarung, in der Regel auf Grund der „Allgemeinen Geschäftsbedingungen des privaten Bankgewerbes für Anderkonten der Rechtsanwälte, Treuhänder (Wirtschaftsprüfer und Wirtschaftsprüfungsgesellschaften, Verwaltungsrechtsräte, vereidigte Buchprüfer, Steuerberater) und Notare" (letzte Fassung vom Juli 1949; für die Anderkonten der Deutschen Bundesbank vom 14. VI. 1960, BAnz. Nr. 114) besonderem Privatrecht (vgl. Opitz Georg, Fünfzig depotrechtliche Abhandlungen, Berlin 1954, S. 185 ff., 714; Schönle, Le rapport fiduciaire en droit suisse, Genève 1959, S. 24ff.; OLG Stuttgart, 22. VII. 1960 NJW 13 [1960] 2158 mit Anmerkung von Probst); die volle Anwendbarkeit des KWG wird dadurch nicht berührt.

(25) Je nach der rechtlichen Ausgestaltung der Verfügungsberechtigung werden und wurden u. a. Sparkonten aus der Devisenbewirtschaftung, Ostzonensparkonten, Wiedergutmachungskonten und dergleichen unterschieden, für die — ebenfalls ohne Einfluß auf die Anwendbarkeit des KWG — sonderrechtliche Bestimmungen beachtlich sind.

b) Das Kreditgeschäft (Abs. 1 S. 2 Ziff. 2)

(26) Das Kreditgeschäft ist gekennzeichnet durch die „Gewährung von Gelddarlehen und Akzeptkrediten". Die „Gewährung" setzt voraus, daß sich die zur Verfügung gestellten Geldmittel im Eigentum des Kreditinstituts befinden und daß das Kreditinstitut über sie zum mindesten als mittelbare (§ 868 BGB) Eigenbesitzerin (§ 872 BGB) verfügen kann. Bloße Kreditvermittlung genügt nicht zur Begründung der Kreditinstitutseigenschaft (vgl. Schreiben des Reichsaufsichtsamts für das Kreditwesen vom 16. XII. 1939, Consbruch-Möller S. 80, Hofmann-Dermitzel S. 202; Reichardt, Anm. 11 zu § 1). Darlehensvermittler sind gemäß § 1 Abs. 1 S. 2 Ziff. 7 nur dann als Kreditinstitute zu betrachten, wenn sie die Verpflichtung eingehen, Darlehensforderungen vor Fälligkeit zu erwerben (vgl. unten Anm. 44) oder wenn sie i. S. von § 1 Abs. 1 S. 2 Ziff. 8 für die Darlehensschuld dem Geldgeber gegenüber die Mithaftung übernehmen (vgl. Bescheid des Reichskommissars für das Kreditwesen vom 18. IX. 1935, Hofmann-Dermitzel S. 201); ferner dann, wenn sie die Beträge des Geldgebers und Darlehensnehmers über ein von ihnen selbst bei einem Kreditinstitut eingerichteten Konto abwickeln. Der Anwendung des KWG steht dann nicht entgegen, daß das zur Annahme und Abgabe der Gelder bestimmte Konto als „Treuhandsammelkonto" geführt wird (OLG Stuttgart, 22. VII. 1960, NJW 13 [1960] 2158 mit Anmerkung von Probst).

Keine Rolle spielt dagegen für das Vorliegen der Kreditinstitutseigenschaft, ob die Mittel aus dem Eigenkapital stammen, also vom Unternehmen selbst aufgebracht wurden, oder im Wege des passiven Kreditgeschäfts nur vorübergehend Eigentum des Kreditinstituts wurden (vgl. OLG Stuttgart, BB 13 [1958] 1003, NJW 11 [1958] 1360).

Die „Gewährung" von Darlehen ist vom Darlehens-„Versprechen" und (27) vom Darlehens-Konsensualvertrag zu unterscheiden. Gewährung ist Übertragung von Geld in das Vermögen des Darlehensnehmers. Die Übertragung ist nach älterer Ansicht nicht nur Ausfluß einer Vertragsverpflichtung, sondern Abschlußtatbestand: Das Darlehen wurde als Realvertrag qualifiziert, der erst mit Übereignung der Darlehenssumme seine Rechtswirkungen entfalten konnte, RG 86, 324.

Das Darlehensversprechen zum Abschluß eines Darlehensvertrags wäre danach nur Vorvertrag, würde also nicht unmittelbar zur Auszahlung der Geldsumme verpflichten. Allerdings haftet das Kreditinstitut, das Kredit einräumt und die Geldsumme noch nicht ausbezahlt hat, auch nach dieser älteren Ansicht bei nicht rechtzeitiger Erfüllung auf Abschluß des Realvertrags und damit nach dem Grundgedanken des § 279 BGB auf Schadenersatz auch ohne Verschulden, RG DJ 1939, 1439.

Nach neuerer und richtiger Ansicht ist die „Realvertrags"-theorie „romanistischer Zopf" (Larenz II S. 161; vgl. auch die dort angegebene Literatur). Der Darlehensvertrag ist deshalb als zweiseitig verpflichtender Schuldvertrag anzusehen, durch den sich der Darlehensgeber zur Eigentumsverschaffung an Geld (oder anderen vertretbaren Sachen, § 607 Abs. 1 BGB), der Darlehensnehmer zur Übereignung von Geld (oder vertretbaren Sachen) gleicher Menge (Art und Güte) nach gewisser Zeit verpflich-

tet. Der Vertrag ist nicht nur zweiseitig, sondern i. S. von §§ 320 ff. BGB
gegenseitig verpflichtend, wenn das Darlehen nur gegen Entgelt (gegen
Zins) gewährt wird. Nach der älteren Lehre war das Darlehensversprechen dagegen ein zweiseitig verpflichtender und ein gegenseitiger Vertrag
i. S. der §§ 320 ff. BGB nur dann, wenn es gegen Bestellung einer
Sicherheit, insbesondere gegen hypothekarische Bestellung gewährt wurde
und wenn die Darlehensforderung wirtschaftlich Kapitalanlage, rechtlich
Kauf der Sicherheit darstellte, RG JW 1937, 2765. Der Abschluß eines solchen Darlehens-Konsensualvertrags gewährte nur unter dieser Voraussetzung Anspruch auf unmittelbare darlehensweise Geldhingabe. Nach
richtiger Ansicht begründet dagegen jeder Darlehensvertrag Anspruch auf
Auszahlung der Kreditsumme. Weitere Rechtsfolge: keine Abtretungs-
und Aufrechnungsbeschränkungen, im Gegensatz zu den Verhältnissen bei
einfachen Darlehensversprechen nach der Realvertragstheorie. Der Anspruch aus dem einfachen Darlehensversprechen wurde danach als nicht
abtretbar und daher unpfändbar (vgl. RG 68, 355; 77, 407), ferner als
nicht aufrechenbar angesehen (RG 52, 303). Über die Folgen des nichtigen
Vorvertrags für die Gültigkeit des Realvertrags nach älterer Ansicht, vgl.
RG 86, 324; 108, 150; § 610 BGB.

Besteht eine Annahmepflicht des Darlehensversprechens-Empfängers, so
ist nach h. L. im Zweifel trotzdem kein Erfüllungs-, sondern nur ein
Schadenersatzanspruch nach § 286 Abs. 2 BGB gegeben. Eine Abnahme-
pflicht obliegt dem Bankkunden dann, wenn sie besonders vereinbart
wurde, oder wenn die Vertragsauslegung und die Umstände ergeben, daß
der Darlehensgeber (das Kreditinstitut) die Eigentumsverschaffung an der
Darlehenssumme als Kapitalanlage für sich ansieht.

(28) Während der Sprachgebrauch der Kreditinstitute nur langfristige Kredite
als Darlehen bezeichnet (was auch in den gebräuchlichen Bilanzformblät-
tern seinen Niederschlag findet; ferner in der Unterscheidung zwischen
Kreditabteilung und Darlehensabteilung bei den Sparkassen), versteht
das BGB unter „Darlehen" jeden schuldrechtlichen Vertrag, der die Übertragung vertretbarer Sachen oder ihres Wertes in das Vermögen des Darlehensnehmers, sowie die Abrede umfaßt, Sachen gleicher Art, Güte und
Menge zurückzugeben, und der nicht Summenverwahrung i. S. von § 700
BGB oder Gesellschaftsvertrag i. S. von § 705 BGB ist. Die Rechtsfolgen
des Darlehens sind in den §§ 607 ff. BGB geregelt. Das Kreditgeschäft
erstreckt sich nur auf die häufigste Art von Darlehen, das Gelddarlehen.
Deshalb begründet die Gewährung von Warenkrediten nicht die Kreditinstitutseigenschaft (vgl. auch Umkehrschluß aus Art. 3 Abs. 1 der 3. VO
zur Durchführung und Ergänzung des KWG vom 30. VI. 1936 — RGBl I
540 — und aus Art. 6 Abs. 1 lit. b der Bekanntmachung der Bankaufsichtsbehörden über Anzeigen nach §§ 8, 9, 12 und 14 des KWG vom
September 1952 — Consbruch-Möller, S. 87 (S. 90); ferner Bescheid des
Reichskommissars für das Kreditwesen vom 16. Juni 1936 über Warengenossenschaften — Hofmann-Dermitzel S. 202).

Für gewisse Darlehens-„gewährungen", -Konsensualverträge und -versprechen sind sonderrechtliche Bestimmungen beachtlich: beim Kontokorrentkredit HGB § 355 ff., beim Lombardkredit u. a. das Recht der Verpfändung und der Sicherungsübereignung, sowie das Wertpapierrecht, beim Akzeptkredit u. a. das Wechselrecht, beim Rembourskredit das Außenhandelsrecht, beim Konsortialkredit das Recht der bürgerlich-rechtlichen Gesellschaft, §§ 705 ff. BGB bzw. das Recht spezieller Gesellschaftsformen, beim Teilzahlungskredit das Gesetz betr. die Abzahlungsgeschäfte vom 16. Mai 1894 (RGBl 450), u. a. m. In allen Fällen wird durch die Sondergesetzgebung die grundsätzliche Anwendbarkeit von §§ 607 ff. BGB bzw. § 700 BGB nicht ausgeschlossen. Die Vornahme der betreffenden Kreditgeschäfte im erforderlichen Umfang begründet die Kreditinstitutseigenschaft i. S. von § 1 Abs. 1 KWG. Über die einzelnen Arten vgl. Herold, das Kreditgeschäft der Banken, Hamburg 1959; Zimmerer, Bankbetriebslehre S. 13 ff.

Über die Erlaubnispflicht für Teilzahlungsfinanzierungsgeschäfte vgl. Beschluß der Bankaufsichtsbehörden vom 8./9. V. 1953, Consbruch-Möller S. 101. Teilzahlungsinstitute unterliegen der Bankenaufsicht, obgleich sie keine Einlagen annehmen sollen. Die Institute werden beaufsichtigt, obgleich die Geldgeber (ähnlich wie im Falle des 7-M-Geschäftes, vgl. unten Anm. 44) in der Hauptsache Banken und Versicherungen sind. Nach ständiger Übung gehört zum Betrieb eines Bank- und Sparkassengeschäftes das Zusammenspiel von Einlage- und Kreditgeschäften. Die Trennung im Gesetz (Ziff. 1 und Ziff. 2) war notwendig, um die Kreditgewährung als solche, insbesondere durch die Teilzahlungsbanken, unter die Aufsicht stellen zu können, ferner um jede Form der Annahme von Geld als Einlagen zu erfassen und um Zweifel hinsichtlich der Auslegung des Gesetzes auszuschließen. Vgl. auch unten Anm. 4 zu § 13.

Eine Art von Kreditgeschäft, „die Gewährung von Akzeptkrediten" wurde **(29)** vom Gesetzgeber besonders erwähnt, um Zweifel auszuräumen, ob solche Kredite in § 1 erfaßt sind. Die Bank gewährt ihren Kredit entweder als Barkredit, oder sie läßt den Kunden auf sie ziehen und versieht diesen Wechsel mit ihrem Akzept (Akzeptkredit). Der Bankkunde hat bei Fälligkeit (u. U. durch Inanspruchnahme eines neuen Akzeptkredites) für die Deckung der Wechselverbindlichkeit zu sorgen. Über die Abgrenzung zwischen Darlehensrecht und dem auf Bankakzepte primär anzuwendenden Wechselrecht vgl. u. a. KG BB 9 (1954) 671, OLG Hamburg BB 10 (1955) 334; Lehmann BB 10 (1955) 937.

c) Das Diskontgeschäft (Abs. 1 S. 2 Ziff. 3)

Das Diskontgeschäft i. S. des Gesetzes besteht im „Ankauf von Wechseln **(30)** und Schecks". — Der Wechsel ist ein schuldrechtliches Wertpapier, das in einer bestimmten Form ausgestellt, insbesondere ausdrücklich als Wechsel bezeichnet werden und abstrakt und unbedingt auf Zahlung einer bestimmten Geldsumme auf Grund einer Anweisung oder auf Grund eines Schuldversprechens lauten muß (vgl. Art. 1 WG über den Inhalt des gezogenen Wechsels und Art. 75 WG über den Inhalt des Solawechsels). — Der Scheck ist eine schriftliche Anweisung (in der Regel eine Anweisung eines Bankkunden auf sein Bankguthaben, denn nach Art. 3 ScheckG darf ein Scheck nur auf einen Bankier i. S. von Art. 54 ScheckG gezogen werden), die ebenfalls in bestimmter Form ausgestellt, insbesondere als Scheck bezeichnet werden und abstrakt und unbedingt auf Zahlung einer bestimmten Geldsumme lauten muß (vgl. Art. 1 ScheckG über den Inhalt des Schecks). — Der Ankauf von anderen Wertpapieren als von Wechseln und Schecks und die Diskontierung anderer Forderungen als der durch Wechsel und Schecks verbrieften (z. B. die Diskontierung von Buchforderungen) erfüllen nicht die Voraussetzungen des Diskontgeschäfts i. S. von Abs. 1 Satz 2 Ziff. 3. Sie können die Kreditinstitutseigenschaft nur begründen, wenn sie den Anforderungen eines anderen Bankgeschäfts genügen.

(31) Nur der „Ankauf" von Wechseln und Schecks erfüllt die Voraussetzungen des Diskontgeschäfts i. S. von § 1 Abs. 1 S. 2 Ziff. 3. Es muß sich um einen Kaufvertrag i. S. der §§ 433 ff. BGB handeln, d. h. um einen Vertrag, der den Wechsel- oder Scheckinhaber zur Übereignung des Wertpapiers an das Kreditinstitut und zur Verschaffung der im Wechsel oder Scheck verbrieften Rechte gegen Entrichtung eines Kaufpreises verpflichtet. Kein „Ankauf" ist die Übernahme von Wechseln und Schecks, die nur mit einem Prokura- oder Inkassoindossament i. S. von Art. 18 WG und Art. 23 ScheckG übertragen werden. Ein solches Indossament soll das Kreditinstitut nicht zum wirklich Berechtigten machen, sondern ihm nur die formelle Legitimation verleihen, für Rechnung des Kunden den Wechsel oder Scheck geltend zu machen. Demgemäß wird dann das Kreditinstitut nicht Eigentümer des Wechsels oder Schecks und der dem Indossament zugrunde liegende Inkassoauftrag ist nur ein Geschäftsbesorgungsvertrag i. S. von § 675 BGB, nicht ein Kaufvertrag.

Kein „Ankauf" ist ferner die Übernahme eines Wechsels mit Pfandindossament i. S. von Art. 19 WG. Das Kreditinstitut wird hier zwar als Indossatar selbständig und für eigene Rechnung berechtigt, erhält aber nicht wie der Eigentümer den Vollgenuß des Rechtes, sondern nur ein Pfandrecht, das eine Weiterveräußerung durch Vollindossament ausschließt. Das dem Pfandindossament zugrunde liegende Rechtsgeschäft — in der Regel eine Darlehensgewährung gegen Sicherheitsleistung — ist jedenfalls kein Kaufvertrag, wie ihn Abs. 1 S. 2 Ziff. 3 voraussetzt.

Die Übernahme von Wechseln und Schecks zur Einziehung (oder von Wechseln zur Sicherung von Darlehensforderungen), beruht auch dann nicht auf einem „Ankauf" i. S. von Ziff. 3, wenn, wie üblich, auf ein besonderes Inkasso- oder Pfandindossament verzichtet wird und das Kreditinstitut als normaler Indossatar erscheint. Zwar tritt dann die Bank nach außen als vollberechtigte Eigentümerin des Wechsels oder Schecks auf.

Nach einem Teil der herrschenden Lehre vom Treuhandgeschäft kommt deshalb zur Vollrechtsübertragung durch Indossament (dem Verfügungsgeschäft), ferner zu der fiduziarischen Verpflichtungsabrede (derzufolge das Kreditinstitut die Rechte aus den Wertpapieren nur für Rechnung des Indossanten ausüben darf) und zum Geschäftsbesorgungsvertrag i. S. von § 675 BGB (dem „Inkassoauftrag" bzw. dem Verwahrungsvertrag bei der Sicherungsübereignung) noch ein viertes Rechtsgeschäft, ein Kaufvertrag, als Rechtsgrund der Verfügung. Die Annahme von vier verschiedenen Rechtsgeschäften zur Erreichung eines einheitlichen wirtschaftlichen Erfolges ist jedoch wirklichkeitsfremd und systemwidrig (vgl. Schönle, GmbH-Rdsch 51 [1960] 21 ff.). Das Inkassomandat qualifiziert sich bei Übertragung des Wechsels oder Schecks durch Vollindossament als Geschäftsbesorgungsvertrag mit Ermächtigung zur indirekten Stellvertretung (es ist Geschäftsbesorgungsvertrag mit Ermächtigung zur direkten Stellvertretung, wenn der Wechsel oder Scheck durch bloßes Prokura- bzw. Inkassoindossament übertragen wird). Für die Annahme eines Kaufvertrags i. S. von Ziff. 3 ist unter solchen Voraussetzungen kein Platz. Die Rechtsprechung mindert denn auch die Folgen der abwegigen Vollrechtstheorie beim verdeckten Wechsel- und Scheckinkassomandat, indem sie dem Wechselschuldner die Einwendungen, die ihm gegenüber dem Indossanten zustehen, grundsätzlich auch gegenüber dem Indossatar (dem Kreditinstitut) gewährt (vgl. RG 117, 72; OLG Stuttgart 29. XI. 1955, MDR 1956, 110; für die konsequente Anwendung der Vollrechtstheorie gegen einen Teil der Lehre: OLG Stuttgart 11. II. 1954, MDR 1954, 300).

Beim Wechsel- und Scheckinkassomandat geht das Kreditinstitut keine Risiken ein, weil die Gutschrift regelmäßig erst nach Eingang oder jedenfalls unter Vorbehalt des Eingangs erfolgt. Über die Wertstellung beim Wechselinkasso vgl. Erlaß der Bankenaufsicht des Landes Nordrhein-Westfalen vom 11. IX. 1953, Hofmann-Dermitzel S. 468. Beim „Ankauf" von Wechseln und Schecks haftet der Verkäufer nach §§ 437, 459 BGB, sofern sich die Rückbelastungsmöglichkeit, wenn der Wechsel oder Scheck nicht eingelöst wird, nicht bereits aus Wechsel- bzw. Scheckrecht ergibt.

Unter „Diskontierung" versteht man den Abzug eines Zwischenzinses, der (32) beim Ankauf des Papieres für die Zeit bis zur Fälligkeit der verbrieften Forderung berechnet wird. Mit den Spesen, die beim Inkassomandat entstehen, darf der Wechseleinreicher grundsätzlich nicht belastet werden, wenn ihm ein Diskont abgezogen wird (vgl. Schreiben des Reichskommissars vom 13. IV. 1938, Hofmann-Dermitzel S. 462; ders. S. 468). Ausnahmsweise kann die Diskontierung auch die Beleihung des Wertpapiers und nicht einen Kaufvertrag zur Grundlage haben (RG 93, 26; 142, 26). Der Diskont entspricht dann dem Zins für das gewährte Darlehen. Die Diskontierung von zur Sicherheit übertragenen Wechseln fällt nicht unter Ziff. 3 (vgl. oben Anm. 31). Davon zu unterscheiden ist der Diskontkredit, der einen gewöhnlichen „Ankauf" der Finanzwechsel zur Grundlage hat, vgl. Obst-Hintner, S. 414 f.

Während die Wechseldiskontierung i. S. von Ankauf nicht fälliger Wechsel
gegen Sofortzahlung mit Diskontabzug neben dem Wechselinkassogeschäft
zu den üblichen Tätigkeiten der Kreditinstitute gehört, werden Schecks
nur ausnahmsweise diskontiert. Der Ankauf von Schecks dient dem bargeldlosen Zahlungsverkehr: Der Scheckinhaber verkauft den Scheck seiner
Bank. Diese schreibt seinem Konto den Betrag unter Vorbehalt des Eingangs (§ 788 BGB; Nr. 41 AGB) gut und belastet das Konto der bezogenen
Bank, der sie zugleich den Scheck weitergibt. Die bezogene Bank schreibt
der Bank des Scheckinhabers den Betrag gut und belastet den Aussteller.
Soweit keine direkte Geschäftsverbindung zwischen den Banken besteht,
erfolgt die Abrechnung durch Vermittlung von staatlich anerkannten Abrechnungsstellen (der Landeszentralbanken, vgl. VO über Abrechnungsstellen im Wechsel- und Scheckverkehr vom 10. XI. 1953, BGBl I 1521).

Eine irgendwie geartete Diskontierung findet grundsätzlich nicht statt
(höchstens eine Verzinsung beim Rückgriff nach Art. 45 Ziff. 2 ScheckG in
Verbindung mit Art. 2 EG ScheckG, § 1 des Gesetzes über die Wechsel-
und Scheckzinsen vom 3. VII. 1925, RGBl I 93, und der Mitteilung des
Bundesministers der Justiz vom 11. XI. 1960, BGBl 1960 I S. 841). Während
beim Wechsel die Verfallzeit im Belieben des Ausstellers steht, ist der
Scheck stets bei Sicht fällig. Die Angabe eines anderen Verfalltags gilt
beim Scheck als nicht geschrieben (Art. 28 Abs. 1 ScheckG). Vordatierte
Schecks sind trotzdem bereits mit der Vorlegung fällig (Art. 28 Abs. 2
ScheckG; Nr. 6 der Bedingungen für Scheckkonten; Herold, Das Kredit-
geschäft der Banken, S. 421). Art. 29 ScheckG sieht kurze Vorlegungs-
fristen vor, deren Nichtbeachtung für den Scheckinhaber den Verlust aller
Scheckansprüche mit Ausnahme der Scheckbereicherungsklage bewirkt
(OLG Karlsruhe 6. III. 1956, MDR 1956, S. 430). Der gesetzliche Begriff
„Diskontgeschäft" in Abs. 1 S. 2 Ziff. 3 für den Ankauf von Schecks und
„Diskontierung von Schecks" in § 19 Abs. 1 Ziff. 2 für Kreditgeschäfte i. S.
von §§ 13—18 ist unzweckmäßig.

Daran ändert nichts, daß der Zeitpunkt der unmittelbaren Vorlage des
Schecks bei der bezogenen Bank (bzw. der Tag der Wertstellung der Verrechnungsstelle) in der Regel nicht mit dem Zeitpunkt der Einreichung
des Schecks durch den Scheckinhaber übereinstimmt. Das Bankguthaben,
auf das die Scheckanweisung lautet, wird zwar erst zum Tag der unmittelbaren Vorlegung des Schecks, nicht bereits zum Ausstellungstag oder
zum Tag der Einreichung durch den Scheckinhaber belastet (vgl. Schreiben
des Reichsaufsichtsamts vom 17. VII. 1940, Mitteilung der Reichsgruppe
Banken vom Januar 1941 und Beschluß der Bankaufsichtsbehörde vom
26. / 27. X. 1951 über die Wertstellung bei Scheckentnahmen am Tage
der Vorlage und nicht am Ausstellungstag, sowie Schreiben des Reichsaufsichtsamts vom 5. IV. 1941 über den Zinsbeginn bei Scheckeinzahlungen,
Hofmann-Dermitzel S. 450/451). Die Bank des Scheckinhabers kann deshalb ihrerseits erst vom Vorlegungs- bzw. Verrechnungsdatum an von der

bezogenen Bank bzw. von der Verrechnungsstelle kreditiert werden. Im allgemeinen werden daher dem Scheckinhaber Schecks auf den Platz erst einen Werktag nach der Einreichung, Schecks auf Plätze innerhalb des betreffenden Bundeslandes erst zwei Werktage nach Einreichung, und Schecks auf Plätze außerhalb des betreffenden Bundeslandes erst drei Werktage nach dem Einreichungstag valorisiert (vgl. Zimmerer, Bankkostenrechnung S. 101 ff.). Wird der Gegenwert des eingereichten Schecks schon vor Eingang gutgeschrieben oder ausgezahlt, so kann ein Diskont abgezogen werden.

Die Diskontierung ist aber ungebräuchlich, da der Scheck kein Kreditmittel ist und auch keines sein soll (vgl. Beschluß der Bankaufsichtsbehörde vom 26./27. X. 1951 aaO; BGH 23. II. 1951, NJW 4 [1951] 598; OLG Celle 3. X. 1955, BB 11 [1955] 1112). Selbst Schecks, die von der Deutschen Bundesbank bestätigt sind, werden nur von derjenigen Stelle der Bank bar ausgezahlt, die die Schecks mit dem Bestätigungsvermerk versehen hat. Von anderen Stellen der Bank werden auch die bestätigten Schecks nur in Zahlung genommen (Nr. 19 Abs. 3 der AGB der Deutschen Bundesbank vom 1. VII. 1958). Den Ankauf von Schecks allgemein als „Diskontgeschäft" (§ 1) oder „Diskontierung von Schecks" (§ 19) zu bezeichnen, ist jedenfalls mit bankgeschäftlichen Gepflogenheiten unvereinbar.

Anwendbares Recht: WG; EG WG vom 21. VI. 1933 (RGBl I 409); ScheckG; **(33)** EG ScheckG vom 14. VIII. 1933 (RGBl I 605); Gesetz über die Wechsel- und Scheckzinsen aaO (Anm. 32); VO über Abrechnungsstellen im Wechsel- und Scheckverkehr aaO (Anm. 32); VO über benachbarte Orte im Wechsel- und Scheckverkehr vom 26. II. 1934 (RGBl I 161) und 7. XII. 1935 (RGBl I 1432); Gesetz über Proteste von Wechseln und Schecks vom 5. VII. 1934 (RGBl I 569); BGB §§ 783 ff., 1187, 1189, 1292, 1294, 1822; HGB § 395; GVG § 95; ZPO §§ 110, 592—605a, 831, u. a. m.

d) Das Effektengeschäft (Abs. 1 S. 2 Ziff. 4)

Die Anschaffung und Veräußerung von Wertpapieren für andere wird **(34)** vom Gesetz als Effektengeschäft bezeichnet. Anschaffung ist „abgeleiteter entgeltlicher Erwerb zu Eigentum mittels Rechtsgeschäft unter Lebenden" (RG 31, 18), mit Einschluß des auf solchen Erwerb gerichteten schuldrechtlichen Vertrags (vgl. RG 20, 10; 21, 32 und 36; 22, 128; 24, 109; 31, 18; 52, 323; 56, 431 u. a. m.). Für Kreditinstitute kommen als Verträge dieser Art in Frage der Kauf (§ 433 BGB), der Tausch (§ 515 BGB), die uneigentliche (Summen-)Verwahrung i. S. von § 700 BGB, die Annahme an Zahlungs Statt (§ 364 BGB; RGSt 11, 148 für Wechselerwerb). — Maßgeblich für das Anschaffungs- und Veräußerungsgeschäft kann insbesondere das Börsenrecht sein, vgl. Salzmann-Eibl Nr. 550 ff.; ferner die AGB Nr. 29 ff. und die AGB der Banken für den Wertpapierverkehr mit inländischen Bankierkunden von 1937 i. d. F. von Anfang 1943, sofern sie zur Vertragsgrundlage gemacht werden.

7*

Keine Anschaffung ist die Wertpapierverwahrung, auch nicht die Sammelverwahrung, weil Rechtsprechung (vgl. RG BankA [1929] 281; RG JW
49 [1930] 1385; RFH RStBl 1930, 487) und Lehrmeinung (vgl. Loewengut,
BankA 31 [1931/32] 160) die miteigentumserhaltende Kraft des Sammel-
depots in Abweichung von der herrschenden Treuhandlehre allgemein
anerkannt haben; vgl. auch § 6 und § 15 Abs. 1 DeptG. Keine Anschaffung ist ferner das uneigentliche Lombardgeschäft (Darlehen gegen Sicherungsübereignung oder -zession). Vom Begriff der Anschaffung sind außerdem ausgeschlossen Geschäfte, die nicht auf Eigentumserwerb gerichtet
sind (z. B. Erwerb zum Nießbrauch oder als Pfand, RG 21, 36; 31, 18; die
Annahme von Wechseln zur Einziehung, RGSt 11, 149), und der Erwerb
von Todes wegen (z. B. durch Erbfolge, Vermächtnis, Pflichtteilsanspruch),
der unentgeltliche Erwerb unter Lebenden, der ursprüngliche Erwerb
(z. B. der ursprüngliche Erwerb von Aktien i. S. von §§ 51 und 165 AktG,
RG 31, 21; 45, 101; auch das Emissionsgeschäft fällt nicht unter Ziff. 4,
weder die Emission für Rechnung des Geldsuchers — in dessen Namen
oder in eigenem Namen der Bank oder des Bankenkonsortiums —, noch
die Übernahme der ganzen Emission und Begebung der Stücke im eigenen Namen und auf eigene Rechnung des Kreditinstituts; keine Anschaffung, weil ursprünglicher Erwerb, ist auch die Anleihezeichnung, obwohl
das RG sie als Kauf oder als diesem ähnlich erklärt hat, RG 104, 120).
Einzelheiten bei Würdinger, Anm. 21 zu § 1 HGB.

(35) Die Veräußerung i. S. von Abs. 1 S. 2 Ziff. 4 ist ein auf Übertragung des
Eigentums gerichtetes Rechtsgeschäft unter Lebenden. Sie erfaßt wiederum
die erwähnten Rechtsgeschäfte — Kauf, Tausch, unregelmäßige Verwahrung, Hingabe an Zahlungs Statt u. a. m. Ausgeschlossen sind ebenfalls
Geschäfte, die nicht auf Eigentumsübertragung gerichtet sind (z. B. die
Hingabe zu Pfand), Geschäfte von Todes wegen, die unentgeltliche Veräußerung (insbesondere die Schenkung) und die Eigentumsaufgabe i. S.
von § 959 BGB.

Das „Anschaffen" und „Veräußern" wird nicht kumulativ als Voraus-
setzung für die Kreditinstitutseigenschaft verlangt, wenn auch in der
Praxis kaum das eine ohne das andere betrieben wird (vgl. Reichardt,
Anm. 22 zu § 1).

(36) Wertpapiere im weitesten Sinne sind Urkunden, die ein Recht in der Weise
verbriefen, daß zur Ausübung des Rechts die Innehabung der Urkunde
erforderlich ist (vgl. z. B. Hueck, Alfred, Das Recht der Wertpapiere, S. 1).
Der Begriff Wertpapier i. S. von Effekten ist enger. Zwar enthält § 1
Abs. 1 S. 2 Ziff. 4 keine Aufzählung der von dieser Bestimmung erfaßten
Wertpapiere, wie z. B. § 234 BGB, § 1 DepG und § 1 Wertpapier-
bereinigungsgesetz vom 19. VIII. 1949 (WiGBl Nr. 33 vom 2. IX. 1949). Doch
erhellt aus dem Begriff „Effekten" sowie aus dem Zweck der Bestimmung,
daß es sich um Wertpapiere handeln muß, die Gegenstand gewerbsmäßiger Umsatzgeschäfte sein können und die der Kapitalanlage dienen, weil

die „Anschaffung und die Veräußerung von Wertpapieren für andere"
dem Wortlaut nach nicht nur den Ausnahmefall der Anschaffung Veräußerung in fremdem Namen einschließt, sondern vor allem den Haupt-
fall der indirekten Stellvertretung (Effektenkommission). Anschaffung und
Weiterveräußerung durch das Kreditinstitut im eigenen Namen zur Anschaffung für Rechnung des Kunden sind aber Teile eines Umsatz-
geschäftes, das denselben Gegenstand erfaßt. Es muß sich daher dem
Zweck von Abs. 1 S. 2 Ziff. 4 nach um Wertpapiere handeln, die solcher
Umsatzgeschäfte fähig sind.

Dem gewerbsmäßigen Handel sind grundsätzlich jene beurkundeten
Rechte zugänglich, bei denen die Beurkundung gerade dem Zweck dient,
das Recht umlaufsfähig zu machen. Das sind in erster Linie die Inhaberpapiere (z. B. Inhaberaktien, Inhaberschuldverschreibungen, Inhaber-
schecks, Inhabergrundschuldbriefe; dagegen nicht Sparkassenbücher, Hin-
terlegungsscheine und andere qualifizierte Legitimationspapiere i. S. von
§ 808 BGB), ferner die Orderpapiere (z. B. Namensaktien, auch vinku-
lierte Namensaktien, RG 36, 39; 132, 155; Kuxe, RG 28, 251; 54, 351;
Wechsel; Namensschecks bei Fehlen der negativen Orderklausel, Art. 5
ScheckG; die Papiere des § 363 HGB u. a. m.); nicht dagegen Rektapapiere
und einfache Legitimationspapiere (z. B. Hypotheken-, Grundschuld- und
Rentenbriefe mit Ausnahme der Inhabergrundschuldbriefe, Kommandit-
und GmbH-Anteile, Rektalagerscheine etc.).

Von den erwähnten Wertpapieren, die Gegenstand gewerbsmäßiger Umsatzgeschäfte sein können, fallen jene nicht unter den „Effekten"-Begriff,
die nicht oder nur kurzfristig der Kapitalanlage dienen. Nicht zu den
unter S. 2 Ziff. 4 zu subsumierenden Wertpapieren gehören z. B. Wechsel,
Schecks, die Orderpapiere des § 363 HGB u. a. m. (gl. M. Pröhl, Anm. 4b
zu § 1 S. 95; a. M. Reichardt, Anm. 24 zu § 1). Der Ankauf von Wechseln
und Schecks fällt bereits unter Ziff. 3 und der Verkauf wird heute im
Geschäftsverkehr auch wegen der Haftung, die die verkaufende Bank dem
Ankäufer gegenüber für die Bezahlung durch den Bezogenen übernimmt,
nicht mehr als Effektenhandel angesehen, abgesehen davon, daß die Legaldefinition des Effektengeschäfts überhaupt den Eigenhandel insoweit ausschließt, als er nicht durch Deckungsgeschäfte neutralisiert wird, vgl.
Anm. 37. Wegen der Beschränkung auf die der Kapitalanlage dienenden,
vertretbaren Wertpapiere ist der Wertpapierbegriff der S. 2 Ziff. 4 enger
als der des § 1 Abs. 2 Ziff. 1 HGB.

Die Wertpapiere i. S. des Abs. 1 S. 2 Ziff. 4 sind vom Kreditinstitut „für **(37)**
andere" anzuschaffen oder zu veräußern. Für andere kann zunächst „für
Rechnung anderer" bedeuten. Die Anschaffung oder Veräußerung wird
dann in direkter oder, üblicherweise, in indirekter Stellvertretung (Effektenkommission) vorgenommen, je nachdem, ob das Kreditinstitut in fremdem oder in eigenem Namen handelt. „Für andere" kann aber auch nur
„im Auftrag für andere" bzw. „in Geschäftsbesorgung für andere" bedeu-

ten, ohne daß das Rechnungsmäßige des Geschäfts im Vordergrund steht und ohne daß deshalb das Geschäft unmittelbar „für Rechnung" von anderen getätigt werden müßte. Die Legaldefinition des Effektengeschäfts schließt deshalb weder den Selbsteintritt im Kommissionsgeschäft, noch den Eigenhandel, das unmittelbare Auftreten als Käufer oder Verkäufer im Kaufvertrag mit dem Kunden aus (über die begrifflichen Unterschiede zwischen beiden vgl. Opitz, DepG Anm. 3 zu § 31). Beim Selbsteintritt und Eigenhandel erfolgt die Anschaffung bzw. Veräußerung von Wertpapieren, das Deckungsgeschäft, nicht für Rechnung der Bankkunden, sondern für eigene Rechnung des Kreditinstituts, obgleich auch hier im weiteren Sinn von einem Geschäft „für andere", nämlich von einer Anschaffung zur Weiterveräußerung an den Bankkunden bei der Kauforder, und von einer Veräußerung zur Abstoßung der übernommenen Aktien für den Kunden bei der Verkaufsorder gesprochen werden kann.

Zwar schafft der Bankier, der Aufträge zum Kauf von Effekten als Selbstkontrahent oder durch Selbsteintritt erledigt, durch den Verkauf seiner eigenen Wertpapiere Effekten ebensowenig an, wie er sie im Fall einer Verkaufsorder durch den Ankauf im Selbsteintritt oder Eigenhandel „veräußert". Deshalb ungenau Reichardt, Anm. 23 zu § 1, der den Selbsteintritt, das Propergeschäft und das Kompensationsgeschäft als solche für Effektengeschäfte i. S. des KWG hält. Dies gilt nur für die entsprechenden „Deckungsgeschäfte". Soweit das Kreditinstitut zum voraus oder nachträglich im eigenen Namen und für eigene Rechnung Deckungsgeschäfte tätigt, die den Selbsteintritt oder das Eigenhandelsgeschäft neutralisieren sollen, sind dies Effektengeschäfte, die i. S. von S. 2 Ziff. 4 „für andere" vorgenommen werden. Dagegen sind Effektenanlagegeschäfte, die für eigene Rechnung getätigt werden und die nicht unmittelbare Deckungsgeschäfte sind, keine Bankgeschäfte i. S. von S. 2. Die Abgrenzung zwischen Deckungsgeschäften, die die Kreditinstitutseigenschaft begründen, und gewöhnlichen Effektengeschäften, die ebenfalls für eigene Rechnung getätigt werden, aber die Kreditinstitutseigenschaft nicht zu begründen vermögen, kann im Einzelfall Schwierigkeiten bereiten, da nur der Zweck des Geschäfts — ähnlich wie bei der Abgrenzung von Einlagegeschäft und Darlehen i. w. S., vgl. oben Anm. 22 — als Unterscheidungskriterium dient.

Die Rechtsfolgen des Kommissionsgeschäfts mit Selbsteintritt sind verschieden von denen des Eigenhandels: erstere bestimmen sich nach §§ 400 ff. HGB, bzw. abweichend davon, soweit die AGB zur Vertragsgrundlage gemacht wurden, nach Nr. 29 Abs. 1 und Nr. 30 ff. AGB, letztere richten sich nach §§ 373 ff. HGB und (oder) §§ 433 ff. BGB bzw. nach Nr. 29 Abs. 2 AGB. Nur depotrechtlich herrscht Übereinstimmung, vgl. § 31 DepG. Die Rechtsfolgen der Effektenkommission mit Selbsteintritt und des Eigenhandels unterscheiden sich ihrerseits von denen der gewöhnlichen Effektenkommission und der unmittelbaren Stellvertretung, wenn auch im übrigen der Bankier, der Aufträge zum Ankauf oder Verkauf von Effekten als Selbstkontrahent oder Selbsteintritt erledigt, wie sonst verpflichtet ist, den Kunden sorgfältig zu beraten (RG 42, 125).

e) Das Depotgeschäft (Abs. 1 S. 2 Ziff. 5)

Das Depotgeschäft besteht in der „Verwahrung und Verwaltung von Wert- **(38)** papieren für andere". Verwahrung ist Gewährung von Raum und Übernahme der Obhut (vgl. Palandt, Anm. 2 vor § 688 BGB). Bloße Raumgewährung ohne Obhut ist Raummiete oder Raumleihe, BGH 3, 200; Beispiel: Der Safevertrag über Miete und gesamthänderischen Mitbesitz an einem Schrankfach, RG 141, 101.

Unter das Depotgeschäft fallen verschiedene Verwahrungsarten, die großenteils vom DepG geregelt werden. Das DepG kennt die Sonderverwahrung i. S. von § 2, die Drittverwahrung i. S. von § 3, die Sammelverwahrung i. S. von §§ 5 ff. und die Tauschverwahrung i. S. von § 10 DepG. Das DepG gilt dagegen nicht für verschlossen übernommene Wertpapiere, sowie nicht für die unregelmäßige Verwahrung i. S. von § 700 BGB. Auf das verschlossene Depot kommen nur die §§ 688 ff. BGB zur Anwendung, auf die unregelmäßige (Summen-)Verwahrung die §§ 607 ff. BGB unter Vorbehalt von § 700 Abs. 1 S. 3 BGB. — Die bloße Zwischenverwahrung i. S. von § 3 Abs. 2 DepG ist Depotgeschäft und fällt unter Abs. 1 S. 2 Ziff. 5. Die Kreditinstitute sind zur Zwischenverwahrung berechtigt nach § 3 Abs. 1 DepG (einer lex specialis zu § 691 BGB). — Die Kreditinstitutseigenschaft der wichtigsten Drittverwahrer, der Wertpapiersammelbanken, folgt auch aus § 1 Abs. 3 DepG in Verbindung mit § 38 Abs. 1 KWG.

Zur Obhut als Teil der Verwahrung gehören gewisse Aufsichtspflichten, **(39)** wie die Wertpapierkontrolle, RG 109, 31; RG DJ 1936, 1475. Der Begriff der Verwaltung geht über die bloße Obhut hinaus. Sind Verwahrung und Verwaltung vereinbart, so ist ein gemischter Vertrag gegeben, der außer den Pflichten aus § 688 BGB eine Geschäftsbesorgung i. S. von § 675 BGB beinhaltet. Zur Aufbewahrungspflicht kommt z. B. die Pflicht zur Einziehung von Zinsscheinen und Gewinnanteilscheinen, die Einziehung gekündigter oder verloster Stücke, die Besorgung neuer Bogen nach Abruf der Zins- und Gewinnanteilscheine, der Umtausch von Zwischenscheinen in endgültige Stücke, die Ausübung von Bezugsrechten, der Umtausch von Wertpapieren oder die Abstempelung bei Konvertierungen, z. B. bei Kapitalerhöhungen aus Gesellschaftsmitteln, Fusionen etc., die Vermittlung von Einzahlungen, die auf die Wertpapiere zu leisten sind, die Ausübung des Stimmrechts auf den Gesellschaftsversammlungen, die Vorbereitung zur Girosammelverwahrung u. a. m., vgl. Opitz, Anm. 6 zu § 1 DepG. Über den Effektengiroverkehr vgl. unten Anm. 48. Verwahrung und Verwaltung sind nicht kumulativ erforderlich für die Kreditinstitutseigenschaft (vgl. Pröhl, Anm. 4c zu § 1 S. 96; Reichardt, Anm. 26 zu § 1).

Anwendbares Recht für die „Verwaltung" von Wertpapieren: § 675 BGB, in der Regel unter Berücksichtigung von Nr. 36—39 AGB als Vertragsgrundlage, gegebenenfalls auch von §§ 18 ff. AGB der Wertpapiersammelbanken vom Juli 1953, und Nr. 1—4 AGB der Banken für den Wertpapierverkehr mit inländischen Bankierkunden von 1937 i. d. F. von Anfang 1943.

(40) Unter Wertpapieren i. S. von Abs. 1 S. 2 Ziff. 5 sind die in § 1 Abs. 1 DepG aufgezählten Wertpapiere zu verstehen: Aktien, Kuxe, Zwischenscheine, Zins- und Gewinnanteil- und Erneuerungsscheine, auf den Inhaber lautende oder durch Indossament übertragbare Schuldverschreibungen und andere vertretbare Wertpapiere; vgl. dazu Opitz, Anm. 2 zu § 1 DepG. Über den Begriff „vertretbare Wertpapiere" vgl. Entscheidung des Reichskommissars für das Kreditwesen vom 25. VII. 1938, Salzmann-Eibl Nr. 556a. Die Verwahrung und Verwaltung hat „für andere" zu erfolgen, d. h. für fremde Rechnung. Die Verwahrung und Verwaltung von Wertpapieren, die im Eigenhandel angeschafft wurden, begründet nicht die Kreditinstitutseigenschaft. Gleichgültig ist dagegen für die Anwendbarkeit des Abs. 1 S. 2 Ziff. 5, ob die Verwahrung (insbesondere die Weitergabe zur Drittverwahrung i. S. von § 3 und § 5 Abs. 3 DepG) und die Verwaltung (z. B. die Ausübung des Depotstimmrechts auf Hauptversammlungen) im eigenen Namen oder in fremdem Namen vorgenommen wird.

(41) Über die Depotprüfung vgl. unten die Anm. zu § 30.

Die gewerbsmäßige Verwahrung von Wertpapieren durch Hoteliers verleiht nicht die Kreditinstitutseigenschaft, vgl. Reichardt, Anm. 25 zu § 1.

f) Das Investmentgeschäft (Abs. 1 S. 2 Ziff. 6)

(42) Bankgeschäfte i. S. von § 1 Abs. 1 S. 2 sind u. a. auch „die in § 1 des Gesetzes über Kapitalanlagegesellschaften vom 16. IV. 1957 bezeichneten Geschäfte", d. h. Geschäfte, die darauf gerichtet sind, das bei der Kapitalanlagegesellschaft (dem Kreditinstitut) „eingelegte Geld im eigenen Namen für gemeinschaftliche Rechnung der Einleger nach dem Grundsatz der Risikomischung in Wertpapieren gesondert von dem eigenen Vermögen anzulegen und über die daraus sich ergebenden Rechte der Einleger (Anteilsinhaber) Urkunden (Anteilsscheine) auszustellen" (§ 1 Abs. 1 KAGG). Über die Auslegung dieser Legaldefinition und damit über die Voraussetzungen der Kreditinstitutseigenschaft beim Betreiben von Investmentgeschäften vgl. Siara-Tormann, Kommentar zum KAGG, Frankfurt 1957, Anm. I zu § 1.

(43) § 2 Abs. 1 KAGG drückt dasselbe aus wie § 1 Abs. 1 S. 1 Ziff. 6 KWG: „Kapitalanlagegesellschaften sind Kreditinstitute und unterliegen den für Kreditinstitute geltenden gesetzlichen Vorschriften. Naturgemäß sind jedoch jene Bestimmungen unanwendbar, die das Betreiben anderer Bankgeschäfte als des Investmentgeschäfts voraussetzen, z. B. die §§ 12—21

KWG. Über die zusätzlichen Voraussetzungen der Kapitalanlagegesell-
schafts- und Kreditinstitutseigenschaft (neben dem Betrieb von Investmentgeschäften in dem in § 1 Abs. 1 S. 1 KWG bezeichneten Umfang)
vgl. § 1 Abs. 2—4, § 3 und § 4 KAGG und unten die Anm. zu §§ 32 ff.
Sachwertanlagegesellschaften, die nicht die Voraussetzungen der Kapitalanlagegesellschaften i. S. von § 1 Abs. 1 KAGG erfüllen (z. B. Immobilien-
investmenttrusts), sind keine Kreditinstitute i. S. von § 1 Abs. 1 S. 2
Ziff. 6 KWG und unterliegen weder den Vorschriften des KAGG, noch
denen des KWG.

g) Das Revolvinggeschäft des sogenannten Systems 7-M

Der Wirtschaftsausschuß des Bundestags empfahl nach langwierigen Ver-   (44)
handlungen mit den interessierten Wirtschaftskreisen, der Deutschen
Bundesbank, den Landeszentralbanken und dem Bundesjustizministerium
die Aufnahme des sogenannten 7-M-Geschäfts in den Katalog des § 1
Abs. 1 S. 2. Der Bundestag stimmte dem Antrag auf Erweiterung der auf-
sichtspflichtigen Bankgeschäfte zu. Dem neuen Bankgeschäft liegt folgender Tatbestand zugrunde:

„Ein Unternehmen veräußert langfristige Darlehensforderungen, die aus
eigener Kreditgewährung stammen oder von Dritten erworben wurden,
an kurzfristig eintretende Geldgeber. Es verpflichtet sich diesen gegenüber, die Forderungen nach bestimmter Zeit (z. B. nach drei Monaten)
wieder zurückzunehmen, mit dem Ziel, sie sofort in gleicher Weise an
andere Geldgeber zu veräußern, so daß die Forderungen praktisch von
Geldgeber zu Geldgeber wandern" (amt. Begründung der Anträge des BT-
Wirtschaftsausschusses, zu BT-Drucks. 2563, 3. Wahlp., S. 3). Der Tatbestand erfaßt also die Refinanzierung eines langfristigen Kredits mit
Mitteln einer Vielzahl von Geldgebern, wobei der Kreditvermittler jeweils
selbständig die Verpflichtung eingeht, die Darlehensforderungen von den
kurzfristigen Kreditgebern vor Fälligkeit zu erwerben. Nur diejenigen
Finanzmakler, die über die traditionelle Kreditvermittlung hinausgehen
und selbst Forderungen kaufen und verkaufen, fallen unter das KWG.
Nach dem alten KWG war auch die Refinanzierung eines langfristigen
Kredits durch laufende Abtretungen der Kreditforderung an wechselnde
Geldgeber nach überwiegender Ansicht (a. M. die Deutsche Bundesbank;
die bayerische Bankenaufsichtsbehörde) nicht aufsichtspflichtig.

Als ratio legis der Erweiterung der Bankgeschäfte um das 7-M-Geschäft
bezeichnete der BT-Wirtschaftsausschuß (aaO) das besondere Aufsichts-
interesse der Kreditgeber wegen der mit dem Revolvinggeschäft verbun-
denen Risiken: „Findet z. B. das Revolvingunternehmen keinen Anschluß-
geldgeber, so kann es seine Rücknahmeverpflichtung nicht erfüllen, sofern es nicht über entsprechende, liquide gehaltene eigene Mittel verfügt.
Dies kann bei entsprechenden Größenordnungen zu Liquiditätsschwierig-
keiten bei den Geldgebern führen, die sich auf die terminierte Rücknahme-
zusage verlassen haben. Bislang waren zwar fast nur Kreditinstitute und

Versicherungen als Geldgeber für solche Geschäfte aufgetreten; sie übersehen das Risiko der Geschäfte und unterliegen auch einer Aufsicht, die ihrer übermäßigen Beteiligung notfalls entgegenwirken kann. Die Konstruktion des Systems bietet jedoch keine Gewähr dafür, daß sich nicht auch andere, schutzwürdige und nicht bereits beaufsichtigte Geldgeber an solchen Geschäften beteiligen". Unternehmen, die Revolvinggeschäfte i. S. von Ziff. 7 betreiben, müssen also künftig insbesondere Eigenkapital und Liquidität halten (§§ 10 und 11) und die Kredite, die sich auf erworbene und veräußerte Forderungen beziehen, unter den Voraussetzungen der §§ 13 und 14 dem Bundesaufsichtsamt anzeigen, wodurch die Risiken für die Geldgeber begrenzt werden sollen.

Die Einführung der 7-M-Geschäfte in den Katalog der Bankgeschäfte sollte allerdings nicht dazu führen, daß Unternehmen, die bisher solche Geschäfte im Vertrauen darauf betrieben haben, daß sie nicht unter das KWG fallen, wegen neuer gesetzlicher Anforderungen, die sie bei ihren Geschäften nicht einkalkulieren konnten, in Schwierigkeiten geraten, vgl. die Begründung des Antrags des BT-Wirtschaftsausschusses zu § 1, BT-Drucks. zu 2563, 3. Wahlp., S. 3. § 62 Abs. 4 befreit die Revolvingunternehmen daher hinsichtlich ihrer Altgeschäfte von den materiellen Bestimmungen des Gesetzes.

Schuldscheindarlehen nach dem Revolvingsystem erfreuen sich seit einiger Zeit besonderer Beliebtheit, weil der Darlehensnehmer gewöhnlich während der Laufzeit Teile des Darlehens zurückzahlen und damit Zinsen einsparen kann, wenn er selbst liquide genug ist, bei späterer Kreditbedürftigkeit aber wieder das eingeräumte Kreditvolumen bis zur Höchstgrenze ausschöpfen darf. Außerdem erwies sich, daß die Wertpapiersteuer von 2,5 % nur Emissionen belegt, die über die Börse gehen oder als Schuldscheine in Teilabschnitten begeben werden (vgl. § 12 Abs. 3 KVStG, der als „Lex Münemann" in die Steuergeschichte eingegangen ist). Wird das langfristige, gewöhnlich 12—15 Jahre laufende Globaldarlehen dagegen nicht gestückelt, so bleibt es auch heute noch von der Wertpapiersteuer ausgenommen. Um es trotzdem bei einer Vielzahl von Anlegern unterzubringen, werden Abtretungserklärungen ausgeschrieben, die die Einzelgläubiger für ihre kurzfristigen Darlehen vom Kreditvermittler und seit einigen Jahren auch von den Banken erhalten. Auf diese Weise wurde das Schuldscheindarlehen wesentlich billiger als der bislang bankenübliche Emissionskredit, die Industrieobligationen. Im übrigen resultiert die Beliebtheit der Schuldscheindarlehen daraus, daß bei ihnen der Netto-Habenzins höher, der Netto-Sollzins niedriger ist als bei Obligationen. Die Gründe dafür sind im Fehlen einer Wertpapiersteuer, in der geringen Courtage des Maklers ($^1/_2$ — $1^1/_2$ % im Gegensatz zur Bankprovision bei Obligationen von 3 — 4 %), im Fehlen nennenswerter Kosten für die Emissionspropaganda (wiederum im Gegensatz zu Schuldverschreibungen) und im Wegfall von Kosten für eine Börseneinführung, für Kurspflege, usw. zu suchen.

Einer gesetzlichen Klarstellung, daß Kreditvermittlungsgeschäfte nach dem Revolvingsystem 7-M nicht mindestreservepflichtig i. S. von § 16 DBBG sind, bedurfte es nicht. Denn die Verpflichtung, Darlehensforderungen vor Fälligkeit zu erwerben, ist nicht unter die nach § 16 DBBG mindestreservepflichten „Verbindlichkeiten aus Sichteinlagen, befristeten Einlagen und Spareinlagen, sowie aus aufgenommenen kurz- und mittelfristigen Geldern" zu subsumieren.

Über die vorzeitige Kündigungsmöglichkeit von Schuldscheindarlehen mit vereinbarten Kündigungsfristen durch den Rückzahlungsschuldner auf Grund der Zinswucherbestimmung des § 247 BGB (der in letzter Zeit durch die Kündigung von Schuldscheindarlehen durch die Staatliche Schuldenverwaltung des Landes Baden-Württemberg wieder aktuell geworden ist) vgl. FAZ, 10. VIII. 1961, S. 11.

h) Das Garantiegeschäft (Abs. 1 S. 2 Ziff. 8)

„Die Übernahme von Bürgschaften, Garantien und sonstigen Gewähr- **(45)** leistungen für andere (Garantiegeschäft)" ist ein Bankgeschäft. Sie begründet die Kreditinstitutseigenschaft, wenn sie im erforderlichen Umfang vorgenommen wird.

Ausgenommen sind nach § 2 Abs. 1 Ziff. 5 die privaten und öffentlichrechtlichen Versicherungsunternehmen, auch wenn sie im übrigen Garantiegeschäfte i. S. von Abs. 1 S. 2 Ziff. 8 betreiben. Vgl. unten Anm. 6 zu § 2.

Durch die Bürgschaft verpflichtet sich das Kreditinstitut gegenüber dem Gläubiger eines Dritten (des Bankkunden), für die Erfüllung der Verbindlichkeit des Dritten einzustehen (§ 765 Abs. 1 BGB). Voraussetzung ist das Bestehen einer Verbindlichkeit des Dritten, RG 93, 234, oder die Möglichkeit der Entstehung (so bei der Kreditbürgschaft, bei der die Bürgschaft für künftige Verbindlichkeiten übernommen wird, vgl. RG 136, 182; 126, 289; vgl. auch die Sonderrichtlinien für die Übernahme von Bürgschaften zwecks Gewährung von Krediten an kleine bäuerliche Familienbetriebe und deren Gemeinschaftseinrichtungen vom 6. V. 1957, BAnz. Nr. 135). Der Avalkredit beinhaltet eine Bürgschaftserklärung der Bank gegenüber dem Gläubiger ihres Kunden für gestundete Forderungen (z. B. der Zollverwaltung, der Deutschen Verkehrskreditbank AG für Bundesbahnfrachten etc.). Auch Nachbürgschaft (RG 146, 71), Rückbürgschaft (vgl. aber Friese NJW 6 [1953] 1092) und Ausfallbürgschaft (RG 145, 169; Schuler NJW 6 [1953] 1689), ferner selbstschuldnerische Bürgschaft, Mitbürgschaft, Höchstbetragsbürgschaft, Kontokorrentbürgschaft und Zeitbürgschaft (§ 777 BGB) sind echte Bürgschaften. — Anwendbares Recht: §§ 765 ff. BGB, §§ 350 und 351 HGB. Über die Behandlung der Bürgschaft nach dem Abkommen über deutsche Auslandsschulden vom 27. II. 1953, BGBl II 331, vgl. Veith BB 9 (1954) 792.

Beim Garantievertrag steht das Kreditinstitut nicht nur für die Erfüllung der Verbindlichkeit eines Dritten, sondern überhaupt selbständig für einen bestimmten Erfolg ein, z. B. für den Eingang einer Zahlung selbst dann, wenn eine Verpflichtung des Hauptschuldners zu dieser Zahlung aus irgendwelchen Gründen nicht besteht, vgl. RG 90, 417; 146, 123; BGH 14. IV. 1956, BB 11 (1956) 941; LG Limburg 1. II. 1952, BB 7 (1952) 332. Auch die Ausbietungsgarantien zählen hierher. Sie sind Versprechen, eine Hypothek im Falle der Zwangsversteigerung des Grundstücks herauszubieten und im Falle der Nichterfüllung dieser Verpflichtung für den Schaden aufzukommen (vgl. Reichardt, Anm. 29 zu § 1); ebenso Exportgarantien (vgl. Reichardt, Anm. 29 zu § 1). — Anwendbares Recht: Allgemeines BGB-Schuldrecht; keine entsprechende Anwendbarkeit der §§ 765 ff. BGB, RG 72, 140.

(46) Zu den sonstigen Gewährleistungen gehört beispielsweise der Kreditauftrag i. S. von § 778 BGB. Er liegt vor, wenn das Kreditinstitut A ein anderes Kreditinstitut B beauftragt, im eigenen Namen und auf eigene Rechnung einem Dritten Kredit zu geben. Das Kreditinstitut A haftet dann dem Kreditinstitut B für die aus der Kreditgewährung entstehende Verbindlichkeit des Dritten wie ein Bürge, vgl. RG 50, 160; 56, 132.

Als „sonstige Gewährleistungen" sind auch jene Rechtsverhältnisse anzusehen, die nur im Innenverhältnis „Gewährleistungen" darstellen, im Außenverhältnis dagegen als Schuldübernahmen oder Schuldbeitritte (mit Rückgriffsberechtigung) zu qualifizieren sind, soweit sie nicht unter den Begriff der „Gewährung von Gelddarlehen" i. S. von Ziff. 2 fallen. Beispiel: die Wechselbürgschaft (vgl. BGHZ 22, 148; Reichardt, Anm. 29 zu § 1). Sie ist keine Bürgschaft, sondern eine selbständige gesamtschuldnerische Verpflichtung mit wechselmäßigen Rückgriffsrechten, Art. 32 WG, ebenso die Scheckbürgschaft, Art. 27 ScheckG. Auch die Kreditleihe — Akzeptkredit und Wechselrembours — zählen in diesem Sinne zu sonstigen Gewährleistungen und damit zu den Garantiegeschäften, die als Bankgeschäfte die Kreditinstitutseigenschaft begründen können; allerdings nur, wenn man sich der Ansicht des OLG Hamburg (BB 10 [1955] 334) und v. Caemmerers (NJW 8 [1955] 41) anschließt, die einen Darlehenscharakter des Akzeptkredits ablehnen (anderer Meinung KG BB 9 [1954] 671; Würdinger BB 9 [1954] 325, 1089; Lehmann BB 10 [1955] 937; über die „innerdeutsche Regelung von Vorkriegsremboursverbindlichkeiten" aus dem Ausland vgl. Gesetz vom 20. VIII. 1953, BGBl I 999, 1386). Schließlich kann auch der einfache Schuldbeitritt und unter Umständen auch der BGB-Gesellschaftsvertrag eine „sonstige Gewährleistung" i. S. des KWG sein.

(47) Das Garantiegeschäft muß „für andere" vorgenommen werden, d. h. für Rechnung oder zum mindesten im überwiegenden Interesse anderer. Ein Baumaterialienlieferant, der den Bauherrn jeweils seinen Schuld-

beitritt für deren Bauhandwerkerverbindlichkeiten erklärt und damit die Sicherung seiner eigenen Forderungen aus Warenlieferung durch Förderung der Fertigstellung des Baus bezweckt, ist kein Bankier.

i) Das Girogeschäft (Abs. 1 S. 2 Ziff. 9)

Das Girogeschäft wird in seiner Legaldefinition bezeichnet als „ die Durchführung des bargeldlosen Zahlungsverkehrs und des Abrechnungsverkehrs". Es begründet die Kreditinstitutseigenschaft, wenn es in dem in Abs. 1 S. 1 bezeichneten Umfang betrieben wird. Ziff. 8 erfaßt nur den „Zahlungsverkehr" der Bankkunden, also lediglich das Geldgirogeschäft. Die Durchführung des Giroverkehrs mit Wertpapieren (vgl. § 1 Abs. 3, 6, 7, 8 DepG; Opitz, Anm. 24 ff. zu §§ 6, 7, 8 DepG) fällt unter Ziff. 5. Die am Effektengiroverkehr beteiligten Unternehmen, sowohl die zwischenverwahrenden Kreditinstitute als auch die drittverwahrenden Wertpapiersammelbanken, erfüllen die Voraussetzungen des Depotgeschäfts i. S. von Ziff. 5 (vgl. oben Anm. 38), nicht dagegen die Voraussetzungen von Ziff. 9. **(48)**

„Bargeldlos" ist der durch das Girogeschäft vermittelte Zahlungsverkehr, weil er durch bloße Verfügung über die Guthaben der Bankkunden bei ihren Kreditinstituten erfolgt. Deshalb muß es sich um Guthaben handeln, über die zu Zahlungszwecken verfügt werden kann; Spargelder, Festgelder und Kündigungsgelder scheiden aus (vgl. auch § 21 Abs. 4 S. 3). Die Guthaben entstehen im Einlage- oder Kreditgeschäft, so daß die das Girogeschäft betreibenden Kreditinstitute ihre Kreditinstitutseigenschaft in der Regel bereits nach S. 2 Ziff. 1—2 erlangen. Der Kunde verfügt über sein Guthaben entweder durch Ausstellung von Schecks bzw. durch Annahme von Wechseln, die bei seiner Bank „zahlbar" gestellt sind (vgl. oben Anm. 32), oder durch Überweisung. Zur Ausführung der Überweisung ist die Bank kraft entgeltlichen Geschäftsbesorgungsvertrags i. S. von § 675 BGB, nämlich entweder kraft angenommenen Überweisungsauftrags oder kraft schon bestehenden Girovertrags verpflichtet. Im Falle des Girovertrags ist der einzelne Auftrag nur Weisung i. S. von § 665 BGB (BGH 10, 319). Die Bank schreibt den überwiesenen Betrag dem Konto ihres Kunden ab. In gleicher Höhe kreditiert sie entweder das bei ihr geführte Konto des Überweisungsempfängers oder, falls der Empfänger bei ihr kein Konto unterhält, das Konto der Bank des Empfängers, oder, falls auch ein solches nicht geführt wird, das Konto der als Zwischenbank fungierenden Girozentralen (z. B. der Deutschen Bundesbank). Über die Technik des unbaren Zahlungsverkehrs vgl. im einzelnen Obst-Hintner S. 55 ff. und Zimmerer, Bankbetriebslehre S. 23 ff. Über die Rechtsverhältnisse beim Giroverkehr (Girovertrag, Überweisung, Haftung, steckengebliebene Überweisungen u. a. m.) vgl. Baumbach-Duden, Anm. 1 A—H, Anh. I zu § 406 HGB. **(49)**

Auch die bloße „Durchführung des Abrechnungsverkehrs" (Skontrierung, Skontro, Skontration, Clearing), also die Ausgleichung gegenseitiger Ver- **(50)**

bindlichkeiten durch Aufrechnung und Überweisung ohne Barzahlung, macht ein Unternehmen unter den Voraussetzungen des Abs. 1 S. 1 zum Kreditinstitut (so die Skontroverbände, die Girozentralen der Sparkassen im Spargiroverkehr, die Deutsche Genossenschaftskasse u. a. m.). Der „Abrechnungsverkehr" im Wortlaut von Ziff. 9 bezieht sich ebenfalls nur auf die Skontrierung von Geldschulden. Im weiteren Sinn gehört dazu allerdings auch die Wechsel- und Scheckskontrierung, die üblicherweise von den Landeszentralbanken vorgenommen wird und insoweit Sonderrecht untersteht (vgl. Art. 38 Abs. 2 und 3 WG und Art. 31 ScheckG; VO über Abrechnungsstellen im Wechsel und Scheckverkehr vom 10. XI. 1953 [BGBl I 1521, 1542] und unten die Anm. zu § 2 Abs. 1 Ziff. 1).

Der Wortlaut von Ziff. 9 hat die Streitfrage, ob Girokassen, Giroverbände und Girozentralen, die nicht dem „Abrechnungsverkehr", sondern nur dem „Zahlungsverkehr" dienen, auch als Kreditinstitute zu gelten haben (vgl. Reichardt, Anm. 32 zu § 1) bejahend entschieden. — Über den Unterschied zwischen Skontration und einfacher Aufrechnung vgl. Baumbach-Duden, Anm. 2 Anh. I zu § 406 HGB.

4. Bankgeschäfte auf Grund ministerieller Rechtsverordnung (Abs. 1 S. 3)

(51) Da sich neue Arten der Bankgeschäfte herausbilden können, deren Überwachung geboten ist, ermächtigt Abs. 1 S. 3 den Bundeswirtschaftsminister, solche Geschäfte durch Rechtsverordnung als Bankgeschäfte zu bezeichnen. Formelle Voraussetzung der Erweiterung des Katalogs der Bankgeschäfte durch ministerielle Rechtsverordnung ist die vorherige Anhörung der Deutschen Bundesbank. Materiell wird vorausgesetzt, daß nach der Verkehrsauffassung der Aufsichtszweck des KWG die Kreditinstitutseigenschaft der betreffenden Unternehmen rechtfertigt.

Von der Ermächtigung, die unter etwas anderen Voraussetzungen (vgl. Reichardt, Anm. 33 zu § 1) auch unter der Herrschaft des alten KWG galt (vgl. § 1 Abs. 3 KWG 1939), ist bisher nicht Gebrauch gemacht worden. In Frage könnte beispielsweise das Vinkulationsgeschäft kommen, durch das sich der Warenverkäufer von seiner Bank gegen Sicherungsübereignung der Waren auf den Kaufpreis bevorschussen läßt, während die Bank durch den Vinkulationsbrief den Käufer auffordert, ihr und nicht dem Verkäufer den Kaufpreis zu bezahlen (vgl. über die Technik des Vinkulationsgeschäfts Herold S. 266 ff.). Die Rechtsnatur des Vinkulationsgeschäfts ist streitig (vgl. RG 54, 213; 101, 321; Baumbach-Duden Anm. 10 Anh. I zu § 406 HGB; Schulz, Heinrich, Die Sicherungsgeschäfte des Kaufmanns, Leipzig 1920 S. 100 f.). Sofern es nicht unter S. 2 Ziff. 2 fällt, würde sich vielleicht eine Qualifikation als Bankgeschäft i. S. von Abs. 1 S. 3 rechtfertigen.

Das KWG hat in Satz 2 Ziff. 7 das Revolvinggeschäft nach dem 7-M-System zum neuen Bankgeschäft erklärt. Es könnte sich vielleicht in Zukunft als sachlich angemessen erweisen, gewisse neu auftauchende Geschäftsformen und Transaktionen der Finanzmakler durch eine Erweiterung des Katalogs der in § 1 Abs. 1 aufgezählten Bankgeschäfte unter die Kontrolle des Bundesaufsichtsamts und der Bundesbank zu stellen. Finanzmakler betreiben grundsätzlich keine Bankgeschäfte i. S. von S. 2 (vgl. oben Anm. 26). Unter den formellen und materiellen Voraussetzungen des Abs. 1 S. 3 könnte auch ihnen auf Grund ministerieller Verordnung Kreditinstitutseigenschaft verliehen werden.

Die Tatsache, daß ein aufsichtsbedürftiges Bankgeschäft bei Erlaß des KWG bereits bekannt war, hindert die nachträgliche Einbeziehung i. S. von Satz 3 grundsätzlich nicht, wenn sich die Aufsichtsbedürftigkeit erst später herausstellt (Begründung zum Antrag des BT-Wirtschaftsausschusses, Anm. 1 zu § 1).

II. Der Begriff „Geschäftsleiter" (Abs. 2)

Das KWG enthält Bestimmungen, die gewisse Personen — die „Geschäftsleiter" — für die Einhaltung der Vorschriften des KWG beim Betreiben des Kreditinstituts persönlich verantwortlich machen, die sie besonders verpflichten oder die jedenfalls hinsichtlich dieser Personen besondere Pflichten begründen. Beispiele: § 8 Abs. 2, § 13 Abs. 2, § 15 Abs. 1, Ziff. 1, 2, 5, 6, 7 und 9, Abs. 3, § 16 Abs. 1 Ziff. 1, 5, 6, § 17, § 24 Abs. 1 Ziff. 1 und 2, § 33 Abs. 1 Ziff. 2 und 3, § 36, § 58 Abs. 1, § 59 Abs. 1. Die Geschäftsleiter sind nicht notwendig mit den Personen identisch, die das Unternehmen bzw. die Bankgeschäfte i. S. von Abs. 1 „betreiben" (vgl. darüber oben Anm. 12). Wer als „Geschäftsleiter" anzusehen ist, wird deshalb in der Legaldefinition des § 1 Abs. 2 genau umschrieben.

52)

§ 1 Abs. 2 unterscheidet gesetzliche (Satz 1) und gewillkürte, „gekorene" (so die amtliche Begründung der Regierungsvorlage) Geschäftsleiter (Satz 2, 3 und 4). Geschäftsleiter kraft Gesetzes sind bei Einzelfirmen grundsätzlich die Inhaber (u. U. die Pächter, Nießbraucher, Treuhänder und dergleichen); bei Kreditinstituten in anderen Rechtsformen die Personen, die — gegebenenfalls als Mitglieder eines Gesellschaftsorgans — nach Gesetz, Satzung oder Gesellschaftsvertrag zur Geschäftsführung und Vertretung des Kreditinstituts berufen sind, z. B. bei der offenen Handelsgesellschaft, der Kommanditgesellschaft, der Gesellschaft m. b. H. die Geschäftsführer (gegebenenfalls die Gesellschafter-Geschäftsführer, vgl. §§ 114, 125, 161 Abs. 2 und 163 HGB, § 6 Abs. 2 GmbHG); bei der Aktiengesellschaft und der Genossenschaft die Vorstandsmitglieder (§§ 70, 71 AktG, 24 GenG); bei den Kreditgenossenschaften u. U. auch die „sonstigen Bevollmächtigten und Beamten" i. S. von § 42 Abs. 1 GenG, Personen also, die zwar nicht dem Vorstand angehören, in der Regel aber die lau-

(53)

fenden Geschäfte des Instituts führen und damit unter die für Geschäftsleiter vorgesehenen Bestimmungen fallen sollten; bei den öffentlich-rechtlichen Kreditinstituten die Direktoren — allerdings nur insoweit ihnen
Vertretungsmacht zusteht! —, die Vorstands- und Verwaltungsratsmitglieder usw.

Prokuristen und Handlungsbevollmächtigte sind gesetzliche Geschäftsleiter
nur, wenn ihre Bestellung auf der Satzung oder dem Gesellschaftsvertrag
beruht und wenn ihnen nicht nur eine umfassende Vertretungsmacht i. S.
der §§ 49 und 54 HGB, sondern auch eine umfassende „Führung der Geschäfte" i. S. von § 1 Abs. 2 KWG zugebilligt ist. Denn grundsätzlich
sollen öffentlich-rechtlich nur diejenigen Personen für die Einhaltung des
KWG verantwortlich sein, die auch die interne Verantwortung für die Geschäfte des Kreditinstituts tragen (vgl. Begr. der Regierungsvorlage).
Prokuristen und Handlungsbevollmächtigte sind also als gesetzliche „Geschäftsleiter" i. S. von § 1 Abs. 2 nur dann anzusehen, wenn i n t e r n
nicht noch andere Personen, Geschäftsführer, Vorstandsmitglieder usw. für
die Führung der Geschäfte verantwortlich sind. Diese negative Voraussetzung kann z. B. bei einer OHG erfüllt sein, in der die Gesellschafter die
Geschäftsführung laut Gesellschaftsvertrag ausschließlich einem Prokuristen überlassen, der dann in Wirklichkeit die Geschäftsführungs- und
Vertretungsfunktionen i. S. der §§ 114 und 125 HGB wahrnimmt. (Ob
einem Nichtgesellschafter ausschließliche Vertretungsbefugnis ebenso wie
ausschließliche Geschäftsführungsbefugnis übertragen werden kann, ist
umstritten, vgl. Weipert in RGR-Komm. Anm. 4 zu § 125 HGB.)

(54) Geschäftsführungs- und Vertretungsbefugnisse müssen kumulativ erteilt
sein, wobei allerdings die Vertretungsbefugnis weitgehend eingeschränkt
sein darf. Soweit aber z. B. Direktoren öffentlich-rechtlicher Kreditinstitute
nur die Befugnis zur Geschäftsführung, nicht auch Vertretungsmacht
haben, weil die Vertretungsmacht dem Vorstand oder Verwaltungsrat vorbehalten ist, dem die Direktoren nicht in allen Fällen angehören (so z. B.
im württembergischen Sparkassenrecht), fehlt ihnen die gesetzliche Geschäftsleitereigenschaft. Das Bundesaufsichtsamt kann dann erforderlichenfalls solche Personen nach § 1 Abs. 2 S. 2 als „gekorene" Geschäftsleiter
ansehen.

Zu dem nur teilweise übereinstimmenden Geschäftsleiterbegriff nach
altem Recht vgl. § 4 Abs. 2 KWG 1939, sowie Reichardt, Anm. 4 zu § 4
und Pröhl, Anm. 2 a a' zu § 4 S. 143 ff.

(55) Die „gekorene" Geschäftsleitereigenschaft wird durch das Bundesaufsichtsamt auf Antrag oder von Amts wegen (zwangsweise) verliehen. „Die Bezeichnung von Personen als Geschäftsleiter, die diese Eigenschaft nicht
schon nach Satz 1 haben, kann im Interesse des Kreditinstituts liegen,
muß unter Umständen aber im Hinblick auf die Anwendung der §§ 13,
15, 17, 24 und 33 auch gegen den Willen des Kreditinstituts von der Bank-

aufsichtsbehörde vorgenommen werden können, wenn Geschäftsführungsbefugnis und Vertretungsmacht vorliegen" (BR-Stellgn.). Geschäftsführungsbefugnis und Vertretungsmacht brauchen dann nicht mehr auf Gesetz, Satzung oder Gesellschaftsvertrag zu beruhen, sondern können von den gesetzlichen Geschäftsführungs- und Vertretungsorganen bzw. -personen abgeleitet sein. Der vertretungsbefugte, aber nicht dem Vorstand angehörende Direktor einer Großbank, der Prokurist eines in Form eines Einzelunternehmens betriebenen Kreditinstituts kann unter den Voraussetzungen von S. 2, 3 und 4 gewillkürte Geschäftsleitereigenschaft erhalten.

Es muß sich aber um „Ausnahmefälle" handeln, z. B. wenn der gesetzliche Geschäftsleiter wegen schwerer Erkrankung nicht nur vorübergehend geschäftlich verhindert ist, oder wenn er nicht die erforderliche fachliche Qualifikation für die Leitung einer Bank besitzt.

Der gekorene Geschäftsleiter muß zuverlässig sein und die erforderliche fachliche Eignung besitzen. Die Zuverlässigkeit als Voraussetzung für die Erteilung einer Erlaubnis oder für eine sonstige rechtliche Qualifikation spielt im Gewerberecht eine besondere Rolle. Über Gesetzgebung, Rechtsprechung und Lehrmeinung zum Begriff der Zuverlässigkeit vgl. Reichardt, Anm. 6 b zu § 6, Pröhl, Anm. 3 b zu § 6 S. 164 ff. Vgl. auch unten Anm. 5 zu § 33. Die fachliche Eignung ist regelmäßig anzunehmen, wenn eine dreijährige Tätigkeit bei demselben oder einem anderen Kreditinstitut von vergleichbarer Größe und Geschäftsart nachgewiesen wird; die Beweislast wird dann durch § 33 Abs. 2 umgekehrt.

Der gekorene Geschäftsleiter muß bereits die erforderlichen zivilrechtlichen Befugnisse zur Bestimmung der Geschäftspolitik des Kreditinstituts besitzen, ohne „geborener" Geschäftsleiter zu sein. Die Aufsichtsbehörde kann sie nicht etwa verleihen, auch wenn dies zur ordnungsmäßigen Leitung des Kreditinstituts angezeigt wäre (vgl. Begrdg. zum Antrag des BT-Wirtschaftsausschusses, zu BT-Drucks. 2563 S. 3).

Schließlich muß, im Gegensatz zu den Verhältnissen bei der gesetzlichen Geschäftsleitereigenschaft, eine formelle Verfügung des Bundesaufsichtsamtes vorliegen. Sie kann mit der Erlaubniserteilung i. S. von § 32 verbunden werden, z. B. wenn der Inhaber des Kreditinstituts stirbt und sein Erbe minderjährig oder in einem anderen Beruf tätig ist.

Die Bezeichnung als Geschäftsleiter ist widerruflich. Sie muß widerrufen werden, wenn sie auf Antrag des Kreditinstituts beruht (wobei jedoch ein Rechtsanspruch auf Anerkennung als „gekorener" Geschäftsleiter im Gegensatz zur Anerkennung als gesetzlicher Geschäftsleiter nicht besteht!), und wenn das Kreditinstitut den Widerruf beantragt. Vgl. auch Anm. 5 und 7 zu § 33 und Anm. 4 zu § 34.

§ 2 Ausnahmen

(1) Als Kreditinstitut im Sinne dieses Gesetzes gelten vorbehaltlich der Absätze 2 und 3 nicht

1. *die Deutsche Bundesbank;*

2. *die Deutsche Bundespost;*

3. *die Kreditanstalt für Wiederaufbau;*

4. *die Sozialversicherungsträger und die Bundesanstalt für Arbeitsvermittlung und Arbeitslosenversicherung;*

5. *private und öffentlich-rechtliche Versicherungsunternehmen;*

6. *private Bausparkassen und Geschäftsbetriebe, die diesen gemäß § 112 Abs. 2 des Gesetzes über die Beaufsichtigung der privaten Versicherungsunternehmungen und Bausparkassen gleichgestellt sind, sowie öffentlich-rechtliche Bausparkassen;*

7. *Unternehmen, die auf Grund des Gesetzes über die Gemeinnützigkeit im Wohnungswesen — Wohnungsgemeinnützigkeitsgesetz — vom 29. Februar 1940 (Reichsgesetzbl I S. 437) als gemeinnützige Wohnungsunternehmen anerkannt sind;*

8. *Unternehmen, die auf Grund des Wohnungsgemeinnützigkeitsgesetzes als Organe der staatlichen Wohnungspolitik anerkannt sind und nicht überwiegend Bankgeschäfte betreiben;*

9. *Unternehmen des Pfandleihgewerbes, soweit sie dieses durch Hingabe von Darlehen gegen Faustpfand betreiben.*

(2) Die Deutsche Bundespost unterliegt hinsichtlich des Postscheck- und Postsparverkehrs den §§ 21 und 22 sowie den auf Grund der §§ 23, 47 Abs. 1 Nr. 2 und des § 48 getroffenen Regelungen. Für die Kreditanstalt für Wiederaufbau gelten die auf Grund von § 47 Abs. 1 Nr. 2 und § 48 getroffenen Regelungen; für die Sozialversicherungsträger, für die Bundesanstalt für Arbeitsvermittlung und Arbeitslosenversicherung sowie für Versicherungsunternehmen gilt § 14.

(3) Für Unternehmen der in Absatz 1 Nr. 5 bis 9 bezeichneten Art gelten die Vorschriften dieses Gesetzes insoweit, als sie Bankgeschäfte betreiben, die nicht zu den ihnen eigentümlichen Geschäften gehören.

(4) Das Bundesaufsichtsamt für das Kreditwesen kann im Einzelfall bestimmen, daß auf ein Unternehmen im Sinne des § 1 Abs. 1 die Vorschriften der §§ 10 bis 20, 24 bis 38, 45, 46 und 51 Abs. 1 insgesamt nicht anzuwenden sind, solange das Unternehmen wegen der Art der von ihm betriebenen Geschäfte insoweit nicht der Aufsicht bedarf.

I. Die Tragweite der Ausnahmen

(1)   „Die Anwendung der für Kreditinstitute geltenden Vorschriften des Gesetzes ist bei gewissen Einrichtungen und Unternehmen, die die Merkmale

des § 1 Abs. 1 erfüllen, aus besonderen Gründen nicht angebracht. Diese Einrichtungen und Unternehmen werden durch § 2 in dem gebotenen Umfang von diesen Vorschriften freigestellt" (Amtl. Begr. der Regierungsvorlage). An Stelle der Vorschriften des KWG treten dann die Bestimmungen des entsprechenden Sonderrechts.

Die Befreiungen des § 2 wirken aber nicht absolut. Folgende Einschränkungen sind zu beachten:

1. Für alle durch § 2 Abs. 1 ausgenommenen Einrichtungen und Unternehmungen gelten jene allgemeinverbindlichen Bestimmungen des KWG, deren sachliche Anwendbarkeit nicht auf Kreditinstitute beschränkt ist, z. B. § 3 über die verbotenen Geschäfte, §§ 39 und 40 über die Bezeichnung „Bank", „Bankier" und „Sparkasse", u. a. m. (vgl. im einzelnen oben Anm. 1 zu § 1);

2. auf alle durch § 2 Abs. 1 oder Abs. 4 ausgenommenen Einrichtungen und Unternehmungen, mit Ausnahme der Deutschen Bundesbank, sind jene KWG-Vorschriften, die die Kreditinstitutseigenschaft der Unternehmungen voraussetzen, nach Maßgabe der Abs. 2—4 wenigstens teilweise anwendbar. Im einzelnen sind dabei zu unterscheiden:

   a) Die Ausnahmen auf Grund der Abs. 1—3;

   b) die Ausnahmen auf Grund von Verfügungen des Bundesaufsichtsamts (Abs. 4).

II. Die Ausnahmen auf Grund der Abs. 1-3

1. Die Deutsche Bundesbank (Abs. 1 Ziff. 1)

Die Deutsche Bundesbank ist Währungs- und Notenbank des Bundes. Sie wirkt bei der Durchführung der Bankenaufsicht mit. Diese Stellung verbietet es, sie als Kreditinstitut i. S. des KWG zu behandeln (vgl. Begr. der Regierungsvorlage zu § 2). Sie gewährt Kredite grundsätzlich nur Kreditinstituten und dem Bund, nicht privaten Unternehmungen. Über die Geschäfte der Deutschen Bundesbank mit Kreditinstituten vgl. § 19 DBBG, über die Geschäfte mit öffentlichen Verwaltungen § 20 DBBG, über die Geschäfte am offenen Markt und mit jedermann §§ 21 und 22 DBBG. **(2)**

Die Rechtsverhältnisse der Deutschen Bundesbank werden vom DBBG (vom 26. VII. 1957, BGBl I 745, mit der Änderung des Gesetzes vom 30. VI. 1959, BGBl I 313) geregelt. Vgl. auch die Bekanntmachung der Satzung der Deutschen Bundesbank vom 27. XI. 1958, BAnz Nr. 7 vom 13. I. 1959; ferner die AGB der Deutschen Bundesbank i. d. F. vom 8. VI. 1961, BAnz Nr. 113 vom 15. VI. 1961, ihre Geschäftsbedingungen für Anderkonten und Anderdepots i. d. F. der Änderungsbekanntmachung vom 28. IX. 1960, BAnz Nr. 190 vom 1. X. 1960, für Anderkonten und Anderdepots von Rechtsanwälten i. d. F. vom 14. VI. 1960 (Mittl. Nr. 2012/60), von Notaren i. d. F. vom 14. VI. 1960 (Mittl. Nr. 2012/60).

Weil die Deutsche Bundesbank nicht Kreditinstitut i. S. des KWG ist, unterliegt sie auch nicht der Aufsicht des Bundesaufsichtsamts für das Kreditwesen. Zwar wurde der Vorschlag des BT-Finanzausschusses, der Präsident des Bundesaufsichtsamts solle — ohne Stimm-, aber mit Antragsrecht — an den Sitzungen des Zentralbankrats teilnehmen können (was eine Änderung von § 13 Abs. 2 DBBG notwendig macht), angenommen, vgl. § 7 Abs. 2 KWG. Doch kann das nicht etwa trotz § 2 Abs. 1 Ziff. 1 KWG den Anschein einer Unterstellung der Bundesbank unter die Bankenaufsicht erwecken. Denn das Teilnahmerecht wurde auf jene Sitzungen des Zentralbankrats beschränkt, in denen Gegenstände beraten werden, für die im KWG speziell ein Zusammenwirken der Bundesbank und des Bundesaufsichtsamtes vorgeschlagen ist (vgl. z. B. §§ 10, 11 und 23 KWG).

2. Die Deutsche Bundespost (Abs. 1 Ziff. 2, Abs. 2 Satz 1)

(3) Die Bundespost ist, wie früher die Reichspost, ein Betrieb des Bundes mit vom Bundesminister für das Post- und Fernmeldewesen verwaltetem Sondervermögen, das allein für die Verbindlichkeiten der Post haftet (Art. 87 GG, Gesetz über die Verwaltung der Deutschen Bundespost vom 24. VII. 1953, BGBl I 676; Gesetz über die vermögensrechtlichen Verhältnisse der Deutschen Bundespost vom 21. V. 1953, BGBl. I 225.) Die Rechtsverhältnisse der Post regeln sich nach den Postgesetzen, insbesondere nach dem Gesetz über das Postwesen des Deutschen Reichs vom 28. X. 1871 (RGBl S. 347), der Postordnung vom 30. I. 1929 (RGBl I 33), beide vielfach ergänzt und geändert (die Postordnung vor allem in RGBl 1938 I 881 und 1940 I 644). Die Kreditinstitutseigenschaft der Deutschen Bundespost würde durch § 1 Abs. 1 S. 2 Ziff. 1 und Ziff. 9 KWG begründet werden (wegen des Postscheckdienstes entsprechend dem Postscheckgesetz vom 22. III. 1921 [RGBl S. 247] und wegen des Postsparkassendienstes entsprechend der Postsparkassenordnung vom 11. XI. 1938 [RGBl I 1645] und der Verordnung vom 8. VIII. 1940 [RGBl I 1094]). § 2 Abs. 1 Ziff. 2 befreit aber die Deutsche Bundespost auch insofern von der Kreditinstitutseigenschaft, weil auch diese Aufgaben zu den Hoheitsaufgaben der Bundespost gehören (ebenso wie etwa § 452 S. 2 HGB die Postverwaltungen von der Kaufmannseigenschaft ausnimmt).

Damit unterliegt die Deutsche Bundespost zwar grundsätzlich nicht den Bestimmungen des KWG, weil es nicht angeht, die Bundespost der Aufsicht durch eine Bundesoberbehörde zu unterstellen. Allerdings sind ausnahmsweise die in Abs. 2 S. 1 aufgezählten Bestimmungen auch für die Deutsche Bundespost verbindlich: §§ 21 und 22 über den Sparverkehr, § 23 über Zinsen, Provisionen und Werbung und §§ 47 Abs. 1 Ziff. 2 und § 48 über die vorübergehende Einstellung des Bankverkehrs in wirtschaftlichen Notfällen.

Die Vorschriften über den Sparverkehr, §§ 21 und 22 können ihren gesetzgeberischen Zweck (vgl. dazu Regierungsvorlage, Begr. A VI 3) nur erfüllen, wenn sie für alle Kreditinstitute gelten und auch auf den Postsparverkehr angewandt werden.

Die Anordnungen über die Konditionen und Werbung (§ 23) müssen materiell auch für die Geldverkehrseinrichtungen der Post gelten, da sonst Störungen im Zinsgefüge und Schwierigkeiten im Wettbewerb zwischen der Bundespost und anderen Kreditinstituten entstehen können. Die Rechtsverordnungen i. S. von § 23 Abs. 1 haben auch der Post gegenüber unmittelbar bindende Wirkung. Dagegen können die Anordnungen i. S. von § 23 Abs. 2 nach allgemeinen verwaltungsrechtlichen Grundsätzen der Post gegenüber nicht als Verwaltungsakte des Bundesaufsichtsamtes gelten. Absatz 2 Satz 1 ist vielmehr insofern als Verpflichtung der Postverwaltung zu verstehen, diesen Anordnungen in ihrem Bereich Geltung zu verschaffen (vgl. Begründung der Regierungsvorlage zu § 2). — Bezüglich der Habenzinsen gilt nach § 14 Abs. 1 der Postsparkassenordnung eine Verzinsung, die $^1/_4$ v. H. unter dem Zinssatz liegt, der für Spareinlagen mit gesetzlicher Kündigungsfrist für allgemeinverbindlich erklärt ist. Hinsichtlich des Beginns und Endes der Verzinsung war die VO vom 8. VIII. 1940 (RGBl I 1094) beachtlich, die eine Angleichung an § 23 Abs. 2 des alten KWG i. d. F. vom 23. VII. 1940 (RGBl I 1047) bewirkte. Diese Angleichung wird sich auch nach Wegfall der 14tägigen Karenzzeit (vgl. § 21 KWG) als notwendig erweisen. — Zum Wettbewerb zwischen der Bundespost und dem privaten Bankgewerbe vgl. Schreiben des Reichspostministers an die Reichsgruppe Banken vom 12. IX. 1941 (Hofmann-Dermitzel S. 476), Schreiben des Bundesministers für das Post- und Fernmeldewesen vom 1. XII. 1951 (Hofmann-Dermitzel S. 500), Entschließung des Bayerischen Staatsministeriums des Innern vom 25. IX. 1952 und Schreiben des niedersächsichen Ministers für Wirtschaft und Verkehr vom 5. Juli 1954 (beide Hofmann-Dermitzel S. 502).

„Für den Erfolg von Maßnahmen, die die Bundesregierung nach § 47 Abs. 1 Nr. 2 und § 48 zur Behebung von krisenhaften Zuständen trifft, wird es in der Regel von entscheidender Bedeutung sein, daß sie die gesamte Kreditwirtschaft erfassen. Absatz 2 Satz 1 stellt daher sicher, daß auch die Geldverkehrseinrichtungen der Bundespost in sie einbezogen werden" (Amtl. Begründung der Regierungsvorlage zu § 2).

3. Die Kreditanstalt für Wiederaufbau (Abs. 1 Ziff. 3, Abs. 2 S. 2)

Die Kreditanstalt für Wiederaufbau wurde durch das „Gesetz über die Kreditanstalt für Wiederaufbau" i. d. F. vom 22. I. 1952 (BGBl I 65) zur **(4)**

Durchführung besonderer im öffentlichen Interesse liegender Aufgaben (vgl. § 3 KfWG) errichtet. Die Annahme von Einlagen, das Kontokorrentgeschäft und der Effektenhandel sind ihr gesetzlich verboten (vgl. § 3 Abs. 5 KfWG). Sie übt ihre Tätigkeit unter staatlicher Sonderaufsicht und in enger Zusammenarbeit mit den zuständigen staatlichen Stellen aus (vgl. §§ 7 und 12 KfWG). Ihre Unterstellung unter die Bankenaufsicht ist daher nicht erforderlich, zumal wichtige Vorschriften des KWG auf ihre gesetzlich eng begrenzten Geschäfte nicht anwendbar sind. Deshalb schloß § 11 Abs. 2 KfWG bereits die Anwendbarkeit des alten KWG aus.

Da eine allgemeine Einstellung des Bankverkehrs in wirtschaftlichen Notzeiten dem Zweck einer solchen Maßnahme nach auch die Kreditanstalt für Wiederaufbau erfassen sollte, erklärt § 2 S. 2 ausnahmsweise die Bestimmungen der §§ 47 Abs. 1 Ziff. 2 und 48 KWG auf dieses Kreditinstitut für anwendbar, obwohl es im übrigen nicht dem KWG unterliegt.

4. Die Sozialversicherungsträger und die Bundesanstalt für Arbeitsvermittlung und Arbeitslosenversicherung (Abs. 1 Ziff. 4, Abs. 2 S. 3)

(5)   Der Wirtschaftsausschuß des BT hat in Übereinstimmung mit der Anregung der Bundesressorts die Sozialversicherungsträger und die Bundesanstalt für Arbeitsvermittlung und Arbeitslosenversicherung in den Katalog der nicht unter das KWG fallenden Personen einbezogen. Unter Sozialversicherungsträger sind die öffentlich-rechtlichen Versicherungsträger der Kranken-, Unfall-, Renten- und Arbeitslosenversicherung zu verstehen (vgl. die Sozialversicherungsgesetze, z. B. die Reichsversicherungsordnung i. d. F. der Bekanntmachung vom 9. I. 1926, RGBl I 9, und der seither eingetretenen Änderungen; das Angestelltenversicherungsgesetz i. d. F. des Gesetzes vom 23. II. 1957, BGBl I 88, das Kindergeldgesetz vom 13. XI. 1954, BGBl I 333, das Bundesversorgungsgesetz vom 20. XII. 1950, BGBl S. 791 u. a. m.), unter anderem auch die Bundesversicherungsanstalt für Angestellte (vgl. Gesetz über die Errichtung der Bundesversicherungsanstalt für Angestellte vom 7. VIII. 1953, BGBl I 857). Vgl. auch Gesetz über die Selbstverwaltung der Sozialversicherungsträger i. d. F. vom 13. VIII. 1952 (BGBl I 427); Gesetz über die Verbände der gesetzlichen Krankenkassen und der Ersatzkassen vom 17. VIII. 1955 (BGBl I 524). Über die Bundesanstalt für Arbeitsvermittlung und Arbeitslosenversicherung vgl. Gesetz i. d. F. der Bekanntmachung vom 3. IV. 1957 (BGBl I 321) und Gesetz über die Errichtung der Bundesanstalt vom 10. III. 1952 (BGBl I 123).

„Die Sozialversicherungsträger und die Bundesanstalt für Arbeitsvermittlung und Arbeitslosenversicherung betreiben bei Anlage ihrer Mittel in beschränktem Maße auch das Kreditgeschäft und erfüllen damit die Merkmale des § 1 Abs. 1 Nr. 2. Wegen ihrer besonderen öffentlichen Stellung bedürfen sie aber keiner Bankenaufsicht. Lediglich der § 14 soll zu Vervollständigung der Evidenzzentrale für Millionenkredite auch für sie gelten" (Amtl. Begründung der Anträge des BT-Wirtschaftsausschusses zu § 2). § 2 Abs. 2 Satz 3 bestimmt deshalb, daß § 14 über die Anzeigepflicht bei Millionenkrediten als einzige Bestimmung des KWG auch auf die Sozialversicherungsträger und die Bundesanstalt für Arbeitsvermittlung und Arbeitslosenversicherung anwendbar sein soll. Es liegt im allgemeinen Interesse, zu erfahren, welche Kreditströme über die Sozialversicherungsträger und die Bundesanstalt in die Wirtschaft fließen.

5. Die privaten und öffentlich-rechtlichen Versicherungsunternehmen (Abs. 1 Ziff. 5, Abs. 2 Satz 3, Abs. 3)

Durch den Versicherungsvertrag mit privaten und öffentlich-rechtlichen Versicherungsunternehmen (bzw. bei den Zwangsversicherungen kraft Gesetzes) wird der Versicherer gegen Entgelt verpflichtet, im Falle des Eintritts einer im Vertrag (bzw. im Gesetz) bestimmten ungewissen Tatsache, des Versicherungsfalles, entweder den dadurch verursachten Schaden zu ersetzen oder eine vereinbarte Summe oder Rente zu zahlen. Die privaten Versicherungsunternehmen unterliegen dem Gesetz über die Beaufsichtigung der privaten Versicherungsunternehmungen und Bausparkassen vom 6. VI. 1931 (RGBl I 315) — VAG —. Vgl. das Gesetz über die Errichtung des Bundesaufsichtsamts für das Versicherungs- und Bausparwesen vom 31. VII. 1951 (BGBl I 480). Die öffentlich-rechtlichen Versicherungsunternehmen unterliegen der Staatsaufsicht der Länder. Die Rechtsverhältnisse zwischen dem Versicherer und dem Versicherten richten sich weitgehend nach den Vorschriften des Gesetzes über den Versicherungsvertrag vom 30. V. 1908 (RGBl S. 263) und der Sondergesetze für die verschiedenen Zweige und Formen von Versicherungen (z. B. nach dem Gesetz über die Einführung der Pflichtversicherung für Kraftfahrer und Änderung des Gesetzes über den Verkehr mit Kraftfahrzeugen, sowie des Gesetzes über den Versicherungsvertrag vom 7. XI. 1939; oder nach den §§ 788—905 HGB über die Seeversicherung usw.).

(6)

Die Geschäfte der Versicherungsunternehmungen ·könnten als Bankgeschäfte — Garantiegeschäfte i. S. von § 1 Abs. 1 Satz 2 Ziff. 8 — qualifiziert werden. Vgl. oben Anm. 45 zu § 1. Ferner ist durch die Vorschriften des VAG über die Anlage der Prämieneinnahmen eine Kreditgewährung durch die Versicherungsunternehmen i. S. von § 1 Abs. 1 S. 2 Ziff. 2 KWG nicht ausgeschlossen. Deshalb werden die Versicherungsunternehmen durch § 2 Abs. 1 Ziff. 4 von der Anwendbarkeit des KWG ausdrücklich befreit. Diese Freistellung ist gerechtfertigt, weil die Versicherungsunternehmen speziellen Vorschriften unterliegen, deren Einhaltung von einer besonderen Aufsichtsbehörde überwacht wird.

Ausnahmen von der Freistellung sind hinsichtlich § 14 (Millionenkredite) zur Verbesserung der Wirksamkeit der sogenannten Evidenzzentrale zu beachten (Abs. 2 Satz 3), ferner wenn die Versicherungen nebenbei Bankgeschäfte betreiben, die nicht zu ihren eigentümlichen Geschäften gehören

(z. B. die Annahme von Einlagen). Solche Geschäfte können die Kreditinstitutseigenschaft auch der Versicherungen begründen, wenn sie im erforderlichen Umfang (§ 1 Abs. 1 Satz 1!) betrieben werden, § 2 Abs. 3.

6. Die Bausparkassen (Abs. 1 Ziff. 6, Abs. 3)

(7) Bausparkassen betreiben Bankgeschäfte i. S. von § 1 Abs. 1 Satz 2 Ziff. 1 und 2 KWG, da sie Einlagen annehmen und Kredite gewähren. Sie nehmen Einlagen an, die im Rahmen eines Bausparvertrages zur Erlangung eines Gelddarlehens (Bauspardarlehens) eingezahlt werden, das zum Zwecke der Beschaffung oder Verbesserung von Wohnungen oder zur Ablösung von hierzu eingegangenen Verpflichtungen verwendet werden soll. Zur Begriffsbestimmung der privaten Bausparkassen vgl. im übrigen § 112 Abs. 1 VAG.

Die privaten Bausparkassen und die ihnen in § 112 Abs. 2 VAG gleichgestellten Unternehmen unterliegen gegenwärtig der Aufsicht des Bundesaufsichtsamtes für das Versicherungs- und Bausparkassenwesen (vgl. §§ 112 ff. VAG). Für die öffentlich-rechtlichen Bausparkassen gibt es noch kein spezielles Aufsichtsrecht. Sie sind in der Regel selbständige oder unselbständige Einrichtungen einer Bankanstalt oder eines Sparkassen- und Giroverbandes oder auch einer einzelnen Sparkasse und unterliegen lediglich als Anstalten des öffentlichen Rechts der Anstaltsaufsicht. Der BT-Wirtschaftsausschuß hielt diesen Zustand für unbefriedigend und lehnte deshalb die Vorschläge der Deutschen Bundesbank, wonach die privaten Bausparkassen sofort dem KWG unterstellt werden sollten, ab. Es sei zweckmäßiger, ein für alle Bausparkassen geltendes materielles Aufsichtsrecht zu schaffen, das der Tatsache Rechnung trägt, daß die Bausparkassen ein organischer Teil des Realkreditgewerbes geworden sind. Deshalb hat der Bundestag die Bundesregierung aufgefordert, den Entwurf eines Bausparkassengesetzes vorzulegen, das das materielle Aufsichtsrecht enthält und sämtliche Bausparkassen der Aufsicht des Bundesaufsichtsamtes für das Kreditwesen unterstellt (vgl. oben, System.Einführung, 3. Der sachliche Geltungsbereich, in fine).

Vorläufig sind von der Bankenaufsicht durch Abs. 1 Ziff. 6 ausgenommen:

a) die privaten Bausparkassen,

b) die ihnen in § 112 Abs. 2 VAG gleichgestellten Geschäftsbetriebe,

c) die öffentlich-rechtlichen Bausparkassen.

Soweit diese Unternehmungen jedoch im erforderlichen Umfange Bankgeschäfte betreiben, die keine typischen Bausparkassengeschäfte sind (z. B. die Annahme von Depositen), sind sie i. S. von § 2 Abs. 3 als der Bankenaufsicht unterliegende Kreditinstitute anzusehen. Da die 17 privaten deutschen Bausparkassen gegenwärtig Depositen unterhalten, unterstehen sie schon insoweit der Bankenaufsicht. Öffentlich-rechtliche Bausparkassen unterliegen gegenwärtig nur der Bankenaufsicht, soweit sie Unterabteilungen von Girozentralen sind, § 1 Abs. 1 S. 2 Ziff. 9.

7. Gemeinnützige Wohnungsunternehmen (Abs. 1 Ziff. 7, Abs. 3)

Wohnungsunternehmen, die nach den Vorschriften des Wohnungsgemein-   **(8)**
nützigkeitsgesetzes vom 29. II. 1940 (RGBl I 437) als gemeinnützig anerkannt sind, unterliegen nur unter der Voraussetzung des Abs. 3 den Bestimmungen des KWG, nicht dagegen hinsichtlich ihrer typischen Geschäfte, wie z. B. hinsichtlich der Vor- und Zwischenfinanzierung betreuter Bauvorhaben. Die Bankenaufsicht erübrigt sich in diesem Fall wegen der besonderen Aufsicht nach dem Wohnungsgemeinnützigkeitsgesetz.

8. Organe staatlicher Wohnungspolitik (Abs. 1 Ziff. 8, Abs. 3)

Auch die nach den Vorschriften des Wohnungsgemeinnützigkeitsgesetzes   **(9)**
als Organe staatlicher Wohnungspolitik anerkannten Unternehmen sind unter Vorbehalt von Abs. 3 den Vorschriften des KWG entzogen, weil sie der besonderen Aufsicht nach dem Wohnungsgemeinnützigkeitsgesetz unterliegen. Wenn sie allerdings Bankgeschäfte „überwiegend" und nicht nur als Nebengeschäfte betreiben, unterliegen sie als gewöhnliche Kreditinstitute i. S. von § 1 Abs. 1 S. 2 Ziff. 2 dem KWG. Im Zweifel entscheidet das Bundesaufsichtsamt nach § 4. Wenn die Bankgeschäfte nicht überwiegende Tätigkeit der anerkannten Organe staatlicher Wohnungspolitik ausmachen, finden die Bestimmungen des KWG nach Abs. 3 nur insoweit Anwendung, als diese Unternehmungen im erforderlichen Umfang Bankgeschäfte betreiben, die für sie nicht eigentümlich sind (wie etwa die Annahme von Depositen).

9. Unternehmen des Pfandleihgewerbes (Abs. 1 Ziff. 9, Abs. 3)

§ 2 befreit auch die Unternehmen des Pfandleihgewerbes von der An-   **(10)**
wendbarkeit des KWG. Das sind Unternehmen, die gewerbsmäßig Darlehen i. S. der §§ 607 ff. BGB gegen Verpfändung von beweglichen Gebrauchsgegenständen gewähren. Sie betreiben eigentlich das Kreditgeschäft i. S. von § 1 Abs. 1 S. 2 Ziff. 2 KWG. Die zivilrechtliche Ordnung des Pfandleihgewerbes ist durch Art. 94 EG-BGB der Landesgesetzgebung vorbehalten; die Rechtsfolgen der Verpfändung selbst sind in §§ 1204 ff. BGB geregelt. Die öffentlich-rechtlichen Rechtsverhältnisse des Pfandgewerbes ordnen die §§ 34, 38 und 53 der GewO i. d. F. des 4. Bundesgesetzes zur Änderung der GewO vom 5. II. 1960 (BGBl I 61) und die Verordnung über den Geschäftsbetrieb der gewerblichen Pfandleiher vom 1. II. 1961 (BGBl I 58). Unter Abs. 1 Ziff. 9 fallen auch die öffentlich-rechtlichen Pfandleihanstalten. Per analogiam dürfte die Befreiungsvorschrift auch das Pfandvermittlergewerbe erfassen, durch das

der Pfandvermittler ihm übergebene Sachen in öffentlichen Leihhäusern im eigenen Namen verpfändet und das Darlehen an den Auftraggeber abführt (vgl. Novelle zur GewO vom 30. VI. 1900, RGBl 321 und Reichardt, Anm. 5 b zu § 2).

Nicht ausgenommen sind dagegen Unternehmen, die das Kreditgeschäft nicht gegen Verpfändung beweglicher Sachen, sondern gegen Grundpfandbestellung betreiben. Auf die Hypothekenbanken, die Deutsche Pfandbriefanstalt (vgl. Gesetz vom 16. XII. 1954, BGBl I 439) usw. ist grundsätzlich i. S. von § 1 Abs. 1 S. 2 Ziff. 2 das KWG anwendbar, wenn auch nur subsidiär zu den Vorschriften des HypBG.

„Da die umgesetzten Beträge gering sind, die Tätigkeit auf bestimmte Kleingeschäfte beschränkt ist und die Unternehmen der Aufsicht nach § 34 der Gewerbeordnung und nach landesrechtlichen Vorschriften unterliegen, ist eine zusätzliche Überwachung nach diesem Gesetz entbehrlich. Dies gilt jedoch nur, soweit die Pfandleiher das für sie typische Kreditgeschäft gegen Faustpfand betreiben, bei dem sich der Geschäftsumfang erfahrungsgemäß in gewissen Grenzen hält, weil die Bestellung des Pfandrechts grundsätzlich die Übergabe der Pfandsache erfordert. Dagegen würde die Kreditgewährung gegen Sicherungsübereignung, die z. B. die Beleihung ganzer Warenlager ermöglicht, den historisch gewachsenen Rahmen des Pfandleihgewerbes sprengen. Soweit Pfandleihunternehmen solche Geschäfte betreiben, unterliegen sie diesem Gesetz" (amtl. Begr. der Regierungsvorlage zu § 2).

§ 2 Abs. 1 Ziff. 9 nimmt das Pfandleihgewerbe nur für den diesem Gewerbe eigentümlichen Geschäftsbetrieb, für die Gewährung von Darlehen gegen Verpfändung beweglicher Gegenstände, von den Vorschriften des KWG aus. Damit unterliegen die Unternehmen des Pfandleihgewerbes hinsichtlich ihrer Aktivgeschäfte z. B. auch nicht den Sollzinsabkommen. Sofern sie aber daneben andere Geschäfte der in § 1 Abs. 1 S. 2 bezeichneten Art im erforderlichen Umfang betreiben, also z. B. das Kreditgeschäft gegen Sicherungsübereignung oder das Einlagengeschäft, sind insoweit die Bestimmungen des KWG anwendbar, § 2 Abs. 3.

III. Die Ausnahmen auf Grund des Abs. 4

(11) „Die umfassende Begriffsbestimmung des § 1 Abs. 1 hat zur Folge, daß auch Unternehmen unter das Gesetz fallen können, deren Beaufsichtigung nach dem Gesetzeszweck nicht erforderlich ist. Absatz 4 ermächtigt das Bundesaufsichtsamt daher, solche Unternehmen von den Vorschriften des Gesetzes freizustellen, die besondere Anforderungen an die Kredite stellen oder zulassen" (amtl. Begründung der Regierungsvorlage zu § 2). Materielle Voraussetzung für die Freistellung ist, daß die betriebenen Bankgeschäfte ihrer Art nach der Bankenaufsicht nicht bedürfen.

Abs. 4 erlaubt eine generelle Befreiung von der Anwendung der §§ 10 bis 20 (Eigenkapitalausstattung, Liquiditätshaltung, Beschränkung und Anzeigepflicht für Organkredite), der §§ 24—38 (besondere Pflichten hinsichtlich der Anzeigen i. S. von § 24, der Monatsausweise, der Bilanzvorlagen, der Prüfung des Jahresabschlusses, der Depotprüfung), der §§ 45, 46 und 51 Abs. 1 (Maßnahmen bei unzureichendem Eigenkapital oder unzureichender Liquidität). Eine spezielle Befreiung von der Herrschaft nur einzelner, nicht aller in Abs. 4 aufgezählter Normen, ist nur dort möglich, wo das Gesetz dies ausdrücklich zuläßt (z. B. im Falle des § 31 Abs. 2).

§ 3 Verbotene Geschäfte

Verboten sind

1. *der Betrieb des Einlagengeschäftes, wenn der Kreis der Einleger überwiegend aus Betriebsangehörigen des Unternehmens besteht (Werksparkassen) und nicht sonstige Bankgeschäfte betrieben werden, die den Umfang dieses Einlagengeschäftes übersteigen;*

2. *der Betrieb des Einlagengeschäftes, wenn der überwiegende Teil der Einleger einen Rechtsanspruch darauf hat, daß ihnen aus diesen Einlagen Darlehen gewährt oder Gegenstände auf Kredit verschafft werden (Zwecksparunternehmen); dies gilt nicht für Bausparkassen;*

3. *der Betrieb des Kreditgeschäftes oder des Einlagengeschäftes, wenn es durch Vereinbarung oder geschäftliche Gepflogenheit ausgeschlossen oder erheblich erschwert ist, über den Kreditbetrag oder die Einlagen durch Barabhebung zu verfügen.*

I. Das Verbot der Werksparkassen (Ziff. 1)

Der Betrieb des Einlagengeschäfts, d. h. der Annahme fremder Gelder als (1) Einlagen i. S. von § 1 Abs. 1 S. 2 Ziff. 1 (vgl. oben Anm. 21—25 zu § 1) ist grundsätzlich verboten, wenn der Kreis der Einleger überwiegend aus Betriebsangehörigen des Unternehmens besteht. Der typische Fall dieses Tatbestands, der Tatbestand der Werksparkasse, liegt dann vor, wenn ein Wirtschaftsunternehmen Spargelder seiner Arbeitnehmer annimmt und im eigenen Betrieb anlegt. Das Einlagengeschäft muß geschäftsmäßig betrieben werden, d. h. es muß die Absicht der wiederholten Vornahme der bezeichneten Geschäfte erkennbar sein (vgl. oben Anm. 2 zu § 1).

Die ratio legis des Verbotes bezeichnet die amtliche Begründung zur Re- (2) gierungsvorlage (Anm. zu § 3) wie folgt: „Diese Gelder sind allen wirtschaftlichen Risiken des Betriebes unmittelbar ausgesetzt und daher stärker gefährdet als Einlagen bei Kreditinstituten. Ein weiteres schwerwiegendes Bedenken gegen die Werksparkassen ergibt sich aus der Tatsache, daß bei einem Zusammenbruch des Unternehmens der Arbeitnehmer nicht nur seinen Arbeitsplatz, sondern zugleich seine Ersparnisse verliert, auf die er in einem solchen Falle besonders angewiesen ist. Da in der Vergangenheit derartige Mißstände in erheblichem Umfange aufgetreten waren, schrieb § 27 des geltenden Kreditwesengesetzes die Auflösung der bestehenden Werksparkassen bis zum 31. Dezember 1940 vor. Wegen der geschilderten Gefahren muß das Wiedererstehen solcher Einrichtungen für die Zukunft unterbunden werden." — „Die besondere Gefährlichkeit der Werksparkassen liegt darin, daß der Hauptgeschäftszweig des Unternehmens nicht der Bankenaufsicht unterliegt und seine Risiken trotzdem voll auf die Einlagen durchschlagen" (Begründung der Anträge des BT-Wirtschaftsausschusses zu § 3). Über weitere, gesetzgeberisch vielleicht näherliegende Gründe vgl. oben, system. Einführung: 5. Verbotene Geschäfte.

(3) Kreditinstitute sind durch § 3 Ziff. 1 vom Verbot der Werksparkassen ausgeschlossen. Bei ihnen sind die gesetzgeberisch befürchteten Gefahren durch die materiellen Vorschriften des KWG und durch die staatliche Aufsicht weitgehend ausgeschlossen. Kreditinstitute können deshalb Einlagen ihrer Bediensteten annehmen (vgl. Begründung der Regierungsvorlage zu § 3).

Unter Berücksichtigung des gesetzgeberischen Zwecks fallen ferner die rechtlich verselbständigten Werksparkassen nicht unter das Verbot (so auch der BT-Wirtschaftsausschuß in der Begründung seiner Anträge zu § 3 und Reichardt, Anm. 4 zu § 27; a. M. Pröhl S. 613).

II. Das Verbot der Zwecksparunternehmen (Ziff. 2)

(4) Ziff. 2 verbietet den Betrieb des Einlagengeschäfts, wenn der überwiegende Teil der Einleger einen Rechtsanspruch darauf hat, daß ihnen aus diesen Einlagen Darlehen gewährt oder Gegenstände auf Kredit verschafft werden. Typischer Anwendungsfall dieses Verbots: die Mobiliarzwecksparunternehmen, die bereits durch das Gesetz über die Auflösung von Zwecksparunternehmen vom 13. XII. 1935 (RGBl I 1457) verboten wurden, „weil sich in der Praxis auch bei ihnen erhebliche Mißstände, insbesondere bei den Wartezeiten, ergeben haben" (Begründung der Regierungsvorlage zu § 3; über die geschichtliche Entwicklung des Rechts der Zwecksparunternehmen vgl. Reichardt, Anm. 20 a zu § 1). „Aus der Beschränkung des Geldgeberkreises auf die Kreditbewerber folgt, daß die Kreditwünsche nicht sofort befriedigt werden können, sondern Wartezeiten mit in Kauf genommen werden müssen. Die Wartezeiten können unvertretbar lang werden, wenn nicht ein konstanter Neuzugang von Einlegern gesichert ist. Dieses Risiko darf dem Publikum, das die Problematik der Geschäfte in der Regel nicht übersieht und sich dann leicht hintergangen fühlt, nicht zugemutet werden" (Begründung der Anträge des BT-Wirtschaftsausschusses zu § 3).

Um die verschiedenen Vorschriften auf dem Gebiete des Zwecksparwesens ohne Änderung des materiellen Rechtszustandes aufheben zu können (vgl. § 63 Abs. 1 Nr. 11—17), wurde das Verbot solcher Unternehmen in § 3 übernommen.

Bausparkassen, die auch Zwecksparunternehmen i. S. des § 3 Ziff. 2 sind, **(5)** werden durch den 2. Hlbs. der Ziff. 2 vom Verbot ausdrücklich ausgenommen. „Hier läßt der Sparzweck eine gewisse Kontinuität des Sparzugangs gesichert erscheinen" (Begründung der Anträge des BT-Wirtschaftsausschusses zu § 3). Allerdings ist dann nicht ersichtlich, warum das Bausparkassenprinzip nicht zum mindesten durch Rechtsverordnung auch auf andere Wirtschaftsbereiche ausgedehnt werden sollte, wenn Gewähr für eine „Kontinuität des Sparzugangs" gegeben ist (vgl. oben: Systematische Einführung, 5. Verbotene Geschäfte). Auch das Argument der staatlichen Aufsicht über die Bausparkassen rechtfertigt nicht das unbedingte Verbot der Zwecksparunternehmen und die Ausnahme der Bausparkassen. Zwar unterstehen nach geltendem Recht die privaten Bausparkassen der Versicherungsaufsicht und, soweit sie, wie üblich, nebenbei artfremde Bankgeschäfte betreiben, auch der Bankenaufsicht, während die öffentlichrechtlichen Bausparkassen der staatlichen Anstaltsaufsicht und, soweit sie Unterabteilungen von Girozentralen sind, ebenfalls der Bankenaufsicht unterworfen sind (vgl. oben Anm. 7 zu § 2). Aber auch die übrigen Zwecksparunternehmen wären nach § 1 Abs. 1 Satz 2 Ziff. 1 unter die Herrschaft des KWG gestellt, wenn sie nicht § 3 Ziff. 2 rundweg verböte.

III. Das Verbot von Unternehmen, die die Verfügung über Kredite oder Einlagen ausschließen oder erschweren (Ziff. 3)

Das Verbot dient der Unterbindung einer mißbräuchlichen Ausnutzung **(6)** des bargeldlosen Zahlungsverkehrs durch Kreditgewährung. Die besonderen volkswirtschaftlichen Gefahren von solchen Unternehmen liegen in der hohen Kreditkapazität, die sich aus dem Ausschluß oder der Erschwerung der Barabhebung ergibt:

„Im Gegensatz zu den normalen Kreditinstituten brauchen diese Unternehmen nämlich für ihre Verpflichtungen keine liquiden Mittel bereit zu halten und können, da sie einen besonders hohen Expansionskoeffizienten haben, in weit höherem Maße als die anderen Kreditinstitute zur Ausdehnung des Geldvolumens und damit zu einer Störung der finanziellen Stabilität der Volkswirtschaft beitragen. Währungspolitische Gefahren können zwar auch von der Kreditexpansion bei anderen Kreditinstituten ausgehen. Diesen Gefahren kann die Notenbank jedoch mit ihren kreditpolitischen Mitteln weitgehend begegnen. Die in Nummer 3 genannten Unternehmen, bei denen kein nennenswerter Refinanzierungsbedarf entsteht, sind dagegen kaum auf die Notenbank angewiesen, so daß deren kreditpolitische Maßnahmen, mit Ausnahme der Mindestreservevorschriften, ihnen gegenüber nicht hinreichend wirksam werden. Die Mindestreservevorschriften bieten keine Gewähr dafür, daß diese besonderen währungspolitischen Gefahren neutralisiert werden können. Denn die Reservesätze sind auf Kreditinstitute mit dem üblichen Geschäft zugeschnitten und reichen nicht aus, um einer durch Liquiditätserfordernisse nicht in Grenzen gehaltenen Kreditexpansion in gleichem Maße entgegenwirken zu können, wie dies bei normalen Kreditinstituten möglich ist" (Begründung der Regierungsvorlage zu § 3).

Aus diesen allgemeinwirtschaftlichen Gründen mußte das Entstehen von Einrichtungen verhindert werden, die die Verfügung über Kredite oder Einlagen ausschließen oder erschweren, wie auch bereits das Gesetz gegen den Mißbrauch des bargeldlosen Zahlungsverkehrs vom 3. VII. 1934, RGBl I 593 solche Unternehmen für unzulässig erklärt hatte. Im Interesse der Gesetzesbereinigung wurde dieses Gesetz durch § 63 Abs. 1 Ziff. 18 aufgehoben und das dort ausgesprochene Verbot in § 3 Ziff. 3 übernommen, nachdem die Deutsche Bundesbank ihre ursprünglich beim BT-Wirtschaftsausschuß angemeldeten Bedenken zurückgezogen hatte.

IV. Sonstige Verbote

(7) Wegen Verstoßes gegen nicht im KWG enthaltene Verbote oder gegen die guten Sitten kann die gewerbsmäßige Vornahme sonstiger Geschäfte nach §§ 134 und 138 BGB unzulässig und nichtig sein. Die Aufnahme des Verbotes solcher Geschäfte in das KWG erübrigte sich. Deshalb lehnte der Bundestag die Regierungsvorlage eines § 3 Ziff. 4 ab, der den geschäftsmäßigen Austausch und die geschäftsmäßige Vermittlung von Wechselverpflichtungen ohne Übernahme der vollen Haftung für die Einlösung verbieten sollte. Der BGH hatte mit Urteil vom 28. IV. 1958 — BGHZ 27, 172 — den organisierten Austausch von Wechselverpflichtungen, insbesondere von Akzepten, für sittenwidrig und nichtig erklärt. Eine Aufnahme in § 3 KWG wäre nur dann sachlich gerechtfertigt gewesen, wenn der Gesetzgeber den organisierten Akzeptaustausch nicht nur für zivilrechtlich nichtig, sondern auch für strafbar nach § 54 KWG hätte erklären wollen.

Nicht mehr verboten ist nach allgemeiner Ansicht die Kreditgewährung für Aktienkäufe. In einem Erlaß des Reichswirtschaftsministers vom 25. IX. 1941 (MBlWi S. 320) war zwar auf Grund des § 30 Abs. 1 des KWG 1939 angeordnet worden, daß

„die Gewährung von Krediten zum Ankauf von Aktien, Kuxen oder Kolonialanleihen, die an einer Börse des Deutschen Reichs einschließlich des Protektorats Böhmen und Mähren zum Handel zugelassen sind, den Kreditinstituten untersagt ist". (Vgl. auch Erlaß des Reichsaufsichtsamts für das Kreditwesen vom 9. V. 1942 — Tgb. Nr. 10687/42 IV — mitgeteilt in Rundschreiben Nr. 71 vom 15. V. 1942.)

Der Zentralbankrat der Bank deutscher Länder und der Bundesminister für Wirtschaft haben jedoch in besonderen Stellungnahmen (vgl. Wertpapiermitteilungen Teil IV B 1955 S. 427 und BB 1955 S. 301) ohne formell-rechtliche Begründung die Weitergeltung des Verbotes verneint. Die Stellungnahme des Bundesministers für Wirtschaft vom 16. III. 1955 gegenüber dem Bundesverband des privaten Bankgewerbes hat folgenden Wortlaut:

„Die von Ihnen wie auch von anderer Seite aufgeworfene Frage, ob die Anordnung des Reichswirtschaftsministers vom 25. IX. 1941 (RMWBl 1941 S. 320) — die Kreditinstituten die Gewährung von Krediten für Aktienkäufe untersagt — noch Gültigkeit hat, möchte ich verneinen. Der Zentralbankrat der Bank deutscher Länder vertritt, wie Sie wissen, die gleiche Auffassung.

Es besteht meines Erachtens auch kein Anlaß, die Gewährung von Krediten zum Ankauf von Aktien heute grundsätzlich als unerwünscht zu bezeichnen. Derartige Kredite können wirtschaftlich zweckmäßig und erwünscht sein, z. B. wenn sie gegeben werden, um Aktionären die Ausübung ihres Bezugsrechtes zu ermöglichen, um die Durchführung der Entflechtungsauflagen zu erleichtern usw.

Auf der anderen Seite aber möchte ich darauf hinweisen, daß die Einräumung hoher Millionenkredite an Personen, die lediglich beabsichtigen, Kurssteigerungen auszunutzen und durch die Bildung und den Verkauf von Aktienpaketen Gewinne zu erzielen, unter gesamtwirtschaftlichen Gesichtspunkten betrachtet wenig sinnvoll ist und sich im Einzelfall schädlich auswirken kann.

Bei der noch bestehenden Enge des Aktienmarktes können Ankäufe in Millionenbeträgen zu Kurssteigerungen führen, die in der wirtschaftlichen Lage der Unternehmen keine Berechtigung finden und die über kurz oder lang zu Kurskorrekturen zwingen, die empfindliche Verluste und damit eine unnötige Beunruhigung verursachen. Der Ankauf von Aktien im Publikum zur Bildung von Paketen läuft zudem meinen Bestrebungen zuwider, den Aktienbesitz möglichst weit zu streuen, um damit der Aktie das allgemeine Ansehen und die Bedeutung wieder zu verschaffen, deren sie sie zur Erfüllung ihrer Funktionen als Finanzierungsinstrument bedarf.

Aus gesamtwirtschaftlichen Gründen würde ich es daher begrüßen, wenn die Kreditinstitute wie auch die Versicherungsgesellschaften in der Gewährung von derartigen Großkrediten zum Ankauf von Aktien Zurückhaltung üben würden.

gez. Dr. Ludwig Erhard."

§ 4 Entscheidung des Bundesaufsichtsamtes für das Kreditwesen

Das Bundesaufsichtsamt für das Kreditwesen entscheidet in Zweifelsfällen, ob ein Unternehmen den Vorschriften dieses Gesetzes unterliegt. Seine Entscheidungen binden die Verwaltungsbehörden.

(1)   Es kann Streit darüber entstehen, ob ein Unternehmen die Voraussetzungen des Kreditinstituts erfüllt oder nicht. § 4 regelt einerseits die Entscheidungsbefugnis des Bundesaufsichtsamts, andererseits die Bindung der Verwaltungsbehörden an die Entscheidung.

I. Die Entscheidungsbefugnis des Bundesaufsichtsamtes (Satz 1)

(2)   Das Bundesaufsichtsamt als selbständige Bundesoberbehörde (vgl. § 5) entscheidet in Zweifelsfällen, ob ein Unternehmen den Vorschriften des KWG unterliegt. § 4 bestimmt eine abstrakte Entscheidungsbefugnis des Bundesaufsichtsamts, die von seiner konkreten Einzelentscheidungsbefugnis zu unterscheiden ist. Bei jeder auf dem KWG beruhenden Maßnahme gegenüber einem Unternehmen stellt das Bundesaufsichtsamt implicite oder ausdrücklich fest, ob das Unternehmen der Herrschaft des KWG untersteht oder nicht. Diese Prüfung im Einzelfall ist weder für weitere Maßnahmen und Entscheidungen des Bundesaufsichtsamts noch in späteren Verwaltungsstreitigkeiten für das Unternehmen selbst bindend.

Eine rechtskräftige abstrakte Entscheidung i. S. von § 4 bewirkt dagegen, daß das Unternehmen gegenüber späteren Einzelmaßnahmen nicht mehr mit Erfolg geltend machen kann, es sei kein Kreditinstitut. Die Entscheidung des Bundesaufsichtsamts ist deshalb auch ein Verwaltungsakt, gegen den der Verwaltungsrechtsweg offensteht, insbesondere die Anfechtungsklage i. S. von § 42 Abs. 1 der Verwaltungsgerichtsordnung vom 21. I. 1960 (BGBl I 17). Örtlich zuständig ist das Verwaltungsgericht Berlin (§ 52 Ziff. 2 VwGO i. V. m. § 5 Abs. 1 S. 2 KWG).

(3)   Die Entscheidungsbefugnis des Bundesaufsichtsamts erstreckt sich

1. auf die Feststellung der Kreditinstitutseigenschaft eines Unternehmens i. S. von § 1 Abs. 1 KWG und damit auf die **Frage der generellen Anwendbarkeit** der Bestimmungen des KWG;

2. auf die Feststellung, ob ein Unternehmen nach § 2 Abs. 3 KWG nur für einen Teil seiner Geschäfte Kreditinstitut ist;

3. auf die Feststellung, ob ein Unternehmen nach § 3 KWG verbotene Geschäfte betreibt, z. B. ob eine Spareinrichtung als Werksparkasse zu gelten hat.

Ist die Kreditinstitutseigenschaft festzustellen (Ziff. 1 und 2), so erstreckt sich die Entscheidungsbefugnis des Bundesaufsichtsamts im einzelnen auf zwei Fragen:

1. ob das betreffende Unternehmen Bankgeschäfte i. S. von § 1 Abs. 1 S. 2 Ziff. 1—9 (und gegebenenfalls i. S. von § 1 Abs. 1 S. 3) betreibt;

2. ob bejahendenfalls diese Bankgeschäfte in einem Umfang betrieben werden, der einen in kaufmännischer Weise eingerichteten Geschäftsbetrieb erfordert.

Wurde eine die Kreditinstitutseigenschaft feststellende Entscheidung durch Ablauf der Rechtsmittelfrist, Verzicht auf das Rechtsmittel oder durch verwaltungsgerichtliche Bestätigung rechtskräftig, so bedarf das Unternehmen zur Ausübung seines Geschäftsbetriebs der Erlaubnis nach § 32 Abs. 1. Jede Erlaubniserteilung i. S. von § 32 beinhaltet implicite oder ausdrücklich die Entscheidung, daß das Unternehmen dem KWG unterstellt ist.

Darüber hinaus hat das Bundesaufsichtsamt Entscheidungsbefugnis in anderen Fragen, z. B. nach § 32 Abs. 2 und § 42. Über die Möglichkeit des Bundesaufsichtsamts, Kreditinstitute von der Anwendbarkeit eines Teils des KWG zu befreien, vgl. die Anm. zu § 2 Abs. 4 und zu § 31 Abs. 2. Mit diesen Entscheidungen wird dann aber nicht über die Anwendbarkeit des KWG im allgemeinen entschieden und die Entscheidungen binden nicht notwendig die Verwaltungsbehörden wie die Entscheidung nach § 4. **(4)**

Auf Grund des dem § 4 S. 1 teilweise entsprechenden § 1 Abs. 4 KWG 1939 hatte das Reichsaufsichtsamt mit Zustimmung des Reichswirtschaftsministers am 21. VI. 1940 z. B. bestimmt: „Die Energieversorgungsbetriebe werden von den Bestimmungen des Gesetzes über das Kreditwesen freigestellt, soweit sie Teilzahlungskredite für den Ankauf von Geräten oder die Herstellung von Anlagen gewähren, durch die der Absatz des Versorgungsbetriebes gefördert wird. Die Versorgungsbetriebe bleiben jedoch bei der Teilzahlungsfinanzierung an die gemäß § 36 des Gesetzes über das Kreditwesen für Kreditinstitute verbindliche Regelung der Geschäftsbedingungen und des Wettbewerbs gebunden" (RAnz. Nr. 145; Hofmann-Dermitzel S. 203).

Die Entscheidungsbefugnis des Bundesaufsichtsamts besteht nicht nur gegenüber privatrechtlich organisierten Kreditinstituten, sondern auch **(5)** gegenüber Unternehmen, die einer besonderen Bundes-, Landes- oder Gemeindeaufsicht unterliegen, also insbesondere gegenüber den Anstalten und Körperschaften des öffentlichen Rechts, vgl. § 52 (gl. M. für das KWG 1939 Reichardt, Anm. 35 zu § 1). Das Bundesaufsichtsamt entscheidet also z. B. im Einzelfall auch, ob ein öffentlich-rechtliches Unternehmen Sparkassengeschäfte als Einlagegeschäfte i. S. von § 1 Abs. 1 S. 2 Ziff. 1 betreibt, und zwar im nach § 1 Abs. 1 S. 1 erforderlichen Umfang, ob es eine Girokasse, ein Giroverband, eine Girozentrale oder eine sonstige Einrichtung ist, die dem bargeldlosen Zahlungs- und Abrechnungsverkehr i. S. von § 1 Abs. 1 S. 2 Ziff. 9 dient, ob es gegebenenfalls eine Anstalt oder Körperschaft des öffentlichen Rechts ist, das Geschäfte betreibt, die durch Rechtsverordnung i. S. von § 1 Abs. 1 S. 3 als Bankgeschäfte bezeichnet worden sind, usw.

II. Das Verhältnis der Entscheidungen des Bundesaufsichtsamts zu Verwaltungsakten anderer Behörden (Satz 2)

(6)   Die Kreditinstitutseigenschaft eines Unternehmens kann auch in anderen Verwaltungsbereichen von Bedeutung sein, soweit für Kreditinstitute besondere öffentlich-rechtliche Pflichten oder Vergünstigungen gelten (z. B. wenn ein Finanzamt von einem Unternehmen die anteilsmäßigen Kosten i. S. von § 51 KWG beitreiben will und der Schuldner sich darauf beruft, kein Kreditinstitut oder trotz Kreditinstitutseigenschaft von den Bestimmungen des KWG ausgenommen zu sein). Solange das Bundesaufsichtsamt nicht festgestellt hat, ob ein Unternehmen dem KWG unterliegt, und zwar weder durch generelle Entscheidung i. S. von § 4 S. 1, noch im Rahmen von Einzelentscheidungen, bei denen die Kreditinstitutseigenschaft als Vorfrage geprüft wurde, können andere Verwaltungsbehörden über diese Frage selbständig befinden (vgl. Begründung der Regierungsvorlage zu § 4).

Hat dagegen das Bundesaufsichtsamt durch Inzidenzentscheidung, in deren Zusammenhang die Kreditinstitutseigenschaft als Vorfrage geprüft wurde, oder durch abstrakte Entscheidung i. S. von § 4 S. 1 festgestellt, daß ein Unternehmen dem KWG untersteht, so sind an diese Entscheidung im Interesse einer einheitlichen rechtlichen Behandlung des Unternehmens auch andere Verwaltungsbehörden gebunden. Daß auch die Inzidenzentscheidung andere Verwaltungsbehörden bindet, stellen die Begründung der Regierungsvorlage und die Begründung der Anträge des BT-Wirtschaftsausschusses zu § 4 ausdrücklich fest.

(7)   Nur die Verwaltungsbehörden sind an die Entscheidung gebunden. § 4 hält nicht die Formulierung des § 1 Abs. 4 KWG 1939 aufrecht, wonach auch die Gerichte an die Entscheidung gebunden sind — einmal wegen

der Möglichkeit einer Anfechtung der Entscheidung im Verwaltungs-
gerichtsverfahren, zum anderen weil die Kompetenzabgrenzung zwischen
den Registergerichten und dem Bundesaufsichtsamt in §§ 42 und 43 besonders geregelt wurde. Im übrigen soll auch nicht, wie nach § 1 Abs. 4
KWG 1939, ausgeschlossen sein, daß die ordentlichen Gerichte den Verwaltungsakt, soweit seine Rechtsgültigkeit als Haupt- oder Vorfrage in
Betracht kommt, nachprüfen und ihre Entscheidung ohne Bindung an die
Vorentscheidung treffen. Es handelt sich um ein qualifiziertes Schweigen
des Gesetzgebers und es hätte einer ausdrücklichen Bestimmung wie in
§ 1 Abs. 4 KWG 1939 (oder wie z. B. in § 135 Abs. 3 S. 2 AktG) bedurft,
um eine Feststellungswirkung des Verwaltungsakts auch gegenüber den
ordentlichen Gerichten zu begründen (vgl. über die sogenannte Tatbestands-
wirkung und gegebenenfalls die Feststellungswirkung von Verwaltungsakten Forsthoff, Lehrbuch des Verwaltungsrechts, 1. Bd. Allg. Teil, 3. Aufl.,
München und Berlin 1953, S. 85/86).

2. Bundesaufsichtsamt für das Kreditwesen

§ 5 Organisation

(1) Das Bundesaufsichtsamt für das Kreditwesen (Bundesaufsichtsamt) wird als eine selbständige Bundesoberbehörde im Geschäftsbereich des Bundesministers für Wirtschaft errichtet. Es hat seinen Sitz in Berlin.

(2) Der Präsident des Bundesaufsichtsamtes wird auf Vorschlag der Bundesregierung durch den Bundespräsidenten ernannt; die Bundesregierung hat bei ihrem Vorschlag die Deutsche Bundesbank anzuhören.

I. Das Bundesaufsichtsamt als Bundesoberbehörde (Abs. 1 Satz 1)

(1) Abs. 1 S. 1 schreibt die Errichtung des Bundesaufsichtsamts für das Kreditwesen vor und regelt seine staatsrechtliche Stellung als Bundesoberbehörde im Geschäftsbereich des Bundesministers für Wirtschaft. Verfassungsgrundlage dafür ist Art. 87 Abs. 3 S. 1 GG. — Vor Erhebung der Anfechtungsklage gegen Verwaltungsakte des Bundesaufsichtsamts ist deshalb Widerspruch beim Bundesaufsichtsamt selbst oder beim Bundesministerium für Wirtschaft als der vorgesetzten und entscheidenden Behörde zu erheben, vgl. § 70 VwGO und unten Anm. 5 zu § 32.

(2) Der Bundesrat empfahl, bei einer dezentralen Länderaufsicht zu verbleiben. § 5 sollte folgenden Wortlaut erhalten: „Bankaufsichtsbehörde ist die von der Landesregierung bestimmte Behörde. Örtlich zuständig ist die Bankaufsichtsbehörde, in deren Bereich das zu beaufsichtigende Kreditinstitut seinen Sitz oder seine Hauptniederlassung hat." Der Bundestag pflichtete diesem Vorschlag nicht bei. In seiner 162. Sitzung vom 14. VI. 1961 wies er den Antrag des vom Bundesrat nach Art. 77 Abs. 2 GG angerufenen Vermittlungsausschusses zurück; den Einspruch des Bundesrats vom 16. VI. 1961 konnte er am 28. VI. 1961 mit der nach Art. 77 Abs. 4 S. 2 GG erforderlichen qualifizierten Mehrheit zurückweisen.

Während der Bundesrat besonders auf die Notwendigkeit und Vorteile von ortsnahen Aufsichtsbehörden verwies, stellten sich vor allem die Deutsche Bundesbank, das Bundeswirtschaftsministerium und der Wirtschaftsausschuß des Bundestages aus währungs-, kredit- und ordnungspolitischen Gründen gegen die dezentrale Aufsicht. Sie gewährleiste weniger eine objektive Beurteilung aller auftretenden Schwierigkeiten und sichere nicht eine gleiche und einheitliche Behandlung aller entstehenden Probleme. Dem besonderen Anliegen der Länder könne über die Einschaltung der Landeszentralbanken hinaus über § 8 (Zusammenarbeit mit anderen Stellen) Rechnung getragen werden. Vgl. dazu im ein-

zelnen: oben system. Einf. *Sp. 15 ff.;* ferner Begr. A. IV der Regierungsvorlage zum KWG; BR-Stellgn. A II; BReg-Stellgn. I 1—3; Begr.-BT-
Wirtschaftsausschuß Anm. 1 zu §§ 5—8.

II. Der Sitz des Bundesaufsichtsamts (Abs. 1 S. 2)

Da das Gesetz eine enge Zusammenarbeit der für die Bankenaufsicht zu- **(3)**
ständigen Behörde mit der Notenbank voraussetzt, die nach Ansicht der
Bundesregierung nur bei räumlicher Nähe beider Stellen voll wirksam
werden kann, hatte der Regierungsentwurf vorgesehen, daß das Bundesaufsichtsamt seinen Sitz am gleichen Ort habe wie die Deutsche Bundesbank (d. h. am Sitz der Bundesregierung, und solange Berlin nicht Regie-
rungssitz ist, in Frankfurt a. M., vgl. § 2 S. 3 DBBG).

Der BT-Finanzausschuß und der BT-Wirtschaftsausschuß hielten diese
sachlichen Gründe für so zwingend, daß nach ihrer Ansicht die voll ge-
würdigten politischen Gesichtspunkte zurücktreten sollten (vgl. dazu im
einzelnen Begr.-BT-Wirtschaftsausschuß Anm. 3 zu §§ 5—8). Erst aus
einem Nachtrag zum schriftlichen Bericht des BT-Wirtschaftsausschusses
geht hervor, daß der Ausschuß seinen ursprünglichen Entschluß geändert
und den politischen Überlegungen den Vorrang gegeben hat. Der Bundestag schloß sich dem an und verlegte den Sitz des Bundesaufsichtsamtes
nach Berlin (§ 5 Abs. 1 S. 2).

III. Die Ernennung des Präsidenten des Bundesaufsichtsamts (Abs. 2)

Der Präsident des Bundesaufsichtsamts wird auf Vorschlag der Bundes- **(4)**
regierung durch den Bundespräsidenten ernannt (Abs. 2 S. 1). Um auch
personelle Voraussetzungen für eine vertrauensvolle Zusammenarbeit
zwischen dem Bundesaufsichtsamt und der Deutschen Bundesbank zu
schaffen, sieht § 5 Abs. 2 S. 2 vor, daß der Vorschlag der Bundesregierung
zur Ernennung des Präsidenten des Bundesaufsichtsamts mit der Bundesbank abzustimmen ist. Nach der Regierungsvorlage sollte auch der Vizepräsident des Bundesaufsichtsamts vom Bundespräsidenten auf Vorschlag
der Bundesregierung im Einvernehmen mit der Deutschen Bundesbank
ernannt werden. § 5 Abs. 2 hat diesen Vorschlag nicht übernommen, weshalb der Vizepräsident ebenso wie die übrigen Beamten ohne das in § 5
Abs. 2 festgelegte Vorschlags- und Mitwirkungsverfahren vom Bundeswirtschaftsministerium ernannt wird (vgl. § 5 Abs. 1 S. 1 KWG i. V. m.
§ 10 Abs. 1 BBG und Art. 1 der Anordnung des Bundespräsidenten über
die Ernennung und Entlassung der Bundesbeamten und Bundesrichter
vom 17. V. 1950, BGBl S. 209, mit Durchführungsbestimmungen vom

14. X. 1955, BGBl I 681; vgl. auch Maunz-Dürig, Komm. zum GG, Lieferung 1—4, München und Berlin 1960, Anm. 2 zu Art. 36, wonach insbesondere die Bundesministerien oberste Bundesbehörden [i. S. der AO des Bundespräsidenten] sind).

§ 6 Aufgaben

(1) Das Bundesaufsichtsamt übt die Aufsicht über die Kreditinstitute nach den Vorschriften dieses Gesetzes aus.

(2) Das Bundesaufsichtsamt hat Mißständen im Kreditwesen entgegenzuwirken, die die Sicherheit der den Kreditinstituten anvertrauten Vermögenswerte gefährden, die ordnungsmäßige Durchführung der Bankgeschäfte beeinträchtigen oder erhebliche Nachteile für die Gesamtwirtschaft herbeiführen können.

I. Die Bankenaufsicht (Abs. 1)

(1) „Um Funktionsstörungen im Kreditwesen vorzubeugen, hat das Bundesaufsichtsamt durch eine laufende Aufsicht dafür zu sorgen, daß die Kreditinstitute das Gesetz beachten. Es kann diese Aufgabe nur erfüllen, wenn ihm die erforderlichen Eingriffsmöglichkeiten zur Verfügung stehen. Abs. 1 gibt dem Bundesaufsichtsamt mit dieser Verpflichtung zugleich eine Rechtsgrundlage für entsprechende Verwaltungsakte" (Begründung der Regierungsvorlage zu § 6). In Frage kommen z. B. die Überprüfung der nötigen Eigenkapital- und Liquiditätshaltung (§§ 10, 11 und 12 KWG), der Tatsachen, aus denen sich die Zuverlässigkeit und fachliche Eignung eines Geschäftsleiters i. S. von § 1 Abs. 2 S. 1 ergibt, der Tatsachen, die die Sicherheit für die einem Kreditinstitut anvertrauten Vermögenswerte gewährleisten (vgl. 35 Abs. 2 Ziff. 4) u. a. m.

(2) Die allgemeine Ermächtigung des Abs. 1 zu Verwaltungsakten, die die Beaufsichtigung der Kreditinstitute erfordern, tritt grundsätzlich n e b e n die besonderen Ermächtigungen in einzelnen Vorschriften des KWG, wie in § 2 Abs. 4 (teilweise Befreiung von Kreditinstituten von der Anwendbarkeit des KWG), § 4 (Entscheidung über die Anwendbarkeit in Zweifelsfällen), § 12 S. 2 (Zulassung von besonders hohen dauernden Anlagen in Immobilien), § 31 Abs. 2 (Befreiung von besonderen Verpflichtungen), § 35 Abs. 2 (Erlaubnisrücknahme), § 36 (Abberufung von Geschäftsleitern), § 37 (Einschreiten gegen ungesetzliche Geschäfte), § 42 (Entscheidung über Firmierungen). Soweit die Aufsichtstätigkeit i. S. von § 6 Abs. 1 Verwaltungsakte erfordert, die Auskunftsbegehren und Prüfungen beinhalten, umschreibt § 44 die entsprechenden Hoheitsrechte des Bundesaufsichtsamts im einzelnen.

Aus dem Inhalt besonderer Bestimmungen sowie aus den Umständen   **(3)**
kann sich ausnahmsweise ergeben, daß die Spezialermächtigungen andere
Maßnahmen ausschließen sollen. Das ist z. B. der Fall bei § 45 Abs. 1,
wo die Maßnahme in der Untersagung oder Beschränkung von Entnahmen durch die Inhaber oder Gesellschafter des Kreditinstituts, von Ge-
winnausschüttungen und von Kreditgewährungen zu bestehen hat.

II. Die Wahrung der gesamtwirtschaftlichen Funktionsfähigkeit des Kreditgewerbes (Abs. 2)

Die Aufgaben des Bundesaufsichtsamts erschöpfen sich nicht in der Be-   **(4)**
aufsichtigung der Kreditinstitute mit dem Ziel, die Einhaltung des Gesetzes zu sichern. § 6 Abs. 2 überträgt dem Amt vielmehr eine weitergehende Pflicht, die der BT-Wirtschaftsausschuß (Begr. der Anträge zu
§§ 5—8, Ziff. 3) als Wahrung der gesamtwirtschaftlichen Funktionsfähigkeit des Kreditgewerbes bezeichnet hat.

„Wenn dem Bundesaufsichtsamt insoweit wegen fehlender Konkretisierung keine unmittelbaren hoheitlichen Befugnisse gegenüber den Kreditinstituten zugestanden werden, so ist diese Aufgabe doch nicht weniger
gewichtig als die Anwendung der einzelnen Gesetzesnormen" (BT-Wirt-
schaftsaussch. aaO). „Das Bundesaufsichtsamt muß neben der Aufsicht
über die Einhaltung der einzelnen Vorschriften die allgemeine Entwicklung im Kreditwesen laufend überwachen, um Tendenzen, die dem Gesetzeszweck zuwiderlaufen, rechtzeitig erkennen und ihnen entgegenwirken zu können. Kann das Bundesaufsichtsamt einen solchen Mißstand
nicht durch Einwirkung auf die Kreditinstitute oder durch besondere Anordnungen nach diesem Gesetz abwenden, so wird es Maßnahmen der
Bundesregierung oder des Gesetzgebers anzuregen haben" (Begründung
der Regierungsvorlage zu § 6). Über die Möglichkeit zu besonderen Anordnungen vgl. §§ 45 ff. Vgl. ferner § 35 Abs. 2 Ziff. 4 und Anm. 5 zu § 35.

§ 7 Zusammenarbeit mit der Deutschen Bundesbank

*(1) Das Bundesaufsichtsamt und die Deutsche Bundesbank arbeiten nach
Maßgabe dieses Gesetzes zusammen. Die Deutsche Bundesbank und das
Bundesaufsichtsamt haben einander Beobachtungen und Feststellungen
mitzuteilen, die für die Erfüllung der beiderseitigen Aufgaben von Be-
deutung sein können. Die Deutsche Bundesbank hat insoweit dem Bundes-
aufsichtsamt auch die Angaben zur Verfügung zu stellen, die sie auf
Grund statistischer Erhebungen nach § 18 des Gesetzes über die Deutsche
Bundesbank erlangt. Sie hat vor Anordnung einer solchen Erhebung das
Bundesaufsichtsamt zu hören; § 18 Satz 5 des Gesetzes über die Deutsche
Bundesbank gilt entsprechend.*

(2) Der Präsident des Bundesaufsichtsamtes, im Falle der Verhinderung sein Stellvertreter, hat das Recht, an den Beratungen des Zentralbankrates der Deutschen Bundesbank teilzunehmen, soweit bei diesen Gegenstände seines Aufgabenbereichs behandelt werden. Er hat kein Stimmrecht, kann aber Anträge stellen.

I. Grundsätze der Zusammenarbeit (Abs. 1)

1. Die Zusammenarbeit „nach Maßgabe des Gesetzes" (Abs. 1 S. 1)

(1)   Das KWG schreibt ein Zusammenwirken zwischen dem Bundesaufsichtsamt und der Deutschen Bundesbank in den §§ 5 Abs. 2 S. 2, § 7 Abs. 2, § 10 Abs. 1 S. 2, § 11 S. 2, § 13 Abs. 1 S. 3, § 14 Abs. 1 S. 4, § 23 Abs. 1 S. 5, § 25 Abs. 2, § 30 Abs. 2 S. 2, § 31 Abs. 1, § 47 Abs. 2, § 48 Abs. 1 vor. Vgl. im einzelnen die Anmerkungen zu diesen Bestimmungen. Weitere Pflichten zur Zusammenarbeit begründen § 7 Abs. 1 S. 2, 3 und 4. § 7 Abs. 1 legt den Grundsatz einer engen Zusammenarbeit zwischen dem Bundesaufsichtsamt und der Deutschen Bundesbank als gesetzliche Verpflichtung fest.

Die Zusammenarbeit zwischen Staat und Notenbank vollzieht sich (laut Begründung zur Regierungsvorlage Anm. V nach folgenden Grundsätzen:

„1. Die hoheitlichen Aufgaben liegen beim Bundesaufsichtsamt.

2. Soweit das Bundesaufsichtsamt allgemeine Regelungen für die Kreditinstitute trifft, deren Inhalt das Aufgabengebiet der Bundesbank berührt, ist es an das Einvernehmen der Bundesbank gebunden. Dadurch wird ausgeschlossen, daß generelle bankaufsichtliche Maßnahmen in einen Widerspruch zur Kreditpolitik der Bundesbank geraten.

3. Bei der materiellen Bankenaufsicht, d. h. der Beobachtung der inneren Struktur der Kreditinstitute, führt die Bundesbank die routinemäßige Überwachung auf Grund der einzureichenden Kreditmeldungen, Monatsausweise und Bilanzen durch. Die Sichtung und vorbereitende Bearbeitung des anfallenden Materials im Zweigstellennetz der Bundesbank ist besonders zweckmäßig, weil hierbei deren Unterlagen für die Zwecke der Bankenaufsicht nutzbar gemacht werden. Werden bei einem Kreditinstitut bedenkliche Momente festgestellt, so unterrichtet die Bundesbank das Bundesaufsichtsamt, das nun die erforderlichen Maßnahmen treffen kann.

4. Bei dem Erlaß von Rechtsverordnungen zur Durchführung des Gesetzes ist die Bundesbank in dem verfassungsrechtlich zulässigen Maß eingeschaltet, damit auch diese staatlichen Maßnahmen mit den Auffassungen der Notenbank koordiniert werden."

Im einzelnen vgl. oben: Systematische Einführung, 2. Die Zielsetzung des Kreditwesengesetzes, *S. 17.*

2. Die Mitteilungen von Beobachtungen und Feststellungen (Abs. 1 S. 2)

Sowohl die Deutsche Bundesbank wie das Bundesaufsichtsamt sind ver- (2) pflichtet, sich gegenseitig Beobachtungen und Feststellungen mitzuteilen, die für die Erfüllung der beiderseitigen Aufgaben von Bedeutung sein können. Das Bundesaufsichtsamt hat insoweit die Aufgaben der Deutschen Bundesbank nach dem DBBG zu berücksichtigen, während umgekehrt die Deutsche Bundesbank die Aufgaben des Bundesaufsichtsamts nach dem KWG im Auge behalten muß.

3. Die Mitteilung von Angaben auf Grund statistischer Erhebungen (Abs. 1 S. 3 und S. 4 2. Halbs.)

Im Rahmen der Verpflichtung, Beobachtungen und Feststellungen mit- (3) zuteilen, die das Bundesaufsichtsamt interessieren könnten, hat die Deutsche Bundesbank auch die Angaben zur Verfügung zu stellen, die sie auf Grund statistischer Erhebungen nach § 18 DBBG erlangt. Die Deutsche Bundesbank hat also zu prüfen, inwieweit die Daten einer statistischen Erhebung für die Erfüllung des Aufsichtszwecks des Bundesaufsichtsamts von Bedeutung sind, und sie muß dann diese Daten gegebenenfalls dem Aufsichtsamt mitteilen.

Nach dem KWG werden die verschiedenen Meldungen der Kreditinstitute unterschiedlich behandelt: Meldungen nach § 16 gehen unmittelbar an das Bundesaufsichtsamt. Die Meldungen nach § 24 und § 26 sind gleichzeitig dem Bundesaufsichtsamt und der Bundesbank zuzuleiten. Meldungen nach § 13 Abs. 1, § 14 Abs. 1 und § 25 sind an die Bundesbank zu erstatten, die verpflichtet ist, diese Meldungen mit ihrer Stellungnahme an das Bundesaufsichtsamt weiterzuleiten. § 7 betrifft nur die nach § 18 DBBG zu erstellenden statistischen Erhebungen. Die statistischen Meldungen werden entsprechend der bisherigen (jedoch von den Landeszentralbanken unterschiedlich gehandhabten Praxis) vorgesiebt an die Bundesaufsichtsbehörde weitergeleitet. Diese „Siebarbeit" ist keine entscheidende Tätigkeit und beeinflußt die Aufsichtsbehörde nicht in ihrer Aktivität; sie hat sich an den allgemeinen Grundsatz der engen Zusammenarbeit beider Behörden i. S. von § 7 Abs. 1 S. 1 zu halten.

§ 18 DBBG lautet: „Die Deutsche Bundesbank ist berechtigt, zur Erfüllung ihrer Aufgabe Statistiken auf dem Gebiet des Bank- und Geldwesens bei allen Kreditinstituten anzuordnen und durchzuführen. §§ 7, 10 und 12 Abs. 1 des Gesetzes über die Statistik für Bundeszwecke sind entsprechend anzuwenden. Die Deutsche Bundesbank kann die Ergebnisse der Statistiken für allgemeine Zwecke veröffentlichen. Die Veröffentlichungen dürfen keine Einzelangaben enthalten. Den nach § 13 Abs. 1 Auskunftsberechtigten dürfen Einzelangaben nur mitgeteilt werden, wenn und soweit es in der Anordnung über die Statistik vorgesehen ist."

§§ 7, 10 und 12 Abs. 1 des Gesetzes über die Statistik für Bundeszwecke vom 3. IX. 1953 (BGBl I 1314 mit verschiedenen Änderungen) betrifft den Inhalt der Anordnung von Statistiken, die Auskunftspflicht der Befragten und die Geheimhaltungspflicht der Behörden hinsichtlich der Einzelangaben. § 13 Abs. 1 DBBG erklärt die Deutsche Bundesbank der Bundesregierung gegenüber für auskunftspflichtig. Nach § 7 Abs. 1 S. 4 2. Halbsatz KWG ist § 18 S. 5 DBBG entsprechend auf die Mitteilung von Angaben der Deutschen Bundesbank an das Bundesaufsichtsamt anwendbar. Das heißt, daß die Deutsche Bundesbank Einzelangaben der Kreditinstitute dem Bundesaufsichtsamt nur mitteilen darf, wenn und soweit dies in der Anordnung der Statistik vorgesehen war.

4. Die Anhörung des Bundesaufsichtsamts vor Anordnung statistischer Erhebungen (Abs. 1 S. 4 1. Halbs.)

(4) Die Deutsche Bundesbank hat vor Anordnung einer Erhebung i. S. von Abs. 1 S. 3 und von § 18 DBBG das Bundesaufsichtsamt zu hören. Abs. 1 S. 4 1. Halbs., der diese Konsultierungspflicht bestimmt, hat nichts mit dem 2. Halbs. zu tun, der sich auf die Geheimhaltungspflicht der Deutschen Bundesbank nach Vollziehung der statistischen Erhebung bezieht (vgl. oben Anm. 3).

II. Rechte des Präsidenten des Bundesaufsichtsamts im besonderen (Abs. 2)

(5) „§ 7 Abs. 2 verleiht als besondere Ausgestaltung der engen Zusammenarbeit zwischen Bundesaufsichtsamt und Bundesbank dem Präsidenten des Bundesaufsichtsamts das Recht, an den Beratungen des Zentralbankrates der Bundesbank teilzunehmen, soweit bei diesen sein Aufgabenbereich berührt wird. Da das Bundesaufsichtsamt verschiedentlich an das Einvernehmen der Bundesbank gebunden ist, muß sein Präsident in der Lage sein, dem entscheidenden Gremium der Notenbank seine Auffassung unmittelbar vorzutragen und die Ansicht des Zentralbankrates aus erster Quelle zu erfahren. Schließlich werden im Zentralbankrat auf der Grundlage des der Bundesbank zur Verfügung stehenden umfangreichen Er-

kenntnismaterials häufig Fragen behandelt, die die volkswirtschaftliche Funktion des Kreditgewerbes berühren und daher auch in den Aufgabenbereich des Bundesaufsichtsamts fallen" (Begründung der Anträge des BT-Wirtschaftsausschusses Ziff. 2 zu §§ 5—8). Der Präsident des Aufsichtsamts hat ein Antragsrecht, aber kein Stimmrecht — ähnlich wie die Mitglieder der Bundesregierung nach § 13 Abs. 2 S. 2 DBBG; § 7 Abs. 2 stellt insofern den Präsidenten des Bundesaufsichtsamts und gegebenenfalls seinen Stellvertreter den Mitgliedern des Kabinetts gleich.

§ 8 Zusammenarbeit mit anderen Stellen

(1) Das Bundesaufsichtsamt kann sich bei der Durchführung seiner Aufgaben anderer Personen und Einrichtungen bedienen.

(2) Werden gegen Inhaber oder Geschäftsleiter von Kreditinstituten Steuerstrafverfahren eingeleitet, so steht § 22 der Reichsabgabenordnung Mitteilungen an das Bundesaufsichtsamt über das Verfahren und über den zugrunde liegenden Sachverhalt nicht entgegen; das gleiche gilt, wenn sich das Verfahren gegen Personen richtet, die das Vergehen als Bedienstete von Kreditinstituten begangen haben.

I. Der Grundsatz der Zusammenarbeit im allgemeinen

Im Interesse der Verwaltungsvereinfachung soll sich das Bundesaufsichtsamt bei der Durchführung seiner Aufgaben anderer Stellen bedienen. Das Bundesaufsichtsamt soll seine umfangreichen Aufgaben mit einem verhältnismäßig klein gehaltenen Mitarbeiterstab erfüllen (vgl. die Begründung der Regierungsvorlage zu § 51). (1)

Soweit als Hilfsorgane die zuständigen Behörden des Bundes und der Länder in Frage kommen, ergibt sich die Pflicht, das Bundesaufsichtsamt im Wege der Amtshilfe zu unterstützen, aus Art. 35 GG. Danach haben sich alle Behörden des Bundes und der Länder gegenseitig Amtshilfe zu leisten. Auch hoheitliche Aufgaben können ihnen übertragen werden.

Soweit private Stellen als Hilfsorgane herangezogen werden — Wirtschaftsprüfer, die Verbände der Sparkassen und Genossenschaften usw. — dürfen ihnen nur technische Aufgaben, vor allem Prüfungen, dagegen keine hoheitlichen Funktionen übertragen werden. Ferner setzt hier die Hilfeleistung eine freiwillige Bereitschaft der privaten Hilfsorgane voraus.

II. Mitteilungen der Steuerbehörden im besonderen (Abs. 2)

(2)   § 8 Abs. 2 durchbricht den in § 22 AO festgelegten Grundsatz der Unverletzlichkeit des Steuergeheimnisses. Der Gesetzgeber hielt das mit der Bankenaufsicht verfolgte gesamtwirtschaftliche Ziel gegenüber den Interessen, die § 22 AO schützen will, jedenfalls dann für höherwertig, wenn ein Steuerstrafverfahren eingeleitet ist. Auf eine Unzuverlässigkeit der Inhaber und Geschäftsleiter von Kreditinstituten (vgl. §§ 33 Abs. 1 Ziff. 2, § 35 Abs. 2 Ziff. 3, § 36 Abs. 1) kann u. U. dann geschlossen werden, wenn diese Personen beruflich oder privat in Steuerstrafverfahren verwickelt sind oder wenn im Betrieb des von ihnen geleiteten Kreditinstituts durch andere Personen Steuerverfehlungen begangen werden. Die Steuerbehörden sind deshalb vom Verbot des §§ 22 AO befreit.

(3)   Anders als im Verhältnis zu den Registergerichten nach § 125a Abs. 2 FGG sind die Finanzbehörden zwar zu entsprechenden Mitteilungen befugt, zunächst aber nicht verpflichtet. Einem Vorschlag des Bundesrats, die Finanzämter kraft Gesetzes zu verpflichten, die Aufsichtsbehörde über die Einleitung von Steuerstrafverfahren zu unterrichten, ist der Bundestag auf Antrag der Bundesregierung und des BT-Wirtschaftsausschusses nicht gefolgt. Die Bundesregierung empfiehlt den Weg der Verwaltungsanweisung (wie im Falle der Mitwirkungen in Strafsachen in der Justizverwaltung), wenn sich eine Mitteilungs p f l i c h t der Finanzbehörden als sachlich gerechtfertigt erweisen sollte.

§ 9 Schweigepflicht

(1) Die beim Bundesaufsichtsamt beschäftigten und die nach § 8 Abs. 1 oder § 30 Abs. 2 Satz 2 beauftragten Personen, die nach § 46 Abs. 1 Satz 2 bestellten Aufsichtspersonen sowie die im Dienst der Deutschen Bundesbank stehenden Personen, soweit sie zur Durchführung dieses Gesetzes tätig werden, dürfen die ihnen bei ihrer Tätigkeit bekanntgewordenen Tatsachen, deren Geheimhaltung im Interesse des Kreditinstituts oder eines Dritten liegt, insbesondere Geschäfts- und Betriebsgeheimnisse, nicht unbefugt offenbaren oder verwerten, auch wenn sie nicht mehr im Dienst sind oder ihre Tätigkeit beendet ist. Dies gilt auch für andere Personen, die durch dienstliche Berichterstattung Kenntnis von den in Satz 1 bezeichneten Tatsachen erhalten.

(2) Die Vorschriften der §§ 175, 179, 188 Abs. 1 und des § 189 der Reichsabgabenordnung über Beistands- und Anzeigepflichten gegenüber den Finanzämtern gelten nicht für die in Absatz 1 bezeichneten Personen, soweit sie zur Durchführung dieses Gesetzes tätig werden.

I. Die von der Schweigepflicht betroffenen Personen (Abs. 1)

(1)   Die mit der Bankenaufsicht befaßten Personen unterliegen einer besonderen Schweigepflicht, damit vom dienstlich erlangten, umfassenden Einblick in die inneren Verhältnisse der Kreditinstitute kein unzulässiger Gebrauch gemacht wird. § 8 Abs. 1 unterwirft die beim Bundesaufsichtsamt beschäftigten Personen der Schweigepflicht, ferner die Personen, die i. S. von § 8 Abs. 1, d. h. als Wirtschaftsprüfer, Mitglieder von Sparkassenverbänden, als Beamte und Angestellte von Behörden oder als sonstige Hilfsorgane besondere Kenntnisse erlangen; weiter die nach § 30 Abs. 2 mit der Depotprüfung beauftragten Personen; die nach § 46 Abs. 1 S. 2 in ein Kreditinstitut entsandten Aufsichtspersonen; die im Dienste der Deutschen Bundesbank stehenden Personen, soweit sie zur Durchführung der Vorschriften des KWG tätig werden (vgl. die Anm. zu § 5); und schließlich die sonstigen Personen, die durch dienstliche Berichterstattung Kenntnis von den geheimzuhaltenden Tatsachen erhalten, insbesondere die Angehörigen übergeordneter Behörden (Abs. 1 S. 2). Alle diese Personen sind auch dann noch zur Geheimhaltung verpflichtet, „wenn sie nicht mehr im Dienst sind oder ihre Tätigkeit beendet ist" (Abs. 1 S. 1 in fine).

II. Der Inhalt der Geheimhaltungspflicht (Abs. 1)

Nur die Tatsachen, die kumulativ folgende Voraussetzungen erfüllen, unterliegen der Geheimhaltungspflicht: **(2)**

1. Die Tatsachen müssen den geheimhaltungspflichtigen Personen bei ihrer besonderen amtlichen oder beruflichen Tätigkeit bekanntgeworden sein.

2. Die Geheimhaltung der Tatsachen muß objektiv im Interesse des Kreditinstituts oder eines Dritten (z. B. eines Bankkunden) liegen und von diesem auch gewollt sein. Geheimzuhaltende Tatsachen in diesem Sinne sind vor allem die Geschäfts- und Betriebsgeheimnisse.

3. Die Offenbarung und Verwertung der Tatsachen müssen unbefugt sein. Sie sind „nicht unbefugt", wenn entweder das Kreditinstitut oder der betroffene Dritte selbst von der Geheimhaltungspflicht entbindet, oder wenn die Entbindung von der Geheimhaltungspflicht auf besonderer gesetzlicher Vorschrift beruht (vgl. z. B. § 61 BBG: „Unberührt bleibt die gesetzlich begründete Pflicht des Beamten, strafbare Handlungen anzuzeigen ...“). Die Offenbarung und Verwertung ist natürlich vor allem dann „nicht unbefugt", wenn sie im dienstlichen Verkehr zur Ausübung der Aufsichtstätigkeit und der Wahrung der gesamtwirtschaftlichen Funktionsfähigkeit des Kreditgewerbes i. S. von § 6 erforderlich ist, also im Falle der dienstlichen Berichterstattung. Geheimhaltungspflichtige Personen sind dann auch die Angehörigen der übergeordneten Behörde (vgl. oben Anm. 1).

Tatsachen, die diese drei Voraussetzungen erfüllen, können auch private Angelegenheiten sein. § 9 schützt also nicht nur die Geschäfts- und Betriebsgeheimnisse des Kreditinstituts, sondern auch private Angelegenheiten von Inhabern, Geschäftsleitern oder Bediensteten des Kreditinstituts sowie geschäftliche oder private Geheimnisse der Bankkunden (vgl. Begr. Regierungsvorlage zu § 9).

(3) Verboten sind unter den in Abs. 1 S. 1 aufgeführten Voraussetzungen die „Offenbarung" der Tatsachen und auch eine „Verwertung", die eine unbefugte Weitergabe der geheimzuhaltenden Tatsachen an Dritte nicht voraussetzt. Verwertung ist vor allem auch eine geschäftliche und berufliche Verwertung z. B. durch Wirtschaftsprüfer, Sparkassenverbände usw.

Für Beamte kann sich die Geheimhaltungspflicht hinsichtlich der nach § 9 Abs. 1 geheimzuhaltenden Tatsachen auch aus den beamtenrechtlichen Vorschriften der §§ 61 und 62 BBG und des § 39 des Rahmengesetzes zur Vereinheitlichung des Beamtenrechts vom 1. VII. 1957 (BGBl I 667), sowie aus den entsprechenden Vorschriften der Beamtengesetze der Länder ergeben.

Die Schweigepflicht und das Verwertungsverbot stehen nach § 55 unter Strafschutz.

III. Die Geheimhaltungspflicht gegenüber den Finanzämtern (Abs. 2)

(4) §§ 175, 179, 188 Abs. 1 und 189 AO begründen besondere Auskunfts-, Beistands- und Anzeigepflichten gegenüber den Finanzämtern für Drittpersonen, die nicht als Steuerpflichtige am Steuerermittlungsverfahren beteiligt sind, für Behörden, berufsständische Vertretungen usw. Ohne § 9 Abs. 2 wären die Offenbarung und Verwertung grundsätzlich geheimzuhaltender Tatsachen den Finanzämtern gegenüber „nicht unbefugt" i. S. von Abs. 1, wenn sie sich im Rahmen der erwähnten Bestimmungen der AO halten (vgl. oben Anm. 2). Deshalb erklärt Abs. 2 diese Vorschriften auf die in Abs. 1 bezeichneten und mit der Bankenaufsicht befaßten Personen für nicht anwendbar.

Nach Ansicht des Gesetzgebers wird Abs. 2 dazu beitragen, einen möglichst hohen Erkenntniswert der Anzeigen und Auskünfte im Rahmen des KWG zu sichern (vgl. darüber im einzelnen die Begründung der Anträge des BT-Wirtschaftsausschusses zu § 9).

Außerdem wird durch § 7 Abs. 1 S. 3 die Deutsche Bundesbank verpflichtet, bankaufsichtlich relevante Angaben, die sie im Rahmen einer statistischen Erhebung erlangt, dem Bundesaufsichtsamt mitzuteilen. Nach § 18 S. 2 DBBG i. V. mit § 12 Abs. 1 des Gesetzes über die Statistik für Bundeszwecke vom 3. IX. 1953 (BGBl I 1314) gelten bezüglich Einzelangaben im Rahmen einer solchen Statistik die in § 9 Abs. 2 KWG genannten Bestimmungen der AO nicht für die Auskunftsberechtigten. Dies muß konsequenterweise auch für die Personen gelten, denen diese statistischen Angaben mitgeteilt werden müssen (vgl. BT-Wirtschaftsausschuß aaO und oben Anm. 3 zu § 7).

Vorschriften für die Kreditinstitute

---

1. Eigenkapital und Liquidität

§ 10 Eigenkapitalausstattung

(1) Die Kreditinstitute müssen im Interesse der Erfüllung ihrer Verpflichtungen gegenüber ihren Gläubigern, insbesondere zur Sicherheit der ihnen anvertrauten Vermögenswerte ein angemessenes haftendes Eigenkapital haben. Das Bundesaufsichtsamt stellt im Einvernehmen mit der Deutschen Bundesbank Grundsätze auf, nach denen es für den Regelfall beurteilt, ob die Anforderungen des Satzes 1 erfüllt sind; die Spitzenverbände der Kreditinstitute sind vorher anzuhören. Die Grundsätze sind im Bundesanzeiger zu veröffentlichen.

(2) Als haftendes Eigenkapital sind anzusehen

1. *bei Einzelkaufleuten, Offenen Handelsgesellschaften und Kommanditgesellschaften das Geschäftskapital und die Rücklagen nach Abzug der Entnahmen des Inhabers oder der persönlich haftenden Gesellschafter und der diesen gewährten Kredite sowie eines Schuldenüberhanges beim freien Vermögen des Inhabers; bei Offenen Handelsgesellschaften und Kommanditgesellschaften ist nur das eingezahlte Geschäftskapital zu berücksichtigen;*

2. *bei Aktiengesellschaften, Kommanditgesellschaften auf Aktien und Gesellschaften mit beschränkter Haftung das eingezahlte Grund- oder Stammkapital abzüglich des Betrages der eigenen Aktien oder Geschäftsanteile sowie die Rücklagen; bei Kommanditgesellschaften auf Aktien ferner Vermögenseinlagen der persönlich haftenden Gesellschafter, die nicht auf das Grundkapital geleistet worden sind, unter Abzug der Entnahmen der persönlich haftenden Gesellschafter und der diesen gewährten Kredite;*

3. *bei eingetragenen Genossenschaften die Geschäftsguthaben und die Rücklagen zuzüglich eines vom Bundesminister für Wirtschaft nach Anhörung der Deutschen Bundesbank durch Rechtsverordnung festzusetzenden Zuschlages, welcher der Haftsummenverpflichtung der Genossen Rechnung trägt; Geschäftsguthaben von Genossen, die zum Schluß des Geschäftsjahres ausscheiden, sind abzusetzen; der Bundesminister für Wirtschaft kann die Ermächtigung zum Erlaß von Rechtsverordnungen auf das Bundesaufsichtsamt übertragen;*

4. bei öffentlich-rechtlichen Sparkassen sowie bei Sparkassen des privaten Rechts, die als öffentliche Sparkassen anerkannt sind, die Rücklagen;

5. bei Kreditinstituten des öffentlichen Rechts, die nicht unter Nummer 4 fallen, das eingezahlte Dotationskapital und die Rücklagen;

6. bei Kreditinstituten in einer anderen Rechtsform das eingezahlte Kapital und die Rücklagen.

(3) Dem haftenden Eigenkapital ist der Reingewinn zuzurechnen, soweit seine Zuweisung zum Geschäftskapital, zu den Rücklagen oder den Geschäftsguthaben beschlossen ist; entstandene Verluste sind von dem haftenden Eigenkapital abzuziehen. Als Rücklagen im Sinne des Absatzes 2 gelten nur die als Rücklagen ausgewiesenen Beträge mit Ausnahme solcher Passivposten, die auf Grund steuerlicher Vorschriften erst bei ihrer Auflösung zu versteuern sind.

(4) Vermögenseinlagen stiller Gesellschafter sind nur dann dem haftenden Eigenkapital zuzurechnen, wenn sie bis zur vollen Höhe am Verlust teilnehmen oder erst nach Befriedigung der Gläubiger des Kreditinstituts zurückgefordert werden können. Nachgewiesenes freies Vermögen des Inhabers oder der persönlich haftenden Gesellschafter kann auf Antrag in einem vom Bundesaufsichtsamt zu bestimmenden Umfang als haftendes Eigenkapital berücksichtigt werden.

(5) Maßgebend für die Bemessung des haftenden Eigenkapitals ist die letzte für den Schluß eines Geschäftsjahres festgestellte Bilanz. Kapitalveränderungen, die später in öffentliche Register eingetragen worden sind, sind zu berücksichtigen.

I. Der Grundgedanke der Eigenkapitalausstattung (Abs. 1 S. 1)

(1) Die Kreditinstitute müssen ein angemessenes haftendes Eigenkapital haben. Was als „haftendes Eigenkapital" anzusehen ist, sagen Abs. 2—5 (vgl. unten Anm. 4 ff.). Was unter „angemessen" zu verstehen ist, wird im Regelfall nach besonderen Grundsätzen beurteilt, die das Bundesaufsichtsamt im Einvernehmen mit der Deutschen Bundesbank aufstellt (vgl. unten Anm. 2 und 3). Abweichungen von diesen Grundsätzen können im Einzelfall zulässig und sogar geboten sein. Sie sind zulässig, wenn die Erfüllung der Verpflichtungen des Kreditinstituts gegenüber seinen Gläubigern auch mit einer geringeren Kapitalausstattung gewährleistet ist, als die Richtsätze des Bundesaufsichtsamts vorschreiben. Abweichungen sind geboten, wenn im Interesse der Erfüllung der Verpflichtungen und insbesondere zur Sicherung der anvertrauten Vermögenswerte ein höheres haftendes Eigenkapital erforderlich ist. Die Rechtsfolgen einer Eigenkapitalausstattung, die nicht den Anforderungen des Abs. 1 S. 1 genügt, beurteilen sich nach § 45.

II. Die Richtsätze des Bundesaufsichtsamts für die Eigenkapitalausstattung
(Abs. 1 S. 2 u. 3)

1. Das Verfahren der Aufstellung

Das Bundesaufsichtsamt erläßt Richtsätze für die Eigenkapitalausstattung (2)
im Einvernehmen mit der Deutschen Bundesbank. Für die Mitwirkung
der Deutschen Bundesbank gelten die allgemeinen Grundsätze des § 7
Abs. 1 S. 1 (vgl. unten Anm. 1 zu § 7).

Die Spitzenverbände der Kreditinstitute sind vorher anzuhören (Abs. 1
S. 2, 2. Halbs.), um die Erfahrungen des Kreditgewerbes nutzbar zu
machen und um sicherzustellen, daß die Grundsätze der Praxis berücksichtigt werden. Die Richtsätze sind im Bundesanzeiger zu veröffentlichen
(Abs. 1 S. 3).

„Bei der Konstruktion der Grundsätze nach Abs. 1 S. 2 ist das Bundesaufsichtsamt frei. Die Grundsätze können als Bezugsgröße für das Eigenkapital somit entweder Passivposten (z. B. die Gesamtverbindlichkeiten)
oder Aktivposten (z. B. gewisse Ausleihungen) vorsehen", (Begr. der Regierungsvorlage zu § 10).

Zunächst ist geplant, neue Kreditrichtsätze der Deutschen Bundesbank in
Zusammenarbeit mit dem Bundeswirtschaftsministerium zu erlassen, die
als Grundsätze des Bundesaufsichtsamtes übernommen werden können.
Dadurch wird die Voraussetzung geschaffen, daß nach Inkrafttreten des
Gesetzes am 1. I. 1962 die Anforderungen an die Eigenkapitalausstattung
festgelegt werden können, ohne daß es hierzu langwieriger neuer Untersuchungen nach dem in Abs. 1 S. 2 festgelegten Verfahren bedarf.

2. Die rechtliche Bedeutung der Richtsätze

Die Richtsätze für die Eigenkapitalausstattung — und ähnliches gilt für (3)
die Liquiditätsgrundsätze des Bundesaufsichtsamts, vgl. unten Anm. 3 zu
§ 11 — sind weder unmittelbar verbindliche Rechtsverordnungen noch
Verwaltungsakte. Mit ihnen gibt das Aufsichtsamt vielmehr bekannt, wie
es in der Regel sein Ermessen ausüben wird. Für die Kreditinstitute haben
sie die rechtliche Bedeutung von einfachen Vermutungen und Beweislast-
umkehrungen: „Werden die in den Grundsätzen enthaltenen Mindestfor-
derungen erheblich unterschritten, so begründet dies die Vermutung, daß
das Kreditinstitut nicht das für die Sicherheit seiner Einlagen erforderliche Eigenkapital hat oder daß seine Liquidität zu gering ist. Weist das
Kreditinstitut nicht nach, daß bei ihm Sonderverhältnisse vorliegen, die
geringere Anforderungen an das Eigenkapital oder die Liquidität rechtfertigen und behebt es den Mangel nicht in einer angemessenen Frist,
kann das Bundesaufsichtsamt die in § 45 vorgesehenen Maßnahmen ergreifen. die Wirksamkeit der Grundsätze wird dadurch verstärkt, daß die

Bundesbank ihre Refinanzierungshilfe von der Beachtung der Grundsätze abhängig machen wird" (Begr. Regierungsvorlage A. VI. 1). Vgl. im übrigen oben Anm. 1; systematische Einführung: 7. Eigenkapitalausstattung und Liquidität; Begr. der Anträge des BT-Wirtschaftsausschusses zu §§ 10—12).

III. Der Begriff des „haftenden Eigenkapitals" (Abs. 2-5)

1. Das „haftende Eigenkapital" in Kreditinstituten verschiedener Rechtsform (Abs. 2 und 4 S. 1)

a) Einzelkaufleute, offene Handelsgesellschaften und Kommanditgesellschaften (Abs. 2 Ziff. 1, Abs. 4 S. 2).

(4) Das für die angemessene Eigenkapitalausstattung maßgebliche Kapital ist „das Geschäftskapital und die Rücklagen nach Abzug der Entnahmen des Inhabers oder der persönlich haftenden Gesellschafter und der diesen gewährten Kredite sowie des Schuldenüberhangs beim freien Vermögen des Inhabers; bei offenen Handelsgesellschaften und Kommanditgesellschaften ist nur das eingezahlte Geschäftskapital zu berücksichtigen".

Unter Geschäftskapital ist nicht etwa die Summe aus dem Unternehmerkapital und den dargeliehenen, gewöhnlich langfristigen fremden Mitteln zu verstehen, sondern das auf der Passivseite der Bilanz ausgewiesene Unternehmer- bzw. Eigenkapital i. e. S. Es erhöht sich um den jährlichen Reingewinn und wird durch Privatentnahmen oder einen evtl. Verlust gemindert. Bei der OHG besteht das Geschäftskapital aus der Summe der Kapitalkonten aller persönlich haftenden Gesellschafter, bei der Kommanditgesellschaft aus den Kapitalanteilen der unbeschränkt haftenden Gesellschafter und den Kommanditeinlagen der Kommanditisten. Ausstehende Einzahlungsverpflichtungen dürfen jedoch nicht mitberücksichtigt werden. Eine Kommanditgesellschaft, deren Kommanditisten ihre Kommanditanteile nur zu 50 % einzahlen mußten, hat ein Geschäftskapital, das sich aus den Kapitalanteilen der unbeschränkt haftenden Gesellschafter und aus 50 % der Kommanditsummen zusammensetzt. Wurde einem Kommanditisten seine Einlageverpflichtung ganz oder teilweise erlassen oder rückvergütet, oder wurde seine Sacheinlage überbewertet (was beides im Innenverhältnis rechtswirksam möglich ist, vgl. § 172 Abs. 3 und 4 HGB), so beurteilt sich das Geschäftskapital nach dem objektiven Wert der Einlageleistungen. Schwierigkeiten entstehen, wenn die Einlageleistung in Dienstleistungen (vgl. Art. 7 Nr. 2 Abs. 3 der VO vom 24. XII. 1938, RGBl I 1999) oder in anderen vermögenswerten Leistungen besteht, deren genaue ziffernmäßige Bewertung nicht möglich ist. Für die Berechnung des Geschäftskapitals sind dann dieselben Grundsätze maßgeblich, wie für die Ermittlung der Haftungssumme des Kommanditisten i. S. von §§ 171 und 172 HGB (vgl. Weipert, Anm. 28 zu § 172).

Das Geschäftskapital wird zum „haftenden Eigenkapital" i. S. von Abs. 2 **(5)**
Ziff. 1 u. a. durch Berücksichtigung der Zusatzkapitalkonten, d. h. der
Sicherungskonten, die unter den Passiven der Bilanz eingestellt werden
und aus dem Gewinn gebildete Reserven darstellen. Rücklagen sind dem
Geschäftskapital hinzuzurechnen. Der Begriff „Rücklagen" ist allerdings
i. S. von Abs. 3 S. 2 einschränkend auszulegen, vgl. unten Anm. 14.

Andererseits sind die Entnahmen des Inhabers oder der persönlich haftenden Gesellschafter abzuziehen, weil die Entnahmen i. S. von § 121
Abs. 1, § 122 und § 161 Abs. 2 HGB den Kapitalanteil der unbeschränkt
haftenden Gesellschafter vermindern. Entnahmen des Kommanditisten
sind nur dann für die Berechnung des Geschäftskapitals in Abzug zu
bringen, wenn sie seine Einlage mindern, d. h. solange sein Kapitalanteil
nicht voll einbezahlt ist, § 172 Abs. 4 HGB. Kommanditisten, die ihren
Gewinnanteil im Geschäft neben ihrem Kapitalanteil belassen (vgl. § 167
Abs. 2 HGB), werden damit Darlehensgläubiger der Gesellschaft. Der entsprechende Betrag ist dann besser aus dem Kapitalkonto herauszunehmen
und auf ein Separat- oder Darlehenskonto zu übertragen. Entnahmen aus
diesem Konto bleiben für die Berechnung des Geschäftskapitals unberücksichtigt. Abzuziehen sind dagegen Kredite, die den unbeschränkt haftenden Gesellschaftern gewährt werden.

Da beim Einzelbankier außergeschäftliche Verbindlichkeiten unmittelbar
auch das dem Kreditinstitut gewidmete Vermögen berühren können,
schreibt Abs. 2 Ziff. 1 vor, daß ein Schuldenüberhang im freien Vermögen
des Inhabers vom Geschäftsvermögen abzusetzen sei. Bei unbeschränkt haftenden Gesellschaftern einer offenen Handelsgesellschaft oder Kommanditgesellschaft braucht ein solcher Abzug dagegen nicht vorgenommen zu
werden, weil nach § 135 und § 161 Abs. 2 HGB ein Zugriff der Privatgläubiger der Gesellschafter nur durch Pfändung des Auseinandersetzungs-
anspruchs und durch Kündigung der Gesellschaft verwirklicht werden
kann (vgl. im einzelnen die Voraussetzungen, die § 135 HGB für die
Kündigung der Gesellschaft durch Privatgläubiger der Gesellschaft aufstellt, sowie Begr. der Regierungsvorlage zu § 10).

Das Bundesaufsichtsamt kann zulassen, daß „freies Vermögen", d. h. nicht **(6)**
in das Kreditinstitut investiertes Privatvermögen des Geschäftsinhabers
oder des persönlich haftenden Gesellschafters für die Berechnung des haftenden Eigenkapitals mitberücksichtigt wird. Das rechtfertigt sich damit,
daß bei Einzelkaufleuten ebenso wie bei der OHG und der Kommanditgesellschaft unmittelbar in das Privatvermögen vollstreckt werden kann.
Voraussetzungen für die Berücksichtigung des Privatvermögens sind ein
formeller Antrag des Kreditinstituts, ferner der Nachweis, daß freies Vermögen vorhanden ist (vgl. dazu im einzelnen Art. 12 Abs. 3 der nach
altem Recht gültigen Bekanntmachung der Bankaufsichtsbehörden des
Bundesgebietes über Anzeigen nach §§ 8, 9, 12 und 14 KWG 1939,
Hofmann-Dermitzel S. 229) und schließlich die Entscheidung des Bundes-

aufsichtsamts, die besagt, bis zu welcher Höhe das Privatvermögen als
haftendes Eigenkapital i. S. von Abs. 1 S. 1 berücksichtigt werden darf.
Nach § 11 Abs. 2 lit. a KWG 1939 bedurfte es keiner besonderen Erlaubnis
des Aufsichtsamts; das Reichsaufsichtsamt für das Kreditwesen konnte
aber notfalls die Reduktion des Eigenkapitals verfügen (vgl. Reichardt,
Anm. 19 zu § 11).

b) Stille Gesellschaften (Abs. 4 S. 1).

(7) Das haftende Eigenkapital i. S. von Abs. 1 S. 1 errechnet sich aus dem
haftenden Eigenkapital des nach außen auftretenden persönlich haftenden
Gesellschafters und gegebenenfalls aus der Vermögenseinlage des stillen
Gesellschafters. Über das haftende Eigenkapital des persönlich haftenden
Gesellschafters, vgl. oben Anm. 4—6; ist der persönlich haftende Gesellschafter eine Kapitalgesellschaft, Genossenschaft, Sparkasse oder Körperschaft des öffentlichen Rechts, so berechnet sich das haftende Eigenkapital
nach den Vorschriften des Abs. 2 Ziff. 2—6, vgl. unten Anm. 8 ff.

Vermögenseinlagen stiller Gesellschafter dürfen nur dann dem haftenden
Eigenkapital zugerechnet werden, wenn sie bis zur vollen Höhe am Verlust teilnehmen oder erst nach Befriedigung der Gläubiger des Kreditinstituts zurückgefordert werden können. Es kommt also auf die Ausgestaltung des Gesellschaftsvertrags im Einzelfall an, da durchaus auch
eine Verlustbeschränkung oder ein Verlustausschluß möglich ist (vgl.
§ 336 Abs. 2 HGB) und da der stille Gesellschafter bei Auflösung der Gesellschaft (oder bei Konkurs des nach außen auftretenden, persönlich haftenden Gesellschafters) grundsätzlich mit seiner Forderung auf Rück-
gewähr der Einlage gleichberechtigt mit den übrigen Gläubigern auftritt
(vgl. § 341 Abs. 1 HGB). Im Falle der atypischen stillen Gesellschaft darf
die Vermögenseinlage des Stillen ebenfalls nur unter den besonderen
Voraussetzungen des § 10 Abs. 4 S. 1 dem Geschäftskapital zugerechnet
werden, da sich bei der atypischen stillen Gesellschaft nicht der Grundsatz,
sondern nur die Höhe der Gewinn- und Verlustbeteiligung und des Aus-
einandersetzungsguthabens bzw. der Haftung durch Berücksichtigung des
Anteils an den stillen Reserven des Anlagevermögens ändert.

c) Kapitalgesellschaften (Abs. 2 Ziff. 2).

(8) Bei Kapitalgesellschaften setzt sich das haftende Eigenkapital aus dem
Grund- oder Stammkapital und den Rücklagen zusammen, bei Kommanditgesellschaften auf Aktien auch aus den Vermögenseinlagen der persönlich
haftenden Gesellschafter unter Abzug der Entnahmen und der gewährten
Kredite.

Über den Begriff der Rücklagen vgl. unten Anm. 14.

Vom Grund- oder Stammkapital sind noch ausstehende Einzahlungs- oder
Einlageverbindlichkeiten abzuziehen; ferner der Betrag der eigenen

Aktien. Per analogiam sind nach dem Zweck dieser Bestimmung auch die Rückbeteiligungen von 100%ig kapitalabhängigen und beherrschten Tochtergesellschaften an der Muttergesellschaft abzusetzen, ähnlich wie nach § 65 Abs. 5 und Abs. 7 S. 2 und nach § 114 Abs. 6 AktG Aktien, die abhängigen Unternehmen an der Muttergesellschaft zustehen, eigenen Aktien der Muttergesellschaft gleichgestellt werden. Bei nicht beherrschender wechselseitiger Beteiligung wäre eine Herabsetzung des „haftenden Eigenkapitals" um den Anteil an der Rückbeteiligung (also z. B. bei 30%iger wechselseitiger Beteiligung um 9 %) sachlich gerechtfertigt und nach der hier vertretenen Ansicht auch gesetzlich geboten, weil nur ein derartig reduziertes haftendes Eigenkapital „angemessen" i. S. von Abs. 1 S. 1 sein kann (über die wirtschaftlichen Auswirkungen wechselseitiger Beteiligungen vgl. Winter Heinz, Die wechselseitige Beteiligung von Aktiengesellschaften, Köln 1961, und die Begründungen zu § 286 des Referentenentwurfs und zu § 316 des Regierungsentwurfs — BT-Drucks. 1915/ 3. Wahlp. — zu einem neuen deutschen Aktiengesetz).

d) *Eingetragene Genossenschaften (Abs. 2 Ziff. 3).*

„Haftendes Eigenkapital" (i. S. von Abs. 1 S. 1) bei eingetragenen Genossenschaften (i. S. von §§ 1 ff. GenG) sind nach Abs. 2 Ziff. 3 die Geschäftsguthaben und Rücklagen zuzüglich eines Zuschlages, der der Haftsummenverpflichtung der Genossen Rechenschaft trägt, und abzüglich der Geschäftsguthaben ausscheidender Genossen. **(9)**

Über den Begriff der Rücklagen vgl. unten Anm. 14.

Geschäftsguthaben i. S. von Abs. 2 Ziff. 3 sind die Beträge, mit denen die Genossen jeweils tatsächlich an der Genossenschaft beteiligt sind. Sie sind gleich der Summe der auf ihre Geschäftsanteile geleisteten Einzahlungen i. S. von § 7 Ziff. 2 GenG zuzüglich des nicht abgehobenen Gewinnes und abzüglich des Verlustes i. S. von § 19 GenG, sowie zuzüglich der freiwilligen Mehreinzahlungen i. S. von § 21 GenG.

Die Summe der Geschäftsguthaben bildet den einen Teil des Haftungssubstrats der Genossenschaft. Die Bindung des Genossenschaftsvermögens an die juristische Person ist aber wesentlich geringer als bei der Aktiengesellschaft, weil der Genosse anders als der Aktionär beim Ausscheiden Auszahlung seines Geschäftsguthabens verlangen kann. Solche Ansprüche auf Auszahlung der Geschäftsguthaben am Ende des Geschäftsjahres (vgl. § 65 Abs. 2 GenG) müssen nach Abs. 2 Ziff. 3 2. Halbs. bei der Ermittlung des „haftenden Eigenkapitals" von der Summe der Geschäftsguthaben abgezogen werden.

Als Ausgleich für die geringere Garantie der Erhaltung des Genossenschaftsvermögens bestimmt das GenG die beschränkte oder unbeschränkte Haftpflicht der Genossen. Das heißt, die Genossen können je nach Satzung bis zu einer bestimmten Haftsumme beschränkt oder auch unbeschränkt zu Nachschüssen an die Genossenschaft herangezogen werden, § 2 GenG. Das damit gewährleistete zusätzliche Haftungssubstrat kann bei der Berechnung des „haftenden Eigenkapitals" (i. S. von Abs. 1 S. 1) durch einen Zuschlag berücksichtigt werden, ähnlich wie nach Abs. 4 S. 2 das freie Vermögen des Einzelunternehmers oder der persönlich haftenden Gesellschafter in bestimmtem Umfang als haftendes Eigenkapital berücksichtigt werden kann.

Der Zuschlag wird vom Bundesminister für Wirtschaft nach Anhörung der Bundesbank durch Rechtsverordnung festgesetzt; die Ermächtigung zum Erlaß der Rechtsverordnungen kann auf das Bundesaufsichtsamt übertragen werden. „Es handelt sich hier um eine Materie ohne wirtschaftspolitische Bedeutung, die ohne genaue Kenntnis der Verhältnisse bei diesen Kreditinstituten nicht sachgemäß geregelt werden kann" (Begründung der Anträge des BT-Wirtschaftsausschusses, Ziff. 2 zu §§ 10—12).

Nach Art. 14 der Bekanntmachung der Bankaufsichtsbehörden des Bundesgebietes über Anzeigen nach §§ 8, 9, 12 und 14 KWG 1939 galt folgendes:

„Der für eingetragene Kreditgenossenschaften im § 11 Abs. 2 Buchst. c) KWG 1939 vorgesehene Zuschlag beträgt für die Genossenschaften mit unbeschränkter oder beschränkter Haftpflicht — mit Ausnahme der Zentralkassen — 30 v. H. des Eigenkapitals (Geschäftsguthaben und ausgewiesene Reserven gemäß §§ 11 Abs. 2 KWG 1939 abzüglich entstandener Verluste); bei Genossenschaften mit beschränkter Haftpflicht darf jedoch der Gesamtbetrag des Zuschlages den Gesamtbetrag der Haftsummen nicht übersteigen. Für Zentralkassen ist kein Zuschlag in Ansatz zu bringen.

Bei den einem gesetzlichen Prüfungsverband angeschlossenen ländlichen Kreditgenossenschaften — mit Ausnahme der Zentralkassen — ist der Zuschlag bis auf weiteres wie folgt zu errechnen:

a) Bei Genossenschaften mit unbeschränkter Haftpflicht beträgt der Zuschlag 100 DM für jedes der Genossenschaft angehörige Mitglied, mindestens jedoch 50 v. H. des Eigenkapitals. Mitglieder, die zum Jahresabschluß gekündigt haben, rechnen nicht zu den angehörigen Genossen);

b) für Genossenschaften mit beschränkter Haftpflicht bemißt sich der Zuschlag auf 50 v. H. des Eigenkapitals;

c) Genossenschaften mit unbeschränkter Haftpflicht, die sich in solche mit beschränkter Haftpflicht umwandeln, erhalten den Zuschlag gemäß Buchst. b)" (Hofmann-Dermitzel S. 230).

e) Öffentliche Sparkassen (Abs. 2 Ziff. 4).

(10) Haftendes Eigenkapital bei öffentlich-rechtlichen Sparkassen sowie bei Sparkassen des privaten Rechts, die als öffentlich anerkannt sind, sind nur die Rücklagen. Über den Begriff der Rücklagen vgl. unten Anm. 14. Über den Begriff der Sparkassen vgl. die Anm. zu § 21 und zu § 40.

Unter Abs. 2 Ziff. 4 fallen einerseits die öffentlich-rechtlichen Sparkassen, die entweder selbständig als Körperschaften oder Anstalten des öffentlichen Rechts organisiert sind, oder aber von anderen Körperschaften des öffentlichen Rechts, z. B. Gemeinden, als rechtlich nicht selbständige Unternehmungen betrieben werden. Andererseits beurteilt sich das „haftende Eigenkapital" auch der privatrechtlich organisierten Vereins- und Stiftungskassen, die durch Landesrecht als öffentliche Sparkassen anerkannt sind, nach Abs. 2 Ziff. 4. Als Sparkassen firmierende Kreditinstitute, die dagegen in der Rechtsform von Kapitalgesellschaften betrieben werden — was vereinzelt vorkommt — berechnen ihr „haftendes Eigenkapital" nach Abs. 2 Ziff. 2.

Da der Eigenkapitalanteil der Sparkassen in der Regel niedrig liegt, kann die Beschränkung des „haftenden Eigenkapitals" auf die Rücklagen i. S. von Abs. 2 Ziff. 4 und die Nichtberücksichtigung der öffentlich-rechtlichen Haftungsverhältnisse (öffentlich-rechtliche Körperschaften als Gewährträger!) eine Benachteiligung bedeuten. Den Vorschlägen des Bundesrats zur Berücksichtigung der öffentlich-rechtlichen Haftungsverhältnisse für die Beurteilung der angemessenen Eigenkapitalausstattung ist der Bundestag nicht gefolgt. Das Bundesaufsichtsamt wird diesem Umstand bei der Festsetzung der Grundsätze für die Eigenkapitalausstattung i. S. von Abs. 1 S. 2 und 3 entsprechend Rechnung tragen müssen.

f) Sonstige Kreditinstitute des öffentlichen Rechts (Abs. 2 Ziff. 5).

Öffentlich-rechtliche Kreditinstitute, die nicht öffentlich-rechtliche Sparkassen sind, haben als „haftendes Eigenkapital" i. S. von Abs. 1 S. 1 das eingezahlte Dotationskapital und die Rücklagen. Über den Begriff der Rücklagen vgl. unten Anm. 14. Das Dotationskapital ist das dem Betrieb der Kreditanstalt seitens der öffentlichen Körperschaft, die sie errichtet hat oder betreibt, gewidmete Betriebsvermögen, bzw. bei einer Kreditanstalt, die juristische Person des öffentlichen Rechts ist, aber keine hinter ihr stehende öffentlich-rechtliche Körperschaft hat, das dieser juristischen Person gehörende Reinvermögen (vgl. Reichardt, Anm. 28 zu § 11). Das Dotationskapital muß tatsächlich eingezahlt sein; Forderungen gegen einen Hoheitsträger auf volle Einzahlung des Dotationskapitals sind für die Errichtung des haftenden Eigenkapitals vom Dotationskapital abzuziehen. **(11)**

g) Kreditinstitute anderer Rechtsform (Abs. 2 Ziff. 6).

Haftendes Eigenkapital sind hier das eingezahlte Kapital und die Rücklagen. Über den Begriff der Rücklagen vgl. unten Anm. 14. Eingezahltes **(12)**

Kapital ist das ursprünglich festgesetzte, aus eigenen Mitteln der Inhaber des Kreditinstituts aufzubringende Kapital abzüglich der noch ausstehenden Einlageverpflichtungen. In Frage kommen Gesellschaften des bürgerlichen Rechts, eingetragene Vereine i. S. von § 22 BGB und nicht eingetragene Vereine i. S. von § 54 BGB.

2. Die Bedeutung von Reingewinn und Verlust für die Eigenkapitalausstattung (Abs. 3 S. 1)

(13) „Während bei Einzelbankiers, Personenhandelsgesellschaften und Kapitalgesellschaften der im Geschäftsbetrieb verbleibende Gewinn im Jahresabschluß als Kapital oder Rücklagen ausgewiesen wird, sind bei Sparkassen, öffentlich-rechtlichen Kreditanstalten und Kreditgenossenschaften bereits beschlossene Zuweisungen zu den Rücklagen oder den Geschäftsguthaben häufig in der Bilanz noch als Reingewinn ausgewiesen. Abs. 3 Satz 1 stellt klar, daß dieser Teil des Reingewinns entsprechend seinem wirtschaftlichen Charakter als haftendes Eigenkapital zu behandeln ist" (Begr. der Regierungsvorlage zu § 10).

3. Die Bedeutung von Rücklagen für die Eigenkapitalausstattung (Abs. 3 S. 2)

(14) Unter Rücklagen i. S. von Abs. 2 Ziff. 1—6 sind nur Beträge zu verstehen, die in den Passiven der Bilanz als solche ausgewiesen werden. Nach den Bilanzschemata, die die VO vom 18. X. 1939 (RGBl I 2079) vorschrieb, sind sie in Muster 1 (für Aktiengesellschaften, Kommanditgesellschaften auf Aktien und Gesellschaften mit beschränkter Haftung) unter Pos. 8, in Muster 2 (für Genossenschaften und Zentralkassen-Aktiengesellschaften) in Pos. 7 ausdrücklich als „Rücklagen nach § 11 KWG" (1939) bezeichnet, wobei § 11 KWG 1939 ebenfalls „ausgewiesene" Rücklagen verlangte, wie § 10 Abs. 2 S. 2 KWG 1961 (vgl. auch Reichardt, Anm. 18 zu § 11).

Keine Rücklagen i. S. von Abs. 2 Ziff. 1—6 und von Abs. 3 S. 2 sind die durch Gesetz nicht vorgeschriebenen Reserven, die bestimmten Sonderzwecken dienen (außerordentliche Reserven), Rückstellungen jeder Art, Einzel- und Sammelwertberichtigungen (Delkredererereserven), und auch nicht stille Reserven, vgl. § 11 Abs. 3 KWG 1939, Art. 12 Abs. 2 der Bekanntmachung der Bankaufsichtsbehörden des Bundesgebietes über Anzeigen nach §§ 8, 9, 12 und 14 KWG 1939, Hofmann-Dermitzel S. 228.

Keine Rücklagen i. S. von Abs. 2 sind nach Abs. 3 S. 2 auch die „Passivposten, die auf Grund steuerlicher Vorschriften erst bei ihrer Auflösung zu versteuern sind". „Da Abs. 3 Satz 2 als Rücklagen die von dem Kreditinstitut als solche ausgewiesenen Passivposten anerkennt, ist es möglich, daß Beträge als Rücklagen bezeichnet werden, die noch nicht als Gewinn versteuert sind. Die in ihnen enthaltene, in ihrer Höhe ungewisse Steuerschuld verbietet es, diese Posten dem haftenden Eigenkapital zuzurechnen" (Begründung der Regierungsvorlage zu § 10). Allerdings ist nicht einzusehen, weshalb dann nicht wenigstens ein Teil der nicht versteuerten Rücklagen zum haftenden Eigenkapital gerechnet werden sollte. Das gleiche gilt von den Wertberichtigungen nach der Gruppe der §§ 7 a ff. Einkommensteuergesetz vom 11. X. 1960 (BGBl I 789) (i. V. mit § 6 Abs. 1 Körperschaftsteuergesetz vom 30. VII. 1958). Denn in jedem Fall bleibt die Steuerschuld unter 100 % dieser Passivposten. Deshalb dürften jedenfalls Maßnahmen nach § 45 KWG ungerechtfertigt sein, solange eine entsprechende Berücksichtigung dieser Passivposten ein „angemessenes" Eigenkapital ergibt.

4. Der maßgebliche Zeitpunkt für die Feststellung der Eigenkapitalausstattung (Abs. 5)

Maßgebend für die Bemessung des „haftenden Eigenkapitals" i. S. von (15) Abs. 1 S. 1 ist die letzte Jahresbilanz. Wurden zwischen dem Bilanzstichtag und der Feststellung des „haftenden Eigenkapitals" die Kommanditsumme des Kommanditisten erhöht, die Änderung i. S. von § 175 HGB in das Handelsregister eingetragen und die Einlage (durch Neueinzahlungen oder durch Umwandlung von Darlehensforderungen in Einlageleistungen) heraufgesetzt, so ist die Änderung auch für die Bemessung des „haftenden Eigenkapitals" zu berücksichtigen (vgl. im übrigen oben Anm. 4 und 5). Unbeachtlich bleibt dagegen eine nachträgliche Herabsetzung der Kommanditsumme, weil sie nach § 174 HGB das Haftungssubstrat nicht zu beeinträchtigen vermag. Erst für die Berechnung des haftenden Eigenkapitals nach der nächsten Jahresbilanz im nächsten Geschäftsjahr ist sie zu berücksichtigen. Kapitalerhöhungen und Kapitalherabsetzungen von Aktiengesellschaften, Kommanditgesellschaften auf Aktien und Gesellschaften m. b. H. zwischen Bilanzstichtag und Feststellung des haftenden Eigenkapitals müssen i. S. von Abs. 5 S. 2 für die Berechnung des haftenden Eigenkapitals in Betracht gezogen werden.

§ 11 Liquidität

Die Kreditinstitute müssen ihre Mittel so anlegen, daß jederzeit eine ausreichende Zahlungsbereitschaft gewährleistet ist. Das Bundesaufsichtsamt stellt im Einvernehmen mit der Deutschen Bundesbank Grundsätze auf, nach denen es für den Regelfall beurteilt, ob die Liquidität eines Kreditinstituts ausreicht; die Spitzenverbände der Kreditinstitute sind vorher anzuhören. Die Grundsätze sind im Bundesanzeiger zu veröffentlichen.

I. Der Grundgedanke der Liquiditätshaltung (Satz 1)

Die Kreditinstitute müssen ihre Mittel so anlegen, daß jederzeit eine aus- (1) reichende Zahlungsbereitschaft gewährleistet ist. Eine ausreichende Zahlungsbereitschaft ist insbesondere dann nicht gewährleistet, wenn das

Kreditinstitut seine Zahlungen i. S. von § 102 Abs. 2 KO einstellen muß oder zahlungsunfähig wird, d. h. wenn es wegen eines nicht nur vorübergehenden Mangels an Zahlungsmitteln aufhört, seine fälligen Verbindlichkeiten zu erfüllen (vgl. RG 100, 65; 132, 281), oder wenn es in eine voraussichtlich dauernde, allgemeine Unfähigkeit gerät, die Mittel zur Bezahlung der fälligen Geldschulden zu beschaffen. Darüber hinaus ist aber eine „jederzeitige" Zahlungsbereitschaft schon dann nicht gewährleistet, wenn eine bloße Zahlungsstockung eintreten kann, die nicht Zahlungseinstellung oder Zahlungsunfähigkeit bedeutet.

Die Zahlungsbereitschaft muß „ausreichend" sein. Das heißt, das Kreditinstitut muß seine Mittel so anlegen, daß nach allgemeiner Voraussicht die liquiden Mittel zur Begleichung der fälligen Schulden beschafft werden können. Deshalb verlangt § 11 S. 1 grundsätzlich nicht, daß sich das Kreditinstitut an die „Goldene Bankregel" hält und die Ausleihtermine auf die Hereinnahmefristen abstimmt. Die Zahlungsbereitschaft ist bereits „ausreichend", wenn nach allgemeiner Voraussicht die Möglichkeit besteht, für unvorhergesehene Überziehungen von Kontokorrentkrediten, unvorhergesehene Abhebungen von Spareinlagen usw. auf dem organisierten Geldmarkt die entsprechenden Mittel zu beschaffen. Für eine gewisse Liquiditätshaltung sorgt auch bereits § 16 DBBG, wonach die Deutsche Bundesbank zur Beeinflussung des Geldumlaufs und der Kreditgewährung verlangen kann (und verlangt), daß die Kreditinstitute in Höhe eines bestimmten Prozentsatzes ihrer Verbindlichkeiten aus Sichteinlagen, befristeten Einlagen und Spareinlagen, sowie aus aufgenommenen kurz- und mittelfristigen Geldern Guthaben auf Girokonto bei ihr unterhalten (die sogenannte Mindestreserven; vgl. auch Anweisung der DBBk über Mindestreservesätze vom 16. IV. 1959 — Salzmann-Eibl Nr. 100 d). Die Mindestreservesätze wurden zuletzt durch Beschluß des Zentralbankrates vom 13. Juli 1961 neu festgesetzt.

Wann im einzelnen die Liquiditätshaltung als „ausreichend" anzusehen ist, sagen für den Regelfall wie bei der „angemessenen" Eigenkapitalausstattung Richtsätze, die das Bundesamt im Einvernehmen mit der Deutschen Bundesbank und nach Anhörung der Spitzenverbände der Kreditinstitute aufstellt.

(2)   § 11 sieht von der Aufstellung eines Katalogs der liquiden Werte ab. Dagegen enthält § 12 eine Sondervorschrift hinsichtlich der Anlage in besonders illiquiden Vermögensgegenständen, vgl. die Anm. zu § 12. — Durch § 11 werden stillschweigend (und durch § 63 Abs. 1 Ziff. 10 ausdrücklich) die aus der Krisenzeit von 1931 stammenden besonderen Liquiditätsvorschriften für Sparkassen aufgehoben, die mit dem Gleichheitsgrundsatz des Art. 3 GG unvereinbar und darüber hinaus sachlich überholt waren (vgl. zu diesen Vorschriften § 63 Abs. 1 Ziff. 10 und Reichardt, Anm. 9 zu § 16).

II. Die Liquiditätsrichtsätze des Bundesaufsichtsamts (Sätze 2 und 3)

Für das Verfahren der Aufstellung und für die rechtliche Bedeutung der **(3)**
Liquiditätsgrundsätze gilt entsprechendes wie hinsichtlich der Grundsätze,
die das Bundesaufsichtsamt für die Eigenkapitalhaltung aufstellt. Auf die
Ausführungen zu § 10 (Anm. 2 und 3) kann deshalb verwiesen werden.
Ebenso wie im Falle des § 10 ist insbesondere das Bundesaufsichtsamt
auch bei der Ausgestaltung der Liquiditätsgrundsätze nicht gebunden. Es
könnte z. B. vorgesehen werden, „daß ein bestimmter Hundertsatz der
Verbindlichkeiten durch liquide Mittel gedeckt sein muß oder daß die
Einlagen des Kreditinstituts in schwer realisierbaren Werten einen be-
stimmten Hundertsatz der Verbindlichkeiten nicht überschreiten dürfen"
(Begr. der Regierungsvorlage zu § 11).

§ 12 Anlagen in Grundbesitz, Schiffen und Beteiligungen

*Die dauernden Anlagen eines Kreditinstituts in Grundstücken, Gebäuden,
Schiffen und Beteiligungen dürfen, nach den Buchwerten berechnet, zusammen das haftende Eigenkapital nicht übersteigen. Das Bundesaufsichtsamt kann auf Antrag zulassen, daß ein Kreditinstitut vorübergehend
von dieser Vorschrift abweicht.*

I. Die Beschränkung illiquider Anlagen (Satz 1)

§ 12 will besonders illiquide Anlagen der Kreditinstitute in Grenzen hal- **(1)**
ten. Grundstücke, Gebäude, Schiffe und Beteiligungen dürfen, nach Buchwerten berechnet, zusammen das haftende Eigenkapital nicht übersteigen.

Über den Begriff des haftenden Eigenkapitals vgl. oben Anm. 4—15 zu
§ 10.

Grundstücke im rechtstechnischen Sinn sind abgegrenzte Teile der Erd- **(2)**
oberfläche, die im Grundbuch als selbständige Grundstücke eingetragen
sind. Erbbaurechte werden rechtlich im allgemeinen wie Grundstücke behandelt (vgl. § 11 der VO über das Erbbaurecht vom 15. I. 1919, RGBl 72,
ber. 122). Dem Zweck des § 12 nach sollten deshalb per analogiam auch
Erbbaurechte unter die Liquiditätsvorschrift fallen. Ebenso die nach Lan-
desgesetzen Grundstücken gleichgestellten Erbpachtrechte, Bergwerks-
eigentum und gewisse Mineralabbaurechte (vgl. Art. 63, 67 und 68 EG-
BGB).

Über den Begriff des Gebäudes vgl. Staudinger Anm. zu § 94 BGB. Gebäude sind in der Regel wesentliche Bestandteile von Grundstücken (vgl.

§ 94 BGB). Sie werden damit bereits durch den Begriff des Grundstücks erfaßt. Da sie aber ausnahmsweise auch im Verhältnis zu dem Grundstück, auf dem sie errichtet sind, eine selbständige Sache sein können, mußten sie besonders erwähnt werden (vgl. Begründung der Regierungsvorlage zu § 12). § 12 S. 1 erfaßt auch dauernde Anlagen in Gebäudeteilen, in Wohnungs- und Teileigentum nach dem Bundesgesetz vom 15. III. 1951 über das Wohnungseigentum und das Dauerwohnrecht (BGBl I 175, ber. 209).

Über den Begriff des Schiffes vgl. Enneccerus-Wolff-Raiser, Sachenrecht, 10. Aufl. Tübingen 1957, S. 747 ff.; Julius von Gierke, Handels- und Schifffahrtsrecht, 8. Aufl. 1958, S. 583. Der Begriff „Schiff" i. S. von § 12 ist restriktiv auszulegen: Unter § 12 fallen nur solche Schiffe, die im Seeschiffsregister, im Binnenschiffsregister oder im Register für Schiffsbauwerke eingetragen und nicht nur eintragungsfähig, sondern auch eintragungspflichtig i. S. des Gesetzes über Rechte an eingetragenen Schiffen und Schiffsbauwerken vom 15. XI. 1940 (RGBl I 1499) und der §§ 3 Abs. 2 und 10 der Schiffsregisterordnung vom 26. V. 1951 sind. Vgl. Begründung der Regierungsvorlage zu § 12. — Flugzeuge, die nach dem Gesetz über Rechte an Luftfahrzeugen vom 26. II. 1959 (BGBl I 57) in die Luftfahrzeugrolle eingetragen sind, fallen im Gegensatz zu Schiffen nicht unter die Liquiditätsvorschrift des § 12 S. 1.

Der Begriff der Beteiligung i. S. von § 12 deckt sich nicht mit dem des § 15 Abs. 1 Ziff. 9 und § 19 Abs. 1 Ziff. 5. Dort wird als Beteiligung jeder Besitz von Aktien, Kuxen oder Geschäftsanteilen bezeichnet, der mindestens ein Viertel des Kapitals (Nennkapital, Zahl der Kuxe, Summe der Kapitalanteile) erreicht, ohne daß es auf die Dauer des Besitzes ankommt. § 12 versteht dagegen die Beteiligung i. S. von § 131 Abs. 4 S. 1 i. V. mit § 131 Abs. 1 I A II Ziff. 6 AktG, wonach Beteiligungen nur Anlagevermögen sein können und Anlagevermögen nur aus Gegenständen besteht, „die am Abschlußstichtag bestimmt sind, dauernd dem Geschäftsbetrieb der Gesellschaft zu dienen". Kurzfristige Beteiligungen fallen nicht unter die Liquiditätsvorschrift des § 12, weil die Beteiligungen (wie die übrigen schwer verwertbaren Vermögensgegenstände des § 12) nach dem Wortlaut der Bestimmung „dauernde Anlagen" sein müssen.

(3) Keine „dauernde Anlage" i. S. von § 12 sind neben kurzfristigen Beteiligungen z. B. die vorübergehende Übernahme eines Grundstücks zur Rettung eines hypothekarisch gesicherten Kredits. „Sie kann aber Daueranlage werden, wenn das Kreditinstitut die Absicht einer nur vorübergehenden Übernahme ändert. Diese Änderung ist zu vermuten, wenn das Kreditinstitut solche Grundstücke ohne zwingenden Grund längere Zeit behält" (vgl. Begr. der Regierungsvorlage zu § 12).

(4) Beim Vergleich zwischen haftendem Eigenkapital und dauernden Anlagen in Grundstücken, Gebäuden, Schiffen und Beteiligungen sind die letzteren zu „Buchwerten" anzusetzen, d. h. zu den Werten, die nach den Bilanzierungsbestimmungen für den Jahresabschluß der Kreditinstitute vorgeschrieben und zulässig sind, vgl. dazu im einzelnen unten die Anm. zu § 27 Abs. 2 und 3.

II. Ausnahmen von der Liquiditätsvorschrift des § 12 S. 1 (Satz 2)

„Um im Einzelfall unbillige Härten auszuschließen, gibt Satz 2 dem Bundesaufsichtsamt die Befugnis, vorübergehend Ausnahmen von der Relation des Satzes 1 zuzulassen. Darüber hinaus können Arten oder Gruppen von Kreditinstituten nach § 31 Abs. 1 Nr. 2, einzelne Institute nach § 31 Abs. 2 dauernd von § 12 befreit werden, wenn das nach der Eigenart oder dem Umfang der betriebenen Geschäfte angezeigt ist" (Begründung der Regierungsvorlage zu § 12). Voraussetzung für die vorübergehende Ausnahme nach Satz 2 ist ein formeller Antrag des Kreditinstituts. Ein Rechtsanspruch auf Befreiung von der Herrschaft des § 12 S. 1 besteht nicht. Satz 2 räumt dem Bundesaufsichtsamt eine subjektive Entscheidungsfreiheit ein, für die nur die allgemeinen Grenzen für die Ausübung des freien Ermessens durch Verwaltungsbehörden (Verbot der Ermessensüberschreitung, des Ermessensfehlgebrauchs — Ermessensfehler aus Rechtsirrtum oder Ermessensmißbrauch — und der Ermessenswillkür) gelten, die aber dem Kreditinstitut nach heute überwiegender Lehre immerhin ein subjektiv-öffentliches Recht auf fehlerfreie Ermessensausübung beläßt (vgl. Landmann-Giers-Proksch, S. 28).

(5)

2. Kreditgeschäft

§ 13 Großkredite

(1) Kredite an einen Kreditnehmer, die insgesamt fünfzehn vom Hundert des haftenden Eigenkapitals des Kreditinstituts übersteigen (Großkredite), sind unverzüglich der Deutschen Bundesbank anzuzeigen; dies gilt nicht für Großkredite, bei denen der zugesagte oder in Anspruch genommene Betrag nicht höher ist als zwanzigtausend Deutsche Mark, es sei denn, daß der Großkredit das haftende Eigenkapital des Kreditinstituts übersteigt. Bereits angezeigte Großkredite sind erneut anzuzeigen, wenn sie um mehr als zwanzig vom Hundert des zuletzt angezeigten Betrages erhöht werden. Die Deutsche Bundesbank leitet die Anzeigen mit ihrer Stellungnahme an das Bundesaufsichtsamt weiter; dieses kann auf die Weiterleitung bestimmter Anzeigen verzichten. Das Bundesaufsichtsamt kann von den Kreditinstituten jährlich einmal eine Sammelaufstellung der anzeigepflichtigen Großkredite einfordern.

(2) Kreditinstitute in der Rechtsform einer juristischen Person oder einer Personenhandelsgesellschaft dürfen unbeschadet der Wirksamkeit des Rechtsgeschäftes Großkredite nur auf Grund eines einstimmigen Beschlusses sämtlicher Geschäftsleiter gewähren. Der Beschluß soll vor der Kreditgewährung gefaßt werden. Ist dies im Einzelfall wegen der Eilbedürftigkeit des Geschäftes nicht möglich, so ist der Beschluß unverzüglich nachzuholen. Der Beschluß ist aktenkundig zu machen. Ist der Beschluß nicht innerhalb eines Monats nachgeholt, so ist dies dem Bundesaufsichtsamt anzuzeigen.

(3) Großkredite sollen zusammen nicht mehr als die Hälfte des Betrages aller Kredite des Kreditinstituts ausmachen. Maßgebend sind die in Anspruch genommenen Beträge.

(4) Der einzelne Großkredit soll das haftende Eigenkapital des Kreditinstituts nicht übersteigen.

(5) Bei der Errechnung der Großkredite sind Bürgschaften, Garantien und sonstige Gewährleistungen für andere sowie Kredite aus dem Ankauf von bundesbankfähigen Wechseln nur zur Hälfte anzusetzen.

(6) Die Absätze 1 und 2 gelten auch für Zusagen von Kreditrahmenkontingenten im Teilzahlungsfinanzierungsgeschäft mit der Maßgabe, daß die Anzeigen nach Absatz 1 an Stichtagen zu erstatten sind, die vom Bundesaufsichtsamt bestimmt werden.

I. Der Begriff Großkredit (Abs. 1 S. 1, Abs. 5)

(1) Großkredite sind nach der Legaldefinition des Abs. 1 Kredite, die 15 % des haftenden Eigenkapitals übersteigen. Dabei sind alle Kredite an den-

selben Kreditnehmer zusammenzurechnen. Über den Begriff des haftenden Eigenkapitals vgl. § 10 Abs. 2—5 und oben Anm. 4 ff. zu § 10, über den Begriff Kredit und Kreditnehmer § 19.

Bürgschaften, Garantien und sonstige Gewährleistungen sind bei der Errechnung der Großkredite wegen ihres geringeren wirtschaftlichen Risikos nur zur Hälfte anzusetzen (Abs. 5). Über den Begriff der Bürgschaften, Garantien und sonstigen Gewährleistungen vgl. oben Anm. 45 zu § 1. Auch Kredite aus dem Ankauf von bundesbankfähigen Wechseln müssen nur zur Hälfte angesetzt werden. „Bundesbankfähig" sind Wechsel nach § 19 Abs. 1 Ziff. 1 DBBG, wenn drei als zahlungsfähig bekannte Verpflichtete haften oder wenn zwar nur zwei Verpflichtete haften, die Sicherheit des Wechsels aber in anderer Weise gewährleistet ist; „die Wechsel müssen innerhalb von drei Monaten, vom Tage des Ankaufs an gerechnet, fällig sein; sie sollen gute Handelswechsel sein" (§ 19 Abs. 1 Ziff. 1 DBBG).

II. Die Anzeigepflicht (Abs. 1 S. 1, Abs. 6)

1. Grundsatz (Abs. 1 S. 1)

Großkredite sind der Deutschen Bundesbank unverzüglich anzuzeigen. Sie **(2)** sind erneut anzuzeigen, wenn sie um mehr als 20 % des zuletzt angezeigten Betrags erhöht werden. Wird ein Großkredit erst um 15 % und später noch einmal um 15 % erhöht, so besteht nach teleologischer Auslegung des Abs. 1 S. 2 eine Anzeigepflicht bei der zweiten Krediterhöhung. Bei Zweifelsfragen kann die Deutsche Bundesbank vom Kreditinstitut nach § 44 Abs. 3 selbst Auskünfte verlangen. — Über die Zielsetzung der Anzeigepflicht (und der Sollvorschriften des Abs. 3 und 4) vgl. oben, systematische Einführung: 8. Vorschriften für das Kreditgeschäft. Über die strafrechtlichen Folgen der Verletzung der Anzeigepflicht vgl. § 56 Abs. 1 Ziff. 4 und Abs. 2. Über den Begriff „unverzüglich" vgl. § 121 BGB i. V. mit § 276 BGB und § 347 HGB.

2. Ausnahme (Abs. 1 S. 1 2. Halbs.)

Großkredite, die 20 000,— DM nicht übersteigen und die geringer sind als **(3)** das „haftende Eigenkapital" i. S. von § 10 Abs. 2—5, brauchen der Deutschen Bundesbank nicht angezeigt zu werden (Abs. 1 S. 1 2. Halbs.). Es kommt dabei alternativ auf den zugesagten oder in Anspruch genommenen Kredit an. Wurden im Krediteröffnungsvertrag 25 000,— DM zugesagt und nur 15 000,— DM in Anspruch genommen, so braucht der Deutschen Bundesbank keine Meldung erstattet zu werden. Wurden 19 000,— DM zugesagt und der eingeräumte Kredit auf 21 000,— DM überzogen, so muß der tatsächlich in Anspruch genommene Kredit der Deutschen Bundesbank angezeigt werden.

3. Zusagen von Kreditrahmenkontingenten im Teilzahlungsfinanzierungsgeschäft (Abs. 6)

(4)   Auch solche Zusagen sind, wenn im übrigen die Voraussetzungen der Großkredite i. S. von Abs. 1 S. 1 erfüllt sind, der Deutschen Bundesbank anzuzeigen, allerdings nur an Stichtagen, die vom Bundesaufsichtsamt bestimmt werden.

Das Teilzahlungskreditgeschäft ist durch einen Kaufvertrag charakterisiert, bei dem die volle Kaufpreiszahlung durch ein Darlehen ermöglicht wird, das ein vom Verkäufer vermitteltes Finanzierungsinstitut, die Teilzahlungskreditbank, dem Käufer gewährt und das der Käufer nur in Raten an das Finanzierungsinstitut zurückzuzahlen hat. Je nach der Sicherung der Teilzahlungsbank unterscheidet man A-, B- und C-Geschäfte (vgl. auch oben, systematische Einführung: 10. Zinsen, Provisionen, Werbung). Beim A-Geschäft läßt sich die Teilzahlungsbank die pfändbare Lohn- oder Gehaltsforderung des Käufers zur Sicherung abtreten und gewährt dafür Warenschecks, die nur bei den der Teilzahlungsbank angeschlossenen Firmen in Zahlung genommen werden. Beim B-Geschäft läßt sich die Teilzahlungsbank die Kaufsache zur Sicherheit übereignen, gewährt aber dem Käufer ein Besitzkonstitut i. S. von §§ 930 und 868 BGB, während sie selbst in der Regel noch weiter durch Bürgschaften oder Garantieversprechen des Verkäufers gesichert wird. Beim C-Geschäft sichert sich die Teilzahlungsbank durch Wechsel in Höhe der Tilgungsraten, die der Verkäufer ausstellt und der Käufer akzeptiert; der Käufer haftet dann am Verfalltag nach WG als Wechselakzeptant, der Verkäufer als Aussteller (Art. 9 WG).

Im B- und C-Geschäft räumt das finanzierende Institut dem Händler Rahmenkontingente ein, innerhalb deren es Teilzahlungsverkäufe des Händlers finanziert. „Der Händler muß hierbei in der Regel dem Kreditinstitut gegenüber als Bürge oder Mitschuldner für die Erfüllung der Kreditverpflichtungen der Käufer einstehen. Kreditnehmer bleibt rechtlich zwar allein der Käufer. Wirtschaftlich ist jedoch auch der Händler als Kreditnehmer anzusehen, weil seine Bonität für die Gewährung des einzelnen Kaufkredits ebenso maßgebend ist wie die des Käufers, der ohne die Mithaftung des Händlers den Kredit nicht erlangen würde. Diese tatsächliche Stellung des Händlers rechtfertigt es, die Zusage von Rahmenkontingenten im Teilzahlungsgeschäft der Zusage eines Kredits jedenfalls insoweit gleichzustellen, als die Einblicksmöglichkeit der Bankaufsichtsorgane und die Gesamtverantwortung der Geschäftsleitung in Betracht kommen" (Begründung der Regierungsvorlage zu § 13).

4. Befreiungen (§ 31)

(5)   „Um zu vermeiden, daß Anzeigen ohne jeden bankaufsichtlichen Wert überhaupt erstattet werden müssen, eröffnet § 31 Befreiungsmöglichkeiten" (Begründung der Regierungsvorlage zu § 13).

III. Die Weiterleitung der Anzeigen (Abs. 1 S. 3 und 4)

Grundsätzlich hat die Deutsche Bundesbank die Anzeigen über Großkredite   (6)
an das Bundesaufsichtsamt mit ihrer Stellungnahme weiterzuleiten. Die
Stellungnahme wird sich vor allem auf die Kreditpolitik und Risikolage
des Unternehmens, auf die Auswirkung der Großkredite auf die Geschäfts-
lage des Unternehmens (unter Berücksichtigung von § 46), auf die Eigenkapitalausstattung (§ 10), Liquidität (§ 11) und auf die Beurteilung der
fachlichen Eignung und Zuverlässigkeit der Geschäftsleiter (i. S. von §§ 33,
35 und 36) zu erstrecken haben, soweit darauf die Gewährung von Großkrediten Rückschlüsse erlaubt.

Ausnahmsweise ist die Deutsche Bundesbank nicht zur Weiterleitung verpflichtet, nämlich wenn sie vom Bundesaufsichtsamt davon entweder für
Einzelfälle befreit wurde oder wenn sich das Bundesaufsichtsamt mit den
jährlichen Sammelaufstellungen der Kreditinstitute i. S. von Abs. 1 S. 4
begnügt. Das Bundesaufsichtsamt kann auch anordnen, daß die Sammel-
anzeigen der Kreditinstitute über die ihnen gewährten Großkredite der
Bundesbank einzureichen sind (vgl. Begründung der Regierungsvorlage
zu § 13).

IV. Die Höhe der Großkredite (Abs. 3 und 4)

Im Interesse einer weitgehenden Kreditstreuung empfiehlt das KWG durch   (7)
Sollvorschriften, den einzelnen Großkredit nicht das haftende Eigenkapital
übersteigen und die Summe der Großkredite nicht über die Hälfte des
Betrags aller Kredite hinausgehen zu lassen. Über den Begriff des haftenden Eigenkapitals vgl. § 10 Abs. 2—5 und oben Anm. 4 ff. zu § 10.

Für das Verhältnis der Summe der Großkredite zur Summe aller Kredite
sind nur die wirklich in Anspruch genommenen Beträge maßgebend, weil
die bloß zugesagten Kredite bilanzmäßig nicht in Erscheinung treten. Die
in § 20 bezeichneten Kredite an Bund, Länder, Gemeinden usw. sind zwar
bei der Berechnung der Summe aller Kredite, nicht aber bei der Berechnung der Großkredite in Ansatz zu bringen (so auch Begr. der Regierungsvorlage zu § 13).

Die Verletzung der Sollvorschrift des Abs. 3 und 4 zieht keine unmittelbaren Rechtsfolgen nach sich, es sei denn sie erfülle gleichzeitig zusätzliche
Tatbestandsvoraussetzungen anderer Normen. Läßt sie zum Beispiel darauf schließen, daß ein Geschäftsleiter (i. S. von § 1 Abs. 2, vgl. oben
Anm. 52 ff. zu § 1) nicht die erforderliche fachliche Eignung zur Leitung
des Kreditinstituts besitzt oder nicht zuverlässig i. S. von § 33 Abs. 1
Ziff. 2 und 3 ist, so kann er nach § 36 Abs. 1 i. V. mit § 35 Abs. 2 Ziff. 3
abberufen werden. Besteht Gefahr für die Erfüllung der Verpflichtungen
gegenüber den Gläubigern, so kann das Bundesaufsichtsamt die besonde-

ren Maßnahmen des § 46 ergreifen. Für sich allein bleibt dagegen eine Verletzung der Abs. 3 und 4 ohne rechtliche Wirkung. Über den Grund des Erlasses bloßer Sollvorschriften vgl. Begründung der Regierungsvorlage zu § 13. Die Feststellung des BT-Wirtschaftsausschusses: „Ein Kreditinstitut, das die Grenzen überschreitet, muß besondere Gründe hierfür nachweisen" ist durch das Gesetz nicht gedeckt und könnte nur im Rahmen der erwähnten sonstigen Normen Bedeutung gewinnen. Das Bundesaufsichtsamt kann zwar nach § 44 Auskunft über die gewährten Kredite verlangen. Wird aber die Auskunft ohne Angabe der besonderen Gründe für das Übermaß an Großkrediten gewährt, so ist damit nicht der Tatbestand der Ordnungswidrigkeit i. S. von § 56 erfüllt.

„Um den Erfordernissen des Wirtschaftslebens gerecht zu werden, sieht § 31 vor, generelle oder individuelle Freistellungen von den Absätzen 3 und 4 auszusprechen. Das kann insbesondere Bedeutung haben für Zentralkreditinstitute, für bestimmte öffentlich-rechtliche Kreditanstalten, für Kreditgenossenschaften und für Institute, die vorwiegend gewisse Import- und Exportgeschäfte finanzieren (Begründung der Regierungsvorlage zu § 13). Die rechtliche Bedeutung einer solchen Freistellung ist allerdings gering, weil auch ohne Freistellung die Verletzung der Sollvorschrift für sich allein keine Rechtsfolgen nach sich zieht."

V. Die Zustimmung der gesamten Geschäftsleitung zu Großkrediten (Abs. 2 u. 6)

(8) Da ein wichtiges Erfordernis solider Kreditgebarung die angemessene Kreditstreuung ist, macht Abs. 2 die Gewährung von Großkrediten bei juristischen Personen und Personenhandelsgesellschaften vom einstimmigen Beschluß der gesamten Geschäftsleitung abhängig. Der Beschluß ist grundsätzlich vor der Kreditgewährung zu fassen. Die Nichtbeachtung dieser Vorschrift berührt die zivilrechtliche Gültigkeit des Rechtsgeschäfts nicht und unterliegt auch keiner unmittelbaren öffentlich-rechtlichen Sanktion. Nachhaltige Verstöße gegen Absatz 2 können aber Anlaß zu Maßnahmen gegen Geschäftsleiter nach § 36 Abs. 2 geben" (Begründung der Regierungsvorlage zu § 13). Unter juristischer Person sind sowohl die juristischen Personen des Privatrechts (Aktiengesellschaft, Kommanditgesellschaft auf Aktien, Gesellschaft mit beschränkter Haftung, Genossenschaft, Verein) wie auch die öffentlich-rechtlichen juristischen Personen (Körperschaften und Anstalten) zu verstehen. Per analogiam ist nach Abs. 2 S. 1 der einstimmige Beschluß aller Geschäftsleiter auch bei Kreditinstituten erforderlich, die als unselbständige Unternehmen von einer Körperschaft des öffentlichen Rechts, z. B. einer Gemeinde, betrieben werden. Personenhandelsgesellschaften sind die offene Handelsgesellschaft und die Kommanditgesellschaft. Die Vorschrift gilt auch für Zusagen von Kredit-Rahmenkontingenten im Teilzahlungsfinanzierungsgeschäft (Abs. 6).

§ 14 Millionenkredite

(1) Die Kreditinstitute haben der Deutschen Bundesbank bis zum Zehnten der Monate Februar, April, Juni, August, Oktober und Dezember diejenigen Kreditnehmer anzuzeigen, deren Verschuldung bei ihnen zu irgendeinem Zeitpunkt während der dem Meldetermin vorhergehenden zwei Kalendermonate eine Million Deutsche Mark oder mehr betragen hat. Dies gilt bei Gemeinschaftskrediten von einer Million Deutsche Mark und mehr auch dann, wenn der Anteil des einzelnen Kreditinstituts eine Million Deutsche Mark nicht erreicht. Aus der Anzeige muß die Höhe der Verschuldung des Kreditnehmers am Ende des der Anzeige vorangegangenen Monats ersichtlich sein. § 13 Abs. 1 Satz 3 gilt entsprechend.

(2) Ergibt sich, daß einem Kreditnehmer von mehreren Kreditinstituten Kredite der in Absatz 1 bezeichneten Art gewährt worden sind, so hat die Deutsche Bundesbank die beteiligten Kreditinstitute zu benachrichtigen. Die Benachrichtigung darf nur Angaben über die angezeigte Gesamtverschuldung des Kreditnehmers und über die Anzahl der beteiligten Kreditinstitute umfassen. Die Höhe von Bürgschaften, Garantien und sonstigen Gewährleistungen, die in der angezeigten Gesamtverschuldung enthalten sind, ist gesondert in einer Summe anzugeben, ebenso die Höhe von Verbindlichkeiten aus Wechseln, bei denen dem Kreditnehmer ein Rückgriffsanspruch gegen andere Wechselverpflichtete zusteht.

(3) Ist der Kreditnehmer ein Konzern, so ist bei der Anzeige nach Absatz 1 und bei der Benachrichtigung nach Absatz 2 auch die Verschuldung der einzelnen Konzernunternehmen anzugeben.

I. Der Begriff „Millionenkredite" (Abs. 1 S. 1 und 2, Abs. 3)

Millionenkredite i. S. des § 14 sind die von einem einzigen Kreditnehmer (1)
tatsächlich in Anspruch genommenen Kredite, die zusammen zu irgendeinem Zeitpunkt während der dem Meldetermin (vgl. unten Anm. 2) vorhergehenden zwei Kalendermonate eine Million DM oder mehr betragen haben, auch wenn bei Gemeinschaftskrediten (Konsortial- und Metakrediten) das einzelne Kreditinstitut als Kreditgeber zu weniger als einer Million DM beteiligt war (Abs. 1 S. 2). Über den Begriff Kredit und Kreditnehmer vgl. unten § 19.

Vom Grundsatz, daß der Millionenkredit ein und demselben Kreditnehmer (2)
gewährt werden muß, macht Abs. 3 eine Ausnahme: Die an Millionenkredite geknüpften Rechtsfolgen (Anzeigepflicht des Kreditinstituts an die Deutsche Bundesbank und umgekehrt, Abs. 1 und 2, vgl. unten Anm. 3 ff.) treten auch dann ein, wenn sich neben dem Kreditnehmer konzernabhängige Unternehmen verschulden; die Verschuldung der beherrschenden und der abhängigen Unternehmung sind dann für die Ermittlung des Tatbestands der Millionenkredite zusammenzurechnen.

11*

Den Konzern und das Konzernunternehmen definiert § 15 AktG wie folgt: „Sind rechtlich selbständige Unternehmen zu wirtschaftlichen Zwecken unter einheitlicher Leitung zusammengefaßt, so bilden sie einen Konzern; die einzelnen Unternehmen sind Konzernunternehmen. Steht ein rechtlich selbständiges Unternehmen auf Grund von Beteiligungen oder sonst unmittelbar oder mittelbar unter dem beherrschenden Einfluß eines anderen Unternehmens, so gelten das herrschende und das abhängige Unternehmen zusammen als Konzern und einzeln als Konzernunternehmen."

II. Die Anzeigepflicht (Abs. 1 S. 1 und 2)

(3)   Die Kreditinstitute haben Millionenkredite der Deutschen Bundesbank anzuzeigen, gleichgültig ob sie allein einen Kredit von mehr als einer Million DM gewährten oder nur an einem gemeinschaftlichen Kredit von über einer Million DM beteiligt waren. Die Anzeigefrist läuft jeweils am 10. der Monate Februar, April, Juni, August, Oktober und Dezember ab. Das heißt, die Kreditinstitute haben z. B. zwischen dem 1. und 10. April Millionenkredite zu melden, die zu irgendeinem Zeitpunkt zwischen dem 1. Februar und dem 1. April bei ihnen allein oder im Falle der Gemeinschaftskredite bei ihnen und anderen Kreditinstituten zusammen in Anspruch genommen worden waren. Die Anzeige muß

1. den Kreditnehmer und

2. die Höhe der Verschuldung des Kreditnehmers beim Kreditinstitut am Ende des der Anzeige vorangegangenen Monats (im Beispiel: Ende März)

angeben. Die strafrechtlichen Folgen der Verletzung der Anzeigepflicht sind in § 56 Abs. 1 Ziff. 4 und Abs. 2 geregelt.

Die Anzeigen sind der Deutschen Bundesbank zu erstatten, weil sich die Führung der Evidenzzentrale bei der Bundesbank nach dem alten KWG bewährt hatte und deshalb beibehalten werden sollte. Über die Unterrichtung der Kreditinstitute durch das Bundesaufsichtsamt vgl. im folgenden Anm. 5.

Der Erkenntniswert der Evidenzzentrale wird künftig noch dadurch erhöht, daß nach § 2 Abs. 2 S. 2 2. Halbs. auch die Sozialversicherungsträger, die Bundesanstalt für Arbeitsvermittlung und Arbeitslosenversicherung sowie die privaten und öffentlich-rechtlichen Versicherungsunternehmen die von ihnen gewährten Millionenkredite anzeigen müssen (vgl. oben Anm. 5 und 6 zu § 2). Eine Anzeigepflicht gegenüber der Evidenzzentrale fehlt allerdings für die direkt im Ausland aufgenommenen Millionenkredite, weil nur die dem KWG unterliegenden Kreditinstitute die „bei ihnen" (Abs. 1 S. 1) aufgenommenen Millionenkredite anzuzeigen haben.

III. Die Weiterleitung der Anzeigen an das Bundesaufsichtsamt (Abs. 1 S. 3)

§ 13 Abs. 1 S. 3 gilt entsprechend. Vgl. über Einzelheiten oben Anm. 6 **(4)**
zu § 13.

IV. Die Benachrichtigung der Kreditinstitute (Abs. 2)

Haben mehrere Kreditinstitute nicht gemeinschaftlich, sondern unabhän- **(5)**
gig voneinander dem gleichen Kreditnehmer Millionenkredite eingeräumt,
so hat die Deutsche Bundesbank den beteiligten Kreditnehmern anzuzeigen:

1. die angezeigte Gesamtverschuldung,

2. die Anzahl der beteiligten Kreditinstitute,

3. die in der angezeigten Gesamtverschuldung enthaltene Summe an
   Bürgschaften, Garantien und sonstigen Gewährleistungen (vgl. über
   den Begriff oben Anm. 45 zu § 1) und

4. die in der angezeigten Gesamtverschuldung enthaltene Summe von
   Verbindlichkeiten aus Wechseln, bei denen dem Kreditnehmer ein
   Rückgriffsanspruch gegen andere Wechselverpflichtete zusteht (Diskont-
   obligo).

Zweck der Bestimmung ist, den Kreditinstituten die Überprüfung der
Angaben der Kreditnehmer über ihre wirtschaftlichen Verhältnisse zu ermöglichen, was für die Beurteilung der Bonität ihres eigenen Kredits von
erheblicher Bedeutung sein kann, und zu verhindern, daß die Kreditnehmer bereits bestehende Millionenverschuldungen verheimlichen.

§ 15 Organkredite

(1) Kredite an

1. Geschäftsleiter des Kreditinstituts,

*2. nicht zu den Geschäftsleitern gehörende Gesellschafter des Kredit-
   instituts, wenn dieses in der Rechtsform einer Personenhandelsgesellschaft oder der Gesellschaft mit beschränkter Haftung betrieben wird,
   sowie an persönlich haftende Gesellschafter eines in der Rechtsform
   der Kommanditgesellschaft auf Aktien betriebenen Kreditinstituts, die
   nicht Geschäftsleiter sind,*

*3. Mitglieder eines zur Überwachung der Geschäftsführung bestellten
   Organs des Kreditinstituts, wenn die Überwachungsbefugnisse des
   Organs durch Gesetz geregelt sind (Aufsichtsorgan),*

4. *Beamte und Angestellte des Kreditinstituts,*

5. *Ehegatten und minderjährige Kinder der unter Nummern 1 bis 4 genannten Personen,*

6. *dritte Personen, die für Rechnung einer der unter Nummern 1 bis 5 genannten Personen handeln,*

7. *juristische Personen und Personenhandelsgesellschaften, wenn ein Geschäftsleiter des Kreditinstituts gesetzlicher Vertreter oder Mitglied des Aufsichtsorgans der juristischen Person oder Gesellschafter der Personenhandelsgesellschaft ist,*

8. *juristische Personen und Personenhandelsgesellschaften, wenn ein gesetzlicher Vertreter der juristischen Person oder ein Gesellschafter der Personenhandelsgesellschaft dem Aufsichtsorgan des Kreditinstituts angehört,*

9. *Unternehmen, an denen das Kreditinstitut oder ein Geschäftsleiter beteiligt ist; als Beteiligung gilt jeder Besitz von Aktien, Kuxen oder Geschäftsanteilen des Unternehmens, wenn er mindestens ein Viertel des Kapitals (Nennkapital, Zahl der Kuxe, Summe der Kapitalanteile) erreicht, ohne daß es auf die Dauer des Besitzes ankommt,*

10. *Unternehmen, die an dem Kreditinstitut in dem in Nummer 9 bezeichneten Umfang beteiligt sind,*

11. *juristische Personen und Personenhandelsgesellschaften, wenn ein gesetzlicher Vertreter der juristischen Person oder ein Gesellschafter der Personenhandelsgesellschaft an dem Kreditinstitut in dem in Nummer 9 bezeichneten Umfang beteiligt ist,*

dürfen nur auf Grund eines einstimmigen Beschlusses sämtlicher Geschäftsleiter des Kreditinstituts und nur mit ausdrücklicher Zustimmung des Aufsichtsorgans gewährt werden. Der Gewährung eines Kredits steht die Gestattung von Entnahmen gleich, die über die einem Geschäftsleiter oder einem Mitglied des Aufsichtsorgans zustehenden Vergütungen hinausgehen, insbesondere auch die Gestattung der Entnahme von Vorschüssen auf Vergütungen.

(2) Absatz 1 gilt entsprechend für die Gewährung von Krediten an persönlich haftende Gesellschafter, an Geschäftsführer, an Mitglieder des Vorstandes oder des Aufsichtsorgans und an Beamte und Angestellte eines von dem Kreditinstitut abhängigen oder es beherrschenden Unternehmens, an ihre Ehegatten und minderjährigen Kinder sowie an dritte Personen, die für Rechnung der vorgenannten Personen handeln. In diesen Fällen muß die ausdrückliche Zustimmung des Aufsichtsorgans des herrschenden Unternehmens erteilt sein.

(3) Die Absätze 1 und 2 gelten nicht für Kredite an Beamte und Angestellte, an ihre Ehegatten und minderjährigen Kinder sowie an dritte Personen, die für Rechnung der vorgenannten Personen handeln, wenn der Kredit ein Monatsgehalt des Beamten oder Angestellten nicht übersteigt.

(4) Der Beschluß der Geschäftsleiter und der Beschluß über die Zustimmung sind vor der Gewährung des Kredits zu fassen. Die Beschlüsse müssen Bestimmungen über die Verzinsung und Rückzahlung des Kredits enthalten. Sie sind aktenkundig zu machen. Ist die Gewährung eines Kredits nach Absatz 1 Satz 1 Nr. 7 bis 11 eilbedürftig, so genügt es, daß sämtliche Geschäftsleiter sowie das Aufsichtsorgan der Kreditgewährung unverzüglich nachträglich zustimmen; sind die Beschlüsse nicht innerhalb von zwei Monaten nachgeholt, so ist dies dem Bundesaufsichtsamt anzuzeigen. Der Beschluß der Geschäftsleiter und der Beschluß über die Zustimmung zu Krediten an die in Absatz 1 Satz 1 Nr. 1 bis 6 und Absatz 2 genannten Personen können für bestimmte Kreditgeschäfte und Arten von Kreditgeschäften im voraus, jedoch nicht für länger als drei Monate gefaßt werden.

(5) Wird entgegen Absatz 1 Satz 1 Nr. 1 bis 6, Absatz 1 und Absatz 4 ein Kredit gewährt, so ist dieser ohne Rücksicht auf entgegenstehende Vereinbarungen sofort zurückzuzahlen, wenn nicht sämtliche Geschäftsleiter sowie das Aufsichtsorgan der Kreditgewährung nachträglich zustimmen.

I. Der Begriff „Organkredit" (Abs. 1)

Organkredite sind Kredite an Personen, die i. S. von Abs. 1 Ziff. 1—11 bei dem Kreditinstitut tätig sind oder ihm nahestehen. Über den Begriff Kredit vgl. § 19 und die Anm. zu dieser Bestimmung. **(1)**

Abs. 1 S. 2 stellt der Kreditgewährung die Gestattung von Entnahmen gleich, wenn sie über die Vergütungen hinausgehen, die einem Geschäftsleiter oder einem Mitglied des Aufsichtsorgans zustehen. In Frage kommen vor allem auch Entnahmen von Vorschüssen auf Vergütungen. Dem Wortlaut nach erfaßt die Bestimmung nur Kredite an Geschäftsleiter oder Aufsichtsratsmitglieder des Kreditinstituts. Dem Zweck nach ist sie auch auf sonstige Beamte oder Angestellte i. S. von Abs. 1 Ziff. 4 auszudehnen, soweit nicht die Befreiungsvorschrift des Abs. 3 eingreift.

Folgende Arten von Organkrediten sind zu unterscheiden:

(1) Kredite an Geschäftsleiter des Kreditinstituts (Ziff. 1)

Über den Begriff des Geschäftsleiters vgl. oben Anm. 52 ff. zu § 1. **(2)**

(2) Kredite an Gesellschafter (Ziff. 2)
Voraussetzung ist, daß der Kredit an die Gesellschafter nicht bereits unter **(3)** Ziff. 1 fällt (also einem Kommanditisten oder einem nicht geschäftsführungsbefugten Gesellschafter gewährt wird) und daß das Kreditinstitut in der Rechtsform einer offenen Handelsgesellschaft, Kommanditgesellschaft, Kommanditgesellschaft auf Aktien oder Gesellschaft mit beschränkter Haf-

tung betrieben wird, wobei im Falle der Kommanditgesellschaft auf
Aktien der Kredit, um Organkredit zu sein, an einen persönlich haftenden
Gesellschafter gewährt werden muß.

(3) Kredite an Mitglieder von Aufsichtsorganen (Ziff. 3)

(4)   Voraussetzung für die Qualifikation des Kredits als Organkredit ist eine
gesetzliche Regelung der Überwachungsbefugnis des Organs. Mitglieder
von Beiräten und ähnlichen freiwilligen Beratungsgremien sind, auch
wenn sie sich Aufsichtsrat oder Verwaltungsrat nennen, in Ziff. 3 nicht
erfaßt (vgl. Begründung der Regierungsvorlage zu § 15). Nicht vorausgesetzt wird aber, daß das Aufsichtsorgan gesetzlich vorgeschrieben ist.
Auch Kredite an Mitglieder des Aufsichtsrats von Gesellschaften mit beschränkter Haftung, die nicht etwa nach §§ 77 BetrVG oder 3 KAGG
einen Aufsichtsrat zu bilden haben, sind Organkredite, weil § 52 GmbHG
die Befugnisse des GmbH-Aufsichtsrats durch Verweisung auf die aktien-
rechtlichen Bestimmungen gesetzlich regelt (vgl. auch Begr. der Anträge
des BT-Wirtschaftsausschusses zu §§ 13—20).

(4) Kredite an Beamte und Angestellte des Kreditinstituts (Ziff. 4)

(5)   Über den Begriff des Beamten vgl. § 2 BGG. Eine allgemeine Definition
des Angestellten fehlt. Doch haben einzelne Gesetze den Angestellten-
begriff für ihren Geltungsbereich festgelegt, z. B. § 3 des Angestellten-
versicherungsgesetzes i. d. F. vom 23. II. 1957 (BGBl I 88) und § 84 Abs. 1
S. 2 HGB e contrario für die Unterscheidung zwischen selbständigen und
angestellten Handelsvertretern. Da die Abgrenzung zwischen Angestelltem
und Arbeiter hier ohne praktische Bedeutung ist, können die Beamten und
Angestellten zusammen, wie es der BT-Wirtschaftsausschuß tut (vgl. die
Begründung der Anträge des BT-Wirtschaftsausschusses Ziff. 3 zu §§ 13
bis 20), als „sämtliche Bedienstete" des Kreditinstituts bezeichnet werden.
Für genauere Abgrenzungen wird u. a. auf die Definition des § 3 AngVersG
abzustellen sein. Die im Regierungsentwurf vorgesehene Unterscheidung
zwischen „leitenden" und „nicht leitenden" Angestellten, die auch § 80
AktG kennt, wurde nicht aufrechterhalten. Unbedeutende Organkredite
bleiben nach Abs. 3 unberücksichtigt. Eine übermäßige Belastung der
Geschäftsleitung bei Gewährung von Krediten an untergeordnete Angestellte kann durch „Vorratsbeschlüsse" i. S. von Abs. 4 S. 5 vermieden
werden (vgl. unten Anm. 17).

*(5) Kredite an Ehegatten und minderjährige Kinder der Geschäftsleiter,
der Gesellschafter, der Mitglieder von Aufsichtsorganen und der Beamten und Angestellten (Ziff. 5)*

(6)   Kredite an geschiedene Ehegatten sind keine Organkredite. Ebensowenig
können Kredite an Minderjährige, die für volljährig erklärt sind, Organkredite sein. Minderjährige sind Personen, die nicht das 21. Lebensjahr
vollendet haben (§ 2 BGB e contrario). Für volljährig erklärte Minder-

jährige erlangen nach § 3 Abs. 2 BGB die rechtliche Stellung eines Volljährigen. Da es Zweck der Volljährigkeitserklärung ist, Minderjährige über 18 Jahren, die die erforderliche Reife besitzen, rechtlich den Volljährigen gleichzustellen, wenn es ihr Interesse erfordert, darf auch im Sinn von Abs. 1 Ziff. 5 kein Unterschied zwischen einem 21 Jahre alten „„Volljährigen" und einem 18 Jahre alten, für volljährig erklärten „Minderjährigen" gemacht werden.

(6) Kredite an Stellvertreter von Geschäftsleitern, Gesellschaftern und Mitgliedern von Aufsichtsorganen, sowie deren Ehegatten und minderjährigen Kindern (Ziff. 6)

Ziff. 6 erfaßt sowohl die direkte (Handeln in fremdem Namen und für **(7)** fremde Rechnung) wie die indirekte (Handeln im eigenen Namen für fremde Rechnung) Stellvertretung. Bei indirekter Stellvertretung werden allerdings in der Regel Beweisschwierigkeiten zu berücksichtigen sein, wenn ein Kredit als Organkredit qualifiziert werden soll.

(7) Kredite an Unternehmen, denen Geschäftsleiter oder Aufsichtsratsmitglieder des Kreditinstituts als gesetzliche Vertreter oder Aufsichtsratsmitglieder angehören (Ziff. 7 und 8)

Für die Qualifikation als Organkredit wird hier vorausgesetzt, daß der **(8)** Kredit Unternehmungen gewährt wird, mit denen ein Geschäftsleiter oder Aufsichtsratsmitglied des Kreditinstituts enge Beziehungen unterhält. Der G e s c h ä f t s l e i t e r des Kreditinstituts muß gesetzlicher Vertreter oder Mitglied des Aufsichtsorgans der Kredit nehmenden juristischen Person oder Gesellschafter der Kredit nehmenden Personenhandelsgesellschaft sein. Der Geschäftsleiter ist gesetzlicher Vertreter der juristischen Person, wenn er dem gesetzlichen Vertretungsorgan des Unternehmens (bei der Aktiengesellschaft, der Genossenschaft und dem Verein dem Vorstand, vgl. § 71 AktG, § 24 GenG, § 26 BGB, bei der Kommanditgesellschaft auf Aktien den persönlich haftenden Gesellschaftern, § 219 Abs. 2 AktG, bei der GmbH den Geschäftsführern, § 35 GmbHG) angehört. Ebenso genügt es für die Qualifikation eines Kredits als Organkredit, wenn ein Mitglied des A u f s i c h t s r a t s des Kreditinstituts gesetzlicher Vertreter der juristischen Person oder Gesellschafter der Kredit nehmenden Personenhandelsgesellschaft ist. Dagegen wird von Ziff. 7 und 8 nicht auch der Fall erfaßt, daß Kreditinstitut und Kreditnehmer lediglich dadurch verbunden sind, daß dieselbe Person dem Aufsichtsrat oder dem Verwaltungsrat beider Unternehmen angehört (vgl. Begründung der Regierungsvorlage zu § 15). Gleichgültig ist es, ob die Kredit nehmende Unternehmung in Form einer juristischen Person des Privatrechts oder des öffentlichen Rechts oder als Personenhandelsgesellschaft (offene Handelsgesellschaft, Kommanditgesellschaft) betrieben wird. Über den Begriff des Geschäftsleiters vgl. oben Anm. 52 ff. zu § 1.

(8) Kredite an Unternehmen, an denen das Kreditinstitut oder ein Geschäftsleiter des Kreditinstituts beteiligt ist (Ziff. 9)

(9) Über den Begriff Geschäftsleiter vgl. oben Anm. 52 zu § 1. Über den Begriff Beteiligung vgl. Anm. 2 zu § 12. Der Begriff Beteiligung i. S. von Abs. 1 Ziff. 9 unterscheidet sich allerdings von dem des § 12 KWG und von dem des § 131 Abs. 4 S. 1 i. V. mit § 131 Abs. 1 I A II Ziff. 6 AktG dadurch, daß er nicht auf eine dauernde Anlage abstellt, sondern auch einen nur vorübergehenden Besitz als Beteiligung erfaßt. — Aufsichtsratsmitglieder des Kreditinstituts können an anderen Unternehmungen beteiligt sein, ohne daß die diesen Unternehmungen gewährten Kredite deshalb Organkredite würden. — In der Regel hat der Geschäftsleiter des Kreditinstituts im betreffenden Unternehmen auch Vertretungs- und Aufsichtsbefugnisse, so daß in diesen Fällen ein Organkredit bereits nach Ziff. 7 vorliegt.

(9) Kredite an Unternehmen, die am Kreditinstitut beteiligt sind (Ziff. 10)

(10) Über den Begriff der Beteiligung vgl. Anm. 9. Häufig wird in diesen Fällen ein Vorstandsmitglied des Unternehmens Mitglied des Aufsichtsrats des Kreditinstituts sein. Dann erfüllt der Kredit die Voraussetzungen des Organkredits auch nach Ziff. 8.

(10) Kredite an juristische Personen, deren gesetzliche Vertreter, und Kredite an Personenhandelsgesellschaften, deren Gesellschafter am Kreditinstitut beteiligt sind (Ziff. 11)

(11) Wenn ein Vorstandsmitglied oder ein Mitglied des sonstigen vertretungsberechtigten Organs der Kredit nehmenden juristischen Person oder ein Gesellschafter der Kredit nehmenden offenen Handelsgesellschaft oder Kommanditgesellschaft am Kreditinstitut beteiligt ist, ist der Kredit ebenfalls Organkredit. Über den Begriff der Beteiligung vgl. oben Anm. 9.

II. Die Zustimmung der gesamten Geschäftsleitung und des Aufsichtsorgans zu Organkrediten (Abs. 1 S. 1, Abs 4, Abs. 5)

(12) Sämtliche Geschäftsleiter des Kreditinstituts (i. S. von § 1 Abs. 2, vgl. Anm. 52 ff. zu § 1) müssen einstimmig die Kreditgewährung beschließen und das Aufsichtsorgan des Kreditinstituts (Aufsichtsrat, Verwaltungsrat) muß der Kreditgewährung ausdrücklich (aber nicht notwendig einstimmig) zustimmen. Die Beschlußfassungsbestimmungen des § 15 werden noch ergänzt durch § 16 über die Anzeigepflicht und § 17 über die Schadenersatzpflicht. Zweck dieser drei Normen ist die Verhinderung von Mißbräuchen bei der Gewährung von Organkrediten.

1. Die Rechtsfolgen fehlender Beschlußfassung für die Kreditgewährung (Abs. 4 S. 4, Abs. 5)

Rechtsfolge eines fehlenden oder ungültigen Beschlusses der Geschäfts- (13)
leitung oder des Aufsichtsorgans ist bei Organkrediten i. S. von Abs. 1
Ziff. 1—6 (Organkredite an Geschäftsleiter, Gesellschafter, Mitglieder des
Aufsichtsrats, Beamte und Angestellte des Kreditinstituts, Ehegatten oder
minderjährige Kinder sowie an direkte oder indirekte Stellvertreter dieser
Personen) zunächst die schwebende Unwirksamkeit bis zur gültigen nachträglichen Beschlußfassung (Abs. 5 e contrario). Die Beschlußfassung ist in
Analogie zu Abs. 4 S. 4 unverzüglich (vgl. unten Anm. 14) herbeizuführen.
Kommt eine gültige Beschlußfassung der Geschäftsleitung und des Aufsichtsorgans nicht unverzüglich zustande, so ist die Rechtsfolge definitive
Ungültigkeit des Darlehensvertrages und sofortige Rückzahlungspflicht
des Kreditnehmers nach Abs. 5. Der Inhalt der Rückzahlungspflicht beurteilt sich n i c h t nach den Vorschriften über die ungerechtfertigte Be-
reicherung (§§ 812 ff. BGB) i. V. mit § 134 BGB und § 15 Abs. 1 KWG;
d. h. es kommt insbesondere nicht die Einschränkung des § 818 Abs. 3
BGB zur Anwendung. Vielmehr haftet der Kreditnehmer auch ohne Verschulden auf volle Rückgabe des in Anspruch genommenen Kredits.
Wurde ein Organkredit i. S. von Abs. 1 Ziff. 7—11 gewährt, so ist die
Rechtsfolge des fehlenden Einstimmigkeitsbeschlusses der Geschäftsleiter
und des Zustimmungsbeschlusses des Aufsichtsorgans im Interesse der
Verkehrssicherheit nicht schwebende Unwirksamkeit und eventuell endgültige Nichtigkeit der Kreditgewährung, sondern Vollgültigkeit. Die
zivilrechtliche Gültigkeit des Rechtsgeschäfts wird durch den Verstoß
gegen Abs. 1 Satz 1 Ziff. 7—11 nicht berührt, weil die Bindung zwischen
Kreditnehmer und Kreditinstitut nicht so eng ist, wie in Fällen der
Ziff. 1—6. Werden gültige Beschlüsse nicht innerhalb von zwei Monaten
nach der Kreditgewährung nachgeholt, so muß dies nur dem Bundesaufsichtsamt angezeigt werden, Abs. 4 S. 4 2. Halbs.

2. Die Rechtsfolgen fehlender Beschlußfassung im übrigen (Abs. 4 S. 1)

Der Beschluß der Geschäftsleiter und der Beschluß über die Zustimmung (14)
durch das Aufsichtsorgan sind vor der Kreditgewährung zu fassen, Abs. 4
S. 1. Verstöße gegen diese Vorschrift bewirken bei Organkrediten i. S.
von Abs. 1 S. 1 Ziff. 1—6 nicht nur schwebende Unwirksamkeit des Darlehensvertrages (vgl. oben Anm. 13), sondern sie begründen auch Ansprüche gegen Geschäftsleiter und u. U. gegen Aufsichtsratsmitglieder
nach den Bestimmungen des § 17.

Bei den Organkrediten i. S. von Abs. 1 S. 1 Ziff. 7—11 bleiben die Dar-
lehensverträge zwar vollgültig, der Verstoß gegen Abs. 4 S. 1 begründet
aber ebenfalls Ansprüche gegen Geschäftsleiter und u. U. gegen Aufsichtsratsmitglieder, wenn die Gewährung des Kredites nicht „eilbedürftig" war.
Die Kreditgewährung war „eilbedürftig", wenn sie einen Aufschub bis

zur Beschlußfassung durch die gesamte Geschäftsleitung und bis zur Zustimmung durch den Aufsichtsrat nicht vertrug. War die Kreditgewährung „eilbedürftig", so ist sie nicht schon lediglich deshalb pflichtwidrig, weil sie vor der Beschlußfassung bewilligt wurde; Ansprüche aus § 17 sind dann nicht gegeben. Dagegen müssen die Geschäftsleiter noch nachträglich „unverzüglich" beschließen. Falls sie einen einstimmigen, nachträglichen Beschluß erzielen können, muß ferner das Aufsichtsorgan „unverzüglich" über eine Zustimmung zur Genehmigung durch die Geschäftsleitung beschließen. „Unverzüglich" heißt ohne schuldhaftes Zögern (§ 121 BGB). Schuldhaft ist vorsätzlich oder fahrlässig (§ 276 Abs. 1 S. 1 BGB). Fahrlässig handelt, wer die im Verkehr erforderliche Sorgfalt außer acht läßt, wobei die Geschäftsleiter und Aufsichtsratsmitglieder u. U. eine gesteigerte Sorgfaltspflicht z. B. i. S. von § 347 HGB oder § 84 Abs. 1 und § 99 AktG zu beachten haben. Die Begründung der Regierungsvorlage zu § 15 sagt allerdings, daß dem Erfordernis der Unverzüglichkeit genügt sei, wenn die betreffenden Organe bei der nächsten turnusmäßigen Sitzung beschließen. Können die erforderlichen Beschlüsse innerhalb zweier Monate nach der Kreditgewährung nicht gefaßt werden, so ist dies dem Bundesaufsichtsamt anzuzeigen, Abs. 4 S. 4 2. Halbs. Eine Verletzung der Anzeigepflicht hat strafrechtliche Folgen i. S. von § 56 Abs. 1 Ziff. 4. Mußte der Kredit gewährende Geschäftsleiter die Nichtzustimmung durch die übrigen Geschäftsleiter oder durch den Aufsichtsrat voraussehen, so sind zwar im Falle der Organkredite i. S. von Abs. 1 S. 1 Ziff. 7—11 die Vorschriften des § 15 nicht verletzt worden und deshalb Ansprüche aus § 17 nicht gewährleistet. Eine Haftung wegen pflichtwidrigen Verhaltens kann sich dann aber aus anderen Normen, z. B. aus § 84 Abs. 2 AktG, § 43 Abs. 2 GmbHG, § 34 Abs. 2 GenG ergeben.

3. Formelle und materielle Anforderungen an die Beschlußfassung (Abs. 4 S. 2 und 3)

(15)   Die Beschlüsse müssen Bestimmungen über die Verzinsung und Rückzahlung des Kredites enthalten. Sie sind aktenkundig zu machen. Verstöße gegen diese Vorschriften ziehen nach Abs. 5 dieselben Rechtsfolgen nach sich wie sonstige Verstöße gegen Abs. 1 S. 1 und Abs. 4. Das heißt, die Kreditgewährungen sind je nach Art des Organkredits schwebend unwirksam oder voll gültig (vgl. oben Anm. 13; sie entfalten zusätzliche Pflichten mit Bezug auf eine nachträgliche Beschlußfassung und sie begründen Ansprüche wegen Pflichtverletzung gegen die betreffenden Geschäftsleiter und Aufsichtsratsmitglieder nach § 17 (vgl. oben Anm. 14).

III. Erweiterungen und Einschränkungen (Abs. 2, 3 und 4 S. 5)

1. Organkredite bei Konzernunternehmen (Abs. 2)

(16)   Den Organkrediten i. S. von Abs. 1 S. 1 Ziff. 1—6 stellt Abs. 2 die Kredite an die entsprechenden Personen abhängiger oder beherrschender Unter-

nehmen gleich. Über den Begriff abhängiger und beherrschender Unternehmen vgl. § 15 Abs. 2 AktG (vgl. oben Anm. 2 zu § 14). Es bedarf dann in jedem Fall der ausdrücklichen Zustimmung des Aufsichtsorgans des beherrschenden Unternehmens. Die Rechtsfolgen einer fehlenden oder fehlerhaften Beschlußfassung sind dieselben wie bei fehlenden oder fehlerhaften Beschlüssen über Organkredite i. S. von Abs. 1 Ziff. 1—6 (vgl. oben Anm. 13—15).

2. Vorratsbeschlüsse (Abs. 4 S. 5)

Der einstimmige Beschluß der Geschäftsleiter und der Zustimmungs- (17)
beschluß des Aufsichtsrats zu Organkrediten i. S. von Abs. 1 Ziff. 1—6 können für bestimmte Kreditgeschäfte und bestimmte Arten von Kreditgeschäften bis zu drei Monate vor der Kreditgewährung gefaßt werden. Wurden die Genehmigung oder die Zustimmung länger als drei Monate vor der Kreditgewährung beschlossen, so haben sie bankrechtlich dieselben Rechtsfolgen wie fehlende oder fehlerhafte Beschlüsse.

Die Beschlußfassung über Organkredite nach Abs. 1 Ziff. 7—11 muß in jedem konkreten Einzelfall unmittelbar vor der Kreditgewährung vorgenommen werden.

Abs. 4 S. 5 soll es vor allem dem Aufsichtsorgan ermöglichen, seine Zustimmungsbeschlüsse als vorausgehende Einwilligung und nicht als nachträgliche Genehmigung zu fassen. Es würde die Organkredite an Personen, die bei dem Kreditinstitut tätig sind, unnötig erschweren, wenn das Aufsichtsorgan für jeden Einzelfall zusammentreten müßte. „Um das Kontrollorgan laufend an seine Verantwortung auch für derartige Kredite zu erinnern, läßt der § 15 diese Vorratsbeschlüsse jedoch nur für längstens drei Monate im voraus zu" (Begründung der Regierungsvorlage zu § 15).

3. Bagatellkredite (Abs. 3)

Organkredite i. S. von Abs. 1 Satz 1 Ziff. 4 i. V. mit Ziff. 5 und 6 und Abs. 2 entfalten nicht die in Abs. 1, 4 und 5 bestimmten Rechtsfolgen, wenn der Kredit ein Monatsgehalt des Beamten oder Angestellten nicht übersteigt. Ist der Beamte oder Angestellte Geschäftsleiter, Gesellschafter oder Aufsichtsratsmitglied i. S. von Ziff. 1—3, so tritt die Befreiung nicht ein.

§ 16 Anzeigepflicht für Organkredite

Dem Bundesaufsichtsamt sind unverzüglich anzuzeigen

1. Kredite an Geschäftsleiter sowie Beamte und Angestellte des Kreditinstituts, wenn sie die Höhe der Gesamtbezüge (Gehälter, Gewinn-

beteiligungen, Aufwandsentschädigungen, Versicherungsentgelte, Provisionen und Nebenleistungen jeder Art) für das letzte Geschäftsjahr überschreiten; für Geschäftsleiter, die unter Nummer 2 oder 3 fallen, gelten nur diese Vorschriften. Kredite an ehrenamtliche Geschäftsleiter sind nur unter den Voraussetzungen des § 13 Abs. 1 anzuzeigen;

2. *Kredite eines in der Rechtsform einer Personenhandelsgesellschaft oder der Gesellschaft mit beschränkter Haftung betriebenen Kreditinstituts an seine Gesellschafter sowie Kredite eines in der Rechtsform der Kommanditgesellschaft auf Aktien betriebenen Kreditinstituts an seine persönlich haftenden Gesellschafter, wenn die Kredite ein Zehntel des für das letzte Geschäftsjahr festgestellten Kapitalanteiles übersteigen. Ist der dem Gesellschafter aus dem letzten Geschäftsjahr zugeflossene Gewinn zuzüglich etwaiger sonstiger Bezüge im Sinne der Nummer 1 höher, so ist dieser Betrag für die Anzeigepflicht maßgebend;*

3. *Entnahmen durch Inhaber und persönlich haftende Gesellschafter unter den in Nummer 2 bezeichneten Voraussetzungen; bei persönlich haftenden Gesellschaftern sind Kredite und Entnahmen zusammenzurechnen;*

4. *Kredite an Mitglieder des Aufsichtsorgans des Kreditinstituts, wenn sie auch nach § 13 Abs. 1 anzuzeigen sind;*

5. *Kredite an die in § 15 Abs. 1 Satz 1 Nr. 5 genannten Personen unter den Voraussetzungen, unter denen ein Kredit an den bei dem Kreditinstitut tätigen Ehegatten oder Elternteil anzuzeigen wäre;*

6. *Kredite an die in § 15 Abs. 1 Satz 1 Nr. 6 genannten Personen unter den Voraussetzungen, unter denen ein Kredit an die Person anzeigepflichtig wäre, für deren Rechnung der Kreditnehmer handelt;*

7. *Kredite an juristische Personen und Personenhandelsgesellschaften, wenn der Inhaber oder ein Geschäftsleiter des Kreditinstituts gesetzlicher Vertreter der juristischen Person oder Gesellschafter der Personenhandelsgesellschaft ist;*

8. *Kredite an juristische Personen und Personenhandelsgesellschaften, wenn ein gesetzlicher Vertreter der juristischen Person oder ein Gesellschafter der Personenhandelsgesellschaft dem Aufsichtsorgan des Kreditinstituts angehört;*

9. *Kredite an die in § 15 Abs. 1 Satz 1 Nr. 9 bis 11 genannten Unternehmen;*

10. *Kredite an die in § 15 Abs. 2 genannten Personen, sofern sie unter entsprechender Anwendung der Nummern 1 bis 6 anzuzeigen wären.*

(1) Die Gewährung von Organkrediten muß dem Bundesaufsichtsamt (und nicht der Deutschen Bundesbank wie die Groß- und Millionenkredite!) unverzüglich angezeigt werden, wenn die zusätzlichen Tatbestandselemente erfüllt sind, die § 16 für die einzelnen Arten von Organkrediten verschieden umschreibt. Über die einzelnen Arten von Organkrediten vgl. oben Anm. 2—11 zu § 15. Über den Begriff „unverzüglich" vgl. Anm. 2 zu § 13 und Anm. 14 zu § 15. Die Straffolgen eines Verstoßes gegen die Anzeigepflicht regelt § 56 Abs. 1 Ziff. 4 und Abs. 2.

I. Kredite an Geschäftsleiter, Beamte und Angestellte (Ziff. 1)

Über den Begriff Geschäftsleiter vgl. oben Anm. 52 zu § 1; über die Be- **(2)** griffe Beamte und Angestellte Anm. 4 zu § 15; über die zusätzliche Tatbestandsvoraussetzung, insbesondere über den Begriff „Gesamtbezüge", vgl. oben: Systematische Einführung: 8. Die Vorschriften für das Kreditgeschäft, S. 45.

Kredite an ehrenamtliche Geschäftsleiter sind grundsätzlich von der Anzeigepflicht ausgenommen. Eine ehrenamtliche Tätigkeit ist vor allem dann anzunehmen, wenn das Kreditinstitut für sie keine oder keine ins Gewicht fallende Vergütung bezahlt (vgl. Begründung der Regierungsvorlage zu § 16). Die Jahresgesamtvergütung kann dann der Natur der Sache nach nicht als Bezugsgröße herangezogen werden. Der Gesetzgeber verzichtet auf die Anzeigepflicht, wenn der Organkredit an den ehrenamtlichen Geschäftsleiter nicht die Voraussetzungen des Großkredits erfüllt, d. h. nicht 20 000,— DM und 15 % des haftenden Eigenkapitals übersteigt (vgl. oben Anm. 1—3 zu § 13). Ist der Organkredit auch Großkredit, so ist das Kreditinstitut zur Anzeige einerseits an die Deutsche Bundesbank nach § 13 Abs. 1, andererseits an das Bundesaufsichtsamt nach § 16 Ziff. 1 S. 2 verpflichtet.

II. Kredite an Gesellschafter (Ziff. 2)

Die Anzeigepflicht setzt einen Organkredit i. S. von § 15 Abs. 1 Ziff. 2 **(3)** (vgl. oben Anm. 3 zu § 15) voraus. Zusätzlich wird verlangt, daß der Organkredit entweder ein Zehntel des für das letzte Geschäftsjahr festgestellten Kapitalanteils des Gesellschafters übersteigt oder daß er über die Gesamtbezüge des Gesellschafters hinausgeht, falls diese höher sind als der Kapitalanteil. Die letztere Alternative „berücksichtigt die Tatsache, daß Juniorpartner in Personenhandelsgesellschaften häufig nur eine geringe Kapitaleinlage haben und ihnen als Entgelt für ihre Arbeitsleistung ein vom Ertrag des Kreditinstituts unabhängiges Mindesteinkommen gewährleistet wird" (Begründung der Regierungsvorlage zu § 16).

III. Entnahmen (Ziff. 3)

Entnahmen sind Organkrediten unter gewissen Voraussetzungen gleichzu- **(4)** stellen (vgl. oben Anm. 1 zu § 15). Ziff. 3 erweitert den Kreis der in § 15 genannten Kreditnehmer um den Einzelkaufmann, für den zwar die nach § 15 Abs. 1 vorgesehenen Beschlüsse nicht in Betracht kommen, dessen Entnahmen aber angezeigt werden können und sollen. Die zusätzlichen Voraussetzungen für die Anzeigepflicht hinsichtlich der Entnahmen sind dieselben wie für gewöhnliche Gesellschafter-Organkredite nach Ziff. 2 (vgl. oben Anm. 3).

IV. Kredite an Mitglieder des Aufsichtsorgans (Ziff. 4)

(5)   Organkredite an Aufsichtsrats- und Verwaltungsratsmitglieder sind grundsätzlich nicht anzeigepflichtig. Sind sie aber gleichzeitig Großkredite, so müssen sie sowohl der Deutschen Bundesbank als auch dem Bundesaufsichtsamt gemeldet werden, vgl. oben Anm. 2.

V. Kredite an Ehegatten, minderjährige Kinder und Stellvertreter (Ziff. 5 und 6)

(6)   Über die Art dieser Organkredite vgl. oben Anm. 6 und 7 zu § 15. Die Kredite sind anzeigepflichtig, wenn sie die zusätzlichen Voraussetzungen des § 16 Ziff. 1—4 erfüllen, vgl. oben Anm. 1—5.

VI. Organkredite i. S. von § 15 Abs. 1 S. 1 Ziff. 7-11 und von § 15 Abs. 2

(7)   Über die Art der Organkredite vgl. oben Anm. 8 bis 11 und Anm. 16 zu § 15. Die Anzeigepflicht ist hier an keine zusätzlichen Tatbestandsvoraussetzungen geknüpft. Dagegen erfaßt umgekehrt Ziff. 7 anders als der entsprechende § 15 Abs. 1 Ziff. 7 auch den Fall, daß ein Einzelunternehmer als Inhaber des Kreditinstituts Gesellschafter oder gesetzlicher Vertreter des kreditnehmenden Unternehmens ist, vgl. auch oben Anm. 4.

§ 17 Haftungsbestimmung

(1) Wird entgegen den Vorschriften des § 15 Kredit gewährt, so haften die Geschäftsleiter, die hierbei ihre Pflichten verletzen, und die Mitglieder des Aufsichtsorgans, die trotz Kenntnis gegen eine beabsichtigte Kreditgewährung pflichtwidrig nicht einschreiten, dem Kreditinstitut als Gesamtschuldner für den entstehenden Schaden; die Geschäftsleiter und die Mitglieder des Aufsichtsorgans haben nachzuweisen, daß sie nicht schuldhaft gehandelt haben.

(2) Der Ersatzanspruch des Kreditinstituts kann auch von den Gläubigern des Kreditinstituts geltend gemacht werden, soweit sie von diesem keine

Befriedigung erlangen können. Den Gläubigern gegenüber wird die Er-
satzpflicht weder durch einen Verzicht oder Vergleich des Kreditinstituts
noch, bei Kreditinstituten in der Rechtsform einer juristischen Person,
dadurch aufgehoben, daß die Kreditgewährung auf einem Beschluß des
obersten Organs des Kreditinstituts (Hauptversammlung, Generalversamm-
lung, Gesellschafterversammlung) beruht.

(3) Die Ansprüche nach Absatz 1 verjähren in fünf Jahren.

I. Voraussetzungen und Inhalt der Haftung (Abs. 1)

Entsteht einem Kreditinstitut, das nicht von einem Einzelbankier, sondern (1)
von einer privatrechtlichen Gesellschaft oder einer Körperschaft oder An-
stalt des öffentlichen Rechts betrieben wird, aus der Gewährung eines
Organkredits ein Schaden, so kann die Gesellschaft, die Körperschaft oder
Anstalt ungeachtet sonstiger Haftungsbestimmungen nach § 17 KWG
Ersatz verlangen, wenn ihr der Nachweis gelingt, daß 1. entgegen den
Vorschriften des § 15 Kredit gewährt worden ist, daß 2. mit dieser Kreditgewährung eine Pflichtverletzung der Geschäftsleiter oder Aufsichtsratsmitglieder verbunden war, 3. daß daraus ein Schaden in bestimmter
Höhe entstanden ist, 4. daß ein ursächlicher Zusammenhang zwischen dem
pflichtwidrigen Verhalten des Geschäftsleiters oder Aufsichtsratsmitglieds
und dem Schaden besteht und wenn 5. der Geschäftsleiter bzw. das Mitglied des Aufsichtsorgans nicht behauptet und beweist, daß ihm kein Verschulden zur Last fällt. Rechtsfolge ist dann 6. die gesamtschuldnerische
Schadenersatzpflicht aller verantwortlichen Geschäftsleiter und Aufsichtsratsmitglieder, wobei die Verjährung der Schadenersatzansprüche nach
5 Jahren eintritt.

1. Der Verstoß gegen § 15 als Haftungsvoraussetzung

Voraussetzung für die Schadenersatzpflicht ist, daß Organkredite gewährt (2)
wurden, die nicht auf einem vollgültigen, einstimmigen Beschluß sämtlicher Geschäftsleiter des Kreditinstituts oder nicht auf der ausdrücklichen
Zustimmung des Aufsichtsorgans i. S. von § 15 Abs. 1 (gegebenenfalls
auch nicht auf der ausdrücklichen Zustimmung des Aufsichtsorgans des
beherrschenden Unternehmens i. S. von § 15 Abs. 2) beruhen. Über den
Begriff Organkredit vgl. oben Anm. 1—11 zu § 15; über die Zustimmung
der gesamten Geschäftsleitung und des Aufsichtsorgans und über die
materiellen und formellen Voraussetzungen ihrer Vollgültigkeit vgl.
Anm. 12—16 zu § 15.

2. Die Pflichtverletzung der Geschäftsleiter oder Aufsichtsratmitglieder

Für die kreditgewährenden G e s c h ä f t s l e i t e r ist jeder Verstoß (3)
gegen § 15 Pflichtverletzung, da die Gesellschaftssatzung und ein Be-

schluß der Hauptversammlung oder des Aufsichtsrats von den durch § 15 auferlegten Pflichten nicht befreien können. Die Gesellschaft, Körperschaft oder Anstalt, die das Kreditinstitut betreibt, hat also insbesondere nachzuweisen, daß ein Organkredit gewährt wurde und daß der einzelne, zur Verantwortung herangezogene Geschäftsleiter diesen Kredit gewährte, ohne dazu i. S. von § 15 Abs. 4 S. 4 befugt zu sein. Das heißt, das Kreditinstitut hat entweder nachzuweisen, daß die Kreditgewährung nicht „eilbedürftig" war, oder daß die zum Schadenersatz herangezogenen Geschäftsleiter eine Genehmigung der eilbedürftigen Kreditgewährung durch die übrigen Geschäftsleiter und durch das Aufsichtsorgan nach pflichtgemäßem Ermessen (z. B. i. S. von § 84 Abs. 1 AktG) nicht erwarten durften.

Sollen A u f s i c h t s r a t s m i t g l i e d e r zur Verantwortung gezogen werden, so muß ihnen nicht ein pflichtwidriges Handeln, sondern ein Unterlassen nachgewiesen werden: daß sie trotz Kenntnis gegen eine beabsichtigte Kreditgewährung pflichtwidrig nicht einschritten. Bei Beurteilung der Pflichtwidrigkeit ist vor allem zu berücksichtigen, daß Aufsichtsrats- und Verwaltungsratsmitglieder grundsätzlich keine Geschäftsführungsbefugnisse haben und in der Regel auch kein Weisungsrecht, das es ihnen erlaubte, den Geschäftsleitern vorzuschreiben, wie sie ihre Geschäftsführungsbefugnisse auszuüben haben. Aufsichtsratsmitglieder einer Aktiengesellschaft haben aber z. B. die Möglichkeit, das pflichtvergessene Vorstandsmitglied, das nicht zusammen mit den übrigen Geschäftsleitern handeln will, abzuberufen (§ 75 Abs. 3 AktG), eine Hauptversammlung einzuberufen (§ 95 Abs. 4 AktG) und ihr eine Schadenersatzklage gegen das Vorstandsmitglied vorzuschlagen, oder auch selbst gegen den Vorstand zu klagen (§ 97 Abs. 2 AktG). An diesen gesetzlich, statutarisch oder vertraglich eingeräumten Möglichkeiten muß in jedem Falle die durch das Unterlassen begangene Pflichtverletzung gemessen werden.

3. Der Schaden

(4) Das Kreditinstitut muß einen Schaden in bestimmter Höhe nachweisen. Ein Schaden kann z. B. dadurch entstanden sein, daß die Darlehenssumme vom Kreditnehmer wegen dessen Zahlungsunfähigkeit nicht mehr zurückerlangt werden kann, obwohl ein Anspruch aus § 607 Abs. 1 BGB (wenn die Kreditgewährung vollgültig war: Organkredite i. S. von § 15 Abs. 1 Ziff. 7—11) oder aus § 15 Abs. 5 KWG (wenn der Krediteinräumungsvertrag nach § 15 Abs. 5 ungültig war: Organkredite i. S. von § 15 Abs. 1 Ziff. 1—6) gegeben wäre.

4. Kausalzusammenhang zwischen dem pflichtwidrigen Verhalten und dem Schaden

(5) Es gelten die allgemeinen Grundsätze adäquater Verursachung. Nur die dem haftungsbegründenden Vorgang „adäquaten" Folgen dürfen dem Haftenden zugerechnet und bei Schadensermittlung berücksichtigt werden.

Es handelt sich hierbei um eine objektive Zurechnung der Folgen, nicht um die subjektive Zurechnung zur Schuld (vgl. im einzelnen z. B. Larenz Bd. 1 S. 125 ff.).

5. Der Entlastungsbeweis

Abs. 1 kehrt die Beweislast um, um die verantwortlichen Personen des (6) Kreditinstituts zur besonderen Sorgfalt bei der Gewährung von Organkrediten anzuhalten (vgl. Begr. BT-Wirtschaftsausschuß zu §§ 13—20). Nicht das Kreditinstitut, sondern der in Anspruch genommene Geschäftsleiter oder das in Anspruch genommene Mitglied des Aufsichtsorgans hat zu behaupten und zu beweisen, daß ihm kein Verschulden zur Last fällt, wenn er sich von der Haftung befreien will. Über den Begriff Verschulden vgl. § 276 BGB i. V. mit § 347 HGB, § 84 Abs. 1 und § 99 AktG, § 43 Abs. 1 GmbHG, § 34 Abs. 1 und § 41 GenG u. a. m.

6. Die Schadenersatzpflicht

Alle schadenersatzpflichtigen Geschäftsleiter und Aufsichtsratsmitglieder (7) haften gesamtschuldnerisch. Das heißt, das Kreditinstitut kann solange von jedem den gesamten Schaden ersetzt verlangen, bis einer der Solidarschuldner die Leistung bewirkt hat, §§ 421 und 422 BGB. Im Innenverhältnis sind die mehreren, nebeneinander verantwortlichen Geschäftsleiter und Aufsichtsratsmitglieder ausgleichungspflichtig i. S. von § 426 BGB (u. U. unter Berücksichtigung von § 840 Abs. 2 und § 841 BGB).

Die Schadenersatzpflicht verjährt nach 5 Jahren, Abs. 3. Im einzelnen vgl. dazu §§ 198 ff. BGB.

II. Die Geltendmachung der Schadenersatzansprüche (Abs. 2)

1. Grundsatz

Grundsätzlich ist der Schadenersatzanspruch von den zur Vertretung des (8) Kreditinstituts berufenen Personen geltend zu machen, z. B. von den Geschäftsleitern, die an der Kreditgewährung nicht beteiligt waren (bei einer Personenhandelsgesellschaft mit konkurrierender Einzelgeschäftsführungs- und Einzelvertretungsbefugnis i. S. von § 115 Abs. 1 und § 125 Abs. 1 HGB z. B. von den Gesellschaftern, ohne deren Wissen oder gegen deren Willen der Kredit gewährt wurde). Unter Umständen können auch das Aufsichtsorgan, einzelne Mitglieder des Aufsichtsorgans oder die Hauptversammlung, Generalversammlung bzw. Gesellschafterversammlung zur Geltendmachung des Schadenersatzanspruchs berufen sein, vgl. z. B. § 97 und § 122 AktG, § 46 Ziff. 8 GmbHG, § 39 GenG.

2. Die Geltendmachung durch die Gläubiger

(9)   Soweit die Gläubiger des Kreditinstituts für ihre Forderungen keine Befriedigung erhalten, können sie auch selbst den Schadenersatzanspruch der Gesellschaft, Körperschaft oder Anstalt gegen ihre Geschäftsleiter oder Aufsichtsratsmitglieder geltend machen. Der Schadenersatzanspruch ist Aktivum des Kreditinstituts und dient somit als Haftungssubstrat.

Verzichte, negative Schuldanerkenntnisse i. S. von § 397 Abs. 2 BGB, Entlastungsbeschlüsse (gleich, welche rechtliche Bedeutung man ihnen beimißt, vgl. BGHZ 29, 385) und Vergleiche mit den Geschäftsleitern und Mitgliedern des Aufsichtsorgans i. S. von § 779 BGB sind den Gläubigern gegenüber unwirksam. Sie mögen im Verhältnis der Gesellschaft zu ihren Geschäftsleitern oder Aufsichtsratsmigliedern von Bedeutung sein, das Haftungssubstrat der Gesellschaft können sie, wenn der Anspruch einmal zu Recht entstanden ist, nicht mindern.

Auch ein Beschluß der Hauptversammlung, Generalversammlung bzw. Gesellschafterversammlung etc., auf dem die Kreditgewährung beruht, beeinträchtigt nicht die Gläubigerrechte. Das kann dazu führen, daß die Gläubiger einer Aktiengesellschaft von den Vorstandsmitgliedern allein schon deshalb den Ersatz von Kreditverlusten verlangen können, weil nicht alle Vorstandsmitglieder die Kreditgewährung befürwortet oder weil der Aufsichtsrat die Kreditgewährung nicht genehmigt hatte, obwohl im übrigen der Organkredit in concreto von der Hauptversammlung beschlossen worden war.

§ 17 Abs. 2 S. 2 KWG entspricht ungefähr § 84 Abs. 5 S. 3 AktG und § 43 Abs. 3 S. 3 GmbHG.

§ 18 Kreditunterlagen

Von Kreditnehmern, denen Kredite von insgesamt mehr als zwanzigtausend Deutsche Mark gewährt werden, hat das Kreditinstitut die Offenlegung ihrer wirtschaftlichen Verhältnisse, insbesondere die Vorlage der Jahresabschlüsse, zu verlangen. Das Kreditinstitut kann hiervon absehen, wenn das Verlangen nach Offenlegung im Hinblick auf die gestellten Sicherheiten oder auf die Mitverpflichteten offensichtlich unbegründet wäre.

I. Die Pflicht zur Prüfung der Kreditwürdigkeit und zur Kreditüberwachung (Satz 1)

(1)   Tatbestandsvoraussetzung für die Pflicht zur Prüfung der Kreditunterlagen ist die Gewährung von Krediten von insgesamt mehr als

20 000,— DM an ein und denselben Kreditnehmer. Über den Begriff
Kredit und Kreditnehmer vgl. unten § 19. Über die Ratio legis der Erhöhung der Grenze von 5000,— DM nach § 13 KWG 1939 auf 20 000,— DM
vgl. Begr. BT-Wirtschaftsausschuß Ziff. 4 zu § 18.

Rechtsfolge der Kreditgewährung in Höhe von mehr als 20 000,— DM ist **(2)**
1. die Pflicht des Kreditinstituts, vor Kreditgewährung Offenlegung der
wirtschaftlichen Verhältnisse, insbesondere des letzten Jahresabschlusses,
zu verlangen; 2. die Pflicht zur laufenden Kreditüberwachung. Der Plural
„Jahresabschlüsse" in S. 1 besagt, daß nicht nur der letzte Jahresabschluß vor
der Kreditgewährung angefordert werden muß, sondern auch die folgenden
Abschlüsse zu verlangen sind, solange das Kreditverhältnis besteht (vgl.
Begründung der Regierungsvorlage zu § 18). Soweit der Kredit noch
nicht in Anspruch genommen ist, erlaubt § 610 BGB den Rücktritt vom
Krediteinräumungsvertrag, wenn in den Vermögensverhältnissen des
Kreditnehmers eine wesentliche Verschlechterung eintritt, durch die der
Anspruch auf die Rückerstattung des Darlehens gefährdet wird. Vgl. auch
BGH 21. I. 1960 und OLG Oldenburg 27. X. 1959, beide BB 1960 S. 540.

Soweit der Kreditnehmer üblicherweise keine Jahresabschlüsse erstellt
und dazu nicht verpflichtet ist, können solche auch nicht verlangt werden.
Das Kreditinstitut muß sich dann auf andere Weise Gewißheit über die
„wirtschaftlichen Verhältnisse" des Kreditnehmers verschaffen, etwa durch
eine Vermögens- und Schuldenaufstellung.

„Die Vorschrift soll sicherstellen, daß die Kreditinstitute die Kreditwürdigkeit ihrer Kreditnehmer in ausreichendem Maße an Hand von Unterlagen
prüfen. Durch diese gesetzliche Pflicht, die für alle Kreditinstitute gilt,
soll deren Stellung der Kundschaft gegenüber gestärkt und verhindert
werden, daß die Kreditnehmer die Kreditinstitute unter Hinweis auf eine
großzügigere Handhabung durch die Konkurrenz zum Verzicht auf die
Prüfung veranlassen" (Begründung der Regierungsvorlage zu § 18).

Rechtsfolge der Kreditgewährung ohne Prüfung der Kreditwürdigkeit ist **(3)**
zwar nicht Ordnungswidrigkeit und Strafbarkeit i. S. von § 56. Die Außerachtlassung des in § 18 zur Gesetzesnorm erhobenen, anerkannten, bank-
wirtschaftlichen Grundsatzes für die Kreditgewährung erlaubt aber einerseits aller Regel nach Rückschlüsse auf eine fehlende Zuverlässigkeit oder
fachliche Eignung der Geschäftsleiter i. S. von § 33 Abs. 1 Ziff. 2 und 3
und rechtfertigt damit gegebenenfalls die Abberufung der Geschäftsleiter
i. S. von § 36 Abs. 1 i. V. mit § 35 Abs. 2 Ziff. 3. Andererseits kann das
Bundesaufsichtsamt die Abberufung auch auf Grund von § 36 Abs. 2 verlangen, wenn das Kreditinstitut trotz Verwarnung durch das Bundesaufsichtsamt die Kreditgewährung an denselben oder an andere Kreditnehmer entgegen der Vorschrift des § 18 fortsetzt.

II. Die Ausnahme von der Überprüfungspflicht (Satz 2)

(4) Wenn die gestellten Sicherheiten oder die Sicherung durch Mitverpflichtete (durch Bürgschaften, Garantien und sonstige Gewährleistungen) die Offenlegung der wirtschaftlichen Verhältnisse als offensichtlich unbegründet erscheinen läßt, so ist das Kreditinstitut von der Pflicht zur Überprüfung der Kreditwürdigkeit und zur Kreditüberwachung befreit. Nur soweit also entsprechende Sicherungen gestellt worden sind, hebt Satz 2 die Pflicht, sich die nötigen Kreditunterlagen zu verschaffen, praktisch wieder auf.

§ 19 Begriff des Kredits und des Kreditnehmers

(1) Als Kredite im Sinne der §§ 13 bis 18 sind anzusehen

1. *Gelddarlehen aller Art, übernommene Darlehensforderungen sowie Akzeptkredite;*

2. *die Diskontierung von Wechseln und Schecks;*

3. *die Stundung von Forderungen aus nicht bankmäßigen Handelsgeschäften von Kreditinstituten, insbesondere Warengeschäften, über die handelsübliche Frist hinaus;*

4. *Bürgschaften, Garantien und sonstige Gewährleistungen eines Kreditinstituts für andere;*

5. *Beteiligungen eines Kreditinstituts an dem Unternehmen eines Kreditnehmers; als Beteiligung gilt jeder Besitz des Kreditinstituts an Aktien, Kuxen oder Geschäftsanteilen des Unternehmens, wenn er mindestens ein Viertel des Kapitals (Nennkapital, Zahl der Kuxe, Summe der Kapitalanteile) erreicht, ohne daß es auf die Dauer des Besitzes ankommt.*

Zugunsten des Kreditinstituts bestehende Sicherheiten sowie Guthaben des Kreditnehmers bei dem Kreditinstitut bleiben außer Betracht.

(2) Im Sinne der §§ 13 bis 18 gelten als ein Kreditnehmer

1. *alle Unternehmen, die demselben Konzern angehören oder durch Verträge verbunden sind, die vorsehen, daß die Leitung des einen Unternehmens einem anderen Unternehmen unterstellt wird oder daß das eine Unternehmen verpflichtet ist, seinen ganzen Gewinn an ein anderes Unternehmen abzuführen;*

2. *Personenhandelsgesellschaften und ihre persönlich haftenden Gesellschafter.*

I. Die Bedeutung der Legaldefinition

§ 19 definiert die Begriffe Kredit und Kreditnehmer. Die in § 19 fest- **(1)**
gelegten Begriffsinhalte sind nur für die Bestimmungen der §§ 13—18
(Großkredite, Millionenkredite, Organkredite) verbindlich. Sie sind von
anderen Kreditbegriffen, die in der Regel einen engeren Begriffsinhalt
umschreiben (z. B. in § 1 Abs. 1 Ziff. 2 der Begriff „Kreditgeschäft", vgl.
Anm. 26 bis 29 zu § 1) zu unterscheiden.

II. Der Begriff Kredit (Abs. 1)

Der Kreditbegriff des § 19 Abs. 1 erfaßt einmal Gelddarlehen aller Art, **(2)**
übernommene Darlehensforderungen sowie Akzeptkredite, Abs. 1 Ziff. 1.
Über den Begriff Gelddarlehen vgl. oben Anm. 28 zu § 1. Auch übernommene Darlehensforderungen fallen unter den Kreditbegriff. Das heißt, daß
insbesondere das Revolvinggeschäft des sogenannten Systems 7-M den
Vorschriften über Groß-, Millionen- und Organkredite unterliegt, vgl. im
einzelnen Begr. BT-Wirtschaftsausschuß Ziff. 5 zu §§ 13—20. Über den
Tatbestand der Übernahme von Darlehensforderungen vgl. Anm. 29 zu
§ 1. In allen Fällen dürfen von der Kreditsumme nicht etwa der Wert
bestehender Sicherheiten oder die Guthaben des Kreditnehmers beim
Kreditinstitut abgezogen werden, vgl. Abs. 1 S. 2.

Der Kreditbegriff des § 19 als rechtstechnischer Begriff erfaßt ferner die **(3)**
Diskontierung von Wechseln und Schecks, Abs. 1 Ziff. 2. Er unterscheidet
sich insofern vom Tatbegriff „Kredit", der jedenfalls den Ankauf von
Wertpapieren, wie sie die Diskontierung von Wechseln und Schecks darstellt, und insbesondere die Verwendung des Schecks als Kreditmittel ausschließt (vgl. oben Anm. 32 zu § 1). Über den Tatbestand der Diskontierung von Wechseln und Schecks vgl. oben Anm. 30—33 zu § 1. § 19 Abs. 1
S. 2 gilt auch hier. Über eine Einschränkung vgl. § 20 Abs. 1 Ziff. 3.

Die Stundung von Forderungen aus nicht bankmäßigen Handelsgeschäften **(4)**
über die handelsübliche Frist hinaus gehört zum Inhalt des Rechtsbegriffs
„Kredit" und unterliegt damit den Vorschriften über Groß-, Millionen- und
Organkredite, Abs. 1 Ziff. 3. Der Begriff Stundung umfaßt hier sowohl
die bloße Gewährung einer Einrede, durch die trotz Fälligkeit die Ver-
zugshaftung i. S. von §§ 284 ff. BGB und von § 326 BGB zeitweise ausgeschlossen wird, als auch die Hinausschiebung der Fälligkeit des Anspruchs durch Vertragsänderung. Über die Fälligkeit von Ansprüchen vgl.
§ 271 BGB. Unter den Begriff „Forderungen" fällt nicht die Tätigkeit der
ärztlichen Verrechnungsstellen, da es sich hier um Geschäfte im fremden
Namen handelt und in der Regel die ärztlichen Forderungen nicht durch
Kredite bevorschußt werden (vgl. oben, systematische Einführung S. 47).
Der Begriff Forderungen umfaßt in erster Linie Warenforderungen der so-

genannten „Factoring-Geschäfte". Nicht bankmäßige Handelsgeschäfte sind
alle Handelsgeschäfte, die nicht die Voraussetzungen des § 1 Abs. 1 Satz 2
erfüllen (siehe dazu oben Anm. 13—51 zu § 1). Der Begriff Handels-
geschäft ist derselbe wie in § 343 Abs. 1 HGB. Er erfaßt alle Geschäfte
eines Kaufmanns, die zum Betrieb seines Handelsgewerbes gehören, auch
wenn sie nicht mit dem Gegenstand des Betriebs (der Vornahme von
Bankgeschäften) zusammenhängen. Vorausgesetzt wird also praktisch nur
die Kaufmannseigenschaft des Inhabers des Kreditinstituts; sie ist immer
gegeben, wenn das Kreditinstitut mit Gewinnabsicht arbeitet (vgl. oben
Anm. 11 und 14 zu § 1). Über den Begriff „Warengeschäfte" vgl. § 1
Abs. 2 Ziff. 1 und 2 HGB. Sicherheiten und Guthaben des Kreditnehmers
beim Kreditinstitut dürfen von der Kreditsumme nicht abgezogen werden,
Abs. 1 S. 2.

(5) In den rechtstechnischen Kreditbegriff bezieht § 19 auch die Bürgschaften,
Garantien und sonstigen Gewährleistungen eines Kreditinstituts für andere
ein. Vgl. über den damit den Vorschriften über Groß-, Millionen- und
Organkredite unterworfenen Tatbestand Anm. 45—47 zu § 1. Umgekehrt
bleiben Sicherheiten sowie Guthaben des Kreditnehmers bei dem Kredit-
institut für die Errechnung der „Kredit"-Summe auch hier außer Ansatz,
Abs. 1 S. 2. Das im allgemeinen im Vergleich zu anderen „Kredit"-
Geschäften geringere Risiko aus Bürgschaften, Garantien und sonstigen
Gewährleistungen ist, soweit erforderlich, bei den einzelnen Vorschriften
berücksichtigt worden, vgl. § 13 Abs. 5 und § 14 Abs. 2 S. 3.

(6) Auch die Beteiligung eines Kreditinstituts an dem Unternehmen eines
Kreditnehmers ist „Kredit" i. S. der §§ 13—18, damit nicht zur Umge-
hung der §§ 13—18 Kredite i. e. S. in Beteiligungen umgewandelt werden. Der Begriff „Beteiligung" ist hier derselbe wie in § 15 Abs. 1 Ziff. 9;
vgl. oben Anm. 9 zu § 15. Die Beteiligung braucht also keinen Dauer-
charakter zu haben.

III. Der Begriff Kreditnehmer (Abs. 2)

(7) Abs. 2 erweitert den gewöhnlichen Begriff Kreditnehmer, ohne selbst
eine Legaldefinition zu geben. Zunächst sind unter Kreditnehmer die Personen zu verstehen, die Kredite i. S. von Abs. 1 Ziff. 1—5 in Anspruch
nehmen. Darüber hinaus sind nach Abs. 2 mehrere rechtlich selbständige,
wirtschaftlich aber eng verbundene Unternehmen als ein und derselbe
Kreditnehmer i. S. der §§ 13—18 anzusehen. Das bedeutet z. B., daß bei
Kreditgewährung an eine Tochtergesellschaft für die Anwendung der
§§ 12—18 die der Muttergesellschaft eingeräumten Kredite berücksichtigt werden.

Der Konzernbegriff, der grundsätzlich der gleiche ist wie in § 15 AktG (vgl. oben Anm. 2 zu § 14 und Anm. 16 zu § 15), wurde in Abs. 2 Ziff. 1 noch dadurch ergänzt, daß Unternehmen, die durch Organschaftsverträge und Gewinnabführungsverträge miteinander verbunden sind, den Konzernunternehmen i. S. von § 15 AktG gleichgestellt wurden. Als ein und derselbe Kreditnehmer sind auch Personenhandelsgesellschaften und ihre persönlich haftenden Gesellschafter (nicht Kommanditisten!) anzusehen, Abs. 2 Ziff. 2. Dagegen fallen unter Ziff. 2 nicht mehrere Personenhandelsgesellschaften, die nur dadurch miteinander verbunden sind, daß ihnen dieselbe Person als persönlich haftender Gesellschafter angehört; es müßte dann schon gleichzeitig der Konzerntatbestand i. S. von Abs. 2 Ziff. 1 verwirklicht sein (vgl. Begründung der Regierungsvorlage zu § 19).

§ 20 Ausnahmen

(1) Die §§ 13 bis 18 gelten nicht für

1. *Kredite, die dem Bund, einem Sondervermögen des Bundes, einem Land, einer Gemeinde oder einem Gemeindeverband gewährt werden;*

2. *ungesicherte Forderungen an andere Kreditinstitute aus bei diesen unterhaltenen, nur der Geldanlage dienenden Guthaben, die spätestens in drei Monaten fällig sind; Forderungen eingetragener Genossenschaften an ihre Zentralkassen, von Sparkassen an ihre Girozentralen sowie von Zentralkassen und Girozentralen an ihre Zentralkreditinstitute können später fällig gestellt sein;*

3. *von anderen Kreditinstituten angekaufte Wechsel, die von einem Kreditinstitut angenommen, indossiert oder als eigene Wechsel ausgestellt sind, eine Laufzeit von höchstens drei Monaten haben und am Geldmarkt üblicherweise gehandelt werden;*

4. *abgeschriebene Kredite.*

(2) Die §§ 13, 14, 15 Abs. 1 Satz 1 Nr. 7 bis 11, § 16 Nr. 7 bis 9, §§ 17 und 18 gelten nicht für

1. *Kredite der in § 10 Abs. 2 Nr. 4 und 5 genannten Kreditinstitute, die im Rahmen der gesetzlichen oder satzungsmäßigen Vorschriften entweder im Realkreditgeschäft oder an juristische Personen des öffentlichen Rechts gewährt werden, wenn sie frühestens vier Jahre nach der Entstehung rückzahlbar sind oder einer regelmäßigen Tilgung unterliegen, die sich über mindestens vier Jahre erstreckt;*

2. *Kredite von Hypothekenbanken, die den Erfordernissen der §§ 11 und 12 des Hypothekenbankgesetzes entsprechen, sowie die in § 5 Abs. 1 Nr. 2 und 3 des Hypothekenbankgesetzes bezeichneten Darlehen;*

3. *Kredite von Schiffspfandbriefbanken, die den Erfordernissen der §§ 10 und 11 des Schiffsbankgesetzes entsprechen;*

4. Kredite anderer Kreditinstitute, die entweder im Realkreditgeschäft entsprechend den Erfordernissen der §§ 11 und 12 Abs. 1 und 2 des Hypothekenbankgesetzes oder an inländische Körperschaften des öffentlichen Rechts gewährt werden, wenn sie frühestens vier Jahre nach der Entstehung rückzahlbar sind oder einer regelmäßigen Tilgung unterliegen, die sich über mindestens vier Jahre erstreckt.

(3) § 14 gilt nicht für Kredite im Realkreditgeschäft, die frühestens vier Jahre nach der Entstehung rückzahlbar sind oder einer regelmäßigen Tilgung unterliegen, die sich über mindestens vier Jahre erstreckt, wenn die Kredite

1. von Versicherungsunternehmen gewährt werden und den Vorschriften des § 68 Abs. 1 Nr. 1 und Abs. 2 sowie des § 69 des Gesetzes über die Beaufsichtigung der privaten Versicherungsunternehmungen und Bausparkassen entsprechen;

2. von Sozialversicherungsträgern oder der Bundesanstalt für Arbeitsvermittlung und Arbeitslosenversicherung gewährt werden.

(4) § 13 gilt nicht für Kredite, soweit sie vom Bund, einem Sondervermögen des Bundes oder einem Land verbürgt oder von diesen in anderer Weise gesichert sind.

I. Ausnahmen von §§ 13 - 18 (Abs. 1)

(1)   Kredite an die öffentliche Hand werden durch Abs. 1 Ziff. 1 von den Bestimmungen der §§ 13—18 ausgenommen, weil der Gesetzgeber die Bonität des Bundes, eines Landes, einer Gemeinde oder eines Gemeindeverbandes unterstellt und weil die Verschuldung der öffentlichen Hand auf andere Weise leicht festgestellt werden kann. — Ausgenommen sind auch kurzfristige Geldanlagen bei Kreditinstituten (Ziff. 2). Die Forderungen müssen innerhalb der nächsten drei Monate fällig werden (vgl. über den Begriff der Fälligkeit § 271 BGB), es sei denn, es handle sich um Forderungen eingetragener Genossenschaften i. S. der §§ 1 ff. GenG an ihre Zentralkassen, um Forderungen von Sparkassen (d. h. von Kreditinstituten, die nicht nur i. S. von §§ 21 ff. das Spareinlagengeschäft betreiben, sondern auch i. S. von § 40 als Sparkassen firmieren) an ihre Girozentralen oder um Forderungen von Zentralkassen und Girozentralen an ihre Zentralkreditinstitute. — § 19 Abs. 1 Ziff. 3 wird dadurch eingeschränkt, daß die üblicherweise am Geldmarkt gehandelten Wechsel, die von einem Kreditinstitut angenommen, indossiert oder als Solawechsel ausgestellt sind, ebenfalls nicht unter den Kreditbegriff bzw. unter die Vorschriften der §§ 13—18 fallen (Ziff. 3). Unter Geldmarkt ist hier der offene Geldmarkt mit örtlich konzentrierter Marktorganisation zu verstehen, auf dem der Handel von Börsengeld in seinen verschiedenen Formen (Devisen, Ultimogeld etc.) und der Diskont von Bankakzepten (Verkehr in Primadiskonten) getätigt werden. — Ausgenommen sind schließlich Kredite, die

bis auf einen Merkposten abgeschrieben sind (Ziff. 4), weil für sie die Vorschriften über Groß-, Millionen- und Organkredite ebenfalls ihren Sinn verlieren.

II. Teilausnahmen von §§ 13 - 18 für Realkredit- und langfristige Kommunalkreditgeschäfte (Abs. 2)

1. Der Umfang der Freistellung

Nach der Art der Sicherung sind Realkredite und langfristige Kommunalkredite mit einem geringeren Risiko belastet als andere Kredite. Durch gesetzliche oder satzungsmäßige Vorkehrungen ist ferner bei speziellen Realkreditinstituten die Einhaltung bestimmter Beleihungsgrenzen sichergestellt. Deshalb können solche Kredite grundsätzlich von den Vorschriften über Groß-, Millionen- und Organkrediten freigestellt werden. Von den Vorschriften über Organkredite bleiben allerdings anwendbar § 15 Abs. 1 Ziff. 1—6 und Abs. 2 und § 16 Ziff. 1—6 und 10. Denn nach dem Sinn dieser Vorschriften kommt es nicht darauf an, ob die langfristigen Kredite im Rahmen bestimmter gesetzlicher oder satzungsmäßiger Grenzen gewährt werden (vgl. Begründung der Regierungsvorlage zu § 20). *(2)*

2. Die Art der ausgenommenen Kredite

Von den Vorschriften über Groß-, Millionen- und Organkredite sind im angegebenen Umfang (vgl. Anm. 2) ausgenommen: *(3)*

(1) Kredite öffentlicher Sparkassen (vgl. über den Begriff oben Anm. 10 zu § 10) und die Kredite von Kreditinstituten des öffentlichen Rechts (vgl. oben Anm. 11 zu § 10), die entweder im Rahmen des Realkreditgeschäfts (also gegen dingliche Sicherungen: Verpfändung oder Sicherungsübereignung von Wertpapieren, Waren oder anderen Mobilien, besonders aber von Immobilien) gewährt werden, oder bei denen Kreditnehmer juristische Personen des öffentlichen Rechts sind. Es muß sich um langfristige Kredite handeln, die frühestens nach vier Jahren zurückzahlbar sein dürfen, und auch da nur in Tilgungsraten, die sich über mindestens vier Jahre erstrecken.

Wenn der Rückzahlungsschuldner nach ein oder zwei Jahren kündigen und damit eine „Rückzahlbarkeit" i. S. von Abs. 2 Ziff. 1 und 4 vor vier Jahren herbeiführen kann, fallen die betreffenden Kreditgewährungen unter alle Vorschriften über Groß-, Millionen- und Organkredite; der Tatbestand des Abs. 2 Ziff. 1, der eine Befreiung zur Folge hätte, ist dann nicht verwirklicht. Ebenso müssen nach § 247 BGB auch langfristige Real- und Kommunalkredite, die an sich die in Abs. 2 Ziff. 1 und 4 aufgestellten Voraussetzungen erfüllen, unter alle Vorschriften über Groß-, Millionen-

und Organkredite fallen, wenn der vereinbarte Zinsfuß 6 % übersteigt
(und im Falle des Kommunalkredits nicht etwa die öffentliche Hand
Inhaber- oder Orderschuldverschreibungen ausstellt, § 247 Abs. 2 BGB),
vgl. auch oben Anm. 44, letzter Absatz zu § 1.

(4) (2) Kredite von Hypothekenbanken, die den Erfordernissen der §§ 11
und 12 HypBG entsprechen. Über den Begriff der Hypothekenbank vgl.
§ 1 HypBG. § 11 Abs. 1 HypBG sagt, welche Grundstücke beleihbar sind.
§ 11 Abs. 2 und § 12 HypBG bestimmen, in welcher Höhe die Beleihung
zulässig ist. Auch die in § 5 Abs. 1 Ziff. 2 und 3 HypBG bezeichneten Darlehen sind ausgenommen; das sind nicht hypothekarisch gesicherte Darlehen an inländische Körperschaften des öffentlichen Rechts, ferner nicht
hypothekarisch gesicherte Darlehen an irgendwelche Kreditnehmer gegen
Übernahme der vollen Gewährleistung durch eine inländische Körperschaft des öffentlichen Rechts, sowie schließlich Darlehen an inländische
Kleinbahnunternehmer gegen Verpfändung der Bahn.

(5) (3) Weiter fallen nicht unter §§ 13—18 (mit Ausnahme von § 15 Abs. 1
Ziff. 1—6 und Abs. 2 und § 16 Ziff. 1—6 und 10) die Kredite von Schiffspfandbriefbanken, die den Erfordernissen der §§ 10 und 11 des Schiffsbankgesetzes vom 8. IV. 1943 (RGBl I 241) i. d. F. des Gesetzes vom 18. XII.
1956 (BGBl I 925) entsprechen. Über den Begriff der Schiffspfandbrief-
bank vgl. § 1 des Schiffsbankgesetzes. § 10 Abs. 1 dieses Gesetzes sagt,
welche Schiffe beleihbar sind. § 10 Abs. 2 und 3 bestimmt, in welcher
Höhe die Beleihung zulässig ist. § 11 schließlich sagt, unter welchen Ver-
sicherungsbedingungen der Kredit gewährt werden kann.

(6) (4) Langfristige Real- und Kommunalkredite i. S. von Ziff. 1 (vgl. oben
Anm. 3), auch wenn sie nicht von öffentlichen Sparkassen oder öffentlich-
rechtlichen Kreditinstituten gewährt werden. Voraussetzung ist nur, daß
sich die Kreditinstitute faktisch an die entsprechenden Bestimmungen
der §§ 11 und 12 HypBG halten (vgl. oben Anm. 4). Die Einhaltung der
Beleihungsgrenzen wird dann bei diesen sonstigen Kreditinstituten nur im
Rahmen der allgemeinen Bankenaufsicht und, soweit es sich um genossenschaftliche Kreditinstitute handelt, durch genossenschaftliche Prüfungsverbände überwacht.

III. Ausnahmen von § 14 für Versicherungsunternehmen, Sozialversicherungsträger und die Bundesanstalt für Arbeitsvermittlung und Arbeitslosenversicherung (Abs. 3)

(7) Die angeführten Unternehmungen müssen nach § 2 Abs. 2 und Abs. 3
die Anzeigepflicht für Millionenkredite nach § 14 beachten (vgl. dazu und
über den Begriff und die Rechtsverhältnisse dieser Unternehmen Anm. 5

und 6 zu § 2). § 20 Abs. 3 befreit sie von der Anzeigepflicht nach § 14 (Millionenkredite), insoweit sie Kredite gewähren, für die gewöhnliche Kreditinstitute nach Abs. 2 von der Anzeigepflicht freigestellt wären. Die Voraussetzungen für die Freistellung der Kredite von Versicherungen, Sozialversicherungsträgern und der Bundesanstalt für Arbeitsvermittlung und Arbeitslosenfürsorge wurden also denen für die Freistellung von Sparkassenkrediten i. S. von Abs. 2 etc. angeglichen. Für Kredite von Versicherungsunternehmen wird zusätzlich vorausgesetzt, daß sie den Vorschriften des § 68 Abs. 1 Ziff. 1 und Abs. 2, sowie § 69 VAG entsprechen. § 68 Abs. 1 Nr. 1 VAG verlangt eine mündelsichere Anlage i. S. von § 1807 Abs. 1 Nr. 1—4 BGB oder i. S. landesgesetzlicher Vorschriften über die mündelsichere Anlage von Geld in Wertpapieren. § 68 Abs. 2 VAG erlaubt eine Anlage bei der Deutschen Bundesbank, einer Staatsbank, einer öffentlichen Bank oder Sparkasse oder, mit Zustimmung der Versicherungsaufsichtsbehörde, bei einer anderen geeigneten, inländischen Bank oder auch bei einem dem Versicherungsunternehmen nahestehenden Unternehmen. § 69 VAG sagt, welche Grundstücke beliehen werden können und bis zu welcher Höhe dies zulässig ist.

IV. Ausnahmen von § 13 (Abs. 4)

Die Vorschriften des § 13 über die Beschlußfassung und Anzeigepflicht (8) hinsichtlich der Großkredite gelten nicht, wenn das Kreditrisiko durch den Bund oder die Länder mit getragen wird. Die Freistellung reicht allerdings nur so weit wie die Bürgschaft oder sonstige Sicherung.

3. Sparverkehr

§ 21 Spareinlagen

(1) Spareinlagen sind Einlagen, die durch Ausfertigung einer Urkunde, insbesondere eines Sparbuches, als solche gekennzeichnet sind.

(2) Als Spareinlagen dürfen nur Geldbeträge angenommen werden, die der Ansammlung oder Anlage von Vermögen dienen; Geldbeträge, die zur Verwendung im Geschäftsbetrieb oder für den Zahlungsverkehr bestimmt sind, erfüllen diese Voraussetzungen nicht. Geldbeträge, die von vornherein befristet angenommen werden, gelten nicht als Spareinlage.

(3) Geldbeträge von juristischen Personen und Personenhandelsgesellschaften dürfen nur dann als Spareinlage angenommen werden, wenn die Voraussetzungen des Absatzes 2 dargetan sind. Dies gilt nicht für Geldbeträge von Einrichtungen, die gemeinnützigen, mildtätigen oder kirchlichen Zwecken dienen.

(4) Urkunden über Sparkonten dürfen ohne Einlage nicht ausgegeben werden. Die Urkunde ist dem Einleger auszuhändigen; sie darf nur in Ausnahmefällen bei dem Kreditinstitut hinterlegt werden. Verfügungen über Spareinlagen dürfen nicht durch Überweisung oder Scheck und nur gegen Vorlegung der Urkunde zugelassen werden. Bei voller Rückzahlung der Einlage ist die Urkunde zurückzufordern.

I. Begriff der Spareinlagen (Abs. 1)

(1) Spareinlagen sind durch zusätzliche Begriffselemente charakterisierte Einlagen. Über den Begriff Einlagen vgl. oben Anm. 1—25 zu § 1.

Einlagen werden zu Spareinlagen durch Ausfertigung einer Urkunde bestimmten Inhalts. Unter Urkunden versteht § 21 Abs. 1 schriftliche Urkunden, „Verkörperungen eines Gedankens durch übliche oder vereinbarte Zeichen" (Rosenberg, Lehrbuch des deutschen Zivilprozeßrechts, 8. Aufl. Berlin 1960 S. 525). Urkunden i. S. von § 21 Abs. 1 sind dann Schriftstücke, die bestimmt oder geeignet sind, Tatsachen von rechtserheblicher Bedeutung zu beweisen. Auf die Sparbücher oder auf die sonstigen Urkunden, die die Spareinlageneigenschaft der hereingenommenen Gelder zu beweisen geeignet oder bestimmt sind, können alle urkundenrechtlichen Bestimmungen angewandt werden, z. B. § 810 BGB über die Verpflichtung zur Vorlegung der Urkunden, §§ 415—444 ZPO über den Urkundenbeweis, §§ 267—281 StGB über die Urkundenfälschung u. a. m.

Die beurkundete Tatsache von rechtserheblicher Bedeutung ist die Spareinlageneigenschaft der Einlagen. Die Einlagen müssen in der Urkunde als Spareinlagen gekennzeichnet werden. Eine weitere materielle Begriffsvoraussetzung der Spareinlage kennt das KWG nicht. Auch Einlagen, die nicht die materiellen Voraussetzungen der Abs. 2 und 3 erfüllen, sind Spareinlagen, wenn sie im Sparbuch oder der sonstigen Urkunde als solche gekennzeichnet sind. Auf Grund der Bezeichnung als Spareinlagen und auf Grund der Beurkundung dieser Bezeichnung sind dann die Sondervorschriften des § 21 Abs. 2—4, des § 22 KWG und sonstiger, für Spareinlagen vorgesehener Bestimmungen anwendbar.

II. Materielle Voraussetzungen für die Bildung von Spareinlagen (Abs. 2 und 3)

Die Kreditinstitute dürfen als Spareinlagen nur Geldbeträge annehmen, (2) „die der Ansammlung oder Anlage von Vermögen dienen". Der Wille des Einlegers muß also dahin gehen, die Geldeinlage zur Vermögensansammlung oder als Anlage des Zinsertrags wegen zu machen, nicht zu Zwecken des Zahlungsverkehrs, nicht zur bloßen zeitweiligen, sicheren Verwahrung des Geldbetrages, nicht zur Verwendung im Geschäftsverkehr. Für die Qualifikation der Einlage als Spareinlage können die gleichen Merkmale herangezogen werden, die das Anlagevermögen vom übrigen Aktivvermögen unterscheiden, vgl. z. B. § 131 Abs. 4 AktG, § 149 Abs. 1 des Referentenentwurfs (Köln 1958, Bundesjustizministerium) und § 145 Abs. 1 des Regierungsentwurfs (BT-Drucks. 1915, 3. Wahlp.) zu einem neuen Aktiengesetz. Es kommt insbesondere auf die Absicht des Einlegers an, die Einlage dem Kreditinstitut nicht nur vorübergehend, kurzfristig, sondern für längere Zeit zu überlassen und sie nicht zur laufenden Befriedigung der Zahlungsverpflichtungen zu verwenden. Deshalb hat das Reichsaufsichtsamt z. B. ausgeführt, daß es „mit dem Begriff der Spareinlage unvereinbar sei, daß Gehalts-, Pensions- oder Rentenzahlungen über Sparkonto geführt" werden (Erlaß vom 3. VIII. 1940 i. d. F. der Änderungsbekanntmachung der Bankenaufsichtsbehörden von 15. XII. 1958, Hofmann-Dermitzel S. 247). Davon sind aber Ausnahmen möglich, wenn sie die materiellen Voraussetzungen längerfristiger Einlagen erfüllen (vgl. dazu ausführlich Begr. BT-Wirtschaftsausschuß zu §§ 21 und 22). Da für die Abgrenzung der Spareinlagen von den übrigen Einlagen hauptsächlich auf die Absicht des Einlegers abzustellen ist, können Abgrenzungs- und Beweisschwierigkeiten auftreten. Das Gesetz stellt deshalb eine Reihe von unwiderleglichen und widerleglichen Vermutungen auf:

Unwiderleglich ist die Vermutung, daß Geldbeträge, die zur Verwendung (3) im Geschäftsbetrieb oder für den Zahlungsverkehr bestimmt sind, nicht die materiellen Voraussetzungen für die Bildung von Spareinlagen erfüllen (Abs. 2 S. 1 2. Halbs.). Ist der Einleger nicht eine juristische Person oder Personenhandelsgesellschaft, so hat allerdings das Kreditinstitut die Beweislast dafür, daß eine als Spareinlage deklarierte Einlage der Verwendung im Geschäftsbetrieb oder dem Zahlungsverkehr zu dienen bestimmt ist (Abs. 3 S. 1 e contrario). Ist offensichtlich, daß die Einlagen keine Spareinlagen sein dürfen, so muß das Kreditinstitut die Einlage ablehnen; andernfalls werden Rückschlüsse auf die Zuverlässigkeit der Geschäftsleiter und Maßnahmen i. S. von § 36 möglich.

(4) Unwiderleglich ist ferner die Vermutung, daß Geldbeträge, die von vornherein befristet angenommen werden, nicht Spareinlagen sind (Abs. 2 S. 2). Die Zweckauslegung ergibt allerdings, daß nur kurzfristige Einlagen „befristete" Einlagen i. S. von Abs. 2 S. 2 sind. Für Einlagen, die auf länger als ein Jahr befristet werden (vgl. § 22 Abs. 2 S. 1), gilt die Vermutung des § 21 Abs. 2 S. 2 nicht. „Wenn ein Vater bei der Geburt seines Kindes eine Geldeinlage bis zum 15. Geburtstag des Kindes macht, so ist dies zweifellos, obwohl von vornherein zeitlich begrenzt, eine echte Spareinlage" (Reichardt S. 356). Die Ansammlung von Spargeldern zu einem zeitlich feststehenden Verwendungszweck wird durch Abs. 2 S. 2 nicht berührt (vgl. Begründung der Regierungsvorlage zu § 21). Über die gesetzlichen und über die vertraglich zulässigen Kündigungsfristen vgl. unten Anm. 1—3 zu § 22.

(5) Einlagen von juristischen Personen und Personenhandelsgesellschaften sind nach einfacher, widerleglicher, gesetzlicher Vermutung nicht als Spareinlagen anzusehen (vgl. im einzelnen oben Systematische Einführung S. 48). Die Beweislast wird durch Abs. 3 S. 1 umgekehrt: Die juristische Person oder die Personenhandelsgesellschaft muß dartun, daß es sich doch um Spareinlagen handelt, d. h. daß die Einlagen nicht zur Verwendung im Geschäftsbetrieb oder für den Zahlungsverkehr bestimmt sind, sondern der Ansammlung oder Anlage von Vermögen dienen, z. B. der Errichtung eines Pensionsfonds oder echter Rücklagen der Kommunen. Es genügt sogar, wenn der Sparcharakter der Einlage nicht im strengen Sinn „bewiesen", „nachgewiesen" wird, wie es ursprünglich der Entwurf der Bundesregierung verlangte, sondern „dargetan", glaubhaft gemacht, weil ein eigentlicher Nachweis in den meisten Fällen schwer zu führen sein wird.

Für juristische Personen, die gemeinnützigen, mildtätigen oder kirchlichen Zwecken dienen, gilt die Beweislastumkehrung nicht. Hier hätte das Kreditinstitut darzutun, daß die Einlagen nicht die materiellen Voraussetzungen von Spareinlagen erfüllen (Abs. 3 S. 2). Für Personenhandelsgesellschaften ist die gesetzliche Beweislastumkehrung von Abs. 3 S. 1 immer beachtlich, weil ihr Zweck auf den Betrieb eines Handelsgewerbes, nicht auf gemeinnützige, mildtätige oder kirchliche Zwecke gerichtet ist, selbst wenn der erzielte Gewinn zu solchen Zwecken verwendet werden soll. Über die Begriffe gemeinnützige, mildtätige und kirchliche Zwecke vgl. die Legaldefinitionen in §§ 17—19 Steueranpassungsgesetz vom 16. X. 1934 (RGBl I 925) i. d. F. der Änderungsgesetze vom 11. VII. 1953 (BGBl I 511), 26. VII. 1957 (BGBl I 848) und 18. VII. 1958 (BGBl I 473) und die Gemeinnützigkeitsverordnung vom 24. XII. 1953 (BGBl I 1592). Für Einzelkaufleute und Einzelgewerbetreibende gilt die Nachweispflicht auf Grund der Beweislastumkehrung des Abs. 3 S. 1 nicht.

III. Vorschriften über die Urkunde (Sparbuch) (Abs. 4)

(6) Die Sparbücher werden in der Regel als qualifizierte Legitimationspapiere i. S. des § 808 BGB ausgestellt, manchmal auch als reine Inhaberpapiere oder als einfache Legitimationspapiere. Abs. 4 S. 1 verbietet die Ausgabe sogenannter Gefälligkeitssparbücher durch die Kreditinstitute, die z. B. bei anderen Kreditinstituten als Kreditgrundlage benützt werden könnten (vgl. Reichardt Anm. 9 zu § 22). Ein Sparbuch oder eine sonstige Urkunde über Sparkonten darf nur ausgestellt und ausgehändigt werden, wenn und soweit eine Einzahlung in bar oder durch Überweisung usw. geleistet worden ist. Ein Verstoß gegen diese Bestimmung kann Straffolgen nach § 56 Abs. 1 Ziff. 6 und § 56 Abs. 2 nach sich ziehen.

Das Sparbuch oder die sonstige Urkunde ist dem Einleger auszuhändigen, **(7)** Abs. 4 S. 2. Das heißt nicht, daß sie nicht auch einem Dritten übergeben werden dürfte, wenn die Einlage für Rechnung eines Dritten gemacht wurde (z. B. Geschenksparbücher). Durch Abs. 4 S. 2 ist lediglich vorgeschrieben, daß das Sparbuch nur in Ausnahmefällen, und sei es auch nur zur Verwahrung, beim Kreditinstitut verbleiben darf.

Während Abs. 2 S. 1 2. Halbs. dafür sorgt, daß Spareinlagen nicht zum **(8)** Zwecke des Zahlungsverkehrs bewirkt werden, verbietet Abs. 4 S. 3 die Verfügung über einmal bewirkte Spareinlagen durch Überweisung oder Scheck. Ein Verstoß gegen diese Vorschrift hat zwar nicht die Ungültigkeit der Überweisung zur Folge, das Kreditinstitut wäre aber verpflichtet gewesen, die Überweisung oder Verfügung vermittels Scheck abzulehnen, und es macht sich durch die Zuwiderhandlung u. U. nach § 56 Abs. 1 Ziff. 6 i. V. mit § 56 Abs. 2 strafbar.

Keine Überweisung liegt vor, wenn das Kreditinstitut auf dem Sparkonto des Einlegers mit dessen Einverständnis eigene Forderungen gegen den Einleger begleicht: Beträge, welche das Kreditinstitut als Gläubigerin zu fordern hat, z. B. regelmäßige Zahlungen von Hypothekenzinsen, Tilgungsraten, Depotgebühren, Tresormiete, können dem Sparkonto ohne Vorlegung des Buches belastet werden (Erlaß des Reichsaufsichtsamts vom 3. VIII. 1940, Hofmann-Dermitzel S. 247). Daueraufträge zu Lasten von Sparkonten sind aber unzulässig; Überweisungen des Einlegers an sich selbst sind unter bestimmten Voraussetzungen möglich (vgl. Erlaß des Reichsaufsichtsamts aaO).

Verfügungen über Spareinlagen sind nur unter Vorlegung des Sparbuches **(9)** oder der sonstigen Urkunde zulässig, Abs. 4 S. 3. Davon konnten die Kreditinstitute nach altem Recht bei Verlust des Sparbuches eine Ausnahme machen, wenn ein Aufgebot sich wegen der Geringfügigkeit der Einlage nicht lohnte (vgl. Erlaß des Reichsaufsichtsamts aaO). Ein Rechtsanspruch des Einlegers auf Auszahlung bestand aber nicht. Durfte nicht ohne Vorlage des Sparbuches ausgezahlt werden, so konnte nur das gerichtliche Aufgebotsverfahren i. S. der §§ 1003—1024 ZPO zum Zwecke der Kraftloserklärung von abhanden gekommenen oder vermißten Urkunden eingeleitet werden. Dieselbe Rechtslage dürfte nach neuem KWG gelten, wenn dies auch Abs. 4 S. 3 nicht ausdrücklich sagt.

13 Zimmerer-Schönle

Unter Verfügung i. S. von Abs. 4 S. 3 ist nur die Auszahlung von Spareinlagen zu verstehen. Eine Verpflichtung, auch bei Einzahlungen auf das Sparkonto das Sparbuch vorzulegen, kennt das KWG nicht, ebensowenig ein Verbot, dem Sparkonto Beträge gutzubringen, die nicht in bar eingezahlt werden, sondern im Überweisungswege eingehen (Reichardt Anm. 13 zu § 22).

§ 22 Kündigung und Rückzahlung

(1) Die Kündigungsfrist für Spareinlagen beträgt drei Monate (gesetzliche Kündigungsfrist). Von Spareinlagen mit gesetzlicher Kündigungsfrist können ohne Kündigung bis zu eintausend Deutsche Mark für jedes Sparkonto innerhalb von dreißig Zinstagen zurückgefordert werden.

(2) Für Spareinlagen kann eine längere Kündigungsfrist als die gesetzliche vereinbart werden; sie muß mindestens sechs Monate betragen. In diesem Fall ist die Kündigung frühestens sechs Monate nach der Einzahlung der Spareinlage zulässig.

(3) Werden Spareinlagen ausnahmsweise vorzeitig zurückgezahlt, so ist der zurückgezahlte Betrag als Vorschuß zu verzinsen. Die Sollzinsen müssen die zu vergütenden Habenzinsen um mindestens ein Viertel übersteigen. Die Berechnung von Vorschußzinsen kann im Falle einer wirtschaftlichen Notlage des Berechtigten unterbleiben.

(4) Der jeweils geltende Zinssatz für Spareinlagen ist durch Aushang im Kassenraum ersichtlich zu machen.

I. Gesetzliche Kündigungsfrist (Abs. 1)

(1)   Ist keine Kündigungsfrist für die Rückzahlung der Spareinlagen vereinbart, so beträgt sie kraft Gesetzes drei Monate. Für den Anfang und das Ende der Frist sind §§ 187 und 188 BGB maßgeblich. Beträge bis zu insgesamt 1000,— DM können innerhalb von 30 Zinstagen ohne Kündigung sofort zurückgefordert werden (Abs. 1 S. 2). Voraussetzung ist, daß keine vertragliche Kündigungsfrist vereinbart wurde. Unter Zinstagen sind alle Tage zu verstehen, für die die Geldeinlage verzinst wird, d. h. nach neuem KWG grundsätzlich alle Tage mit Ausnahme des Einlage- und des Abhebungstages (anders § 23 Abs. 2 KWG 1939). Die Kündigung ist die (hier formlose) einseitige, empfangsbedürftige Gestaltungserklärung des Einlegers, durch die das Darlehensverhältnis zwischen Sparer und Kreditinstitut zu einem bestimmten Zeitpunkt aufgehoben und die Rückzahlungspflicht des Kreditinstituts i. S. von § 607 Abs. 1 BGB fällig wird. Die Abhebung bis zu 1000,— DM ohne Kündigung ist für „jedes Sparkonto" möglich. Daraus geht hervor, daß derselbe Einleger mehrere Sparkonten bei mehreren Kreditinstituten und auch beim selben Kreditinstitut unterhalten kann (vgl. auch Erlaß des Reichsaufsichtsamts vom 3. VIII. 1940, Ziff. 2 g. Abs. 2 zu § 23 Abs. 3, Hofmann-Dermitzel S. 251).

II. Die vertragliche Kündigungsfrist (Abs. 2)

Die Vereinbarung einer kürzeren Kündigungsfrist als der gesetzlichen, ja **(2)**
sogar die Vereinbarung einer geringeren Frist als 6 Monate, ist unzulässig (Abs. 2 S. 1 e contrario) und deshalb i. V. mit § 134 BGB nichtig.
Bei einer vertraglich vereinbarten Kündigungsfrist von 6 Monaten oder
mehr kann außerdem frühestens 6 Monate nach der Einzahlung der Spareinlage auf das Ende der nächsten 6 Monate oder mehr gekündigt werden, Abs. 2 S. 2. Damit wird verhindert, daß aus der sechsmonatigen Kündigungsfrist eine gleich lange Festlegungsfrist wird. Spareinlagen mit
Festgeldcharakter können nur für ein Jahr und mehr vereinbart werden,
vgl. oben Anm. 4 zu § 21.

III. Vorzeitige Rückzahlungen (Abs. 3)

Rückzahlungen vor Fälligkeit setzen einen abändernden Vertrag i. S. von **(3)**
§ 305 BGB, also das Einverständnis beider Parteien, voraus. Das Kreditinstitut muß dann grundsätzlich für den zurückgezahlten Betrag Zinsen
berechnen, die um mindestens ¼ die für die Spareinlagen zu vergütenden
Habenzinsen zu übersteigen haben. Die Abhebungen qualifizieren sich als
Vorschüsse auf die später fällig werdenden Rückzahlungsverpflichtungen
des Kreditinstituts. Da sie nicht mit einer Verpflichtung zur Rückerstattung
gegeben werden, sind sie auch nicht etwa Kredite i. S. von § 19, auf die
die §§ 13—18 anwendbar wären. Die Vorschußzinsen werden als Sollzinsen von dem Tage an berechnet, an dem der noch nicht fällige Betrag
abgehoben wird, auch wenn die Habenzinsen erst später zu laufen beginnen (vgl. Erlaß des Reichsaufsichtsamts vom 3. VIII. 1940, Ziff. 2 f. zu
§ 23 Abs. 3 — eine Regelung, die nach dem KWG 1939, wo Habenzinsen
erst mit dem 15. Tage nach der Einzahlung vergütet wurden, von größerer
Bedeutung war als nach dem neuen KWG, wo die Verzinsung grundsätzlich schon am Tage nach der Einlage beginnt). Verstöße gegen die grundsätzliche Verzinsungspflicht der Rückzahlungsvorschüsse fallen unter die
Bußgeldvorschrift des § 56 Abs. 1 Ziff. 6 und Abs. 2.

Im Falle einer wirtschaftlichen Notlage des Einlegers kann die Berechnung von Vorschußzinsen für Abhebungen vor Fälligkeit unterbleiben,
Abs. 3 S. 2. Das KWG ging damit nicht soweit wie § 1 Abs. 3 Ziff. 2 des
Sparprämiengesetzes vom 5. V. 1959 (BGBl I 241). Danach ist eine Prä-
mienbegünstigung trotz vorzeitiger Rückzahlung der Sparbeträge nur im
Todesfall oder bei völliger Erwerbslosigkeit möglich — eine Verschärfung,
die nur durch die besonderen steuerlichen Vorteile, die das Sparprämiengesetz gewährt, gerechtfertigt ist.

IV. Die Bekanntmachung der Zinssätze (Abs. 4)

Während für Spareinlagen zu vergütende Zinssätze nach § 22 Abs. 5 **(4)**
KWG 1939 im Sparbuch an auffallender Stelle ersichtlich zu machen und

die Eintragungen gegebenenfalls bei der nächsten Abhebung oder Einzahlung zu berichtigen waren, muß der Zinssatz nach § 22 Abs. 4 des neuen KWG nur durch Aushang im Kassenraum ersichtlich gemacht werden. Abs. 4 soll die ausreichende Unterrichtung der Sparer über den Sparzins sichern.

4. Zinsen, Provisionen und Werbung

§ 23

(1) Durch Rechtsverordnung können Anordnungen für die Kreditinstitute über die Bedingungen erlassen werden, zu denen Kredite gewährt und Einlagen entgegengenommen werden dürfen. Die Anordnungen sollen für die Zinsen und Provisionen, die im Zusammenhang mit der Gewährung von Krediten oder der Entgegennahme von Einlagen berechnet werden, Grenzen festsetzen; diese sind so zu bemessen, daß die kreditpolitischen Maßnahmen der Deutschen Bundesbank unterstützt werden und die Funktionsfähigkeit des Kreditgewerbes gewahrt bleibt. Dabei ist darauf Bedacht zu nehmen, daß eine der gesamtwirtschaftlichen Entwicklung angemessene Kreditversorgung gesichert und die Spartätigkeit gefördert wird. Die Rechtsverordnungen werden vom Bundesminister für Wirtschaft im Benehmen mit der Deutschen Bundesbank erlassen. Der Bundesminister für Wirtschaft kann diese Ermächtigung auf das Bundesaufsichtsamt mit der Maßgabe übertragen, daß Rechtsverordnungen des Bundesaufsichtsamtes nur im Einvernehmen mit der Deutschen Bundesbank ergehen.

(2) Um Mißständen bei der Werbung der Kreditinstitute zu begegnen, kann das Bundesaufsichtsamt bestimmte Arten der Werbung untersagen.

(3) Vor dem Erlaß von Rechtsverordnungen nach Absatz 1 und vor allgemeinen Maßnahmen nach Absatz 2 sind die Spitzenverbände der Kreditinstitute und, soweit sich die Rechtsverordnung auf die Habenzinsen bezieht oder eine allgemeine Maßnahme nach Absatz 2 getroffen wird, auch die Deutsche Bundespost zu hören.

Das KWG verzichtet auf eine detaillierte Regelung der Konditionen der Kreditinstitute. Die Zins-, Provisions- und Wettbewerbsregelung soll durch Erlaß von Rechtsverordnungen getroffen werden, Abs. 1, nicht mehr, wie nach § 36 KWG 1939, durch ministerielle Allgemeinverbindlichkeitserklärung allgemeiner Geschäftsbedingungen des Kreditgewerbes. Durch Allgemeinverfügung kann nur noch das Bundesaufsichtsamt bestimmte Arten der Werbung untersagen, Abs. 2. **(1)**

I. Der Erlaß von Rechtsverordnungen (Abs. 1 und 3)

Inhalt der Rechtsverordnungen sind „Anordnungen für die Kreditinstitute über die Bedingungen, zu denen Kredite gewährt und Einlagen entgegengenommen werden dürfen" (Abs. 1 S. 1). Das heißt, die Rechtsverordnung kann vorschreiben, zu welchen Zins-, Provisions- und Wettbewerbsbedingungen ein Kreditinstitut mit Dritten Verträge über Kreditgewährung und Einlagenannahme abschließen soll. Über die Kreditgewährung vgl. oben Anm. 26—29 zu § 1; über die Einlagenannahme Anm. 21—25 zu § 1. Ein Verstoß gegen die Rechtsverordnung hat nicht Nichtigkeit des Kredit- **(2)**

oder Einlagengeschäfts wegen § 134 BGB zur Folge, weil das Rechtsgeschäft nicht i. S. von § 134 BGB gegen ein gesetzliches „Verbot" verstößt, sondern gegen eine gesetzliche „Anordnung". Rechtsfolge der Zuwiderhandlung ist vielmehr Ordnungswidrigkeit, die eventuell auf Grund von § 56 Abs. 1 Ziff. 2 und Abs. 2 eine Ahndung mit Geldbuße zur Folge haben kann und unter Umständen Rückschlüsse auf die Zuverlässigkeit der Geschäftsleiter des Kreditinstituts und Maßnahmen i. S. von § 36 erlaubt.

(3) Die Rechtsverordnungen sollen nur Rahmenvorschriften für die Zins- und Provisionskonditionen der Kreditinstitute enthalten, also Höchst- und Mindestsätze, die im übrigen die kreditpolitischen Maßnahmen der Deutschen Bundesbank unterstützen und die Funktionsfähigkeit des Kreditgewerbes wahren sollen (Abs. 1 S. 2). Über das kreditpolitische Instrumentarium der Deutschen Bundesbank vgl. §§ 15, 16, 19 und 21 DBBG. Über die Rücksicht auf die Funktionsfähigkeit des Kreditgewerbes bestimmt Abs. 1 S. 3 das Nähere: Es ist darauf Bedacht zu nehmen, daß mit den Zins- und Provisionsrahmensätzen eine der gesamtwirtschaftlichen Entwicklung angemessene Kreditversorgung gesichert und die Spartätigkeit gefördert wird. Vgl. zur Zielsetzung der Rechtsverordnungen im einzelnen Begründung der Regierungsvorlage zu § 23; über die praktischen und sachlich angemessenen Möglichkeiten vgl. oben Systematische Einführung, 10. Zinsen, Provisionen und Werbung.

(4) Die Rechtsverordnungen i. S. von Abs. 1 S. 1, 2 und 3 erläßt der Bundesminister für Wirtschaft. Er kann seine Verordnungsermächtigung auf das Bundesaufsichtsamt übertragen; dazu bedarf es einer eigenen Rechtsverordnung, Art. 80 Abs. 1 S. 4 GG. Über die Gründe der Delegationsmöglichkeit vgl. Begr. BT-Wirtschaftsausschuß zu § 23. Der Bundesminister für Wirtschaft oder gegebenenfalls das Bundesaufsichtsamt hat die Rechtsverordnung im Einvernehmen mit der Deutschen Bundesbank zu erlassen. Für die Mitwirkung der Deutschen Bundesbank gelten die §§ 12 und 13 DBBG bzw. § 7 KWG. Eine unmittelbare Ermächtigung der Deutschen Bundesbank zum Erlaß der Rechtsverordnungen, die vielleicht sachlich gerechtfertigt gewesen wäre, ist nach Art. 80 Abs. 1 Satz 1 GG ausgeschlossen. Vor Erlaß der Rechtsverordnungen sind die Spitzenverbände der Kreditinstitute und gegebenenfalls die Deutsche Bundespost anzuhören, Abs. 3. Die Rolle der Spitzenverbände ist damit wesentlich geringer als nach § 36 KWG 1939, wo festgelegt war, daß grundsätzlich nur ihre eigenen allgemeinen Geschäftsbedingungen vom Reichswirtschaftsminister für allgemein verbindlich erklärt werden konnten. Über die Ratio legis der Änderung vgl. Begründung der Regierungsvorlage zu § 23.

(5) Die Rechtsverordnungen haben wettbewerbsbeschränkenden Charakter, fallen aber als Hoheitsakte nicht unter das Gesetz gegen Wettbewerbs-

beschränkungen. Soweit die Kreditinstitute wettbewerbsbeschränkende Absprachen treffen, die nicht durch Rechtsverordnungen oder Maßnahmen nach § 23 gedeckt sind, gilt die Meldepflicht nach § 102 des Gesetzes gegen Wettbewerbsbeschränkungen vom 27. VII. 1957 (BGBl I 1081). Vgl. im einzelnen oben, Systematische Einführung *S. 52* und Begr. BT-Wirtschaftsausschuß zu § 23.

II. Allgemeine Maßnahmen des Bundesaufsichtsamtes (Abs. 2)

Das Bundesaufsichtsamt kann bestimmte Arten der Werbung durch Verwaltungsakt untersagen, Abs. 2. Zweck der allgemeinen Maßnahmen des Bundesaufsichtsamts muß die Beseitigung von Mißständen bei der Werbung der Kreditinstitute sein. Über Beispiele vgl. oben Systematische Einführung S. 59. Für das Verfahren gilt ebenfalls die Pflicht zur Anhörung der Spitzenverbände der Kreditinstitute nach Abs. 3.　　(6)

5. Besondere Pflichten der Kreditinstitute

§ 24 Anzeigen

(1) Die Kreditinstitute haben dem Bundesaufsichtsamt und der Deutschen Bundesbank unverzüglich anzuzeigen

1. *die Bestellung eines Geschäftsleiters und die Ermächtigung einer Person zur Einzelvertretung des Kreditinstituts in dessen gesamten Geschäftsbereich unter Angabe der Tatsachen, die für die Beurteilung der Zuverlässigkeit und der fachlichen Eignung wesentlich sind,*

2. *das Ausscheiden eines Geschäftsleiters sowie die Entziehung der Befugnis zur Einzelvertretung des Kreditinstituts in dessen gesamten Geschäftsbereich,*

3. *die Übernahme einer dauernden Beteiligung an einem anderen Kreditinstitut,*

4. *die Änderung der Rechtsform, soweit nicht bereits eine Erlaubnis nach § 32 Abs. 1 erforderlich ist,*

5. *Kapitalveränderungen, die in öffentliche Register eingetragen werden müssen,*

6. *die Verlegung der Niederlassung oder des Sitzes,*

7. *die Errichtung, die Verlegung und die Schließung einer Zweigstelle,*

8. *die Einstellung des Geschäftsbetriebes.*

(2) Hat ein Kreditinstitut die Absicht, sich mit einem anderen Kreditinstitut zu vereinigen, so hat es dies dem Bundesaufsichtsamt und der Deutschen Bundesbank rechtzeitig anzuzeigen.

I. „Unverzügliche" Anzeigen (Abs. 1)

(1) Abs. 1 verpflichtet die Kreditinstitute, sowohl dem Bundesaufsichtsamt in Berlin (§ 5 Abs. 1 S. 1) als auch der Deutschen Bundesbank in Frankfurt § 2 S. 3 DBBG) die in Ziff. 1—8 aufgezählten Tatbestände „unverzüglich" anzuzeigen. Über den Begriff „unverzüglich" vgl. oben Anm. 2 zu § 13 und Anm. 14 zu § 15. Die Straffolgen eines Verstoßes gegen die Anzeigepflicht regelt § 56 Abs. 1 Ziff. 4 und Abs. 2. Außerdem kann die Möglichkeit der Abberufung von Geschäftsleitern nach § 36 von Bedeutung werden. — Von den Anzeigepflichten nach Abs. 1 Ziff. 1, 2, 4 und 5 (nicht von der Anzeigepflicht nach Ziff. 3!) kann allgemein für alle Kreditinstitute oder für bestimmte Arten oder Gruppen sowie für einzelne Kreditinstitute Befreiung erteilt werden, vgl. § 31 Abs. 1 Ziff. 1 und Abs. 2.

(2) Nach Ziff. 1 ist zunächst die Bestellung eines Geschäftsleiters unverzüglich anzuzeigen. Über den Begriff des Geschäftsleiters vgl. oben § 1 Abs. 2

und Anm. 52 ff. zu § 1. — Auch die Personen, die nicht Geschäftsleiter sind, aber zur Einzelvertretung des Kreditinstituts ermächtigt wurden, müssen dem Bundesaufsichtsamt und der Deutschen Bundesbank gemeldet werden. Gedacht ist vor allem an Prokuristen und Handlungsbevollmächtigte i. S. von §§ 48 ff. und § 54 HGB. Einzelvertretung ist nicht notwendig Alleinvertretung; sie kann neben der Einzelvertretungs- und -geschäftsführungsbefugnis anderer Personen stehen (ähnlich wie die konkurrierende Einzelvertretungs- und -geschäftsführungsbefugnis von OHG-Gesellschaftern i. S. von § 125 Abs. 1 und § 115 Abs. 1 HGB) und ist anzeigepflichtig. Die Erteilung einer gemeinschaftlichen Vertretungsbefugnis (z. B. i. S. der Gesamtprokura nach § 48 Abs. 2 HGB oder i. S. der Gesamtvertretung nach § 125 Abs. 2 Satz 1 HGB) braucht nicht angezeigt zu werden.

Unter die Anzeigepflicht fallen nur Ermächtigungen zur Einzelvertretung des Kreditinstituts „in dessen gesamten Geschäftsbereich". Eine Handlungsvollmacht „zur Vornahme einer bestimmten zu einem Handelsgewerbe gehörigen Art von Geschäften" (z. B. zur Unterzeichnung von Krediteröffnungsverträgen) oder „zur Vornahme einzelner zu einem Handelsgewerbe gehöriger Geschäfte" (z. B. zur Vertretung des Kreditinstituts in einem Rechtsstreit) i. S. von § 54 HGB braucht nicht angezeigt zu werden. Die Kreditinstitute müssen dem Bundesaufsichtsamt und der Deutschen Bundesbank dem Wortlaut des § 24 Abs. 1 Ziff. 1 nach auch die Erteilung einer Filialprokura i. S. von § 50 Abs. 3 HGB nicht anzeigen, weil die Filialprokura nicht „zur Einzelvertretung des Kreditinstituts in dessen gesamten Geschäftsbereich" ermächtigt. Dem entspricht der Wille des Gesetzgebers, der einen Vorschlag des Bundesrats ablehnte, auch die Bestellung und Abberufung von Zweigstellenleitern wenigstens nach dem Ermessen der Aufsichtsbehörde anzeigepflichtig zu machen (vgl. BRat-Stellgn. und BReg.-Stellgn. zu § 23).

Ist eine Anzeigepflicht begründet, so erstreckt sie sich auch auf die Tatsachen, die für die Beurteilung der Zuverlässigkeit und der fachlichen Eignung der Geschäftsleiter und Vertreter i. S. von § 33 wesentlich sind.

Ziff. 2 verpflichtet zur unverzüglichen Anzeige des Ausscheidens eines **(3)** Geschäftsleiters, z. B. eines geschäftsführungs- und vertretungsberechtigten OHG-Gesellschafters i. S. von §§ 138—140 HGB i. V. mit §§ 736 ff. BGB. Auch der Tod eines Geschäftsleiters ist anzuzeigen; vgl. dazu auch die Sondervorschrift des § 34. — Ebenso muß die Entziehung der Einzelvertretungsbefugnis von Personen, die nicht Geschäftsleiter sind, gemeldet werden, sowohl ein vollständiges Erlöschen der Vollmacht als auch eine bloße Beschränkung der Einzelvertretungsbefugnis auf bestimmte Geschäfte oder Geschäftsbereiche.

Die Übernahme einer dauernden Beteiligung an einem anderen Kredit- **(4)** institut ist nach Ziff. 3 anzeigepflichtig. Über den Begriff „dauernde Betei-

ligung" vgl. oben Anm. 2 zu § 12. Über den Begriff Kreditinstitut vgl.
§ 1 Abs. 1 und Anm. 1—51 zu § 1.

(5)   Ziff. 4 verlangt eine unverzügliche Anzeige bei Änderung der Rechtsform
des Kreditinstituts, soweit nicht bereits eine Erlaubnis nach § 32 Abs. 1
erforderlich ist. Nach § 32 Abs. 1 ist eine Erlaubnis immer dann erforderlich, wenn eine neue juristische Person das Kreditinstitut fortsetzt oder
wenn ein Gesellschafter in eine Personenhandelsgesellschaft eintritt, der
das Kreditinstitut i. S. von § 32 mit-„betreiben" will; ferner dann, wenn
ein von einer Personenhandelsgesellschaft betriebenes Kreditinstitut auf
andere Bankgeschäfte umgestellt oder erweitert werden soll, für die bisher eine Beschränkung i. S. von § 32 Abs. 2 beachtlich war. Unter Abs. 1
Ziff. 4 fallen z. B. das Ausscheiden des einzigen Kommanditisten und, da
der Kommanditist keiner Erlaubnis nach § 32 bedarf, die Aufnahme eines
Kommanditisten durch eine Einzelfirma oder eine offene Handelsgesellschaft (vgl. Begründung der Regierungsvorlage zu § 24).

(6)   Unverzüglich anzuzeigen sind nach Ziff. 5 ferner Kapitalveränderungen,
die in öffentliche Register eingetragen werden müssen. Die historische
Auslegung (vgl. Reichardt Anm. 9 zu § 8) ergibt, daß nur an Veränderungen an der Eigenkapitalausstattung (i. S. von § 10 Abs. 2) gedacht ist,
z. B. an Kapitalerhöhungen oder -herabsetzungen von Aktiengesellschaften (§§ 151, 155, 162, 176, 180 AktG) und Gesellschaften mit beschränkter
Haftung (§§ 57, 58 GmbHG), auch an Erhöhungen oder Herabsetzungen
der Kommanditsummen oder an den Neueintritt von Kommanditisten
(§§ 162, 175 HGB, vgl. auch oben Anm. 5) und an das Ausscheiden von
Genossen oder die Erhöhung ihres Geschäftsanteils (§§ 15, 16, 69 und 73
GenG). Nicht anzumelden sind dagegen die Veränderungen im Eigenkapital eines Einzelbankiers und einer offenen Handelsgesellschaft, weil sie
nicht in das Handelsregister eingetragen werden müssen. Änderungen des
Dotationskapitals öffentlich-rechtlicher Kreditinstitute, die Unternehmen
der Bundesrepublik, eines Landes, eines Kommunalverbandes oder einer
Gemeinde sind, brauchen nicht angezeigt zu werden, weil § 36 HGB i. V.
mit § 142 FGG die Eintragungsfähigkeit, nicht aber die Eintragungspflicht
begründet. Änderungen des Dotationskapitals anderer öffentlich-rechtlicher
Kreditinstitute sind anzeigepflichtig nach § 33 Abs. 1 HGB i. V. mit § 24
Abs. 1 Ziff. 5 KWG, wenn die Höhe des Dotationskapitals in die Satzung
der juristischen Person aufgenommen wurde.

(7)   Ziff. 6 verlangt die unverzügliche Anzeige einer Verlegung der Niederlassung oder des Sitzes (vgl. über die damit zusammenhängenden Rechts-
fragen §§ 13—13c HGB, §§ 35—38 AktG, § 14 GenG u. a. m.; über Zweigniederlassungen ausländischer Unternehmen vgl. § 53 KWG). Nach Ziff. 7
ist die Errichtung, die Verlegung und die Schließung einer Zweigstelle
dem Bundesaufsichtsamt und der Deutschen Bundesbank zu melden (über
den Unterschied zwischen Sitz, Hauptniederlassung, Zweigniederlassung

und Zweigstelle vgl. Würdinger Anm. 1—13 zu § 13). Ziff. 8 verlangt unverzügliche Anzeige der Einstellung des Geschäftsbetriebs (vgl. dazu auch § 35 Abs. 2 Ziff. 2). Zur Einstellung gehört nicht nur die rein tatsächliche Nichtausübung, sondern auch der Wille zur Nichtwiederaufnahme der Geschäftstätigkeit.

II. „Rechtzeitige" Anzeigen (Abs. 2)

Die Absicht eines Kreditinstituts, sich mit einem anderen Kreditinstitut zu vereinen, ist dem Bundesaufsichtsamt und der Deutschen Bundesbank rechtzeitig anzuzeigen. „Vereinigung" bedeutet Aufgabe der rechtlichen Selbständigkeit mindestens eines der beiden Kreditinstitute durch Verschmelzung oder Vermögensübernahme. Für Aktiengesellschaften gilt die Legaldefinition des § 233 AktG. „Rechtzeitig" heißt: vor Durchführung der Fusion, wenn die maßgebenden Organe der Kreditinstitute die Verschmelzungsabsicht bekundet haben, nicht notwendig „unverzüglich" i. S. von Abs. 1 (vgl. oben Anm. 1). Die Verletzung der rechtzeitigen Anzeigepflicht zieht nicht, wie u. U. die Verletzung der unverzüglichen Anzeigepflicht nach Abs. 1, Straffolgen nach sich, kann aber im Rahmen des § 36 Bedeutung gewinnen. (8)

§ 25 Monatsausweise

(1) Die Kreditinstitute haben unverzüglich nach Ablauf eines jeden Monats der Deutschen Bundesbank Monatsausweise einzureichen. Werden nach § 18 des Gesetzes über die Deutsche Bundesbank monatliche Bilanzstatistiken durchgeführt, so gelten die hierzu einzureichenden Meldungen auch als Monatsausweise nach Satz 1.

(2) Die Deutsche Bundesbank leitet die Monatsausweise mit ihrer Stellungnahme an das Bundesaufsichtsamt weiter; dieses kann auf die Weiterleitung bestimmter Monatsausweise verzichten.

I. Die Pflicht zur Einreichung von Monatsausweisen (Abs. 1)

Nach Ablauf jedes Monats haben die Kreditinstitute der Deutschen Bundesbank unverzüglich Monatsausweise einzureichen (Abs. 1 S. 1). Über den Begriff „unverzüglich" vgl. Anm. 2 zu § 13 und Anm. 14 zu § 15. Über den Begriff Kreditinstitut vgl. § 1 Abs. 2 und Anm. 1—51 zu § 1. Der Begriff „Monatsausweis" ist im KWG nicht allgemein definiert. Nach § 20 KWG 1939 waren Monatsausweise für bestimmte Kreditinstitute vorgeschrieben. Die Auslegung von § 20 KWG 1939 ergibt, daß unter Monatsausweisen grundsätzlich monatliche Zwischen-Rohbilanzen zu verstehen waren. Allerdings hatte das Reichsbankdirektorium von seinem Recht, nach § 20 Abs. 2 KWG 1939 nähere Vorschriften über die Monatsausweise (1) zu erlassen, nicht Gebrauch gemacht. Dagegen hat das Reichsaufsichtsamt für das Kreditwesen in Art. 5 §§ 1—3 der 16. Bekanntmachung vom 4. XII. 1939, RAnz. Nr. 288 (Salzmann-Eibl 406 c) Anordnungen über die Form der Rohbilanzen und Monatsausweise getroffen. Die Vorschriften über Monatsausweise wurden aber, jedenfalls nach dem Kriege, nicht angewandt. Vielmehr reichten die Kreditinstitute auf Grund von Anordnungen, die ursprünglich die Bank deutscher Länder gemäß Art. III Nr. 17 des Gesetzes über die Bank deutscher Länder, später die Deutsche Bundesbank nach § 18 DBBG getroffen hatte, monatliche statistische Meldungen ein. § 25 Abs. 1 S. 2 KWG legalisiert diese Übung, indem er kraft gesetzlicher Fiktion die der Deutschen Bundesbank eingereichten monatlichen Bilanzstatistiken Monatsausweisen i. S. von Abs. 1 Satz 1 gleichstellt. Vgl. im einzelnen § 18 DBBG und die Richtlinien für die Meldung der Kreditinstitute zur monatlichen Bilanzstatistik (XII/1959), ferner die Richtlinien für die Meldung der ländlichen Kreditgenossenschaften zur monatlichen Bilanzstatistik (Vordruck 10221) und die Richtlinien für die Meldungen der Teilzahlungskreditinstitute (XII/1959, Vordruck 10226), Salzmann-Eibl 426 a—c.

Die Bußgelddrohung des § 56 Abs. 1 Ziff. 5 und Abs. 2 gilt dementsprechend auch für die Angaben zu den monatlichen Bilanzstatistiken nach § 18 DBBG. Befreiungen von der Pflicht zur Einreichung von Monatsausweisen, die vor allem für die kleineren Kreditinstitute nötig sein werden, sind nach § 31 Abs. 1 Ziff. 1 und Abs. 2 möglich.

II. Die Weiterleitung der Monatsausweise (Abs. 2)

(2)   Wenn das Bundesaufsichtsamt nicht darauf verzichtet, hat die Deutsche Bundesbank die Monatsausweise mit ihrer Stellungnahme weiterzuleiten. Für die Zusammenarbeit zwischen der Deutschen Bundesbank und dem Bundesaufsichtsamt gilt § 7 (vgl. Anm. 1—4 zu § 7).

§ 26 Bilanzvorlage

Die Kreditinstitute haben dem Bundesaufsichtsamt und der Deutschen Bundesbank die festgestellte Jahresbilanz nebst Gewinn- und Verlustrechnung (Jahresabschluß) und den Geschäftsbericht, soweit ein solcher erstattet wird, unverzüglich einzureichen; der Jahresabschluß ist in einer Anlage zur Jahresbilanz zu erläutern. Sofern der Jahresabschluß nach § 27 zu prüfen ist, muß er mit dem Prüfungsvermerk versehen sein. Der Bericht über die Prüfung des Jahresabschlusses (Prüfungsbericht) ist gleichfalls einzureichen; Kreditinstitute, die einem genossenschaftlichen Prüfungsverband angehören oder durch die Prüfungsstelle eines Sparkassen- und Giroverbandes geprüft werden, haben den Prüfungsbericht nur auf Anforderung einzureichen.

I. Der Jahresabschluß (Satz 1)

Die Kreditinstitute haben sowohl dem Bundesaufsichtsamt in Berlin (§ 5 **(1)** Abs. 1 S. 1) als auch der Deutschen Bundesbank in Frankfurt (§ 2 S. 3 DBBG) den festgestellten Jahresabschluß einzureichen. Wer unter den Begriff Kreditinstitut fällt, sagt § 1 Abs. 1 (vgl. oben Anm. 1—51 zu § 1). Unverzüglich heißt ohne schuldhaftes Zögern nach der Feststellung des Jahresabschlusses (vgl. dazu im einzelnen Anm. 14 zu § 15). Art. 7 § 1 der 16. Bekanntmachung des Reichsaufsichtsamts vom 4. XII. 1939 (RAnz. Nr. 288, Consbruch-Möller S. 69) präzisierte die Frist für Kreditinstitute, die nicht in der Form eines Einzelunternehmens oder einer Personenhandelsgesellschaft betrieben werden, auf eine Woche nach der Genehmigung des Jahresabschlusses durch die dazu berufenen Stellen. Wann der Jahresabschluß festzustellen ist, bestimmt für die Einzelbankiers und Personenhandelsgesellschaften § 39 Abs. 2 S. 2 (i. V. mit § 6 Abs. 1) HGB — „innerhalb der einem ordnungsmäßigen Geschäftsgang entsprechenden Zeit" —, für die Aktiengesellschaft § 125 Abs. 1, 2 und 5 (fünf bis sieben Monate nach dem Ende des Geschäftsjahres), für die GmbH § 41 GmbHG (drei bis sechs Monate), für die Genossenschaft § 33 Abs. 3 GenG (sechs Monate).

Der eingereichte Jahresabschluß muß „festgestellt", d. h. rechtsverbindlich **(2)** sein. Beim Einzelbankier und den Personenhandelsgesellschaften setzt das nur die Unterschrift des Bankiers bzw. der persönlich haftenden Gesellschafter voraus (§ 41 Abs. 1 S. 1 und 2 HGB), bei der Aktiengesellschaft grundsätzlich die „Aufstellung" des Jahresabschlusses durch den Vorstand und die „Billigung" durch den Aufsichtsrat (§ 125 Abs. 1 und 2 AktG), bei der GmbH einen Gesellschafterbeschluß (§ 46 Ziff. 1 GmbHG), bei der Genossenschaft einen Generalversammlungsbeschluß (§ 48 Abs. 1 GenG).

Sofern der Jahresabschluß nach § 27 KWG zu prüfen ist, muß er mit **(3)** dem Prüfungsvermerk versehen sein, bevor er dem Bundesaufsichtsamt und der Deutschen Bundesbank eingereicht wird. Ausgenommen sind nach § 27 Abs. 1 S. 3 lediglich die eingetragenen Genossenschaften, deren Bilanzsumme 10 Millionen DM nicht übersteigt.

Verstöße gegen § 26 können u. U. unter die Bußgeldvorschrift des § 56 Abs. 1 Ziff. 5 und Abs. 2 fallen und Maßnahmen nach § 36 rechtfertigen.

II. Der Geschäftsbericht und die Erläuterung zum Jahresabschluß (Satz 1)

Die Aufstellung eines Geschäftsberichts ist kraft Gesetzes (§ 127 AktG, **(4)** § 33 Abs. 2 GenG) für die Aktiengesellschaft und für die Genossenschaft vorgeschrieben. Er umfaßt zwei Teile: einen Bericht über den Geschäftsverlauf, die Lage der Gesellschaft und besonders bedeutsame Vorgänge, die sich noch nach Schluß des Geschäftsjahres ereignet haben, sowie eine Erläuterung des Jahresabschlusses nach den Vorschriften des § 128 Abs. 2 bis 4 AktG. Soweit ein Geschäftsbericht nicht vorgeschrieben ist, muß wenigstens der Jahresabschluß in einer Anlage zur Jahresbilanz erläutert werden, § 26 Satz 1 2. Halbs. KWG. Die Verletzung der Pflicht zur Einreichung des Geschäftsberichts oder der Erläuterung des Jahresabschlusses kann wiederum für die Verwirklichung des Tatbestandes des § 56 Abs. 1 Ziff. 5 und Abs. 2 sowie des § 36 KWG von Bedeutung sein.

III. Der Prüfungsbericht (Satz 2)

(5)   Sofern eine Prüfung i. S. von § 27 stattfindet, muß auch der Prüfungsbericht eingereicht werden. Bei Verletzung dieser Pflicht kann ebenfalls u. U. die Bußgeldvorschrift des § 56 und die Vorschrift über die Abberufung von Geschäftsleitern des § 36 eingreifen. Kreditinstitute, die einem genossenschaftlichen Prüfungsverband angehören oder durch die Prüfungsstelle eines Sparkassen- und Giroverbandes geprüft werden, haben den Prüfungsbericht nur auf Anforderung einzureichen, Satz 2 2. Halbs.

6. Prüfung des Jahresabschlusses und Depotprüfung

§ 27 Prüfung des Jahresabschlusses

(1) Der Jahresabschluß eines Kreditinstituts nebst Anlage ist, bevor er festgestellt wird, unter Einbeziehung der Buchführung und des Geschäftsberichtes, soweit er den Jahresabschluß erläutert, durch einen oder mehrere Prüfer (Abschlußprüfer, genossenschaftliche Prüfungsverbände, Prüfungsstellen eines Sparkassen- und Giroverbandes) zu prüfen. Die Aufstellung und Prüfung des Jahresabschlusses ist, sofern sie nicht nach anderen Bestimmungen innerhalb einer kürzeren Frist zu erfolgen hat, spätestens bis zum Ablauf von fünf Monaten nach Schluß des Geschäftsjahres vorzunehmen. Die Sätze 1 und 2 gelten nicht für Kreditinstitute in der Rechtsform einer eingetragenen Genossenschaft, deren Bilanzsumme zehn Millionen Deutsche Mark nicht übersteigt; § 33 Abs. 3 des Gesetzes betreffend die Erwerbs- und Wirtschaftsgenossenschaften bleibt unberührt.

(2) Auf die Prüfung des Jahresabschlusses von Kreditinstituten in der Rechtsform der Einzelfirma der Offenen Handelsgesellschaft, der Kommanditgesellschaft und der Gesellschaft mit beschränkter Haftung sind die §§ 135, 137 bis 141 und 211 Abs. 1, 3 bis 5 des Aktiengesetzes sinngemäß anzuwenden. Für Kreditinstitute in der Rechtsform der Gesellschaft mit beschränkter Haftung gilt § 144 Abs. 1 Satz 1 des Aktiengesetzes entsprechend. Der Prüfer wird bei Personenhandelsgesellschaften von den Gesellschaftern, bei Gesellschaften mit beschränkter Haftung von der Gesellschafterversammlung gewählt; bei Gesellschaften mit beschränkter Haftung gilt § 136 Abs. 4 bis 6 des Aktiengesetzes entsprechend. Der Prüfer soll vor Ablauf des Geschäftsjahres bestellt werden, auf das sich seine Prüfungstätigkeit erstreckt.

(3) Auf die Prüfung des Jahresabschlusses von Kreditinstituten in der Rechtsform der eingetragenen Genossenschaft sind die §§ 55 bis 62, 64, 64 a und 64 b des Gesetzes betreffend die Erwerbs- und Wirtschaftsgenossenschaften sowie § 135 Abs. 1 und 2, §§ 140 und 144 Abs. 1 Satz 1 des Aktiengesetzes sinngemäß anzuwenden; eine Bescheinigung über die Prüfung des Jahresabschlusses ist nicht zum Genossenschaftsregister einzureichen.

I. Die Pflichtprüfung in formeller Hinsicht (Abs. 1)

Prüfungspflichtig sind alle Kreditinstitute (über den Begriff vgl. § 1 Abs. 1 und Anm. 1—51 zu § 1), die nicht in der Rechtsform der eingetragenen Genossenschaft organisiert sind. (1)

Auch Genossenschaftskreditinstitute sind prüfungspflichtig, wenn ihre Bilanzsumme 10 Millionen DM übersteigt, Abs. 1 S. 3. Der Begriff Bilanzsumme ist nicht eindeutig und erlaubt deshalb unter Umständen eine verschiedene Behandlung von Genossenschaften, die der Sache nach gleichbehandelt werden müßten. Zwar entspricht es z. B. in Deutschland — im

Gegensatz zu Frankreich — nicht der Verkehrsauffassung, die weitergege-
benen Wechsel zu den Passiven zu zählen; sie werden unter dem Bilanz-
strich ausgewiesen. Aber ein Kreditinstitut kann z. B. die Abschreibungen
vom Anlagevermögen, von den Debitoren und von den Wechseln im Porte-
feuille direkt oder indirekt vornehmen. Das für die eingetragenen Kreditgenossenschaften rechtsverbindliche Formblatt 2 (vgl. § 1 der VO über
Formblätter für die Gliederung des Jahresabschlusses der Kreditinstitute
vom 15. XII. 1950, BGBl I 142) enthält zwar unter Ziff. 10 der Passiven die
Position Wertberichtigungen. Damit ist aber keine Pflicht zur indirekten
Abschreibung begründet, vgl. § 33 c Ziff. 1 Abs. 2 GenG, der sowohl die
direkte wie die indirekte Abschreibung zuläßt und der nicht etwa (wie
§ 33 d Abs. 3 S. 1 GenG) durch die Verordnungen zur Ergänzung der Vorschriften über Formblätter für die Gliederung des Jahresabschlusses der
Kreditinstitute vom 20. XII. 1955 (BGBl I 812) und vom 28. XII. 1960
(BGBl I 1090) derogiert wurde. In den veröffentlichten Bilanzen der
Aktien- und Genossenschaftsbanken werden unter der Position Wertberichtigungen oft 0,— DM ausgewiesen. Es könnte sich also eine bisher indirekt
abschreibende Genossenschaft, wenn sie die 10-Millionen-Grenze überschreiten würde, darunter begeben, indem sie plötzlich direkt abschreibt.
Sachlich ungerechtfertigte Unterschiede für die Prüfung können dadurch
entstehen, daß eine Genossenschaft indirekt abschreibt und nur deshalb
über 10 Millionen Bilanzsumme kommt, während eine andere Genossenschaft direkt abschreibt und nur deshalb unter der 10-Millionen-Grenze
bleibt. Die gleiche unterschiedliche Behandlung kann sich auf Grund
unterschiedlicher Bildung stiller Reserven ergeben, die handelsrechtlich
nach § 33 b GenG i. V. mit §§ 38 ff. HGB auch für die Genossenschaften
ziemlich beliebig zulässig ist.

Gleichgültig, ob prüfungspflichtig oder nicht, haben die Genossenschaften
nach § 33 Abs. 3 GenG ihren Jahresabschluß, die Zahl der im Laufe des
Geschäftsjahres eingetretenen oder ausgeschiedenen, sowie die Zahl der
am Schluß des Geschäftsjahres der Genossenschaft angehörigen Genossen
zu veröffentlichen. Von dieser Veröffentlichungspflicht können besonders
kleine Genossenschaften befreit werden. Sie haben dann eine Abschrift
des Jahresabschlusses sowie eine Erklärung über die Zahl der Genossen
dem Genossenschaftsregister einzureichen. Wann eine „kleinere Genossenschaft" i. S. von § 33 Abs. 3 GenG vorliegt, braucht sich nicht unbedingt
an Hand der 10-Millionen-Grenze der Bilanzsumme nach § 27 Abs. 1 S. 3
KWG zu beurteilen. In jedem Falle bleiben aber außer § 33 Abs. 3 GenG
die §§ 53 ff. GenG über die Pflichtprüfung aller Genossenschaften vorbehalten (ohne daß dies das KWG ausdrücklich bestimmte, vgl. § 27 Abs. 1
S. 3 2. Halbs. KWG, wo nur auf § 33 Abs. 3 GenG verwiesen wird).

(2)   Abs. 1 unterscheidet ebenso wie § 125 AktG zwischen Aufstellung und
Feststellung des Jahresabschlusses. Aufstellung ist das technische Verfahren der Bilanzierung und der Ermittlung des Jahreserfolgs. Das heißt, es
müssen die Aktiven und Passiven zusammengestellt, die Aufwände und

Erträge ermittelt, und es muß dabei auch erst einmal vorgeschlagen werden, welche Abschreibungen, Rücklagen, Rückstellungen, Wertberichtigungen usw. nach den gesetzlichen Vorschriften und im Rahmen der Grundsätze einer ordnungsmäßigen Rechnungslegung vorzunehmen sind. Die Feststellung des Jahresabschlusses macht die aufgestellte Bilanz sowie die aufgestellte Gewinn- und Verlustrechnung endgültig und rechtsverbindlich. Die festgestellte Bilanz sagt dann, welcher Reingewinn entstanden und gegebenenfalls verteilbar ist.

Zwischen Aufstellung und Feststellung hat die Prüfung zu erfolgen, Abs. 1 S. 1. Die Aufstellung und Prüfung ist, sofern sie nicht nach anderen Bestimmungen innerhalb kürzerer Frist vorgenommen werden muß, spätestens bis zum Ablauf von 5 Monaten nach Schluß des Geschäftsjahres zu besorgen. Kürzere Fristen für die Aufstellung verlangen § 125 Abs. 1 AktG (drei Monate) und § 41 Abs. 2 GmbHG (drei Monate, wenn die Satzung die Frist nicht bis auf höchstens sechs Monate erstreckt).

Die Prüfung hat „durch einen oder mehrere Prüfer (Abschlußprüfer, genos- **(3)** senschaftliche Prüfungsverbände, Prüfungsstellen eines Sparkassen- und Giroverbandes)" zu erfolgen. Als Abschlußprüfer dürfen nur öffentlich bestellte Wirtschaftsprüfer oder Wirtschaftsprüfungsgesellschaften gewählt oder bestellt werden, und auch das nur, soweit sie nicht Geschäftsleiter, Mitglieder des Aufsichtsorgans oder Angestellte des Kreditinstituts oder einer abhängigen oder beherrschenden Gesellschaft bzw. einer Gesellschaft sind, auf deren Geschäftsführung eine dieser Gesellschaften maßgeblichen Einfluß hat, § 137 AktG i. V. mit § 27 Abs. 2 S. 2 und Abs. 1 S. 1 KWG. Soweit eine fachgerechte Prüfung durch die vom Kreditinstitut bestellten Prüfer ausnahmsweise nicht gewährleistet sein sollte, gibt § 28 Abs. 1 dem Bundesaufsichtsamt entsprechende Eingriffsrechte. Über die Gefahr der Abhängigkeit der Abschlußprüfer vgl. Begr. BT-Wirtschaftsausschuß zu § 27 und Jäckel, Günther, Die Unabhängigkeit der Abschlußprüfer bei der Pflichtprüfung von Aktiengesellschaften der „öffentlichen Hand", Hamburg, Berlin, Bonn 1960.

Die Prüfung ist an Hand der Buchführung und des Geschäftsberichtes auszuführen, die darum zunächst selbst zu prüfen sind, wie Abs. 1 S. 1 ausdrücklich feststellt (der Geschäftsbericht freilich nur in seinem erläuterndem Teil, vgl. oben Anm. 4 zu § 26). Vgl. auch Barocka, Zur Prüfung der Geschäftsberichte der Kreditinstitute durch Wirtschaftsprüfer, BB 1958, 470.

II. Materielles Prüfungsrecht (Abs. 2 und 3)

1. Aktiengesellschaften

Das materielle Prüfungsrecht für Kreditinstitute, die in der Rechtsform **(4)** von Aktiengesellschaften organisiert sind, wird im neuen KWG nicht ge-

ordnet. Die Zweckauslegung von Abs. 2 und 3 ergibt, daß dafür ausschließlich Aktienrecht maßgeblich ist. Für den Umfang der Prüfungen,
die Bestellung, Auswahl, das Auskunftsrecht, den Prüfungsbericht, den
Bestätigungsvermerk und die Verantwortlichkeit der Abschlußprüfer gelten deshalb die §§ 135 — 141 AktG i. V. mit dem materiellen und formellen Buchführungs- und Bilanzierungsrecht der §§ 125 — 134 AktG;
für die Liquidationsbilanz, -jahresabschlüsse und -schlußbilanz gilt § 211
AktG. Über Rechtsgrundlagen des materiellen und formellen Buchfüh-
rungs- und Bilanzierungsrechts, die neben den Bestimmungen der §§ 125
bis 134 AktG gelten, vgl. unten Anm. 5.

**2. Einzelbankiers, offene Handelsgesellschaften, Kommanditgesellschaften
und Gesellschaften mit beschränkter Haftung (Abs. 2)**

(5)   Das für Aktiengesellschaften vorgesehene materielle Prüfungsrecht ist
sinngemäß anwendbar, nämlich § 135 AktG über den Umfang der Prüfung,
§§ 137 — 141 über die Auswahl, das Auskunftsrecht, den Prüfungsbericht,
den Bestätigungsvermerk und die Verantwortlichkeit der Abschlußprüfer,
§ 211 über die Liquidationsbilanzen. Für Kreditinstitute in der Form der
GmbH gilt § 144 Abs. 1 S. 1 AktG entsprechend; das heißt, daß der
Jahresabschluß auch bei der GmbH i. S. von § 143 Abs. 2 AktG zu veröffentlichen ist, wenn die GmbH ein Kreditinstitut betreibt.

Abs. 2 S. 3 enthält nähere Bestimmungen über die Bestellung des Abschlußprüfers für Einzelfirmen, Personenhandelsgesellschaften und Gesellschaften mit beschränkter Haftung, für die § 136 AktG naturgemäß
nicht oder nur teilweise Anwendung finden kann. Der Prüfer wird von
den zur Vertretung des Kreditinstituts befugten Personen bestellt.

Das formelle und materielle Buchführungs- und Bilanzierungsrecht der
Aktiengesellschaften, Gesellschaften mit beschränkter Haftung, Einzelfirmen, offenen Handelsgesellschaften und Kommanditgesellschaften, die
im Inlande Bank- und Sparkassengeschäfte betreiben, regelt die zweite
Verordnung über Formblätter für die Gliederung des Jahresabschlusses
der Kreditinstitute vom 18. X. 1939 (RGBl I 2079) mit Änderung durch
Verordnung vom 15. XII. 1950 (BGBl 1951 I 142) und vom 28. XII. 1960
(BGBl I 1090), in West-Berlin mit Änderung durch Verordnung vom
13 .VI. 1951 (GVBl S. 407) und vom 6. II. 1961 (GVBl S. 227).

Art. 2 des Gesetzes über die Prüfung von Jahresabschlüssen vom 3. VI.
1937 (RGBl I 607) und die Verordnung über die Prüfung der Jahresabschlüsse von Kreditinstituten vom 7. VII. 1939 (RGBl I 763) sind durch
§ 63 Abs. 1 Ziff. 21 und 22 aufgehoben worden.

3. Genossenschaften (Abs. 3)

(6)   Soweit Kreditinstitute in der Rechtsform eingetragener Genossenschaften
ihre Jahresabschlüsse prüfen lassen müssen (vgl. Abs. 1 S. 3, oben Anm. 1),

sind die §§ 55 — 62 GenG über den Prüfungsverband, über den Ausschluß von Prüfern, die Offenlegungspflicht des Vorstands und die Beteiligung des Aufsichtsrats, über den Bericht des Prüfungsverbandes, über die Stellungnahme der Generalversammlung zum Prüfungsbericht, über die Vergütung des Prüfungsverbandes und über die Pflichten der Verbände, ferner die §§ 64, 64 a und 64 b GenG über die Prüfung der Prüfungsverbände, die Entziehung des Prüfungsrechts und die Bestellung des Prüfungsverbandes maßgeblich. § 135 Abs. 1 und 2 AktG über den Umfang der Prüfung, §§ 140 und 144 Abs. 1 S. 1 AktG über den Bestätigungsvermerk und die Form und den Inhalt der Bekanntmachung des Jahresabschlusses sind analog anzuwenden, weil das Genossenschaftsrecht die entsprechenden Fragen nicht selbst regelt.

§ 28 Bestellung des Prüfers in besonderen Fällen

(1) Die Kreditinstitute haben dem Bundesaufsichtsamt den von ihnen bestellten Prüfer unverzüglich nach der Bestellung anzuzeigen. Das Bundesaufsichtsamt kann innerhalb eines Monats nach Zugang der Anzeige die Bestellung eines anderen Prüfers verlangen, wenn dies zur Erreichung des Prüfungszwecks geboten ist; Widerspruch und Anfechtungsklage hiergegen haben keine aufschiebende Wirkung.

(2) Das Registergericht des Sitzes des Kreditinstituts hat auf Antrag des Bundesaufsichtsamtes einen Prüfer zu bestellen, wenn

1. die Anzeige nach Absatz 1 Satz 1 nicht unverzüglich nach Ablauf des Geschäftsjahres erstattet wird;

2. das Kreditinstitut dem Verlangen auf Bestellung eines anderen Prüfers nach Absatz 1 Satz 2 nicht unverzüglich nachkommt;

3. der gewählte Prüfer die Annahme des Prüfungsauftrages abgelehnt hat, weggefallen ist oder am rechtzeitigen Abschluß der Prüfung verhindert ist und das Kreditinstitut nicht unverzüglich einen anderen Prüfer bestellt hat.

Die Bestellung durch das Gericht ist endgültig. § 136 Abs. 5 des Aktiengesetzes gilt entsprechend. Das Registergericht kann auf Antrag des Bundesaufsichtsamtes einen nach Satz 1 bestellten Prüfer abberufen.

(3) Die Absätze 1 und 2 gelten nicht für Kreditinstitute, die einem genossenschaftlichen Prüfungsverband angeschlossen sind oder durch die Prüfungsstelle eines Sparkassen- oder Giroverbandes geprüft werden.

I. Die Anzeigepflicht (Abs. 1 S. 1, Abs. 3)

Die Bestellung eines Prüfers ist dem Bundesaufsichtsamt in Berlin (vgl.   (1) § 5 Abs. 1 S. 2) unverzüglich anzuzeigen. Über die Bestellung des Prüfers vgl. Anm. 3, 4, 5 und 6 zu § 27. Über den Begriff unverzüglich vgl. Anm. 14 zu § 15. Kreditinstitute, die einem genossenschaftlichen Prüfungsverband angeschlossen sind oder durch die Prüfungsstelle eines Sparkassen- und Giroverbandes geprüft werden, brauchen die Bestellung dem Bundesaufsichtsamt nicht anzuzeigen, Abs. 3.

II. Die Pflicht zur Bestellung eines anderen Prüfers (Abs. 1 S. 2, Abs. 3)

(2)   Innerhalb eines Monats nach der Anzeige kann das Bundesaufsichtsamt die Bestellung eines anderen Prüfers verlangen. Materiell wird vorausgesetzt, daß die Bestellung eines anderen Prüfers „zur Erreichung des Prüfungszwecks" geboten ist. Prüfungszweck ist die sachgemäße Feststellung, ob die gesetzlichen Vorschriften für die Buchführung, Bilanzierung, die Erstellung der Erfolgsrechnung und gegebenenfalls des Geschäftsberichts oder der Erläuterungen des Jahresabschlusses, sowie die Grundsätze einer ordnungsmäßigen Rechnungslegung eingehalten sind. Die Bestellung eines anderen Prüfers ist vor allem dann geboten, wenn der zuerst bestellte Prüfer wegen Abhängigkeit vom Kreditinstitut oder aus anderen Gründen keine sachgemäße Prüfung erwarten läßt, vgl. Anm. 3 zu § 27. Der neue Prüfer wird vom Kreditinstitut nach dem gleichen Verfahren bestellt wie der erste Prüfer (vgl. Anm. 3, 4, 5 und 6 zu § 27). Für Kreditinstitute, die einem genossenschaftlichen Prüfungsverband angeschlossen sind oder durch die Prüfungsstelle eines Sparkassen- und Giroverbandes geprüft werden, entfällt die Pflicht zur Neubestellung eines Prüfers nach Abs. 1 S. 2 (vgl. Abs. 3); das Sonderrecht, z. B. § 64 a GenG, kann aber auch hier eine nochmalige Bestellung einer Prüfungsgesellschaft nötig machen (a. M. Begründung der Regierungsvorlage zu § 28).

(3)   Die Auflage, einen anderen Prüfer zu bestellen, muß innerhalb eines Monats vorgenommen werden. Verlangt das Bundesaufsichtsamt nach dieser Frist die Neubestellung eines Prüfers, so setzt es einen nichtigen Verwaltungsakt. Abs. 1 S. 2 2. Halbsatz ist dann nicht anwendbar.

Im übrigen haben Widerspruch und Anfechtungsklage gegen die fristgemäße Anordnung einer Neubestellung entgegen § 80 Abs. 1 VwGO keine aufschiebende Wirkung. Damit wird der Verwaltungsrechtsschutz in dieser Frage weitgehend hinfällig, weil bei sofortiger Vollziehung des Verwaltungsakts vollendete Tatsachen geschaffen werden. Der Gesetzgeber glaubte jedoch, den Schutz der Gläubiger des Kreditinstituts vor das Rechtsschutzinteresse des Kreditinstituts stellen zu müssen: „Da Widerspruch und Anfechtungsklage gegen Verwaltungsakte nach § 80 Abs. 1 der Verwaltungsgerichtsordnung vom 21. I. 1960 (BGBl I 17) grundsätzlich aufschiebende Wirkung haben, könnte ein Kreditinstitut das Wirksamwerden einer Maßnahme des Aufsichtsamtes durch Ausnutzung aller prozessualen Möglichkeiten so lange hinausschieben, daß der Schutz der

Gläubiger nicht mehr gewährleistet ist. Zwar kann die Aufsichtsbehörde nach § 80 Abs. 2 Nr. 4 VwGO im öffentlichen Interesse oder im überwiegenden Interesse eines Beteiligten die sofortige Vollziehung des Verwaltungsaktes anordnen; sie muß aber — gegebenenfalls vor dem Verwaltungsgericht — das Vorliegen der genannten Voraussetzungen nachweisen" (Begr. BT-Wirtschaftsausschuß zu § 28 Abs. 1 S. 2 2. Halbs. KWG = § 47 a des Entwurfs). Der Gesetzgeber hat deshalb bestimmt, daß die Auflage zur Neubestellung eines Prüfers trotz Widerspruchs und Anfechtung sofort vollziehbar ist bzw. die gerichtliche Bestellung eines Abschlußprüfers nach Abs. 2 S. 1 rechtfertigt, wenn sie vom Kreditinstitut nicht unverzüglich beachtet wird.

III. Die gerichtliche Bestellung eines Prüfers (Abs. 2 und 3)

Ausnahmsweise wird der Abschlußprüfer nicht vom Kreditinstitut, sondern vom Registergericht bestellt, in dessen Bezirk das Kreditinstitut seinen Sitz hat. Formelle Voraussetzung ist ein Antrag des Bundesaufsichtsamts. Materiell wird entweder eine Verletzung der Anzeigepflicht nach Abs. 1 S. 1 vorausgesetzt (vgl. oben Anm. 1), oder eine Verletzung der Pflicht zur unverzüglichen Neubestellung i. S. von Abs. 1 S. 2 (vgl. oben Anm. 2 und 3; zum Begriff „unverzüglich" vgl. Anm. 14 zu § 15), oder die Ablehnung des Prüfungsauftrags durch den gewählten Prüfer bzw. die Verhinderung des Prüfers, wenn das Kreditinstitut nicht unverzüglich einen anderen Prüfer bestellt. Die Bestellung durch das Gericht ist endgültig, Abs. 2 S. 2; eine Beschwerde i. S. der §§ 567 ff. ZPO ist unzulässig. Für die Vergütung des gerichtlich bestellten Abschlußprüfers ist § 136 Abs. 5 AktG entsprechend anwendbar, Abs. 2 S. 3. Ein gerichtlich bestellter Abschlußprüfer kann auch gerichtlich wieder abberufen werden; Voraussetzung ist ein Antrag des Bundesaufsichtsamts, Abs. 2 S. 4. Die gerichtliche Bestellung genossenschaftlicher Prüfungsverbände und der Prüfungsstellen eines Sparkassen- und Giroverbandes bestimmt Sonderrecht, z. B. § 64 b GenG.

(4)

§ 29 Besondere Pflichten des Prüfers

(1) Bei der Prüfung des Jahresabschlusses und, soweit eine solche nach § 27 Abs. 1 Satz 3 nicht erforderlich ist, bei der Prüfung nach § 53 des Gesetzes betreffend die Erwerbs- und Wirtschaftsgenossenschaften hat der Prüfer auch festzustellen, ob das Kreditinstitut die Anzeigepflichten nach § 13 Abs. 1 Satz 1 und 2, Absatz 2 Satz 5, § 14 Abs. 1, § 15 Abs. 4 Satz 4 zweiter Halbsatz, §§ 16 und 24 erfüllt hat; das Ergebnis ist in den Prüfungsbericht aufzunehmen.

(2) Der Prüfer hat auf Verlangen des Bundesaufsichtsamtes diesem und der Deutschen Bundesbank den Prüfungsbericht zu erläutern und Aus-

kunft über die bei der Prüfung im Rahmen seiner Prüfungspflicht getroffenen Feststellungen zu erteilen.

I. Die Prüfungspflicht hinsichtlich der Erfüllung von Anzeigepflichten (Abs. 1)

(1)   Die Abschlußprüfer, die genossenschaftlichen Prüfungsverbände und die Prüfungsstellen eines Sparkassen- und Giroverbandes haben bei der Pflichtprüfung nach § 27 KWG (vgl. oben Anm. 1—6 zu § 27) oder nach § 53 ff. GenG (für Kreditgenossenschaften mit Bilanzsummen unter 10 Millionen DM, vgl. oben Anm. 1 zu § 27) auch festzustellen, ob das Kreditinstitut seinen Anzeigepflichten nachgekommen ist. Das Ergebnis dieser Prüfung ist in den Prüfungsbericht aufzunehmen, Abs. 1 2. Halbs. Damit erhalten das Bundesaufsichtsamt und die Deutsche Bundesbank eine Kontrolle für die Erfüllung wichtiger Anzeigepflichten, weil ihnen nach § 26 S. 3 der jeweilige Jahresabschluß mit dem Prüfungsbericht einzusenden ist.

Im einzelnen hat der Prüfer festzustellen, ob Großkredite i. S. von § 13 Abs. 1 S. 1 und 2 der Deutschen Bundesbank unverzüglich gemeldet wurden, ob das Bundesaufsichtsamt davon unterrichtet wurde, daß eine „eilbedürftige" Groß- oder Organkreditgewährung i. S. von § 13 Abs. 2 bzw. § 15 Abs. 4 S. 4 nicht mehr nachträglich durch Beschluß sämtlicher Geschäftsleiter und gegebenenfalls durch das Aufsichtsorgan des Kreditinstituts genehmigt werden konnte, ob stets die zweimonatliche Anzeigepflicht hinsichtlich der Millionenkredite i. S. von § 14 Abs. 1 beachtet wurde, ob das Kreditinstitut seine Organkredite dem Bundesaufsichtsamt i. S. von § 16 mitgeteilt hat und ob die besonderen Anzeigen an das Bundesaufsichtsamt und an die Deutsche Bundesbank i. S. von § 24 unverzüglich, bzw. rechtzeitig, vorgenommen wurden. Zu den verschiedenen Anzeigepflichten, deren Einhaltung geprüft werden muß, vgl. die Anmerkungen zu §§ 13, 14, 15, 16 und 24.

II. Erläuterungs- und Auskunftspflichten (Abs. 2)

(2)   Der Prüfer kann vom Bundesaufsichtsamt zur Erläuterung des Prüfungsberichts angehalten werden, den er dem Kreditinstitut nach § 27 KWG oder nach § 53 GenG erstattet, und den das Kreditinstitut dem Bundesaufsichtsamt und der Deutschen Bundesbank nach § 26 S. 3 KWG eingereicht hat. Der Bericht ist dem Bundesaufsichtsamt oder der Deutschen Bundesbank zu erläutern. Die Deutsche Bundesbank ist jedoch nicht selbständig berechtigt, vom Kreditinstitut die Erläuterung zu fordern. Der Prüfer hat also zwar auch der Deutschen Bundesbank, aber nur auf Verlangen des Bundesaufsichtsamts den Prüfungsbericht zu erläutern und Auskünfte zu geben.

Das Bundesaufsichtsamt kann allgemeine Richtlinien für den Inhalt der Prüfungsberichte aufstellen. Eine besondere Ermächtigung durch das KWG, die der Bundesrat vorgeschlagen hatte, wurde nicht in das Gesetz aufgenommen, weil die Prüfung der Jahresabschlüsse vom Gesetz vorgeschrieben ist, das Bundesaufsichtsamt dieses Gesetz durchzuführen hat (vgl. § 6) und deshalb auch ohne weitere gesetzliche Ermächtigung befugt ist, Einzelheiten der Abschlußprüfung in concreto oder allgemein zu regeln.

Das Bundesaufsichtsamt kann außerdem Auskunft an sich oder an die **(3)** Deutsche Bundesbank über die bei der Prüfung im Rahmen der Prüfungspflicht getroffenen Feststellungen verlangen. Über Tatsachen, von denen der Prüfer zwar bei Vornahme der Prüfung, aber außerhalb seiner Prüfungspflicht Kenntnis erhalten hat, ist er nach §§ 43 Abs. 1 und 50 der Wirtschaftsprüferordnung vom 29. VI. 1961 (BGBl I 1049) zur Verschwiegenheit verpflichtet.

Über die Auskunftspflichten der Kreditinstitute selbst vgl. § 44.

§ 30 Depotprüfung

(1) Bei Kreditinstituten, die das Effektengeschäft oder das Depotgeschäft betreiben, sind diese Geschäfte in der Regel einmal jährlich zu prüfen (Depotprüfung).

(2) Das Bundesaufsichtsamt erläßt nähere Bestimmungen über Art, Umfang und Zeitpunkt der Depotprüfung. Die Depotprüfer werden vom Bundesaufsichtsamt bestellt. Dieses kann das Recht zur Bestellung der Depotprüfer in Einzelfällen auf die Deutsche Bundesbank übertragen.

I. Grundsatz (Abs. 1)

Kreditinstitute, die das Effektengeschäft oder das Depotgeschäft betreiben, **(1)** müssen diese Geschäfte in der Regel einmal jährlich von Depotprüfern prüfen lassen. Über den Begriff Effektengeschäft vgl. § 1 Abs. 1 S. 2 Ziff. 4 und Anm. 34—37 zu § 1. Über den Begriff Depotgeschäft vgl. § 1 Abs. 1 S. 2 Ziff. 5 und Anm. 38—40 zu § 1. Der Turnus der Depotprüfung wurde zum Schutze der Depotkunden für den Regelfall auf ein Jahr festgelegt. Nur in Ausnahmefällen kann das Bundesaufsichtsamt von einer jährlichen Depotprüfung absehen.

Die Prüfung erstreckt sich auf die Effektengeschäfte und Depotgeschäfte. Hinsichtlich der Effektengeschäfte ist der Depotprüfer allein auf die Buchhaltung des Kreditinstituts angewiesen; bei der Depotprüfung wird seine Aufgabe insofern erleichtert, als das wertpapierverwahrende Kreditinstitut, auch wenn es im Falle des Effektengiroverkehrs nur Zwischenverwahrer i. S. von § 3 Abs. 2 DepG ist, zur Führung eines Verwahrungsbuches nach den detaillierten Vorschriften des § 14 DepG verpflichtet ist.

II. Ausführungsbestimmungen (Abs. 2 S. 1)

(2)   Das Bundesaufsichtsamt hat nähere Richtlinien über die Art, den Umfang und den Zeitpunkt der Depotprüfung zu erlassen. Es wird dabei an die Erfahrungen des 1932 im Wege berufsständischer Selbsthilfe geschaffenen Vereins für Depotprüfung, sowie an die 5. Bekanntmachung des Reichskommissars für das Kreditwesen vom 1. VIII. 1935 mit den Richtlinien für die Depotprüfung (RAnz. Nr. 179, Opitz S. 695 ff., Hofmann-Dermitzel S. 392 ff., Consbruch-Möller S. 324 ff.) und an die Anordnung der Bankenaufsichtsbehörden über Depotprüfung und Depotabstimmung vom 24. III. 1951 (Opitz S. 723 ff., Hofmann-Dermitzel S. 418 ff., Consbruch-Möller S. 354 ff.) anknüpfen.

III. Die Bestellung der Depotprüfer (Abs. 2 S. 2 und 3)

(3)   Anders als die Abschlußprüfer i. S. von § 27, die grundsätzlich das Kreditinstitut selbst, ausnahmsweise das Registergericht in ihre Funktionen einsetzt, werden die Depotprüfer vom Bundesaufsichtsamt oder, falls das Bundesaufsichtsamt dieses Recht im Einzelfall delegiert, von der Deutschen Bundesbank bestellt. Zwischen Depotprüfer und Kreditinstitut besteht, anders als zwischen Abschlußprüfer und Kreditinstitut, kein zivilrechtliches Vertragsverhältnis. Vielmehr handelt der Depotprüfer in Ausübung hoheitlicher Gewalt, die ihm durch die Bestellung des Bundesaufsichtsamts übertragen wird (a. M. Begründung der Regierungsvorlage zu § 30; vgl. aber Begr. BT-Wirtschaftsausschuß).

(4)   „Wenn das Aufsichtsamt grundsätzlich den Prüfer bestellt, ist es folgerichtig, daß es ihn auch bezahlt, um auch insoweit ein Abhängigkeitsverhältnis des Prüfers gegenüber dem Kreditinstitut auszuschließen. Der Ausschuß hat daher den Vorschlag der Bundesregierung, wonach der Depotprüfer wegen seiner Vergütung durch die amtliche Bestellung einen unmittelbaren Anspruch gegen das Kreditinstitut erlangt, nicht übernommen, sondern § 51 Abs. 3 dahingehend ergänzt, daß das betreffende Kreditinstitut dem Bundesaufsichtsamt die Kosten der Depotprüfung zu erstatten hat" (Begr. BT-Wirtschaftsausschuß zu § 30).

7. Befreiungen

§ 31

(1) Der Bundesminister für Wirtschaft kann nach Anhörung der Deutschen Bundesbank durch Rechtsverordnung

1. *alle Kreditinstitute oder Arten oder Gruppen von Kreditinstituten von der Pflicht zur Anzeige bestimmter Kredite und Tatbestände nach § 13 Abs. 1, § 14 Abs. 1, §§ 16 und 24 Ab. 1, Nr. 1, 2, 4 und 5 sowie Arten oder Gruppen von Kreditinstituten von der Pflicht zur Einreichung von Monatsausweisen nach § 25 freistellen, wenn die Angaben für die Aufsicht von Bedeutung sind;*

2. *Arten oder Gruppen von Kreditinstituten von der Einhaltung der Vorschriften der §§ 12, 13 Abs. 3 und 4 sowie des § 26 freistellen, wenn die Eigenart des Geschäftsbetriebes dies rechtfertigt.*

Der Bundesminister für Wirtschaft kann diese Ermächtigung auf das Bundesaufsichtsamt übertragen.

(2) Das Bundesaufsichtsamt kann einzelne Kreditinstitute von Verpflichtungen nach §§ 12, 13 Abs. 1 bis 4, § 14 Abs. 1, § 15 Abs. 1 Satz 1 Nr. 7 bis 11 und Abs. 2, §§ 16, 24 Abs. 1 Nr. 1, 2, 4 und 5, §§ 25, 26, 27 und 30 freistellen, wenn dies aus besonderen Gründen, insbesondere wegen der Art oder des Umfanges der betriebenen Geschäfte, angezeigt ist.

„Bei der vielgestaltigen Struktur des deutschen Kreditgewerbes muß damit gerechnet werden, daß bestimmte Vorschriften für einzelne Kreditinstitute oder von Arten oder Gruppen von Kreditinstituten nicht oder nicht uneingeschränkt anwendbar sind. Es liegt daher im Interesse sowohl der Aufsichtsinstanzen als auch der Kreditinstitute, daß die Ordnungsgrundsätze elastisch gehandhabt werden. Diesem Ziel dient § 31, der Ausnahmen von einer Reihe von Vorschriften des zweiten Abschnitts ermöglicht" (Begr. der Regierungsvorlage zu § 31).

I. Generelle Befreiungen (Abs. 1)

Alle Kreditinstitute, bestimmte Arten oder bestimmte Gruppen von Instituten können von der Anzeigepflicht für Großkredite (§ 13 Abs. 1), Millionenkredite (§ 14 Abs. 1), Organkredite (§ 16), für die Bestellung und Abberufung von Geschäftsleitern und Einzelvertretern des Kreditinstituts (§ 24 Abs. 1 Ziff. 1 und 2), für die Änderung der Rechtsform (§ 24 Abs. 1 Ziff. 4) und für eintragungspflichtige Kapitalveränderungen (§ 24 Abs. 5) befreit werden. Voraussetzung ist, daß die Angaben für den Aufsichtszweck i. S. von § 6 ohne Bedeutung sind. (1)

(2) Nicht alle Kreditinstitute, aber immerhin bestimmte Arten oder Gruppen
können von der Pflicht zur Einreichung von Monatsausweisen nach § 25
freigestellt werden. Materielle Voraussetzung ist ebenfalls, daß die betreffenden Angaben für die Aufsicht ohne Bedeutung sind. Bestimmte
Arten oder Gruppen von Kreditinstituten können auch von der Beschränkung dauernder Anlagen in Grundbesitz, Schiffen und Beteiligungen
nach § 12, von der Höchstgrenze für die Gesamthöhe der gewährten
Großkredite nach § 13 Abs. 3 und 4 und von der Pflicht zur Vorlage des
Jahresabschlusses nach § 26 freigestellt werden. Vorausgesetzt wird dafür,
daß die Eigenart des Geschäftsbetriebs der betreffenden Kreditinstitute
solche Freistellungen rechtfertigt.

(3) Zuständig für die Gewährung genereller Freistellungen i. S. von Abs. 1
(vgl. Anm. 1 und 2) ist der Bundesminister für Wirtschaft. Die Freistellung muß in Rechtsverordnungen ausgesprochen werden, die der Bundesminister für Wirtschaft nach Anhörung der Deutschen Bundesbank erläßt.
Für die Mitwirkungspflicht der Deutschen Bundesbank gilt § 12 und 13
DBBG. Der Bundesminister für Wirtschaft kann diese Ermächtigung auf
das Bundesaufsichtsamt übertragen, da bei der Freistellung vorwiegend
technische Fragen ohne wirtschaftspolitische Auswirkung zu entscheiden
sind. Für die Zusammenarbeit zwischen dem Bundesaufsichtsamt und der
Deutschen Bundesbank gilt dann neben §§ 12 und 13 DBBG § 7 KWG
(vgl. oben Anm. 1 zu § 7).

II. Einzelbefreiungen (Abs. 2)

(4) Das Bundesaufsichtsamt kann, ohne die Deutsche Bundesbank wie bei
generellen Freistellungen anzuhören (vgl. oben Anm. 3), einzelne Kreditinstitute von verschiedenen Verpflichtungen freistellen, „wenn dies aus besonderen Gründen, insbesondere wegen der Art oder des Umfanges der betriebenen Geschäfte, angezeigt ist" (Abs. 2). Es bedarf dazu nicht wie bei
generellen Befreiungen einer Rechtsverordnung, sondern lediglich eines
Verwaltungsakts des Bundesaufsichtsamts. Über die Art und den Umfang
der Geschäfte vgl. oben Anm. 6 zu § 1.

(5) Das Bundesaufsichtsamt kann im einzelnen befreien:

1. von der Beschränkung dauernder Anlagen in Grundbesitz, Schiffen und
   Beteiligungen nach § 12;

2. von der Anzeigepflicht, dem qualifizierten Beschlußfassungserfordernis
   und der Höchstgrenze für die Gesamthöhe der gewährten Großkredite
   nach § 13 Abs. 1—4;

3. von der Anzeigepflicht für Millionenkredite nach § 14 Abs. 1;

4. von der qualifizierten Beschlußfassungspflicht für Organkredite nach § 15 Abs. 1 Ziff. 7—11 und Abs. 2 (jedoch nicht auch für die Organkredite nach § 15 Abs. 1 Ziff. 1—6!);

5. von der Anzeigepflicht für Organkredite (§ 16);

6. von den Anzeigepflichten für Geschäftsführer- und Vertreterbestellungen und -abberufungen, für die Änderung der Rechtsform und für eintragungspflichtige Kapitalveränderungen nach § 24 Abs. 1 Ziff. 1, 2, 4 und 5 (nicht von der Anzeigepflicht für dauernde Beteiligungen an einem Kreditinstitut nach § 24 Abs. 1 Ziff. 3!);

7. von der Pflicht zur Einreichung von Monatsausweisen und Jahresabschlüssen nach §§ 25 und 26;

8. von der Pflicht, den Jahresabschluß durch Abschlußprüfer und die Effekten- und Depotgeschäfte von Depotprüfern prüfen zu lassen (§§ 27 und 30).

Über die Tatbestände der Rechtsnormen, von deren Herrschaft das Bundesaufsichtsamt im Einzelfall befreien kann, vgl. die Anmerkungen zu den betreffenden Bestimmungen.

Vorschriften über die Beaufsichtigung der Kreditinstitute

1. Zulassung zum Geschäftsbetrieb

§ 32 Erlaubnis

(1) Wer im Geltungsbereich dieses Gesetzes Bankgeschäfte in dem in § 1 Abs. 1 bezeichneten Umfang betreiben will, bedarf der schriftlichen Erlaubnis des Bundesaufsichtsamtes.

(2) Das Bundesaufsichtsamt kann die Erlaubnis unter Auflagen erteilen, die sich im Rahmen des mit diesem Gesetz verfolgten Zweckes halten müssen. Es kann die Erlaubnis auf einzelne Bankgeschäfte beschränken.

I. Die Konzessionspflicht (Abs. 1)

(1) Wer Bankgeschäfte in einem Umfange betreiben will, der einen in kaufmännischer Weise eingerichteten Geschäftsbetrieb erfordert, bedarf dazu der schriftlichen Erlaubnis des Bundesaufsichtsamts. „Wer" heißt jede natürliche oder juristische Person, die allein oder zusammen mit anderen Rechtssubjekten Bankgeschäfte betreiben will. Eine Erlaubnis beim Bundesaufsichtsamt müssen also nicht nur der Vorstand einer Aktiengesellschaft bzw. einer Genossenschaft, die Geschäftsführer einer GmbH, der Vorstand, Verwaltungsrat oder dergleichen einer Kreditanstalt des öffentlichen Rechts für die juristische Person beantragen, deren Organe sie sind, sondern auch je nach der Gemeindeordnung der Bürgermeister, Gemeindevorstand oder Gemeinde- bzw. Stadtrat, bzw. der Landrat als Vorsitzer des Kreisausschusses (oder nach norddeutschen Landkreisordnungen der Oberkreisdirektor), bzw. das Landratsamt, die Landesregierung oder das Landesministerium für den Betrieb eines nicht selbständig rechtsfähigen, öffentlich-rechtlichen Kreditinstituts, das ihre Gemeinde, bzw. ihr Gemeindeverband (Landkreis), bzw. das Land in eigener Regie betreibt. Bei Personenhandelsgesellschaften muß jeder unbeschränkt und persönlich haftende Gesellschafter die Erlaubnis beantragen, weil er i. S. von § 32 Bankgeschäfte zusammen mit den anderen Gesellschaftern „betreibt". Auch zum Eintritt eines persönlich haftenden Geselschafters in ein bereits bestehendes Kreditinstitut, das als Einzelunternehmen oder Personenhandelsgesellschaft betrieben wird, muß die schriftliche Erlaubnis des Bundesaufsichtsamts eingeholt werden, und zwar selbst dann, wenn der eintretende, persönlich und unbeschränkt haftende Gesellschafter von der Ge-

schäftsführung ausgeschlossen bleibt (vgl. Begr. der Regierungsvorlage zu § 32). Für den Eintritt von Erben als Einzelbankiers oder als persönlich haftende Gesellschafter gilt die Sondervorschrift des § 34.

Keiner Erlaubnis bedürfen dagegen die Aktionäre einer Kreditaktiengesellschaft, die Genossen einer eingetragenen Kreditgenossenschaft und die Gesellschafter einer Gesellschaft mit beschränkter Haftung, weil in ihrem Fall die Körperschaft als solche die Bankgeschäfte betreibt. Allerdings sind diese Personen dem Bundesaufsichtsamt und der Deutschen Bundesbank nach § 24 Abs. 1 Ziff. 1 unverzüglich anzuzeigen, wenn sie als Geschäftsleiter i. S. von § 1 Abs. 2 oder als Einzelvertreter (vgl. oben Anm. 2 zu § 24) bestellt werden. Keiner Erlaubnis bedarf auch derjenige, der sich als typischer oder atypischer stiller Gesellschafter an einem Kreditinstitut beteiligt, weil er nur mit einer Vermögenseinlage an einem Handelsgewerbe beteiligt ist, „das ein anderer betreibt", § 335 Abs. 1 HGB. Keiner Erlaubnis bedarf schließlich der Kommanditist. Zwar ist streitig, ob ein Kommanditist lediglich auf Grund seiner Gesellschafterstellung Kaufmann wird und ein Handelsgewerbe i. S. von § 1 Abs. 1 HGB (hier i. S. von § 1 Abs. 1 S. 1 und § 32 Abs. 1 KWG) mit „betreibt". Jedoch ergibt die historische Auslegung, nämlich die Begründung der Regierungsvorlage zu § 24 (§ 23 des Regierungsentwurfs!), daß der Gesetzgeber die Beteiligung als Kommanditist an einem Handelsgewerbe nicht als erlaubnispflichtig ansah (vgl. auch Anm. 5 zu § 24).

Kreditinstitute sind nicht etwa deshalb vom Konzessionszwang nach § 32   **(2)** Abs. 1 ausgenommen, weil sie bereits nach anderen Bestimmungen zur Aufnahme des Gewerbebetriebs einer Genehmigung bedürfen und einer anderen staatlichen Aufsicht unterliegen, vgl. auch § 52 Abs. 1. § 52 Abs. 2 bestimmt jedoch, daß die Zulassungs- und Aufsichtsrechte auf Grund des Hypothekenbankgesetzes und des Schiffsbankgesetzes auf das Bundesaufsichtsamt übergehen; vgl. im einzelnen unten Anm. zu § 52 und oben, Systematische Einführung S. 65 ff. Die öffentlich-rechtlichen Kreditinstitute, die einer besonderen staatlichen Aufsicht i. S. von § 52 Abs. 1 unterliegen, sind gleichzeitig nach § 32 konzessionspflichtig und unterliegen der Bankenaufsicht. „Aus der Tatsache allein, daß ein Kreditinstitut öffentlich-rechtlich organisiert ist, dürfen sich keine Vorteile bei der Bankenaufsicht ergeben" (Begr. BT-Wirtschaftsausschuß zu § 52 = § 57 des Entwurfs). Das Bundesaufsichtsamt muß auch trotz einer besonderen staatlichen Aufsicht z. B. die Möglichkeit haben, vor Aufnahme des Geschäftsbetriebs des öffentlich-rechtlichen Kreditinstituts festzustellen, ob das Dotationskapital der Körperschaft des öffentlichen Rechts die Voraussetzungen, die an ein „angemessenes haftendes Eigenkapital" i. S. von § 10 Abs. 1 S. 1 i. V. mit § 10 Abs. 2 Ziff. 5 bzw. an ein „ausreichendes haftendes Eigenkapital" i. S. von § 33 Abs. 1 Ziff. 1 gestellt werden, erfüllt. Zur Problematik der Erlaubniserteilung für öffentlich-rechtliche Kreditinstitute vgl. Pröhl S. 115 ff.

Die Ausdehnung der Zulassungs- und Überwachungsbefugnisse des Bundesaufsichtsamts auf öffentlich-rechtliche Kreditinstitute ist sachlich um so mehr gerechtfertigt, als diese Institute im Hinblick auf ihre öffentlich-rechtlichen „Gewährträger" besonders dazu neigen, ihre Eigenkapitalausstattung i. S. von § 10 Abs. 2 gering zu halten und gegebenenfalls auch riskante Geschäfte in bedeutendem Umfang zu betreiben (die Kreditanstalt für Wiederaufbau begnügte sich z. B. bis vor kurzem mit einem Grundkapital von einer Million DM bei einer Bilanzsumme von über 5 Milliarden DM, vgl. § 2 Abs. 1 des Gesetzes über die Kreditanstalt für Wiederaufbau i. d. F. vom 22. I. 1952, BGBl I 65).

(3)   Eine Erlaubnis muß haben, wer Bankgeschäfte „betreiben" will. Über den Begriff „betreiben" vgl. oben Anm. 12 zu § 1. Die Erlaubnis muß als vorherige Einwilligung, nicht als nachträgliche Genehmigung erwirkt werden. Wer Bankgeschäfte ohne Erlaubnis tatsächlich „betreibt" und nicht nur in Zukunft betreiben „will", macht sich nach § 54 Abs. 1 Ziff. 2 und Abs. 2 strafbar. Außerdem kann die Fortsetzung des Betriebs nach § 15 Abs. 2 GewO polizeilich verhindert werden; ein unmittelbares Einschreiten des Bundesaufsichtsamts gewährleistet auch § 37 KWG i. V. mit § 12 VwVG (s. Anm. 3 zu § 37).

(4)   Konzessionspflichtig sind Bankiers, die allein oder zusammen mit anderen Bankgeschäfte in einem Umfang betreiben wollen, der einen in kaufmännischer Weise eingerichteten Geschäftsbetrieb erfordert. Über den Begriff Bankgeschäfte vgl. § 1 Abs. 1 S. 2 und oben Anm. 13—51 zu § 1. Über das Erfordernis eines in kaufmännischer Weise eingerichteten Geschäftsbetriebs vgl. Anm. 2—11 zu § 1. Bei Unternehmen, die bereits Bankgeschäfte betreiben, aber nur im Umfange eines Kleingewerbes i. S. von § 4 HGB, ist die Erlaubnis in dem Zeitpunkt erforderlich, in dem das Unternehmen den Umfang eines vollkaufmännischen Geschäfts i. S. von § 1 Abs. 1 erreicht (vgl. Begr. der Regierungsvorlage zu § 32).

(5)   Zuständig für die Erteilung der Erlaubnis ist das Bundesaufsichtsamt in Berlin (§ 5 Abs. 1 S. 2). Die Erlaubnis muß schriftlich erteilt werden. Die Schriftform der Erlaubnis ist Wirksamkeitsvoraussetzung. Sie dient der Rechtssicherheit (Begr. der Regierungsvorlage zu § 32).

Der Erlaubnis ist ein Verwaltungsakt, gegen den oder zu deren Erwirkung der Verwaltungsrechtsweg i. S. der §§ 40 ff. VwGO offensteht. Die Ablehnung der Erlaubnis ist nur zulässig, wenn einer der in § 33 aufgezählten Versagungsgründe verwirklicht ist oder ein Sondergesetz die Versagung rechtfertigt (vgl. unten die Anm. zu § 33). Wurde der Antrag auf Erlaubniserteilung abgelehnt, so kann dagegen zunächst innerhalb eines Monats Widerspruch beim Bundesaufsichtsamt (vgl. § 70 Abs. 1 S. 1 VwGO) oder bei der Behörde, die den Widerspruchsbescheid zu erlassen hat (vgl. § 70 Abs. 1 S. 2 VwGO), nämlich beim Bundeswirtschaftsministerium (vgl. § 5 Abs. 1 S. 1 KWG), erhoben werden. Mit der Ablehnung der Erlaubnis muß das Bundesaufsichtsamt eine Rechtsmittelbelehrung

i. S. von § 59 VwGO erteilen, andernfalls die Rechtsmittelfrist gar nicht erst beginnen (§ 58 Abs. 1 VwGO) und die formelle Rechtskraft des Bescheides frühestens ein Jahr nach seiner Zustellung eintreten kann (§ 58 Abs. 2 VwGO). Gegen einen ablehnenden Widerspruchsbescheid ist Anfechtungsklage an das Verwaltungsgericht Berlin (vgl. über die sachliche und örtliche Zuständigkeit § 45 und § 52 Ziff. 1 VwGO) i. S. der §§ 73 ff. VwGO zulässig. Ist über den Erlaubnisantrag ohne zureichenden Grund in angemessener Frist sachlich überhaupt nicht entschieden worden, so kann unmittelbar eine Verpflichtungsklage beim Verwaltungsgericht Berlin nach §§ 75 und 76 VwGO erhoben werden, unter den formellen und materiellen Voraussetzungen, die diese Bestimmungen aufzählen.

II. Die Erlaubnis unter Auflagen (Abs. 2 S. 1)

Auflagen i. S. von Abs. 2 S. 1 sind Nebenbestimmungen der Erlaubnis, (6) und zwar gesonderte Anordnungen, die demjenigen, der allein oder zusammen mit anderen die Erlaubnis zum Betreiben von Bankgeschäften erhält, besondere, sich nicht bereits aus dem geltenden Recht ergebende Verpflichtungen auferlegt (vgl. zum Begriff der Auflage bei Verwaltungsakten OVG Münster, Urt. vom 12. I. 1954 in Verwaltungsrechtsprechung in Deutschland, Sammlung oberstrichterlicher Entscheidungen, hrsg. von Bauer-Ziegler Bd. 7, 163). „Während das Schicksal des Verwaltungsaktes bei einer Bedingung von deren Eintritt (aufschiebend oder auflösend) abhängig ist, ist die Auflage eine gesonderte Anordnung, die auch für sich erzwingbar und im verwaltungsgerichtlichen Verfahren anfechtbar ist. Ihre Erfüllung oder Nichterfüllung berührt die Rechtswirksamkeit des Verwaltungsaktes nicht. Der Verwaltungsakt befindet sich in keinem Schwebezustand wie der bedingte Verwaltungsakt; seine Wirkung tritt vielmehr sofort ein, während die Erfüllung der Auflageverpflichtung für den Eintritt dieser Wirkung nicht notwendig ist" (Landmann-Giers-Proksch S. 148); vgl. im übrigen unten Anm. 2 zu § 37.

Die Auflagen müssen sich im Rahmen des mit dem KWG verfolgten (7) Zweckes halten. Gegen Auflagen, die dieser materiellen Voraussetzung nicht genügen, kann für sich Widerspruch und gegebenenfalls Anfechtungsklage unter denselben Voraussetzungen erhoben werden wie gegen eine Erlaubnisverweigerung (vgl. oben Anm. 5).

III. Die beschränkte Erlaubnis (Abs. 2 S. 2)

Das Bundesaufsichtsamt kann die Erlaubnis auf einzelne Bankgeschäfte (8) beschränken, und zwar nicht nur, wenn auch der Antrag von vornherein beschränkt war, sondern selbst dann, wenn eine Vollkonzession begehrt wurde. Schließt aber die Beschränkung den Betrieb von Bankgeschäften aus, für die die Erlaubnis beantragt worden war, so ist dieser Ausschluß nur unter den Voraussetzungen des § 33 zulässig. Sind die Voraussetzungen des § 33 nicht erfüllt, so ist ein Widerspruch und gegebenenfalls eine Anfechtungsklage gegen die Beschränkung begründet (vgl. auch oben Anm. 5).

§ 33 Versagung der Erlaubnis

(1) Die Erlaubnis darf nur versagt werden,

1. wenn die zum Geschäftsbetrieb erforderlichen Mittel, insbesondere ein ausreichendes haftendes Eigenkapital, im Geltungsbereich dieses Gesetzes nicht zur Verfügung stehen;

2. wenn Tatsachen vorliegen, aus denen sich ergibt, daß ein Antragsteller oder eine der in § 1 Abs. 2 Satz 1 bezeichneten Personen nicht zuverlässig ist;

3. wenn Tatsachen vorliegen, aus denen sich ergibt, daß der Inhaber oder eine der in § 1 Abs. 2 Satz 1 bezeichneten Personen nicht die zur Leitung des Kreditinstituts erforderliche fachliche Eignung hat und auch nicht eine andere Person nach § 1 Abs. 2 Satz 2 oder 3 als Geschäftsleiter bezeichnet wird.

(2) Die fachliche Eignung für die Leitung eines Kreditinstituts ist regelmäßig anzunehmen, wenn eine dreijährige leitende Tätigkeit bei einem Kreditinstitut von vergleichbarer Größe und Geschäftsart nachgewiesen wird.

I. Der Rechtsanspruch auf Erlaubniserteilung

(1)   Wer Bankgeschäfte betreiben will, hat einen Rechtsanspruch auf Erlaubniserteilung i. S. von § 32, wenn nicht einer der in §§ 33 Abs. 1 KWG oder in Sondergesetzen aufgezählten Versagungsgründe verwirklicht ist. Besondere Erlaubnisvoraussetzungen außer § 33 KWG enthalten z. B. §§ 1 und 2 HypBG, §§ 1 und 2 des Gesetzes über Schiffspfandbriefbanken vom 8. IV. 1943 (RGBl I 241) i. d. F. des Gesetzes vom 18. XII. 1956 (BGBl I 925) und § 1 Abs. 2 KAGG insofern, als danach das Kreditinstitut für die Ausübung bestimmter Arten von Bankgeschäften in bestimmten Rechtsformen (Aktiengesellschaft, gegebenenfalls auch Kommanditgesellschaft auf Aktien und Gesellschaft mit beschränkter Haftung) organisiert sein muß; ferner § 2 Abs. 2 KAGG, weil danach das Nennkapital von Kapitalanlagegesellschaften nicht weniger als 500 000,— DM betragen darf und die Erlaubnis u. a. versagt werden soll, wenn das Nennkapital nicht voll einbezahlt ist und wenn nicht aus der Satzung hervorgeht, daß außer dem Investmentgeschäft keine anderen Bankgeschäfte betrieben werden sollen.

Im übrigen ist die Aufzählung der Versagungsgründe des § 33 Abs. 1 (2)
erschöpfend. Ist kein Erlaubnisverweigerungsgrund i. S. von § 33 Abs. 1
oder i. S. eines Sondergesetzes verwirklicht, so hat der Antragsteller einen
Rechtsanspruch auf Erlaubniserteilung. Wird der Antrag trotzdem abgelehnt oder wird über den Antrag länger als drei Monate nicht entschieden, so kann der Antragsteller Widerspruch und Anfechtungsklage
bzw. Verpflichtungsklage erheben, vgl. oben Anm. 5 zu § 32. Kein Versagungsgrund ist insbesondere das fehlende Bedürfnis nach neuen Kreditinstituten. Die in § 4 Abs. 1 litt. b KWG 1939 vorgesehene Bedürfnisprüfung erhielt im neuen KWG vor allem deshalb nicht wieder eine
Gesetzesgrundlage, weil sie nach der Rechtsprechung des Bundesverwaltungsgerichts gegen Art. 12 GG verstößt (vgl. BVG 10. VII. 1958, NJW 1959,
590, BB 14 (1959) 12). Seit diesem Urteil konnte eine starke Zunahme der
Zweigstellen von Kreditinstituten und eine Verdichtung des Bankstellen-
netzes festgestellt werden (vgl. Monatsberichte der Deutschen Bundesbank
2/1961 S. 13 ff.).

Ist einer der drei Versagungsgründe des § 33 Abs. 1 verwirklicht, so ist (3)
das Bundesaufsichtsamt nicht etwa verpflichtet, den Antrag zurückzu-
weisen, sondern es kann in besonderen Fällen, gegebenenfalls unter Auflagen oder mit Einschränkungen i. S. von § 32 Abs. 2 die Erlaubnis dennoch erteilen (vgl. Begr. der Regierungsvorlage zu § 33).

Über die Erlaubnis zum Betrieb von Bankgeschäften für Kreditinstitute,
die bereits bei Inkrafttreten des KWG 1961 bestanden, vgl. unten § 61.

II. Die Erlaubnisversagungsgründe des § 33

1. Der Mangel an den zum Geschäftsbetrieb erforderlichen Mitteln (Abs. 1 Ziff. 1)

Abs. 1 nennt als ersten Erlaubnisversagungsgrund den Mangel an den (4)
zum Geschäftsbetrieb erforderlichen Mitteln. In Frage kommt der Mangel
an eigenen wie an fremden Mitteln, vor allem an längerfristigen fremden Mitteln, weil Abs. 1 Ziff. 1 auf den Begriff „zur Verfügung stehen"
abstellt, der in anderen Gesetzen in ähnlichem Zusammenhang eine langfristige Hingabe der Mittel voraussetzt (vgl. §§ 28 Abs. 2 und 49 Abs. 3
AktG).

Welche Mittel „erforderlich" sind, beurteilt sich in jedem Einzelfall verschieden. „Es muß der Praxis der Bankenaufsicht überlassen bleiben,
Grundsätze für die Anfangskapitalausstattung in den einzelnen Zweigen
des Kreditgewerbes herauszubilden" (Begr. der Regierungsvorlage zu
§ 33). Ziff. 1 verlangt „insbesondere ein ausreichendes haftendes Eigenkapital"; ausreichend wird bei der Gründung des Kreditinstituts mindestens „angemessen" i. S. von § 10 Abs. 1 S. 1 oder mehr (vgl. oben,

systematische Einführung *S. 64)* bedeuten. Vgl. zum Begriff haftendes Eigenkapital § 10 Abs. 2—4 und Anm. 4—14 zu § 10. Zum Begriff „angemessenes" haftendes Eigenkapital vgl. Anm. 1 zu § 10.

Für die Erlaubnisversagung genügt es, wenn die erforderlichen Mittel „im Geltungsbereich des KWG" fehlen. Im Ausland zur Verfügung stehende Mittel sind außer acht zu lassen. Über den räumlichen Geltungsbereich des KWG vgl. die Anm. zu § 64.

2. Die Unzuverlässigkeit der Antragsteller und gesetzlichen Geschäftsleiter (Abs. 1 Ziff. 2)

(5)   Als zweiten Erlaubnisversagungsgrund bezeichnet Abs. 1 Ziff. 2 eine beweiserhebliche, persönliche Unzuverlässigkeit der Antragsteller oder der gesetzlichen, „geborenen" (nicht der „gekorenen", gewillkürten) Geschäftsleiter. Unter Antragsteller versteht Abs. 1 Ziff. 2 die Personen, die selbst Bankgeschäfte betreiben wollen (vgl. § 32 Abs. 1). Die persönliche Zuverlässigkeit wird auch von denjenigen Erlaubnisträgern verlangt, die nicht Geschäftsleiter sind, z. B. von persönlich haftenden Gesellschaftern einer Personenhandelsgesellschaft, die von der Geschäftsführung oder der Vertretungsmacht ausgeschlossen sind. „Die hohe Vertrauensempfindlichkeit des Kreditgewerbes verbietet es, daß Personen zum Betrieb von Bankgeschäften zugelassen werden, deren Persönlichkeit ein solches Vertrauen nicht rechtfertigt" (Begründung der Regierungsvorlage zu § 33). Bei Aktiengesellschaften, Genossenschaften, Gesellschaften mit beschränkter Haftung und Körperschaften des öffentlichen Rechts sind „Antragsteller" i. S. von § 33 Abs. 1 Ziff. 2 die juristischen Personen selbst, nicht etwa die Vorstandsmitglieder, Geschäftsführer, Prokuristen usw. Da aber juristische Personen kein Pflichtbewußtsein besitzen und deshalb nicht „zuverlässig" sein können, spielt bei ihnen die Zuverlässigkeit keine Rolle und eine Erlaubnisversagung i. S. von Ziff. 2 kommt nur in Frage, wenn die „Geschäftsleiter" unzuverlässig sind. Es müssen gesetzliche, „geborene" Geschäftsleiter unzuverlässig sein, damit die Erlaubnis verweigert werden kann. Über den Begriff vgl. oben § 1 Abs. 2 S. 1 und Anm. 53 und 54 zu § 1. Die Bezeichnung von Personen als „gewillkürte" = „gekorene" Geschäftsleiter setzt ohnehin bereits die Zuverlässigkeit der betreffenden Personen voraus, vgl. § 1 Abs. 2 S. 2. Da die Bestellung nur widerruflich möglich ist, kann gewillkürten Geschäftsleitern bei jedem Anzeichen von Unzuverlässigkeit die Geschäftsleitereigenschaft wieder abgesprochen werden, vgl. Anm. 55 zu § 1.

Zum Begriff der Unzuverlässigkeit vgl. oben Anm. 55 zu § 1. „Die persönliche Zuverlässigkeit ist in der Regel zu verneinen, wenn der Inhaber oder Geschäftsleiter Vermögensdelikte begangen, gegen gesetzliche Ordnungsvorschriften für den Betrieb eines Unternehmens nachhaltig verstoßen oder in seinem privaten oder geschäftlichen Verhalten gezeigt hat, daß von ihm eine solide Geschäftsführung nicht erwartet werden kann"

(Begr. der Regierungsvorlage zu § 33). Damit ist dem Bundesaufsichtsamt ein sehr weiter Ermessensspielraum zugebilligt worden. Dem rechtsstaatlichen Prinzip wäre besser gedient gewesen, wenn die Tatbestände der persönlichen Unzuverlässigkeit, die eine Erlaubnisverweigerung rechtfertigen sollen, erschöpfend aufgezählt worden wären (vgl. auch oben, Systematische Einführung *S. 65).*

Die Unzuverlässigkeit muß beweiserheblich sein, d. h. es müssen „Tatsachen vorliegen, aus denen sich ergibt", daß die Antragsteller oder Geschäftsleiter unzuverlässig sind. Diese Tatsachen muß das Bundesaufsichtsamt beweisen können.

3. Der Mangel an fachlicher Eignung (Abs. 1 Ziff. 3, Abs. 2)

Dritter und letzter Erlaubnisversagungsgrund des KWG ist der Umstand, (6) daß dem Inhaber des Kreditinstituts oder einem gesetzlichen, „geborenen" Geschäftsleiter beweiserheblich die erforderliche fachliche Eignung fehlt. Der Begriff „Inhaber" des Kreditinstituts ist identisch mit dem des „Antragstellers" i. S. von Ziff. 2. Beide besagen, daß die fachliche Eignung (bzw. die persönliche Zuverlässigkeit) besitzen muß, wer das Kreditinstitut „betreibt", d. h. wen die im Betrieb entstandenen Rechte und Pflichten treffen, selbst wenn er von der Geschäftsführung ausgeschlossen sein sollte. Das gilt allerdings nur mit der Einschränkung, daß der Inhaber bzw. Antragsteller persönlich und unbeschränkt haftet. Kommanditisten z. B. sind zivilrechtlich „Inhaber", d. h. Miteigentümer des Geschäftsvermögens, nicht aber auch „Inhaber" i. S. von Abs. 1 Ziff. 3, weil sie zwar persönlich, aber nicht unbeschränkt haften. Sie brauchen keine besondere fachliche Eignung zu besitzen. In der Begründung zur Regierungsvorlage zu § 33 (Entwurf § 32) heißt es, daß auch persönlich haftende Gesellschafter einer Personenhandelsgesellschaft, die von der Geschäftsführung oder der Vertretungsmacht ausgeschlossen sind, keine fachliche Eignung zu besitzen brauchen. Soweit damit auch offene Handelsgesellschaften gemeint sind, ergibt sich die entsprechende authentische Auslegung der Bundesregierung jedenfalls nicht aus dem Gesetz, weil auch nicht geschäftsführungs- und vertretungsbefugte OHG-Gesellschafter „Inhaber" des Kreditinstituts sind und als solche nach dem Wortlaut des § 32 Abs. 1 einer Erlaubnis bedürfen. Vgl. im einzelnen zum Begriff des Inhabers bzw. Antragstellers oben Anm. 12 zu § 1 und Anm. 1 zu § 32. Über den Begriff gesetzlicher Geschäftsleiter vgl. § 1 Abs. 2 S. 1 und oben Anm. 53 und 54 zu § 1.

Die erforderliche fachliche Eignung kann sich in den einzelnen konkreten (7) Fällen verschieden beurteilen. Der Mangel an fachlicher Eignung muß grundsätzlich beweiserheblich sein, d. h. das Bundesaufsichtsamt muß sich auf Tatsachen berufen können, aus denen sich ergibt, daß die betreffenden Personen als Inhaber oder Geschäftsleiter des Kreditinstituts ungeeignet sind. Diese Beweislastregelung gilt allerdings nur im Rahmen des Abs. 2: Abs. 2 präzisiert, daß nicht etwa der Inhaber oder Geschäftsleiter seine fachliche Eignung zu beweisen hat (sondern das Bundesaufsichtsamt den Mangel an fachlicher Eignung), wenn der Antragsteller eine dreijährige Tätigkeit in leitender Stellung bei einem Kreditinstitut von vergleichbarer Größe und Geschäftsart nachweisen kann.

Gemäß Umkehrschluß aus Abs. 2 braucht dagegen das Bundesaufsichtsamt die fachliche Eignung nicht als gegeben hinzunehmen, und es braucht deshalb bei der Erlaubnisverweigerung den Mangel an fachlicher Eignung nicht zu beweisen, wenn der Inhaber oder Geschäftsleiter nicht seinerseits nachweist, daß er trotz fehlender dreijähriger Tätigkeit in leitender Stellung fachlich geeignet ist (vgl. über die Beweislastverteilung auch Begründung der Regierungsvorlage zu § 33). Die regionalen Bankenaufsichtsbehörden verzichteten in ihrer Zulassungspraxis der letzten Jahre auf einen Nachweis fachlicher Zuverlässigkeit bisweilen auch dann, wenn der Antragsteller keine mehrjährige Tätigkeit in leitender Stellung eines Kreditinstituts vergleichbarer Art und Größe nachweisen konnte. Voraussetzung war nur, daß der wirtschaftliche Eigentümer des Kreditinstituts potent und angesehen war und den Erlaubnisantrag des Bewerbers unterstützte. Eine solche, für die Gläubiger des Kreditinstituts u. U. gefährliche Praxis wird auf Grund der Beweislastverteilung des § 33 Abs. 1 Ziff. 3 und Abs. 2 in Zukunft nicht mehr möglich sein.

(8)   „Fehlt dem Inhaber oder einem ‚geborenen' Geschäftsleiter die fachliche Eignung für die Leitung des Kreditinstituts, so kann dieser Mangel in Ausnahmefällen dadurch behoben werden, daß ein ‚gekorener' Geschäftsleiter nach § 1 Abs. 2 S. 2 anerkannt wird. Diese Anerkennung liegt allerdings im Ermessen des Bundesaufsichtsamts, so daß kein Rechtsanspruch auf Zulassung eines Kreditinstituts besteht, das durch einen ‚gekorenen' Geschäftsleiter geführt werden soll" (Begründung der Regierungsvorlage zu § 33).

§ 34 Stellvertretung und Fortführung bei Todesfall

(1) § 45 der Gewerbeordnung findet auf Kreditinstitute keine Anwendung.

(2) Nach dem Tode des Inhabers der Erlaubnis darf das Kreditinstitut ohne Erlaubnis für die Erben bis zur Dauer eines Jahres durch einen Stellvertreter fortgeführt werden. Ist dieser nicht zuverlässig oder hat er nicht die erforderliche fachliche Eignung, so kann das Bundesaufsichtsamt die Fortführung der Geschäfte untersagen. Der Stellvertreter ist unverzüglich nach dem Todesfall zu bestellen; er gilt als Geschäftsleiter. Das Bundesaufsichtsamt kann die Frist nach Satz 1 aus besonderen Gründen verlängern.

I. Das Verbot der Stellvertretung (Abs. 1)

„Nach § 45 GewO kann ein stehendes Gewerbe durch einen qualifizierten (1)
Stellvertreter ausgeübt werden. Abs. 1 schließt diese Möglichkeit für das
Kreditgewerbe aus, um sicherzustellen, daß grundsätzlich nur solche Personen dem Bundesaufsichtsamt gegenüber für die Leitung des Kreditinstituts verantwortlich sind, die betriebsintern die erforderliche Unabhängigkeit besitzen. Ausnahmen von diesem Grundsatz läßt der Entwurf
nur in besonderen Fällen zu (Abs. 2, § 1 Abs. 2 S. 2 und 3)" (Begründung
der Regierungsvorlage zu § 34). Zu § 1 Abs. 2 S. 2 und 3 vgl. oben
Anm. 55 ff. zu § 1.

II. Die Fortführung des Kreditinstituts bei Todesfall (Abs. 2)

Abs. 2 enthält eine beschränkte Ausnahme vom Erlaubnisprinzip. „Stirbt (2)
der Erlaubnisträger, so erlischt die ihm erteilte Erlaubnis. Damit sich die
Erben ohne unangemessenen Zeitdruck über die Fortführung des Kreditinstituts klar werden können, eröffnet ihnen § 34 Abs. 2 die Möglichkeit,
das Kreditinstitut bis zu einem Jahr ohne Erlaubnis durch einen qualifizierten Stellvertreter fortzuführen" (Begr. BT-Wirtschaftsausschuß zu
§ 34).

Die Bestellung des Stellvertreters ist nicht erforderlich, wenn das Kreditinstitut ordnungsgemäß weitergeführt werden kann, z. B. beim Tod nur
eines von mehreren persönlich und unbeschränkt haftenden Gesellschaftern, oder beim Tod eines Erlaubnisträgers, der nicht gleichzeitig Geschäftsleiter war (vgl. oben Anm. 1 zu § 32). Kann das Kreditinstitut dagegen
nicht ordnungsgemäß weitergeführt werden, so müssen die Erben des Erlaubnisträgers einen Stellvertreter bestellen, wenn sie nicht wollen, daß
das Kreditinstitut nach § 37 geschlossen wird. Da dann der Stellvertreter
als Geschäftsleiter gilt (Abs. 2 S. 3), ist seine Bestellung nach § 24 Abs. 1
Ziff. 1 ebenso anzuzeigen, wie vorher der Tod des Erlaubnisträgers nach
§ 24 Abs. 1 Ziff. 2 (vgl. oben Anm. 3 zu § 24).

Der ernannte Stellvertreter muß zuverlässig i. S. von § 33 Abs. 1 Ziff. 2 (3)
sein (vgl. oben Anm. 5 zu § 33) und die erforderliche fachliche Eignung
i. S. von § 33 Abs. 1 Ziff. 3 besitzen (vgl. oben Anm. 6 und 7 zu § 33).
Fehlt ihm die erforderliche Zuverlässigkeit oder fachliche Eignung, so
kann das Bundesaufsichtsamt das Kreditinstitut nach § 37 schließen, da
dann die Voraussetzungen für das Betreiben eines Kreditinstituts ohne
Erlaubnis erfüllt sind (so die Begründung der Regierungsvorlage zu § 34).

Die einjährige Frist, während derer das Kreditinstitut ohne Erlaubnis (4)
durch einen qualifizierten Stellvertreter fortgesetzt werden darf, beginnt
mit dem Tode des Inhabers der Erlaubnis. Der Stellvertreter ist „unverzüglich" nach dem Todesfall zu bestellen (vgl. zum Begriff Anm. 14 zu

§ 15). „Aus besonderen Gründen", vor allem dann, wenn die Erbausein-
andersetzung innerhalb eines Jahres nicht abgeschlossen ist (so Begründung der Regierungsvorlage zu § 34), kann die Frist vom Bundesaufsichtsamt verlängert werden, Abs. 2 S. 4. Nach Ablauf der Frist kann das
Bundesaufsichtsamt das Kreditinstitut nach § 37 schließen, falls nicht
von den Erben eine neue Erlaubnis nach § 32 erwirkt worden ist oder
der Geschäftsbetrieb von einer durch das Bundesaufsichtsamt nach § 1
Abs. 2 S. 2 oder 3 als Geschäftsleiter bezeichneten, geschäftsführungs- und
vertretungsberechtigten Person geführt wird. Ein Rechtsanspruch auf
Fortführung des Geschäftsbetriebs mit „gewillkürten", „gekorenen" Geschäftsleitern besteht nicht, vgl. oben Anm. 7 zu § 33 und Anm. 55 zu § 1.

(5)   „Absatz 2 ist eine Sondervorschrift gegenüber § 46 der Gewerbeordnung,
der durch die Vorschrift ausgeschlossen wird. Da Abs. 2 dazu beitragen
soll, daß möglichst bald Klarheit über den künftigen Erlaubnisträger geschaffen wird, beschränkt er, anders als § 46 GewO, das Recht zum
Betrieb des Kreditinstituts ohne Erlaubnis grundsätzlich auf ein Jahr.
Einer Beschränkung der Vorschrift auf minderjährige Erben bedurfte es
aus diesem Grunde nicht. Ferner besteht kein Anlaß, auch der Witwe des
Erlaubnisträgers, wenn sie nicht Erbin ist, das Recht zum vorübergehenden Betrieb des Kreditinstituts ohne Erlaubnis zu geben" (Begr. der Regierungsvorlage zu § 34).

§ 35 Erlöschen und Rücknahme der Erlaubnis

*(1) Die Erlaubnis erlischt, wenn von ihr nicht innerhalb eines Jahres seit
ihrer Erteilung Gebrauch gemacht wird.*

(2) Das Bundesaufsichtsamt kann die Erlaubnis zurücknehmen,
*1. wenn sie durch unrichtige oder unvollständige Angaben, durch Täu-
schung, Drohung oder durch sonstige unlautere Mittel erwirkt worden
ist;*

*2. wenn der Geschäftsbetrieb, auf den sich die Erlaubnis bezieht, ein Jahr
lang nicht mehr ausgeübt worden ist;*

*3. wenn ihm Tatsachen bekannt werden, die die Versagung der Erlaubnis
nach § 33 Abs. 1 Nr. 2 oder 3 rechtfertigen würden;*

*4. wenn Gefahr für die Sicherheit der einem Kreditinstitut anvertrauten
Vermögenswerte besteht und die Gefahr nicht durch andere Maßnahmen nach diesem Gesetz abgewendet werden kann.*

I. Erlöschen der Erlaubnis (Abs. 1)

(1)   Die Erlaubnis erlischt nicht nur durch Verzicht und, wenn natürliche Personen Erlaubnisträger sind, durch Tod des Inhabers der Erlaubnis (vgl.

§ 34), sondern auch, wenn von ihr nicht innerhalb eines Jahres Gebrauch gemacht wird, Abs. 1. Die Frist berechnet sich nach §§ 187 ff. BGB. Sie endet mit dem Ablauf des Tages des nächsten Jahres, der dem Tag entspricht, an dem die Erlaubnis zugestellt ist (§ 188 Abs. 2 i. V. mit § 187 Abs. 1 BGB). „Von der Erlaubnis Gebrauch machen" heißt „Bankgeschäfte betreiben" (vgl. § 32 Abs. 1). Es genügt nicht, daß die Vorbereitungen der Geschäftseröffnung getroffen sind (Geschäftsräume gemietet, Personal eingestellt, Werbeschreiben versandt worden sind); auch die Erstattung der Anzeige nach § 14 GewO als solche genügt nicht, wie andererseits die erst nach Ablauf der Frist erstattete Anzeige nicht ohne weiteres die Fristversäumnis beweist (Reichardt Anm. 5 zu § 5). Vielmehr müssen Bankgeschäfte i. S. von § 1 Abs. 1 S. 2 wirklich vorgenommen worden sein (gl. M. Pröhl Anm. 1 b zu § 5; Reichardt Anm. 5 zu § 5). Das Erlöschen der Erlaubnis wirkt selbsttätig; es bedarf nicht, wie nach § 5 Abs. 1 litt. a KWG 1939, einer behördlichen Erlaubnisrücknahme.

II. Die Rücknahme der Erlaubnis (Abs. 2)

Das Bundesaufsichtsamt kann die Erlaubnis zum Betreiben von Bankgeschäften in vier, vom Gesetz erschöpfend aufgezählten Fällen, zurücknehmen: (2)

1. Erwirkung der Erlaubnis durch unlautere Mittel (Abs. 2 Ziff. 1)

Wurde die Erlaubnis zum Betreiben von Bankgeschäften durch unlautere Mittel erwirkt, so kann sie vom Bundesaufsichtsamt jederzeit zurückgenommen werden. Unlauter sind alle Mittel, die rechtswidrig sind oder gegen die guten Sitten i. S. von § 138 BGB verstoßen. Ziff. 1 zählt als Beispiele das Erschleichen der Erlaubnis durch unrichtige und unvollständige Angaben, durch Täuschung und Drohung auf. „Die unrichtigen Angaben können in mündlicher oder schriftlicher Darstellung oder in der Vorlage falscher oder gefälschter Nachweise bestehen" (Reichardt Anm. 5 a zu § 6). „Unvollständig" sind die Angaben dann, wenn weitere Angaben zur Versagung der Erlaubnis nach § 33 hätten führen können. Allerdings sind hier die Beweislastregelungen des § 33 Abs. 1 zu beachten. Ein Antragsteller, der nicht auf seine Unzuverlässigkeit oder mangelnde fachliche Eignung hinweist, hat die Erlaubnis nicht durch unvollständige Angaben i. S. von Abs. 2 Ziff. 1 erwirkt, solange das Bundesaufsichtsamt die Tatsachen zu beweisen hat, aus denen sich der Mangel an Zuverlässigkeit oder fachlicher Eignung ergibt. Deshalb bezeichnet auch Abs. 2 Ziff. 3—4 das Bekanntwerden von solchen Tatsachen als selbständige Erlaubnisrücknahmegründe. Die unrichtigen oder unvollständigen Angaben mußten von demjenigen gemacht werden, der sich um die Erlaubnis beworben hat, oder zwar von einem Dritten, aber mit Willen oder wenigstens Wissen des Antragstellers. Andernfalls fehlt es am Kausalzusammenhang zwischen der unvollständigen oder unrichtigen Angabe und der Erlaubniserteilung, den Abs. 2 Ziff. 1 durch die Verwendung des Begriffs „erwirken" verlangt. Ob aber die Angaben vorsätzlich, fahrlässig oder ohne Verschulden unrichtig oder unvollständig gemacht wurden, ist für die Möglichkeit der Erlaubnisrücknahme ohne Bedeutung (a. M. Reichardt Anm. 5 a zu § 6, der zum mindesten grobe Fahrlässigkeit fordert, und Pröhl Anm. 3 a zu § 6, der einfache Fahrlässigkeit genügen läßt). Dagegen setzt der Begriff „Täuschung" immer Vorsatz voraus. Vgl. zu den Begriffen Täuschung und Drohung z. B. die Kommentare zu §§ 123 und 318 BGB und zu §§ 240, 241, 263, 267 und 273 StGB.

2. Die einjährige Nichtausübung des Geschäftsbetriebs (Abs. 2 Ziff. 2)

(3)   Zweiter Erlaubnisrücknahmegrund ist die einjährige Nichtausübung der Geschäftstätigkeit. Die Frist berechnet sich nach § 187 Abs. 1 und § 188 Abs. 2 BGB. Sie beginnt mit dem Tage, der auf den Tag folgt, an dem das letzte Bankgeschäft abgeschlossen bzw. durchgeführt worden ist; sie endet „mit dem Ablauf desjenigen Tages, welcher durch seine Benennung oder seine Zahl dem Tage entspricht, in den das Ereignis (die Vornahme des letzten Bankgeschäfts) fällt". Nichtausübung des Geschäftsbetriebs ist nicht gleichbedeutend mit Betriebseinstellung (vgl. oben Anm. 7 zu § 24; a. M. Reichardt Anm. 6 zu § 5), weil es auf den Willen zur Nichtwiederaufnahme der Geschäftstätigkeit, anders als bei der Betriebseinstellung, nicht ankommt. — Die einjährige Nichtausübung des Geschäftsbetriebs läßt jedoch, anders als die einjährige Nichtaufnahme des Geschäftsbetriebs i. S. von Abs. 1, die Erlaubnis nicht von selbst erlöschen, sondern gibt nur dem Bundesaufsichtsamt das Recht (nicht die Pflicht), die Erlaubnis zurückzunehmen.

3. Unzuverlässigkeit und Mangel an fachlicher Eignung der Erlaubnisträger und der gesetzlichen Geschäftsleiter (Abs. 2 Ziff. 3)

(4)   Wenn dem Bundesaufsichtsamt Tatsachen bekannt werden, aus denen sich die persönliche Unzuverlässigkeit oder der Mangel an fachlicher Eignung der Erlaubnisträger und der gesetzlichen Geschäftsleiter ergibt, kann die Erlaubnis zurückgenommen werden. Ziff. 3 deckt sowohl den Fall, daß die Mängel bei Erteilung der Erlaubnis zwar vorhanden, aber nicht bekannt waren, als auch den Fall, daß sie erst später aufgetreten sind. Über die Personen, deren persönliche Unzuverlässigkeit und mangelhafte fachliche Eignung die Erlaubnisrücknahme rechtfertigen, und über den Tatbestand der persönlichen Unzuverlässigkeit und des Mangels an fachlicher Eignung vgl. oben Anm. 5—7 zu § 33; vgl. auch Anm. 2 zu § 35.

4. Die Gefahr für die Sicherheit der dem Kreditinstitut anvertrauten Vermögenswerte (Ziff. 4)

(5)   Das Bundesaufsichtsamt kann die Erlaubnis zum Betreiben von Bankgeschäften zurücknehmen, wenn Gefahr für die Sicherheit der dem Kredit-

institut anvertrauten Vermögenswerte besteht. Die „Gefahr für die Sicherheit der einem Kreditinstitut anvertrauten Vermögenswerte" kann ihren Grund in der Art und Weise haben, in der das Kreditinstitut betrieben wird; dann wird in der Regel auch der Erlaubnisrücknahmegrund des Abs. 2 Ziff. 3 (mangelnde persönliche Zuverlässigkeit und fachliche Eignung) erfüllt sein. Ferner können Mängel in der Organisation Ursache für die fehlende Sicherheit der Vermögenswerte sein, z. B. die unzureichende Kontrolle (die eine Gefahr der Veruntreuungen durch Angestellte heraufbeschwört), die mangelhafte Verwaltung von Depots und Depositen, die nicht rechtzeitige Einlösung von Zinsscheinen und Geltendmachung von Bezugsrechten, mangelhafte Einrichtungen der Tresoranlagen usw. (vgl. Pröhl Anm. 3 c zu § 6; Reichardt Anm. 7 zu § 6). Vor allem aber kann die Erlaubnis zurückgenommen werden, wenn dies wegen der schlechten wirtschaftlichen Lage des Kreditinstituts zum Schutze der Gläubiger notwendig ist (vgl. Begründung der Regierungsvorlage zu § 35).

Unter anvertrauten Vermögenswerten sind vor allem Geldeinlagen, zur Verwahrung übergebene Wertpapiere und Spargelder und Wertpapierfonds i. S. von § 1 Abs. 1 S. 2 Ziff. 1, 5 und 6 zu verstehen. — Das Bundesaufsichtsamt muß die Tatsachen beweisen können, aus denen sich der Mangel an Sicherheit für die anvertrauten Vermögenswerte ergibt. Die Erlaubnis darf nur dann zurückgenommen werden, wenn die Gefahr nicht durch andere Maßnahmen nach dem KWG (insbesondere i. S. von § 46) abgewendet werden kann. Widerspruch und Anfechtungsklage gegen die Erlaubnisrücknahme haben hier keine aufschiebende Wirkung, § 49.

§ 36 Abberufung von Geschäftsleitern

(1) In dem Falle des § 35 Abs. 2 Nr. 3 kann das Bundesaufsichtsamt, statt die Erlaubnis zurückzunehmen, die Abberufung von Geschäftsleitern verlangen, auf deren Person sich die Tatsachen beziehen, und bei Kreditinstituten in der Rechtsform einer juristischen Person diesen Geschäftsleitern auch die Ausübung ihrer Tätigkeit untersagen.

(2) Das Bundesaufsichtsamt kann die Abberufung eines Geschäftsleiters auch verlangen, wenn dieser vorsätzlich oder leichtfertig gegen die Bestimmungen dieses Gesetzes, die zu seiner Durchführung erlassenen Verordnungen oder gegen Anordnungen des Bundesaufsichtsamtes verstoßen hat und trotz Verwarnung durch das Bundesaufsichtsamt dieses Verhalten fortsetzt.

I. Die Abberufung von gesetzlichen Geschäftsleitern wegen persönlicher Unzuverlässigkeit oder Mangel an fachlicher Eignung (Abs. 1)

Wenn dem Bundesaufsichtsamt Tatsachen bekannt werden, aus denen sich ergibt, daß ein gesetzlicher Geschäftsleiter nicht zuverlässig ist oder (1)

nicht die erforderliche fachliche Eignung hat, so kann das Bundesaufsichtsamt seine Abberufung verlangen und ihm, falls er Geschäftsleiter einer
juristischen Person ist, auch die Ausübung seiner Tätigkeit untersagen.
Abs. 1 erfaßt nur die Abberufung von „gesetzlichen" = „geborenen" Geschäftsleitern (§ 36 Abs. 1 i. V. mit § 35 Abs. 2 Ziff. 3 i. V. mit § 33
Abs. 1 Ziff. 2 und 3 i. V. mit § 1 Abs. 2 S. 1). Auf Erlaubnisträger, die
nicht gleichzeitig Geschäftsleiter sind, erstreckt sich das Abberufungsrecht
des Bundesaufsichtsamts nach ausdrücklichem Wortlaut von § 36 Abs. 1
nicht. „Gewillkürten" = „gekorenen" Geschäftsleitern i. S. von § 1 Abs. 2
S. 2 und 3 kann das Bundesaufsichtsamt die Geschäftsleitereigenschaft
jederzeit und ohne besonderen Grund wieder absprechen; sie sind nur auf
Widerruf bestellt, vgl. § 1 Abs. 2 S. 2 und 3 und oben Anm. 5 zu § 33
und Anm. 55 zu § 1. Über den Begriff „gesetzlicher" = „geborener" und
„gewillkürter" = „gekorener" Geschäftsleiter vgl. § 1 Abs. 2 und Anm.
53—55 zu § 1.

(2)   Dem Bundesaufsichtsamt müssen Tatsachen bekannt werden, aus denen
sich die persönliche Unzuverlässigkeit oder der Mangel an fachlicher Eignung des gesetzlichen Geschäftsleiters ergibt. Abs. 1 deckt sowohl den
Fall, daß die Mängel bei Erteilung der Erlaubnis zum Betreiben von
Bankgeschäften zwar vorhanden, aber nicht bekannt waren, als auch den
Fall, daß sie erst später aufgetreten sind. Über den Tatbestand der persönlichen Unzuverlässigkeit und des Mangels an fachlicher Eignung und
über die Beweislastverteilung vgl. oben Anm. 5—7 zu § 33.

(3)   Das Bundesaufsichtsamt kann die Abberufung des gesetzlichen Geschäftsleiters verlangen und ihm, falls er Geschäftsleiter einer juristischen Person ist, auch die Ausübung seiner Tätigkeit untersagen. Die Möglichkeit,
die Geschäftsleiterabberufung zu verlangen und die weitere Tätigkeit zu
untersagen, konkurriert mit dem Erlaubnisrücknahmerecht nach § 35
Abs. 2 Ziff. 3. Das Bundesaufsichtsamt hat die freie Wahl, entweder dem
Kreditinstitut nach § 35 Abs. 2 Ziff. 3 die Erlaubnis zum Betreiben von
Bankgeschäften zu entziehen, oder den gesetzlichen Geschäftsleiter abberufen zu lassen und ihm gegebenenfalls die Ausübung seiner Tätigkeit
zu untersagen.

Das Bundesaufsichtsamt hat nicht das Recht, dem abberufenen, gesetzlichen Geschäftsleiter seine Geschäftsführungs- und Vertretungsbefugnis
zu entziehen, es sei denn, der gesetzliche Geschäftsleiter sei Mitglied des
Geschäftsführungs- und Vertretungsorgans einer juristischen Person
(Aktiengesellschaft, Kommanditgesellschaft auf Aktien, Genossenschaft,
Gesellschaft mit beschränkter Haftung, Körperschaft des öffentlichen
Rechts, Verein). In den Fällen, in denen das Bundesaufsichtsamt auch eine
weitere Geschäftsführer- und Vertretertätigkeit untersagen darf, kann es
die Befolgung seines Verbotes mit Zwangsmitteln durchsetzen (§ 50 Abs. 1
KWG i. V. mit §§ 6 und 9 VwVG) und einen Geschäftsleiter, der entgegen
dem Verbot weiterhin tätig wird, mit Geldbuße belegen (§ 56 Abs. 1

Ziff. 7 i. V. mit Abs. 2). Widerspruch und Anfechtungsklage gegen das Verbot haben keine aufschiebende Wirkung, § 49. Bei Personenhandelsgesellschaften ist das unmittelbare Tätigkeitsverbot nicht vorgesehen, weil es sich zu stark auf die engen privatrechtlichen Beziehungen zwischen den Gesellschaftern auswirken würde (Begründung der Regierungsvorlage und der Anträge des BT-Wirtschaftsausschusses zu § 36). Ist nur die Abberufungsmöglichkeit, nicht auch die Möglichkeit einer Tätigkeitsuntersagung gegeben und hat das Bundesaufsichtsamt Bedenken dagegen, daß der abberufene, gesetzliche Geschäftsleiter einer Personenhandelsgesellschaft weiterhin eine Geschäftsführungs- und Vertretungstätigkeit ausübt, so bleibt nur die Möglichkeit, dem Kreditinstitut die Erlaubnis zum Betreiben von Bankgeschäften überhaupt zu entziehen. Ist der Abberufene einziger Geschäftsleiter des Kreditinstituts oder können die übrigen gesetzlichen oder gewillkürten Geschäftsleiter ohne die Geschäftsleitertätigkeit des Abberufenen das Kreditinstitut nicht ordnungsgemäß weiterführen, so muß das Bundesaufsichtsamt eine andere geschäftsführungs- und vertretungsbefugte Person i. S. von § 1 Abs. 2 S. 2 und 3 als Geschäftsleiter bezeichnen.

Die Abberufung hat nach gesellschaftsrechtlichen Grundsätzen zu erfolgen. Die Gesellschaft ist verpflichtet, z. B. die Bestellung zum Vorstandsmitglied, wenn es das Bundesaufsichtsamt verlangt, i. S. von § 75 Abs. 3 S. 1 AktG durch den Aufsichtsrat widerrufen zu lassen. Das Tätigkeitsverbot für Mitglieder des Geschäftsführungs- und Vertretungsorgans einer juristischen Person kommt in seiner Wirkung dem Widerruf der gesellschaftsrechtlichen Organbestellung (z. B. i. S. von § 75 Abs. 3 AktG) gleich. Etwaige Ansprüche aus schuldrechtlichen Anstellungsverträgen oder aus dem Beamtenrechtsverhältnis eines beamteten Geschäftsleiters bleiben unberührt.

Wird das Kreditinstitut von einem Einzelbankier betrieben, so ist das Verlangen nach Abberufung i. S. von Abs. 1 faktisch nicht möglich, weil niemand im Unternehmen den Einzelunternehmer abberufen kann. Es wäre nur denkbar, daß das Bundesaufsichtsamt in diesem Falle die Geschäftsführungs- und Vertretungstätigkeit i. S. von § 46 untersagt und einem Stellvertreter, z. B. einem Prokuristen, die Geschäftsleitereigenschaft i. S. von § 1 Abs. 2 S. 2 2. Halbs. zuerkennt. Näherliegend wird in solchen Fällen die Erlaubnisrücknahme i. S. von § 35 Abs. 2 Ziff. 3 sein.

II. Die Abberufung von gesetzlichen Geschäftsleitern wegen Verstoßes gegen gesetzliche Bestimmungen oder gegen Anordnungen des Bundesaufsichtsamtes (Abs. 2)

Auch die Abberufungsmöglichkeit nach Abs. 2 erstreckt sich nur auf gesetzliche Geschäftsleiter i. S. von § 1 Abs. 2 S. 1, weil gewillkürte Geschäftsleiter i. S. von § 1 Abs. 2 S. 2 und 3 ohne besonderen Grund ab-

(4)

berufen werden können. Voraussetzung für die Abberufung gesetzlicher Geschäftsleiter nach Abs. 2 ist ein vorsätzlicher oder leichtfertiger Verstoß gegen die Bestimmungen des KWG oder seiner Durchführungsvordnungen oder gegen Anordnungen des Bundesaufsichtsamts. Ist ein Geschäftsleiter z. B. dafür verantwortlich, daß die dauernden Anlagen in Grundbesitz und Beteiligungen trotz des Verbots nach § 12 das haftende Eigenkapital übersteigen, so kann er abberufen werden. Zu den Anordnungen i. S. von Abs. 2 gehören auch die Anweisungen, die das Bundesaufsichtsamt bei Gefahr nach § 46 geben kann, und die Auflagen, unter denen nach § 32 Abs. 2 die Erlaubnis zum Betreiben von Bankgeschäften erteilt werden kann.

Über den Begriff Vorsatz vgl. Staudinger zu § 276 BGB; es gehört und genügt dazu das Bewußtsein, daß der rechtswidrige Erfolg, die Verletzung der gesetzlichen Bestimmungen oder der behördlichen Anordnung eintreten wird. Unter Leichtfertigkeit wird hier der bedingte Vorsatz oder doch zum mindesten die grobe Fahrlässigkeit zu verstehen sein. Das setzt das Bewußtsein des gesetzlichen Geschäftsleiters voraus, daß infolge seines Verhaltens die gesetzliche Bestimmung oder die behördliche Anordnung verletzt werden könne, und daß für diesen Fall die Verletzung in Kauf genommen und gebilligt wird. Grob fahrlässig handelt der Geschäftsleiter, wenn er zwar auch bewußt mit der Möglichkeit der Verletzung einer Gesetzesnorm oder Anordnung gerechnet, aber unter besonders schwerer Außerachtlassung der im Verkehr und im kaufmännischen Geschäftsbetrieb erforderlichen Sorgfalt gehofft hat, sein Verhalten sei pflichtgemäß; grobfahrlässig handelt der Geschäftsleiter ferner, wenn er wegen Außerachtlassung der erforderlichen Sorgfalt gar nicht gewußt hat, daß sein Verhalten gegen das Gesetz oder gegen eine behördliche Anordnung verstößt. Zum Begriff Fahrlässigkeit vgl. im übrigen Anm. 14 zu § 15. Zum Begriff der Leichtfertigkeit vgl. auch die Kommentare zu § 164 Abs. 5 StGB.

Formelle Voraussetzung für die Abberufung nach Abs. 2 ist, daß der Geschäftsleiter vom Bundesaufsichtsamt verwarnt worden ist, trotzdem aber das pflichtwidrige Verhalten fortsetzt.

§ 37 Einschreiten gegen ungesetzliche Geschäfte

Werden Bankgeschäfte ohne die nach § 32 erforderliche Erlaubnis oder werden nach § 3 verbotene Geschäfte betrieben, so kann das Bundesaufsichtsamt gegen die Fortführung der Geschäfte unmittelbar einschreiten.

(1)   Das Bundesaufsichtsamt kann „unmittelbar einschreiten", wenn verbotene oder zwar gesetzlich erlaubte, aber konzessionspflichtige Geschäfte ohne die erforderliche Erlaubnis betrieben werden. Über die gesetzlich verbotenen Geschäfte siehe § 3 und oben Anm. 1—7 zu § 3. Über das Erfor-

dernis einer Erlaubnis zum Betreiben von Bankgeschäften i. S. von § 1
S. 2 vgl. § 32 und oben Anm. 1—5 zu § 32.

Wurde die Erlaubnis unter Auflagen erteilt, so kann das Bundesaufsichts- **(2)**
amt bei Nichterfüllung der Auflagen nicht unmittelbar gegen die Fortführung des Geschäftsbetriebes einschreiten. Es hat nur die Möglichkeit,
Ordnungsstrafen i. S. von § 56 Abs. 1 Ziff. 3 und Abs. 2 zu verhängen und
die Erfüllung der Auflagen durch Zwangsgeld bis zu 50 000,— DM i. S.
von § 50 KWG i. V. mit §§ 6, 9 und 11 VwVG, gegebenenfalls, als ultima
ratio, auch durch unmittelbaren Verwaltungszwang i. S. von § 50 KWG
i. V. mit § 12 VwVG zu erzwingen. Außerdem kommt in solchen Fällen
eine Abberufung der Geschäftsleiter nach § 36 Abs. 2 und eine Schließung
des Kreditinstituts nach Erlaubnisrücknahme i. S. von § 35 Abs. 2 Ziff. 3
i. V. mit § 38 KWG in Frage. Die Erlaubnisrücknahme führt dann, allerdings nicht „unmittelbar", zum selben Ergebnis wie das „Einschreiten
gegen die Fortführung der Geschäfte" i. S. von § 37.

Wurde die Erlaubnis auf einzelne Bankgeschäfte beschränkt, so kann das
Bundesaufsichtsamt nach § 37 unmittelbar gegen die Vornahme und
Fortführung von Bankgeschäften einschreiten, die nicht in der beschränk-
ten Erlaubnis inbegriffen waren.

„Unmittelbar gegen die Fortführung der Geschäfte einschreiten" heißt, **(3)**
das Kreditinstitut i. S. des §§ 11 und 12 VwVG unmittelbar zur Unterlassung zwingen. Als Vollzugsbehörde ist das Bundesaufsichtsamt selbst
zuständig (§ 7 VwVG). Die Polizei hat aber auf Verlangen der Vollzugsbehörde Amtshilfe zu leisten, § 15 Abs. 2 S. 1 VwVG, § 35 GG.

§ 38 Folgen der Erlaubnisrücknahme

*(1) Nimmt das Bundesaufsichtsamt die Erlaubnis zurück, so kann es bei
juristischen Personen und Personenhandelsgesellschaften bestimmen, daß
das Kreditinstitut abzuwickeln ist. Seine Entscheidung wirkt wie ein Auflösungsbeschluß. Sie ist dem Registergericht mitzuteilen und von diesem
in das Handels- oder Genossenschaftsregister einzutragen. Für die Abwicklung kann das Bundesaufsichtsamt allgemeine Weisungen erlassen.
Das Registergericht hat auf Antrag des Bundesaufsichtsamtes Abwickler
zu bestellen, wenn die sonst zur Abwicklung berufenen Personen keine
Gewähr für die ordnungsmäßige Abwicklung bieten. Gegen die Verfügung
des Registergerichts findet die sofortige Beschwerde statt.*

*(2) Das Bundesaufsichtsamt kann die Rücknahme der Erlaubnis öffent-
lich bekanntmachen.*

(3) Absatz 1 gilt nicht für juristische Personen des öffentlichen Rechts.

I. Die behördliche Liquidationsanordnung (Abs. 1 und 3)

Nach der Erlaubnisrücknahme i. S. von § 35 Abs. 2 kann das Bundesauf- **(1)**
sichtsamt die Liquidation des dem Kreditinstitut zuzurechnenden Sonder-

vermögenskomplexes anordnen. Soweit das Vermögen des Kreditinstituts keinen Sondervermögenskomplex bildet, auf den besondere Rechtsnormen anwendbar sind (wie bei der offenen Handelsgesellschaft, der Kommanditgesellschaft, Gesellschaft mit beschränkter Haftung usw.), entfällt die Möglichkeit einer behördlichen Liquidationsanordnung. So ist das Bundesaufsichtsamt insbesondere nicht befugt, einen Einzelbankier zur Abwicklung seines Geschäftsvermögens anzuhalten und gegebenenfalls nach Abs. 1 gerichtliche Liquidatoren bestellen zu lassen, weil Geschäftsvermögen und Privatvermögen hier rechtlich grundsätzlich nicht getrennt werden. „Gegenüber Einzelkaufleuten sind diese Maßnahmen, die eine gesellschaftsrechtliche Abwicklung voraussetzen, nicht möglich. Der Bundesrat hat daher vorgeschlagen zu prüfen, ob für solche Fälle die Aufsichtsbehörde zur Bestellung eines Vertreters ermächtigt werden könne, der die Geschäfte des Einzelbankiers etwa nach konkursrechtlichen Grundsätzen zum Abschluß bringt. Der Ausschuß ist in Übereinstimmung mit der Stellungnahme der Bundesregierung diesem Vorschlag nicht gefolgt, da er praktisch einen Konkurs zur Folge hätte, ohne daß die allgemeinen Voraussetzungen des Konkursverfahrens oder des Vergleichsverfahrens vorliegen. Dies würde eine grundlegende Abweichung vom allgemeinen Insolvenzrecht bedeuten, die auch wegen der geringen Zahl der möglichen Fälle dieser Art nicht gerechtfertigt ist" (Begr. BT-Wirtschaftsausschuß zu § 38).

(2)   Auch bei nicht selbständig rechtsfähigen Kreditinstituten, die von Körperschaften des öffentlichen Rechts in eigener Regie betrieben werden, ist eine Abwicklungsanordnung ausgeschlossen; die Worte „bei juristischen Personen" in Abs. 1 S. 1 sind eng auszulegen und setzen eine selbständige Rechtsfähigkeit des Kreditinstituts voraus. Darüber hinaus verbietet Abs. 3 eine Abwicklungsanordnung des Bundesaufsichtsamts für selbständig rechtsfähige Kreditinstitute des öffentlichen Rechts. Wie juristische Personen des öffentlichen Rechts nach der Erlaubnisrücknahme zu behandeln sind, ergibt sich aus dem Sonderrecht, das nach § 52 Abs. 1 vorbehalten bleibt.

(3)   Im übrigen kann das Bundesaufsichtsamt (muß es aber nicht) bei juristischen Personen des Privatrechts und bei Personenhandelsgesellschaften die Liquidation anordnen. Die Entscheidung wirkt wie ein Auflösungsbeschluß i. S. von § 131 Ziff. 2 HGB für offene Handelsgesellschaften, Kommanditgesellschaften (§ 164 Abs. 2 HGB) und Kommanditgesellschaften auf Aktien (§ 231 Abs. 1 AktG), i. S. von § 203 Abs. 1 Ziff. 2 AktG für Aktiengesellschaften, i. S. von § 60 Abs. 1 Ziff. 2 GmbHG für Gesellschaften mit beschränkter Haftung, i. S. von § 78 GenG für Genossenschaften und i. S. von § 41 BGB für Vereine; sie hat also die Anwendbarkeit der §§ 145 ff. HGB für die Liquidation des Gesellschaftsvermögens der offe-

nen Handelsgesellschaft und der Kommanditgesellschaft, die Anwendbarkeit der §§ 205 ff. HGB für die Liquidation der Aktiengesellschaft, des § 232 AktG für die der Kommanditgesellschaft auf Aktien, der §§ 65 ff. GmbHG für die Liquidation der Gesellschaft mit beschränkter Haftung, der §§ 82 ff. GenG für die Genossenschaftsliquidation und der §§ 45 ff. BGB für die Abwicklung des Vereins zur Folge. „Da auch bei der Abwicklung des Kreditinstituts die Interessen der Gläubiger im Vordergrund stehen müssen, kann das Bundesaufsichtsamt für die Abwicklung grundsätzliche Anordnungen — nicht Einzelanordnungen — treffen und erforderlichenfalls beim Gericht die Bestellung von Liquidatoren beantragen" (Begr. der Regierungsvorlage zu § 38; vgl. § 38 Abs. 1 S. 4—6).

II. Die öffentliche Bekanntmachung der Erlaubnisrücknahme (Abs. 2)

Nach Abs. 2 kann das Bundesaufsichtsamt die Rücknahme der Erlaubnis (4) i. S. von § 35 Abs. 2 im Bundesanzeiger und in Tageszeitungen bekanntmachen. Die dadurch entstehenden Auslagen treffen das Kreditinstitut nach § 51 Abs. 3. Vgl. zum alten Recht Art. 4 der 1. Durchführungs- und Ergänzungsverordnung zum KWG vom 9. II. 1935 (RGBl I 205).

2. Schutz der Bezeichnungen „Bank" und „Sparkasse"

§ 39 Bezeichnungen „Bank" und „Bankier"

(1) Die Bezeichnung „Bank", „Bankier" oder eine Bezeichnung, in der das Wort „Bank" oder „Bankier" enthalten ist, dürfen, soweit durch Gesetz nichts anderes bestimmt ist, in der Firma, als Zusatz zur Firma, zur Bezeichnung des Geschäftszwecks oder zu Werbezwecken nur führen

1. Kreditinstitute, die eine Erlaubnis nach § 32 besitzen;

2. andere Unternehmen, die bei Inkrafttreten dieses Gesetzes eine solche Bezeichnung nach den bisherigen Vorschriften befugt geführt haben.

(2) Die Bezeichnung „Volksbank" oder eine Bezeichnung, in der das Wort „Volksbank" enthalten ist, dürfen nur Kreditinstitute neu aufnehmen, die in der Rechtsform einer eingetragenen Genossenschaft betrieben werden und einem Prüfungsverband angehören.

(3) Das Bundesaufsichtsamt kann bei Erteilung der Erlaubnis bestimmen, daß die in Absatz 1 genannten Bezeichnungen nicht geführt werden dürfen, wenn Art oder Umfang der Geschäfte des Kreditinstituts nach der Verkehrsanschauung die Führung einer solchen Bezeichnung nicht rechtfertigen.

I. Die Bezeichnung „Bank" und „Bankier" (Abs. 1 und 3)

(1) Die Worte „Bank" und „Bankier" dürfen selbständig oder in Zusammensetzungen weder in der Firma, noch als Firmenzusatz, noch zur Bezeichnung des Geschäftszwecks oder zu Werbezwecken verwendet werden, es sei denn, die in Abs. 1 Ziff. 1 und 2 aufgeführten Voraussetzungen für die Zulässigkeit der Bezeichnungsverwendung seien erfüllt; selbst in diesem Fall kann noch das Bundesaufsichtsamt unter gewissen Voraussetzungen die Verwendung der erwähnten Worte untersagen, Abs. 3.

Verboten ist zunächst die Verwendung der Bezeichnung „Bank" und „Bankier" in der Firma, d. h. in dem „Namen, unter dem der Kaufmann im Handel seine Geschäfte betreibt und die Unterschrift abgibt", § 17 Abs. 1 HGB, wobei unter „Kaufmann" auch die Handelsgesellschaften (Personenhandelsgesellschaften, Aktiengesellschaften, Gesellschaften mit beschränkter Haftung), § 6 Abs. 1 HGB, und die Genossenschaften, § 17 Abs. 2 GenG, zu verstehen sind. Das Firmenrecht (§§ 17 ff. HGB, § 4 AktG, § 4 GmbHG, § 3 GenG u. a.) enthält genaue Vorschriften über die Bildung des Firmenkerns, d. h. der gesetzlich erforderlichen Bestandteile des kaufmännischen Handelsnamens. Das Wort „Bank" oder „Bankier" darf darin nur unter den Voraussetzungen des § 39 Abs. 1 und 3 KWG enthalten sein.

(2) Darüber hinaus dürfen die Worte „Bank" und „Bankier" auch nicht in einem freiwilligen Firmenzusatz erscheinen (für den im übrigen ebenfalls

firmenrechtliche Vorschriften zu beachten sind, z. B. §§ 18 Abs. 1, 22 Abs. 1, 30 Abs. 2 und 3 HGB u. a.). Auch die bloße Bezeichnung des Geschäftszwecks mit den Worten wie „Bank" oder „Bankier" oder mit Wortverbindungen, in denen die Bezeichnung „Bank" oder „Bankier" vorkommt, ist unzulässig. Das gilt vor allem für Geschäftsbezeichnungen, d. h. Bezeichnungen, die nicht wie die Firma den Handelsnamen des Kaufmanns, sondern den Namen des Unternehmens ausdrücken sollen. Geschäftsbezeichnungen sind besonders für minderkaufmännische Unternehmen üblich, können aber genauso gut bei vollkaufmännischen vorkommen. Bezeichnungen des Geschäftszwecks (und Geschäftsbezeichnungen im besonderen) werden vor allem zu Werbezwecken verwendet. Abs. 1 verbietet auch hierfür die Verwendung der Worte „Bank" und „Bankier". Sind die Voraussetzungen von Abs. 1 Ziff. 1 und 2 nicht erfüllt, so darf z. B. ein Unternehmen in der Werbung nicht den Ausdruck „Erledigung bankmäßiger Geschäfte" oder ähnliche Formulierungen zur Unterrichtung der Kundschaft über die von ihm betriebenen Geschäftszweige und Dienstleistungsgeschäfte verwenden. Ebensowenig darf beispielsweise ein Kleingewerbetreibender, dessen Bankgeschäfte i. S. von § 1 Abs. 1 S. 2 keinen „in kaufmännischer Weise eingerichteten Geschäftsbetrieb" erfordern, an seinem Geschäftsgebäude die Bezeichnung „Bank" anbringen. Über Geschäftsbezeichnungen, ihre Verwendung in der Werbung und ihren Schutz vgl. Würdinger Anm. 7 zu § 17 und Anm. 5 und 23 zu § 37.

Die Folgen eines Verstoßes gegen das Verbot des Abs. 1 beurteilen sich nach Firmenrecht, wobei jedoch dem Bundesaufsichtsamt weitgehende Mitwirkungsbefugnisse eingeräumt sind. Vgl. dazu § 43 Abs. 2 und unten Anm. 1 zu § 43.

Alle Kreditinstitute, die eine Erlaubnis nach § 32 besitzen, sind vom grundsätzlichen Verbot, die Worte „Bank" und „Bankier" in Firma und Firmenzusatz und zur Bezeichnung des Geschäftszwecks oder zu Werbezwecken zu verwenden, befreit. Über die Voraussetzungen für einen Rechtsanspruch auf Erlaubniserteilung vgl. oben Anm. 1—3 zu § 33.   (3)

Insbesondere dürfen sich auch private und öffentlich-rechtliche Sparkassen, die nach dem 1. I. 1962 die Erlaubnis nach § 32 erwirkt haben, Banken nennen und in der Werbung auf ihre Bankgeschäfte hinweisen. § 32 Abs. 1 Ziff. 1 kann sich in dieser Hinsicht allerdings nur auf die Verwendung der Begriffe „Bank" und „Bankier" zu Geschäfts- oder Werbezwecken der Sparkassen auswirken, weil die Form, in der Sparkassen ihre Firma bilden dürfen, durch das spezielle Sparkassenrecht zwingend vorgeschrieben ist. Nur bei Umwandlungen kann auch die Möglichkeit einer firmenrechtlichen Bezeichnung „Bank" oder „Bankier" für Sparkassen von Bedeutung werden (vgl. das Beispiel der ehemaligen „Birkenfelder Landesbank, Öffentliche Bankanstalt", die seit ihrer Umwandlung in eine öffentliche Sparkasse mit „Kreissparkasse Birkenfeld, Birkenfelder Landes-

bank" firmiert; ferner die Städtische Girokasse Stuttgart, die seit Jahrzehnten die Bezeichnung „öffentliche Bankanstalt" in ihrer Firma führt;
die ehemaligen Landesleihbanken Hanau und Fulda, deren Gründungsjahre 1738 und 1805 sind, wurden nach den Verordnungen vom 12. XI.
1954 bzw. 7. I. 1955 mit den Stadtsparkassen Hanau und Fulda vereinigt;
sie firmieren seitdem „Städtische Sparkasse und Landesleihbank Hanau"
und „Städtische Sparkasse und Landesleihbank Fulda"). Im übrigen ist
eine faktische Trennung zwischen der Geschäftstätigkeit der Sparkassen
und derjenigen der Geschäftsbanken nicht mehr möglich. Seit der Zulassung der Sparkassen zum passiven Scheckgeschäft im Jahre 1910 üben
die Sparkassen Tätigkeiten aus, die bis dahin den Geschäftsbanken vorbehalten waren; umgekehrt nimmt bei verschiedenen Geschäftsbanken das
Spareinlagengeschäft eine beherrschende Stellung ein. Das KWG verzichtet deshalb darauf, auf eine Aufgabenteilung innerhalb der Tätigkeitsbereiche einzuwirken und erlaubt auch den Sparkassen die Bezeichnung
„Bank".

(4)   Unternehmen, die bei Inkrafttreten des KWG die Bezeichnung „Bank"
oder „Bankier" zu führen befugt waren und sie tatsächlich führten, dürfen sie auch weiterhin verwenden, Abs. 1 Ziff. 2. Vgl. auch § 61, dessen
Fiktion sich jedoch im Rahmen der Tatbestände des § 39 nicht auswirkt,
da andernfalls Abs. 1 Ziff. 2 bereits durch Abs. 1 Ziff. 1 geregelt und überflüssig wäre. Für die Beurteilung der Zulässigkeit von Firmierungen,
Geschäftsbezeichnungen und Werbungen der Unternehmen, die vor dem
1. I. 1962 (vgl. wegen des Stichtags § 65) gegründet wurden, besitzt also
auch heute noch § 10 KWG 1939 formelle Rechtskraft. Über § 10 Abs. 1
litt. a kann außerdem das vor dem 1. I. 1935 geltende Recht beachtlich
sein; vgl. darüber Pröhl Anm. 2. a zu § 10; Reichardt Anm. 8. a zu § 10.

(5)   Mit der Anwendbarkeit des § 10 KWG 1939 wird auch die Rechtsunsicherheit übernommen, die hinsichtlich der Auslegung des § 10 KWG 1939
bestand. Bei wörtlicher Auslegung können danach alle bestehenden Kreditinstitute, auch Sparkassen, für berechtigt angesehen werden, die Bezeichnung „Bank" und „Bankier" zu führen. Die historische Auslegung
schließt dagegen Sparkassen von dieser Möglichkeit aus. Reichardt (Anm.
14 zu § 10) und Perdelwitz-Fabricius-Kleiner (Das preußische Sparkassenrecht S. 167) sprechen sich im Gegensatz zu Pröhl (Anm. 3 zu § 10, S. 226)
und Hofmann-Dermitzel (Anm. 1 zu § 10 S. 224) dafür aus, daß bereits
das alte Recht allen Kreditinstituten, auch Sparkassen, eine Verwendung
der Bezeichnung „Bank" bzw. „Bankier" zur Geschäftsbezeichnung und
Werbung gestattet. Dieser Ansicht ist u. a. deshalb beizupflichten, weil
nicht nur der allgemeine Sprachgebrauch, sondern auch eine Reihe von
Gesetzen und allgemeinen Geschäftsbedingungen ausdrücklich das Wort
„Bank" für die Bezeichnung des Berufszweigs des Kreditgewerbes schlechthin verwendet: vgl. z. B. Art. 74 Ziff. 1 GG, wo der Begriff „Bank- und
Börsenwesen" auch das Sparkassenwesen mitumfaßt (vgl. Huber Ernst

Rudolf, Wirtschaftsverwaltungsrecht, 2. Aufl., 1. Band, Tübingen 1953 S. 158); § 1 Abs. 1 S. 1 und § 32 KWG 1961, wo allgemein als Kreditinstitute alle Unternehmen bezeichnet werden, die B a n k geschäfte betreiben; die vom Kreditgewerbe zur Geschäftsgrundlage gemachten Anderkontenbedingungen für Rechtsanwälte, Notare, Treuhänder usw., die unter dem Oberbegriff „Banken" „private Banken und Bankhäuser, öffentliche Banken, Genossenschaftsbanken und Sparkassen" verstehen. Vgl. auch Hofmann-Dermitzel S. 225 und 510—512. Eine restriktive Auslegung der Begriffe „Kreditinstitut" und „Unternehmen" in § 10 Abs. 1 KWG 1939 i. S. von „Geschäftsbanken ausschließlich der Sparkassen" ist ungerechtfertigt.

Die Rechtsunsicherheit wird insofern gemindert, als § 39 Abs. 1 Ziff. 2 **(6)** nicht nur eine B e f u g n i s zur Führung der Bezeichnung „Bank" und „Bankier" nach altem Recht, sondern auch eine t a t s ä c h l i c h e Verwendung vor dem 1. I. 1962 voraussetzt. Nur Sparkassen, die schon bis dahin zu ihrer Werbung oder zur Bezeichnung ihres Geschäftszweckes oder (ausnahmsweise) in ihrer Firmierung die Worte „Bank" oder „Bankier" verwendeten, dürfen dies auch weiterhin tun. Darin liegt eine sachlich ungerechtfertigte Benachteiligung der vor dem 1. I. 1962 tätigen Sparkassen, die auf eine Verwendung der Bezeichnung „Bank" oder „Bankier" bis dahin verzichtet hatten. Sie sind einmal gegenüber Sparkassen benachteiligt, die zwar ebenfalls vor dem 1. I. 1962 Bankgeschäfte i. S. von § 1 Abs. 1 S. 2 tätigten, dabei aber sehr wohl in ihrer Werbung usw. die Bezeichnung „Bank" verwendeten; zum anderen sind sie gegenüber den neu errichteten Sparkassen benachteiligt, die nach dem 1. I. 1962 ihre Erlaubnis i. S. von § 32 Abs. 1 beantragten und denen deshalb nach § 39 Abs. 1 Ziff. 1 in der Verwendung der erwähnten Begriffe keine Beschränkungen auferlegt sind. Gegen die Vereinbarkeit dieser gesetzlichen Benachteiligung mit Art. 3 Abs. 1 GG können Bedenken geltend gemacht werden.

Der über § 39 Abs. 1 Ziff. 2 auch heute noch beachtliche § 10 KWG 1939 **(7)** hat folgenden Wortlaut:

(1) Die Bezeichnungen „Bank", „Bankier" oder eine Bezeichnung, in der das Wort „Bank" oder „Bankier" vorkommt, dürfen in der Firma als Zusatz zur Firma, zur Bezeichnung des Geschäftszweckes oder zu Werbezwecken nur führen:

a) die bei dem Inkrafttreten dieses Gesetzes bestehenden Kreditinstitute;

b) diejenigen Unternehmungen, denen eine Erlaubnis gemäß § 3 Abs. 1 erteilt ist;

c) diejenigen Unternehmungen, denen die Befugnis zur Führung der obigen Bezeichnungen vom Reichswirtschaftsminister erteilt worden ist.

16*

Die Befugnis erlischt, sobald infolge einer Zurücknahme der Erlaubnis, einer Untersagung des Geschäftsbetriebes oder aus einem anderen Grunde der Betrieb von Bankgeschäften eingestellt ist.

(2) . . . .

(3) Die Bezeichnung „Sparkasse" oder eine Bezeichnung, in der das Wort „Sparkasse" enthalten ist, dürfen nur die öffentlichen oder dem öffentlichen Verkehr dienenden Spar- und Girokassen führen. Sie dürfen eine Bezeichnung der im Abs. 1 genannten Art ohne Zustimmung des Reichswirtschaftsministers nicht neu aufnehmen.

(4) Die Vorschrift des Abs. 3 findet, soweit sie die Führung einer Bezeichnung betrifft, in der das Wort „Sparkasse" enthalten ist, keine Anwendung auf öffentlich-rechtliche und solche private Bausparkassen, die dem Gesetz über die Beaufsichtigung der privaten Versicherungsunternehmungen und Bausparkassen vom 6. VI. 1931 (RGBl I 315) unterliegen, sowie auf eingetragene Erwerbs- und Wirtschaftsgenossenschaften, die einem Prüfungsverband gemäß § 54 des Genossenschaftsgesetzes in der Fassung des Gesetzes vom 30. X. 1934 (RGBl I 1077) angehören. Sie dürfen aber eine Bezeichnung der im Absatz 3 S. 1 genannten Art mit Zustimmung des Reichswirtschaftsminister führen.

(8) Vom grundsätzlichen Bezeichnungsverbot können Ausnahmen zulässig sein, auch wenn die Voraussetzungen von Ziff. 1 und 2 nicht erfüllt sind: Neu zu errichtende Kreditinstitute, die etwa auf Grund besonderer gesetzlicher Bestimmung keiner Erlaubnis nach § 32 bedürfen, und vor allem Unternehmen, die nicht schon vor dem 1. I. 1962 befugterweise die Bezeichnung „Bank" oder „Bankier" führten, dürfen sich dieser Bezeichnung bedienen, wenn ein Gesetz dies besonders bestimmt. — Vgl. ferner die durch § 41 zugelassenen Ausnahmen.

(9) Umgekehrt kann trotz der Verwirklichung des in Ziff. 1 bezeichneten Tatbestandes die Verwendung der Bezeichnungen „Bank" und „Bankier" unzulässig sein. Voraussetzung für die Unzulässigkeit der Bezeichnungsverwendung ist, daß das Bundesaufsichtsamt bei Erteilung der Erlaubnis die Führung der erwähnten Bezeichnungen untersagt hat. Das Bundesaufsichtsamt ist zu einer solchen Auflage jedoch nur befugt, wenn Art oder Umfang der Geschäfte des Kreditinstituts nach Verkehrsanschauung die Verwendung der Bezeichnung „Bank" oder „Bankier" nicht rechtfertigten, Abs. 3. Solche Fälle dürften sich in der Praxis als selten erweisen, denn die Erteilung der Erlaubnis i. S. von § 32, als deren Nebenbestimmung die Auflage verfügt wird, setzt ihrerseits voraus, daß der Antragsteller Bankgeschäfte in einem Umfange betreibt, der einen in kaufmännischer Weise eingerichteten Geschäftsbetrieb erfordert, vgl. § 1 Abs. 1 S. 1. Erfordert aber der Betrieb von Bankgeschäften i. S. von § 1 Abs. 1 S. 2 einen vollkaufmännischen Betrieb, so wird in der Regel auch die Bezeichnung Bank und Bankier der Art oder dem Umfang des Betriebes nach unter Berücksichtigung der Verkehrsanschauung sachlich gerechtfertigt sein. Die Begründung der Regierungsvorlage zu § 39 Abs. 2 weist vor allem auf Unternehmen hin, die Bankgeschäfte neben anderen Handelsgeschäften betreiben oder die unter § 2 Abs. 3 fallen. Zu berücksichtigen ist aber auch hier, daß die Erlaubnis i. S. von § 32 nur erteilt wird, wenn die B a n k geschäfte kaufmännische Einrichtungen verlangen.

Gegen die Auflage des Bundesaufsichtsamts ist Widerspruch und Anfechtungsklage nach allgemeinen Regeln zulässig; vgl. dazu im einzelnen oben Anm. 6 zu § 33 und Anm. 5 zu § 32; vgl. auch unten Anm. 2 und 3 zu § 42.

II. Die Bezeichnung „Volksbank" (Abs. 2)

Die Bezeichnung „Volksbank" oder eine Bezeichnung, in der das Wort (10) „Volksbank" enthalten ist, bleibt Unternehmen vorbehalten, die entweder vor dem 1. I. 1962 diese Bezeichnung tatsächlich und befugterweise führten, oder die zwar neu errichtet werden, sich aber als Kreditinstitute i. S. von § 1 Abs. 1 S. 1 und als eingetragene Genossenschaften i. S. von §§ 1 ff. GenG qualifizieren und einem Prüfungsverband i. S. von §§ 54 ff. GenG angehören. „Die Bezeichnung Volksbank hat sich für die Kreditgenossenschaften als typisch mittelständische Unternehmen mit Genossenhaftung und gesetzlichen Prüfungseinrichtungen entwickelt. Sie soll daher künftig nur noch von genossenschaftlichen Kreditinstituten aufgenommen werden dürfen, die einem Prüfungsverband angehören" (Begr. BT-Wirtschaftsausschuß zu § 39).

III. Die Bezeichnung „Kapitalanlagegesellschaft" und „Investementgesellschaft"

Über den Bezeichnungsschutz für Kreditinstitute i. S. von § 1 Abs. 1 S. 2 (11) Ziff. 6 vgl. §§ 23 und 26 KAGG.

§ 40 Bezeichnung „Sparkasse"

(1) Die Bezeichnung „Sparkasse" oder eine Bezeichnung, in der das Wort „Sparkasse" enthalten ist, dürfen in der Firma, als Zusatz zur Firma, zur Bezeichnung des Geschäftszwecks oder zu Werbezwecken nur führen

1. öffentlich-rechtliche Sparkassen, die eine Erlaubnis nach § 32 besitzen;

2. andere Unternehmen, die bei Inkrafttreten dieses Gesetzes eine solche Bezeichnung nach den bisherigen Vorschriften befugt geführt haben.

(2) Unternehmen im Sinne des § 2 Abs. 1 Nr. 6 dürfen die Bezeichnung „Bausparkasse", eingetragene Genossenschaften, die einem Prüfungsverband angehören, die Bezeichnung „Spar- und Darlehnskasse" führen.

(1)   Das Wort Sparkasse darf selbständig oder in Zusamensetzungen weder in der Firma, noch als Firmenzusatz, noch zur Bezeichnung des Geschäftszweiges oder zu Werbezwecken verwendet werden, wenn die in Abs. 1 Ziff. 1 und 2 aufgeführten Voraussetzungen für die Verwendung des Begriffes „Sparkasse" nicht erfüllt sind. Über den Tatbestand der Verwendung des Wortes in der Firma und in Firmenzusätzen, sowie zur Bezeichnung des Geschäftszwecks und zu Werbezwecken vgl. Anm. 1 zu § 39. Die Folgen eines Verstoßes gegen Abs. 1 beurteilen sich nach Firmenrecht, vgl. § 43 Abs. 2 und unten Anm. 2 zu § 43.

(2)   Erlaubt ist die Führung der Bezeichnung „Sparkasse", wenn eine öffentlich-rechtliche Sparkasse nach dem 1. I. 1962 eine Erlaubnis zum Betrieb ihrer Bankgeschäfte nach § 32 erwirkt hat. Öffentlich-rechtliche Sparkassen sind solche Sparkassen, die als nicht selbständig rechtsfähige Unternehmen von einer Körperschaft des öffentlichen Rechts (Gemeinde, Gemeindeverband, Staat) in eigener Regie betrieben werden oder die als selbständig rechtsfähige juristische Personen des öffentlichen Rechts organisiert sind. Keine öffentlich-rechtlichen Sparkassen i. S. von Abs. 1 Ziff. 1 sind jene privatrechtlich organisierten Vereins- und Stiftungskassen, die durch Landesrecht als „öffentliche" Sparkassen anerkannt sind. Keine öffentlich-rechtlichen Sparkassen sind außerdem die sogenannten „freien" Sparkassen, die nach Privatrecht organisiert sind und nicht als „öffentliche" Sparkassen anerkannt sind. Neu errichtete Institute dieser Art dürfen die Bezeichnung „Sparkasse" unter Vorbehalt von Abs. 1 Ziff. 2 und Abs. 2 nicht mehr aufnehmen. Die Verwendung des Begriffs „Sparkasse" wird deshalb in Zukunft wesentlich eingeschränkt werden.

Vor dem 1. I. 1962 (vgl. § 65) errichtete Unternehmen, die das Wort „Sparkasse" in ihrer Firma, in Firmenzusätzen, zur Bezeichnung des Geschäftszwecks und zu Werbezwecken führen durften und tatsächlich führten, können es nach Abs. 1 Ziff. 2, auch wenn sie keine öffentlich-rechtlichen, sondern privatrechtlich organisierte Sparkassen sind, weiterhin verwenden. Voraussetzung ist sowohl die Befugnis zur Verwendung des Wortes Sparkasse nach § 10 KWG 1939 (vgl. dazu oben Anm. 4 und 7 zu § 39) und nach dem vor dem 1. I. 1962 gültigen, speziellen Sparkassenrecht, wie die tatsächliche Führung des Wortes in Firma, Firmenzusatz, Geschäftsbezeichnung oder Werbeschriften vor dem 1. I. 1962.

§ 40 zwingt zu einer Unterscheidung zwischen Tatbegriff und Rechtsbegriff „Sparkasse". Privatrechtlich organisierte Sparkassen, auch wenn sie als „öffentlich" anerkannt sind, dürfen sich nicht mehr „Sparkassen" bezeichnen, obgleich der Tatbegriff „Sparkasse" solche Institute in seinen Begriffsinhalt einschließt. Ausnahmen von dieser restriktiven Verwendung des Wortes Sparkasse läßt Abs. 2 (vgl. Anm. 3 und 4) und § 41 zu. Der Tatbegriff Sparkasse setzt lediglich ein Kreditinstitut voraus, das das Spareinlagengeschäft i. S. von § 21 und § 22 KWG betreibt, gleich in

welcher Rechtsform es organisiert ist. Vgl. im einzelnen Anm. 1—5 zu
§ 21, Pröhl Anm. 1 zu § 22 und Reichardt Anm. 3 ff. zu § 22. Die Begründung der Regierungsvorlage zu § 40 bezeichnet Sparkassen im tat-
sächlichen Sinn als „Kreditinstitute, die kraft öffentlichen Auftrages das
Spargeschäft besonders pflegen".

Neu zu errichtende, ö f f e n t l i c h - r e c h t l i c h e Bausparkasen dür-   **(3)**
fen nach Abs. 2 die Bezeichnung „Bausparkasse" selbständig oder in
Wortverbindungen führen, obwohl sie nach § 2 Abs. 1 Ziff. 6 (unter Vorbehalt des § 2 Abs. 3) keine „Kreditinstitute" im rechtstechnischen Sinne
sind und deshalb nicht nach § 40 Abs. 1 Ziff. 1 eine Erlaubnis i.S. von
§ 32 zum Betreiben der ihnen eigentümlichen „Bank"-geschäfte (i. S. von
§ 1 Abs. 1 S. 2 Ziff. 1 und 2) erwirken können. Neu zu errichtende
p r i v a t e Bausparkassen und Geschäftsbetriebe, die diesen gemäß § 112
Abs. 2 VAG gleichgestellt sind, dürfen nach § 40 Abs. 2 die Bezeichnung
„Bausparkasse" führen, obwohl sie weder als „Kreditinstitute" gelten
(vgl. § 2 Abs. 1 Ziff. 6) und deshalb keine Erlaubnis i. S. von § 32 erwirken können, noch „öffentlich-rechtliche" Sparkassen sind, wie § 40
Abs. 1 Ziff. 1 voraussetzt. Über den Begriff der privaten Bausparkasse,
des gemäß § 112 Abs. 2 VAG den privaten Bausparkassen gleichgestellten
Geschäftsbetriebs und der öffentlich-rechtlichen Bausparkasse vgl. oben
Anm. 7 zu § 2. Bausparkassen, die vor dem 1. I. 1962 ihren Geschäfts-
betrieb eröffnet hatten und als Bausparkassen firmierten, können diese
Bezeichnung nicht nur nach § 40 Abs. 2, sondern auch nach Abs. 1 Ziff. 2
KWG 1961 i. V. mit § 10 Abs. 4 KWG 1939 weiterführen (vgl. oben
Anm. 7 zu § 39).

Neu zu errichtende wie vor dem 1. I. 1962 gegründete, eingetragene Ge-   **(4)**
nossenschaften i. S. von §§ 1 ff. GenG, die einem Prüfungsverband i. S.
von §§ 54 ff. GenG angehören, dürfen nach Abs. 2 die Bezeichnung
„Spar- und Darlehenskasse" führen, wenn sie das Spareinlagengeschäft
i. S. von §§ 21 und 22 KWG betreiben. Sparkassen in der Form der eingetragenen Genossenschaft, die schon vor dem 1. I. 1962 ihre Tätigkeit
ausübten, können diese Bezeichnung auch nach § 40 Abs. 1 Ziff. 2 i. V.
mit § 10 Abs. 2 Ziff. 3 KWG 1939 (vgl. oben Anm. 7 zu § 39) weiterführen,
soweit sie als „öffentliche" Sparkassen anerkannt waren (vgl. zu dieser
Anerkennung oben Anm. 10 zu § 10).

§ 41 Ausnahmen

*Die §§ 39 und 40 gelten nicht für Unternehmen, die die Worte „Bank",
„Bankier" oder „Sparkasse" in einem Zusammenhang führen, der den
Anschein ausschließt, daß sie Bankgeschäfte betreiben.*

„Die Bestimmung ist erforderlich, weil verschiedentlich Unternehmen, die
offensichtlich keine Kreditinstitute sind und bei denen auch der Anschein

bankgeschäftlicher Betätigung ausgeschlossen ist, eine der in §§ 39 und 40 geschützten Bezeichnungen führen. Das ist besonders bei Verlagen und Zeitschriften der Fall (z. B. „Bankverlag")" (Begr. der Regierungsvorlage zu § 41). Vgl. auch oben: Systematische Einführung *S. 70.*

§ 42 Entscheidung des Bundesaufsichtsamtes

Das Bundesaufsichtsamt entscheidet in Zweifelsfällen, ob ein Unternehmen zur Führung der in §§ 39 und 40 genannten Bezeichnungen befugt ist. Es hat seine Entscheidungen dem Registergericht mitzuteilen.

(1) In Zweifelsfällen entscheidet das Bundesaufsichtsamt, ob ein Unternehmen zur Führung der Bezeichnungen „Bank", „Bankier", „Volksbank", „Sparkasse", „Bausparkasse" oder „Spar- und Darlehenskasse" befugt ist. Das Bundesaufsichtsamt hat dabei zu untersuchen, ob die Tatbestände der §§ 39—40 verwirklicht sind, die die Verwendung der erwähnten Bezeichnungen erlauben bzw. untersagen. Das Bundesaufsichtsamt prüft also zum Beispiel, ob nach § 39 Abs. 1 Ziff. 2 KWG 1961 das alte Recht, § 10 KWG 1939, die Führung solcher Bezeichnungen erlaubte, ob die betreffenden Bezeichnungen tatsächlich verwendet wurden, ob eine eingetragene Genossenschaft i. S. von § 39 Abs. 2 einem Prüfungsverband angehört, ob eine Sparkasse eine „öffentliche" Sparkasse i. S. von § 10 Abs. 3 KWG 1939 war und deshalb nach § 40 Abs. 1 Ziff. 2 befugt ist, sich weiterhin „Sparkasse" zu nennen usw.

(2) Fraglich könnte sein, ob Einspruch und Anfechtungsklage gegen eine negative Entscheidung des Bundesaufsichtsamts nach §§ 40 ff. VwGO durch § 43 Abs. 2 KWG ausgeschlossen sind. Die Begründung der Regierungsvorlage zu § 42 könnte zunächst eine solche Ansicht nahelegen: „Eine negative Entscheidung des Bundesaufsichtsamtes stellt keine Verfügung dar, eine der in §§ 39 und 40 genannten Bezeichnungen nicht zu führen." Das besagt jedoch nur, daß die Entscheidung des Bundesaufsichtsamtes nicht unmittelbar vollstreckbar ist (vgl. unten Anm. 3), nicht dagegen, daß nicht eine Anfechtungs-, Feststellungs- oder Verpflichtungsklage i. S. von §§ 40 ff. VwGO zulässig wäre. Auch gegen eine Entscheidung i. S. von § 4 KWG ist der Verwaltungsrechtsweg gegeben (vgl. Begr. BT-Wirtschaftsausschuß zu § 4 und oben Anm. 2 zu § 4), obwohl die Entscheidung nur die Kreditinstitutseigenschaft bejaht oder verneint.

Der Verwaltungsrechtsweg muß dem Unternehmen schon deshalb offenstehen, weil § 43 Abs. 2 KWG nur Fragen des firmenmäßigen Gebrauchs der Bezeichnungen Bank, Bankier, Volksbank, Sparkasse, Bausparkasse und Spar- und Darlehenskasse ordnet. Die Verwendung zur Bezeichnung des Geschäftszwecks oder zu Werbezwecken, die durch §§ 39 und 40 i. V. mit § 42 KWG ebenfalls verboten sein kann, wird durch § 43 Abs. 2 nicht geregelt.

Darüber hinaus muß auch gegen eine Entscheidung des Bundesaufsichtsamtes in der Frage der Zulässigkeit einer firmenrechtlichen Verwendung der Worte „Bank" usw. der Verwaltungsrechtsweg offenstehen. Wäre das nicht der Fall, so müßte das Unternehmen, nach dessen Ansicht die Entscheidung des Bundesaufsichtsamts unbegründet ist, trotz dieser Entscheidung erst einmal die firmenmäßige Verwendung der Bezeichnung riskieren. Das Registergericht könnte dann i. S. von § 43 Abs. 2 S. 2 KWG das Ordnungsstrafverfahren einleiten, in dessen Verlauf dem Unternehmen die Rechtsmittel des Einspruchs, der sofortigen Beschwerde und der weiteren Beschwerde i. S. der §§ 140, 132 ff. und 27 FGG zustehen (vgl. unten Anm. 5 zu § 43). Wird der Einspruch, die Beschwerde oder die weitere Beschwerde verworfen, so wird das Unternehmen mit einer Ordnungsstrafe i. S. von §§ 132 und 133 FGG bedacht, wenn es auch nach der Unterlassungsverfügung des Registergerichts noch unter seiner Firma weitere Geschäfte abschloß, § 140 Ziff. 2. Außerdem wird es mit Verfahrenskosten belastet, die wesentlich über denen des Verwaltungsverfahrens liegen (vgl. einerseits § 161 VwGO, andererseits § 119 der Kostenordnung vom 25. XI. 1935 i. d. F. vom 26. VII. 1957, BGBl I 960). Um also feststellen lassen zu können, ob die Entscheidung des Bundesaufsichtsamts begründet ist, müßte das Unternehmen u. U. eine Ordnungsstrafe in Kauf nehmen, jedenfalls aber wesentlich höhere Verfahrenskosten tragen.

Ferner kann auch ein firmenrechtlicher Gebrauch der Worte Bank usw. zur Bezeichnung des Geschäftszwecks oder zu Werbezwecken dienen. Eine Trennung zwischen firmenrechtlichem Gebrauch und Gebrauch zu Werbezwecken — wobei im ersten Fall das Ordnungsstrafverfahren, im letzteren der Verwaltungsrechtszwang zulässig sein soll — wird in den meisten Fällen faktisch unmöglich sein. Auch in firmenrechtlichen Fragen muß deshalb dem Unternehmen neben dem Verfahren der freiwilligen Gerichtsbarkeit nach § 43 Abs. 2 KWG schon vorher der Verwaltungsrechtsweg i. S. der §§ 40 ff. VwGO offenstehen.

Fraglich könnte auch sein, ob das Bundesaufsichtsamt zur Vollstreckung   (3) seiner Entscheidung auf das gerichtliche Ordnungsstrafverfahren i. S. von § 43 Ab. 2 KWG angewiesen ist. Dieselbe Frage stellt sich hinsichtlich der praktisch wenig bedeutungsvollen Vorschrift des § 39 Abs. 3 (vgl. oben Anm. 9 zu § 39). Die Begründung der Regierungsvorlage sowohl zu § 39 („Gegen die Verletzung der Vorschrift kann nicht das Bundesaufsichtsamt, sondern nur das Registergericht einschreiten, vgl. § 43 Abs. 2") wie zu § 42 („Zum Einschreiten ist vielmehr nach § 43 Abs. 2 allein das Registergericht befugt") läßt erkennen, daß die Entscheidungen der Bundesaufsichtsbehörde nicht unmittelbar vollstreckbar sind und deshalb ein Verwaltungszwang i. S. von § 50 KWG für Entscheidungen nach § 42 ausscheidet. Das Bundesaufsichtsamt ist nach § 42 S. 2 verpflichtet, seine Entscheidungen dem Registergericht mitzuteilen, damit dieses gegebenenfalls das Ordnungsstrafverfahren i. S. von § 43 Abs. 2 einleiten kann.

§ 43 Registervorschriften

(1) Soweit nach § 32 das Betreiben von Bankgeschäften einer Erlaubnis bedarf, dürfen Eintragungen in öffentliche Register nur vorgenommen werden, wenn dem Registergericht die Erlaubnis nachgewiesen ist.

(2) Führt ein Unternehmen eine Firma oder einen Zusatz zur Firma, deren Gebrauch nach §§ 39 bis 41 unzulässig ist, so hat das Registergericht die Firma oder den Zusatz zur Firma von Amts wegen zu löschen; § 142 Abs. 1 Satz 2, Abs. 2 und 3 sowie § 143 des Reichsgesetzes über die Angelegenheiten der freiwilligen Gerichtsbarkeit gelten entsprechend. Das Unternehmen ist zur Unterlassung des Gebrauchs der Firma oder des Zusatzes zur Firma durch Ordnungsstrafen anzuhalten; § 140 des Reichsgesetzes über die Angelegenheiten der freiwilligen Gerichtsbarkeit gilt entsprechend.

(3) Das Bundesaufsichtsamt ist berechtigt, in Verfahren des Registergerichts, die sich auf die Eintragung oder Änderung der Rechtsverhältnisse oder der Firma von Kreditinstituten beziehen, Anträge zu stellen und die nach dem Reichsgesetz über die Angelegenheiten der freiwilligen Gerichtsbarkeit zulässigen Rechtsmittel einzulegen.

I. Der Erlaubnisnachweis im Eintragungsverfahren (Abs. 1)

(1)   Abs. 1 soll verhindern, daß ein Kreditinstitut in das Handelsregister oder Genossenschaftsregister eingetragen wird, dessen Geschäftsbetrieb nach dem Gesetz unstatthaft ist (Begr. der Regierungsvorlage zu § 43). Soweit die Firma der Kreditinstitute in öffentliche Register einzutragen ist, muß sich das Registergericht die schriftliche Erlaubnis i. S. von § 32 vorlegen lassen. Das gilt vor allem für die eintragungspflichtigen Unternehmungen (Einzelbankiers und Personenhandelsgesellschaften nach §§ 29 Abs. 1 i. V. mit § 6 Abs. 1 HGB, Aktiengesellschaften nach § 32 AktG, Gesellschaften mit beschränkter Haftung nach § 10 GmbHG, Genossenschaften nach § 10 GenG). Dem Wortlaut des § 43 nach dürfen aber auch die nach § 36 HGB nur eintragungsfähigen, nicht eintragungspflichtigen Unternehmungen, nämlich die von einer Gemeinde, einem Gemeindeverband, einem Land oder der Bundesrepublik in eigener Regie betriebenen, nicht selbständig rechtsfähigen Kreditinstitute nur eingetragen werden, wenn die schriftliche Erlaubnis i. S. von § 32 vorgelegt wird (vgl. dazu oben Anm. 2 zu § 32). Selbständig rechtsfähige Kreditinstitute des öffentlichen Rechts sind nach § 33 i. V. mit § 1 Abs. 2 Ziff. 4 HGB eintragungspflichtig und müssen ebenfalls bei der Eintragung nach § 43 Abs. 1 KWG ihre schriftliche Erlaubnis i. S. von § 32 nachweisen.

Ein Verstoß gegen § 43 Abs. 1 hat nicht die Nichtigkeit der Eintragungen zur Folge (vgl. z. B. §§ 5, 123 Abs. 1 und 2, 161 Abs. 2 HGB, § 216 AktG, § 75 GmbHG, § 94 GenG).

II. Die Löschung der Firma von Amts wegen (Abs. 2 S. 1 und Abs. 3)

Der f i r m e n m ä ß i g e Gebrauch der Worte Bank, Bankier, Volksbank, **(2)**
Sparkasse, Bausparkasse, Spar- und Darlehenskasse verpflichtet das Registergericht zur Löschung der Firma im Handelsregister bzw. Genossenschaftsregister von Amts wegen, wenn die Verwendung nach §§ 39—41, gegebenenfalls i. V. mit § 42 unzulässig ist.

Gegen die unzulässige Verwendung der in §§ 39 und 40 geschützten Worte z u r B e z e i c h n u n g d e s G e s c h ä f t s z w e c k s o d e r z u W e r b e z w e c k e n kann weder das Bundesaufsichtsamt noch das Registergericht unmittelbar einschreiten, wenn darin nicht gleichzeitig ein firmenmäßiger Gebrauch der Bezeichnungen liegt. In diesen Fällen kann nur das Bundesaufsichtsamt die Erlaubnis zum Betreiben von Bankgeschäften zurücknehmen oder die verantwortlichen Geschäftsleiter abberufen lassen; Voraussetzung dafür ist aber, daß das Unternehmen Kreditinstitut ist und die zusätzlichen Tatbestandsmerkmale des § 35 Abs. 2 Ziff. 3 und § 36 KWG erfüllt sind. Das Bundesaufsichtsamt kann auch nach § 37 mit Verwaltungszwang gegen die Fortführung der Bankgeschäfte einschreiten, wenn das Unternehmen Kreditinstitut ist, ohne die erforderliche Erlaubnis Bankgeschäfte betreibt und dabei noch nach §§ 39 und 40 unzulässige Bezeichnungen verwendet.

Ist das Unternehmen dagegen kein Kreditinstitut i. S. von § 1 Abs. 1 und werden die Begriffe Bank usw. nicht in der Firma verwendet, so kann zwar das Bundesaufsichtsamt nach § 42 die Unzulässigkeit der Bezeichnungsverwendung feststellen, weder das Bundesaufsichtsamt (vgl. oben Anm. 3 zu § 42) noch das Registergericht (vgl. § 43 Abs. 2) kann dann aber die Unterlassung der Bezeichnungsverwendung erzwingen. Darin liegt eine echte Gesetzeslücke des KWG. Der Verwaltungszwang wäre nur möglich, wenn die feststellende Entscheidung des Bundesaufsichtsamts i. S. von § 42 als „Verwaltungsakt, der auf Unterlassung gerichtet ist", i. S. von § 6 VwGO qualifiziert werden könnte. In diesem Falle wäre die Entscheidung aber auch als vollstreckbare Verfügung i. S. von § 50 KWG anzusehen, was die Begründung der Regierungsvorlage ausdrücklich ausschließt (vgl. oben Anm. 2 und 3 zu § 42).

Für das Löschungsverfahren bei unzulässigem firmenmäßigem Gebrauch **(3)**
sind die §§ 142 Abs. 1 Satz 2, Abs. 2 und 3 sowie § 143 FGG entsprechend anwendbar (§ 43 Abs. 2 S. 1 2. Halbs. KWG). Diese Bestimmungen haben folgenden Wortlaut:

§ 1 4 2 A b s. 1 S. 2 F G G : Die Löschung geschieht durch Eintragung eines Vermerkes.

§ 1 4 2 A b s. 2 u n d 3 F G G : Das Gericht hat den Beteiligten von der beabsichtigten Löschung zu benachrichtigen und ihm zugleich eine angemessene Frist zur Geltendmachung seines Widerspruchs zu bestimmen.

Auf das weitere Verfahren finden die Vorschriften des § 141 Abs. 3, 4 Anwendung.

§ 141 Abs. 3 und 4 FGG: Wird Widerspruch erhoben, so entscheidet über ihn das Gericht. Gegen die den Widerspruch zurückweisende Verfügung findet die sofortige Beschwerde statt.

Die Löschung darf nur erfolgen, wenn Widerspruch nicht erhoben oder wenn die den Widerspruch zurückweisende Verfügung rechtskräftig geworden ist.

§ 143 FGG: Die Löschung einer Eintragung kann gemäß den Vorschriften des § 142 auch von dem Landgericht verfügt werden, welches dem Registergericht im Instanzenzuge vorgeordnet ist. Die Vorschrift des § 30 Abs. 1 S. 2 findet Anwendung.

Gegen die einen Widerspruch zurückweisende Verfügung des Landgerichts findet die sofortige Beschwerde an das Oberlandesgericht mit der Maßgabe statt, daß die Vorschriften des § 28 Abs. 2, 3 zur entsprechenden Anwendung kommen. Die weitere Beschwerde ist ausgeschlossen.

(4)   Das Bundesaufsichtsamt kann im Löschungsverfahren Anträge stellen und Rechtsmittel einlegen, Abs. 3. Seine Stellung ist der der Industrie- und Handelskammer ähnlich, vgl. § 126 FGG.

III. Das Ordnungsstrafverfahren (Abs. 2 S. 2 und Abs. 3)

(5)   Gegen den firmenmäßigen Gebrauch der Worte, Bank, Bankier, Volksbank, Sparkasse, Bausparkasse und Spar- und Darlehenskasse nach Löschung der Firma muß das Registergericht das Ordnungsstrafverfahren des § 140 FGG i. V. mit §§ 132—139 FGG einleiten. Danach ist eine Ordnungsstrafe bis zu 1000,— DM (§ 140 Ziff. 2 FGG i. V. mit §§ 37 Abs. 1 und 14 S. 2 HGB) anzudrohen (§ 140 i. V. mit § 132 Abs. 1 FGG) und festzusetzen, „falls kein Einspruch erhoben oder der erhobene Einspruch rechtskräftig verworfen wird und der Beteiligte nach der Bekanntmachung der Verfügung dieser zuwidergehandelt hat", § 140 Ziff. 2 FGG. Rechtsmittel sind der Einspruch gegen die Unterlassungsverfügung des Registergerichts (§§ 132 Abs. 1, 134 und 135 FGG), sofortige Beschwerde (§ 139 FGG) und gegebenenfalls weitere Beschwerde i. S. von § 27 FGG. Auch im Ordnungsstrafverfahren kann das Bundesaufsichtsamt Anträge stellen und Rechtsmittel einlegen, Abs. 3 (vgl. auch § 126 FGG).

3. Auskünfte und Prüfungen

§ 44

(1) Das Bundesaufsichtsamt ist befugt

1. *von den Kreditinstituten und den Mitgliedern ihrer Organe Auskünfte über alle Geschäftsangelegenheiten sowie die Vorlegung der Bücher und Schriften zu verlangen und die erforderlichen Prüfungen vorzunehmen; die Bediensteten des Bundesaufsichtsamtes können hierzu die Geschäftsräume des Kreditinstituts betreten; das Grundrecht des Artikels 13 des Grundgesetzes wird insoweit eingeschränkt;*

2. *bei Kreditinstituten in der Rechtsform einer juristischen Person zu den Hauptversammlungen, Generalversammlungen oder Gesellschafterversammlungen sowie zu den Sitzungen der Aufsichtsorgane Vertreter zu entsenden; diese können das Wort ergreifen;*

3. *von Kreditinstituten in der Rechtsform einer juristischen Person die Einberufung der in Nummer 2 bezeichneten Versammlungen, die Anberaumung von Sitzungen der Verwaltungs- und Aufsichtsorgane sowie die Ankündigung von Gegenständen zur Beschlußfassung zu verlangen; in diesem Falle stehen ihm die in Nummer 2 genannten Befugnisse auch für die Sitzungen der Verwaltungsorgane zu.*

(2) Das Bundesaufsichtsamt kann Auskünfte über die Geschäftsangelegenheiten und die Vorlegung der Bücher und Schriften auch von einem Unternehmen verlangen, bei dem Tatsachen die Annahme rechtfertigen, daß es Kreditinstitut ist oder nach § 3 verbotene Geschäfte betreibt.

(3) Die Befugnisse nach Absatz 1 Nr. 1 stehen auch den in § 8 Abs. 1 bezeichneten Personen und Einrichtungen im Rahmen ihres Auftrages zu. Die Befugnis, von den Kreditinstituten und den Mitgliedern ihrer Organe Auskünfte über Geschäftsangelegenheiten zu verlangen, steht auch der Deutschen Bundesbank zu, soweit sie nach diesem Gesetz tätig wird.

(4) Der zur Erteilung einer Auskunft Verpflichtete kann die Auskunft auf solche Fragen verweigern, deren Beantwortung ihn selbst oder einen der in § 383 Abs. 1 Nr. 1 bis 3 der Zivilprozeßordnung bezeichneten Angehörigen der Gefahr strafgerichtlicher Verfolgung oder eines Verfahrens nach dem Gesetz über Ordnungswidrigkeiten aussetzen würde.

I. Das Auskunfts- und Prüfungsrecht (Abs. 1 Ziff. 1, Abs. 2, 3 und 4)

1. Die auskunfts- und prüfungsberechtigten Personen und Einrichtungen (Abs. 1, 2 und 3) (1)

Nach § 44 auskunfts- und u. U. auch prüfungsberechtigt sind das Bundesaufsichtsamt (Abs. 1 und 2), die Personen und Einrichtungen, die dem

Bundesaufsichtsamt nach § 8 Abs. 1 Amtshilfe leisten (soweit sie also vom Bundesamt beauftragt sind, Abs. 3), und die Deutsche Bundesbank (soweit sie Aufgaben erfüllt, die ihr durch das Kreditwesengesetz auferlegt sind, Abs. 3 S. 2). Nach § 8 Abs. 1 können sowohl Behörden des Bundes und der Länder, wie auch Privatstellen, Wirtschaftsprüfer, die Verbände der Sparkassen und Genossenschaften usw. durch das Bundesaufsichtsamt mit dem Auskunftsverlangen und der Prüfung betraut werden (vgl. oben Anm. 1 zu § 8). Den betreffenden Personen steht dann auch das Recht zu, die Geschäftsräume des Kreditinstituts zu betreten. Die Bediensteten der Deutschen Bundesbank sind dagegen nur auskunfts-, nicht prüfungsberechtigt, und auch das nur, soweit sie nach Vorschriften des KWG tätig werden, vgl. dazu oben Anm. 1—3 zu § 7. Eine Prüfungsberechtigung und eine Befugnis zum Betreten der Geschäftsräume kann ihnen nur vom Bundesaufsichtsamt übertragen werden, insoweit sich das Bundesaufsichtsamt zu seinen eigenen Prüfungen des Personals der Bundesbank nach Abs. 3 und § 8 Abs. 1 bedient.

2. Die auskunftspflichtigen Personen und Einrichtungen (Abs. 1 Ziff. 1 und Abs. 2)

(2) Auskunftspflichtig und gegebenenfalls verpflichtet, die Bücher und Schriften vorzulegen und die Vornahme von Prüfungen zu dulden, ist jedes Kreditinstitut. Nur die Auskunftspflicht und die Vorlegungspflicht, nicht auch die Pflicht, Prüfungen zu dulden (vgl. unten Anm. 6), trifft ferner jedes Unternehmen, „bei dem Tatsachen die Annahme rechtfertigen, daß es Kreditinstitut ist oder nach § 3 verbotene Geschäfte betreibt".

Über den Begriff Kreditinstitut vgl. oben § 1 Abs. 2 und Anm. 1—51 zu § 1. Auskunfts- und vorlegungspflichtig sind die Inhaber und Geschäftsleiter i. S. von § 1 Abs. 2 (Begr. der Regierungsvorlage zu § 44). Daneben können auch von den Mitgliedern der Gesellschaftsorgane, insbesondere von den einzelnen Aufsichtsratsmitgliedern Auskünfte und die Vorlegung von Unterlagen verlangt werden. Ihre Verschwiegenheitspflicht hinsichtlich der vertraulichen Angaben i. S. von § 99 i. V. mit § 84 AktG wird insoweit durch die Sonderbestimung des § 44 KWG aufgehoben. — Über die verbotenen Geschäfte vgl. Anm. 1—6 zu § 3.

Von Unternehmen, die nicht offenkundig Kreditinstitute sind, darf das Bundesaufsichtsamt nur dann Auskünfte verlangen, wenn bestimmte „Tatsachen die Annahme rechtfertigen", daß dem Unternehmen Kreditinstitutseigenschaft zukommt oder daß es unerlaubte Geschäfte betreibt. Das Unternehmen, an das das Auskunftsbegehren oder das Verlangen auf Vorlage von Büchern und Schriften gestellt wird, kann sich dem zunächst bereits mit dem Einspruch (und gegebenenfalls der Anfechtungsklage i. S. der §§ 40 ff. VwGO) zur Wehr setzen, das Bundesaufsichtsamt handle willkürlich, weil ihm keine Tatsachen zur Verfügung stehen, die das Auskunfts- oder Prüfungsbegehren rechtfertigen.

Man kann sich fragen, ob Unternehmen, die nicht offenkundig Kredit- (3)
institute sind, zur Auskunft und zur Vorlegung der Bücher und Schriften
auch den Behörden, Verbänden und Privatpersonen gegenüber verpflichtet sind, die vom Bundesaufsichtsamt mit der Wahrnehmung des Aus-
kunftsverlangens und der Prüfung betraut wurden. Abs. 3 verpflichtet
nur die Kreditinstitute solchen Personen und Einrichtungen gegenüber.
Durch das Schweigen des Abs. 3 hinsichtlich der Personen und Einrichtungen des § 8 Abs. 1 wird aber nicht die Möglichkeit der Amtshilfe
nach § 8 Abs. 1 ausgeschlossen. Den nicht beim Bundesamt angestellten
Prüfern ist deshalb durch das qualifizierte Schweigen des Abs. 3 nur das
zwangsweise Betreten der Geschäftsräume verwehrt (wie ja übrigens auch
den Beamten und Angestellten des Bundesaufsichtsamts, vgl. oben Anm. 2,
unten Anm. 6), nicht auch die Möglichkeit, Auskünfte und die Vorlegung
der Bücher und Schriften zu verlangen, wenn das Bundesaufsichtsamt
den nötigen Auftrag erteilt hat. Die Geschäftsräume von Kreditinstituten,
die der laufenden Bankenaufsicht unterliegen, können dagegen, mit entsprechendem Auftrag des Bundesaufsichtsamts, auch die Hilfspersonen
i. S. von Abs. 3 gegen den Willen der auskunfts- und vorlegungspflichtigen
Personen betreten, vgl. oben Anm. 1 und unten Anm. 6.

3. Das Auskunftsverweigerungsrecht (Abs. 4)

Der Auskunftspflichtige kann die Beantwortung der an ihn gerichteten (4)
Fragen verweigern, wenn er sich damit selbst oder seine Angehörigen der
Gefahr strafgerichtlicher Verfolgung oder eines Verfahrens nach dem Gesetz über Ordnungswidrigkeiten vom 25. III. 1952 (BGBl I 117) i. d. F. des
Gesetzes vom 26. VII. 1957 (BGBl I 861 und II 713) aussetzen würde. Als
„Angehörige" kommen in Frage der Verlobte, der Ehegatte, auch wenn
die Ehe nicht mehr besteht, und diejenigen, die mit dem Auskunftspflichtigen in gerader Linie verwandt, verschwägert oder durch Adoption verbunden oder in der Seitenlinie bis zum dritten Grade verwandt oder bis
zum zweiten Grade verschwägert sind, auch wenn die Ehe, durch welche
die Schwägerschaft begründet ist, nicht mehr besteht, Abs. 4 i. V. mit
§ 383 Abs. 1 Ziff. 1—3 ZPO. Über die Begriffe Verwandtschaft und
Schwägerschaft in gerader Linie und in Seitenlinien, sowie in verschiedenen Graden vgl. §§ 1589 und 1590 BGB, über die Adoption §§ 1741 ff.
BGB. „Abs. 4 trägt dem rechtsstaatlichen Gedanken Rechnung, daß von
dem Auskunftspflichtigen nicht verlangt werden kann, sich selbst einer
Straftat oder Ordnungswidrigkeit zu bezichtigen" (Begr. der Regierungsvorlage zu § 44). Die Pflicht, die Bücher und Schriften vorzulegen und
gegebenenfalls das Betreten der Geschäftsräume zu Prüfungen zu gestatten, wird durch das Auskunftsverweigerungsrecht nach Abs. 4 nicht aufgehoben (vgl. auch §§ 94 und 95 der Strafprozeßordnung vom 1. II. 1877,
RGBl 253, i. d. F. vom 12. X. 1950, BGBl 629, und § 36 des Gesetzes über
Ordnungswidrigkeiten).

4. Der Inhalt des Auskunfts- und Prüfungsrechts (Abs. 1 Ziff. 1)

(5)   Die auskunfts- und prüfungsberechtigten Personen und Einrichtungen (vgl. oben Anm. 1) sind berechtigt, „Auskünfte über alle Geschäftsangelegenheiten" zu verlangen. Auskünfte, die nicht Geschäftsangelegenheiten sind, kann der Auskunftspflichtige verweigern. „Bei gemischten Unternehmen, die Bankgeschäfte und andere Handelsgeschäfte nebeneinander betreiben, beschränken sich die Rechte des § 44 grundsätzlich auf den Bankteil, soweit nicht Umstände aus dem anderen Bereich bankaufsichtsrechtlich von Bedeutung sind (z. B. die Risiken des anderen Geschäftes für die Sicherheit der Bankeinlagen)" (Begr. BT-Wirtschaftsausschuß zu § 44).

Die Auskunft muß vollständig und richtig erteilt werden. Die Verweigerung der Auskunft, eine unvollständige oder unrichtige Auskunft kann im Bußgeldverfahren nach § 56 Abs. 1 Ziff. 1 i. V. mit Abs. 2 und nach den Vorschriften des Gesetzes über Ordnungswidrigkeiten (vgl. oben Anm. 4) geahndet werden. Darüber hinaus kann der Auskunftspflichtige zur Erteilung einer vollständigen und richtigen Auskunft mit Zwangsgeld bis zu 50 000,— DM angehalten werden, § 50 KWG i. V. mit §§ 6, 9 und 11 VwVG.

(6)   Die auskunfts- und prüfungsberechtigten Personen und Einrichtungen i. S. von Abs. 1 und Abs. 3 S. 1 (vgl. oben Anm. 1) können von Kreditinstituten außerdem „die Vorlegung der Bücher und Schriften verlangen und die erforderlichen Prüfungen vornehmen". Widersetzt sich das Kreditinstitut dem Prüfungsbegehren, so kann das Bundesaufsichtsamt auf dem Wege der Ersatzvornahme und des unmittelbaren Zwangs i. S. von § 50 KWG i. V. mit §§ 6, 9, 10 und 12 VwVG die Einsicht in die Bücher und Schriften manu militari erzwingen. Dazu können die Bediensteten des Bundesaufsichtsamts die Geschäftsräume des Kreditinstituts betreten. Art. 13 GG über die Unverletzlichkeit der Wohnung und die beschränkte Durchsuchungsmöglichkeit wird insoweit eingeschränkt, Abs. 1 Ziff. 1, „weil bei kleineren Kreditinstituten die Geschäftsräume häufig in der Wohnung des Inhabers oder des Geschäftsleiters liegen" (Begründung der Regierungsvorlage zu § 44). Das Ordnungsstrafverfahren und das Zwangsgeld-Vollstreckungsverfahren greifen auch hier ein (vgl. Anm. 5).

„Gegenüber Unternehmen, die Anlaß zu der Annahme geben, Kreditinstitutsgeschäfte oder nach § 3 verbotene Geschäfte zu betreiben (Abs. 2), stehen dem Bundesaufsichtsamt nicht so weitreichende Eingriffsrechte zu wie gegenüber den seiner laufenden Aufsicht unterliegenden Kreditinstituten. Von ihnen kann das Bundesaufsichtsamt nur Auskunft und die Vorlegung von Büchern und Schriften verlangen; es kann dagegen nicht gegen den Willen des Betroffenen in dessen Geschäftsräumen Prüfungen vornehmen" (Begründung der Regierungsvorlage zu § 44).

II. Das Teilnahme- und Einberufungsrecht des Bundesaufsichtsamts hinsichtlich der Versammlungen und Sitzungen der Gesellschaftsorgane (Abs. 1 Ziff. 2 und 3)

Soweit das Kreditinstitut in der Rechtsform einer juristischen Person organisiert ist, können Vertreter des Bundesaufsichtsamts an den Hauptversammlungen, Generalversammlungen bzw. Gesellschafterversammlungen, an den Sitzungen der Aufsichtsorgane und u. U. auch an den Sitzungen des Verwaltungsorgans (Vorstands) teilnehmen — letzteres allerdings nur dann, wenn die Anberaumung der Sitzung vom Bundesaufsichtsamt verlangt worden ist, Ziff. 2 und Ziff. 3 2. Halbs. § 44 Abs. 1 Ziff. 2 verlangt nicht, daß die Vertreter des Bundesaufsichtsamts Beamte oder Angestellte dieser Behörde sind. Das Bundesaufsichtsamt kann also auch Wirtschaftsprüfer, Rechtsanwälte und dergleichen entsenden. Die Vertreter des Bundesaufsichtsamts können sich zu Wort melden, haben aber kein Stimmrecht. Zur Ausübung des Teilnahme- und des Antragsrechtes gehört, daß das Bundesaufsichtsamt von der Einberufung der Hauptversammlungen etc. und von der Anberaumung von Sitzungen des Aufsichtorgans unterrichtet wird. Duldet das Kreditinstitut die Teilnahme der Vertreter des Bundesaufsichtsamtes nicht, so kann ein Ordnungsstrafverfahren nach § 56 Abs. 1 Ziff. 1 und Abs. 2 eingeleitet werden. Ferner kann es durch Zwangsgeld und unmittelbaren Verwaltungszwang i. S. von § 50 KWG i. V. mit § 6 und 9 VwVG zur Duldung angehalten werden. Eine „Nichtduldung" der Teilnahme i. S. von § 56 Abs. 1 Ziff. 1 wird auch bereits darin gesehen werden müssen, daß das Kreditinstitut eine Mitteilung an das Bundesaufsichtsamt über die Einberufung der Versammlung oder Anberaumung der Sitzung unterläßt. Andernfalls könnte die Pflicht nach § 44 Abs. 1 Ziff. 2 und 3 durch Unterlassen der Mitteilung umgangen werden. **(7)**

Das Bundesaufsichtsamt kann die Einberufung von Hauptversammlungen etc. und die Anberaumung von Aufsichtsrats- und Vorstandssitzungen, sowie die Ankündigung von Gegenständen zur Beschlußfassung verlangen (Ziff. 3). Wird dem Verlangen nicht entsprochen, so kann das Bundesaufsichtsamt nicht etwa auf dem Wege der Ersatzvornahme (§ 50 KWG i. V. mit §§ 6, 9 und 10 VwVG) die Hauptversammlung oder Aufsichtsratssitzung selbst einberufen. § 10 VwVG setzt dafür eine vertretbare Handlung voraus, „deren Vornahme durch einen anderen möglich ist". Darunter ist nicht nur die faktische Möglichkeit, sondern auch die rechtliche Zulässigkeit der Handlung durch einen Dritten zu verstehen. Die Vornahme der Einberufung durch Dritte müßte ohne weiteres zulässig sein, wenn das Bundesaufsichtsamt zur Ersatzvornahme befugt sein soll. Eine Einberufung von Hauptversammlungen ist aber z. B. bei Aktiengesellschaften nur durch den Vorstand, § 105 AktG, ausnahmsweise durch den Aufsichtsrat, § 95 Abs. 4 AktG oder durch eine Aktionärsminderheit mit gerichtlicher Ermächtigung, § 106 Abs. 4 AktG, möglich. Das Bundesaufsichtsamt muß sich deshalb darauf beschränken, mit Ordnungsstrafen i. S. von **(8)**

§ 56 Abs. 1 Ziff. 3 und Abs. 2 KWG und, da es sich immerhin um eine „vollziehbare Verfügung" handelt (§ 56 Abs. 1 Ziff. 3), durch Zwangsgeld nach § 50 KWG i. V. mit § 11 VwVG auf die Einberufung oder Ankündigung von Beschlußfassungsgegenständen durch den Vorstand hinzuwirken.

4. Maßnahmen in besonderen Fällen

§ 45 Maßnahmen bei unzureichendem Eigenkapital oder unzureichender Liquidität

(1) Entspricht bei einem Kreditinstitut

1. das haftende Eigenkapital nicht den Anforderungen des § 10 Abs. 1 Satz 1 oder

2. die Anlage seiner Mittel nicht den Anforderungen des § 11 Satz 1,

so kann das Bundesaufsichtsamt Entnahmen durch die Inhaber oder Gesellschafter, die Ausschüttung von Gewinnen und die Gewährung von Krediten (§ 19 Abs. 1) untersagen oder beschränken. Im Fall des Satzes 1 Nr. 2 kann das Bundesaufsichtsamt dem Kreditinstitut ferner untersagen, verfügbare Mittel in Grundstücken, Gebäuden, Schiffen und Beteiligungen anzulegen.

(2) Das Bundesaufsichtsamt darf die in Absatz 1 bezeichneten Anordnungen erst treffen, wenn das Kreditinstitut den Mangel nicht innerhalb einer vom Bundesaufsichtsamt zu bestimmenden Frist behoben hat. Beschlüsse über die Gewinnausschüttung sind insoweit nichtig, als sie einer Anordnung nach Absatz 1 widersprechen.

I. Materielle und formelle Voraussetzungen für die Maßnahmen (Abs. 1 und 2)

Das Bundesaufsichtsamt kann besondere Anordnungen treffen, wenn die Eigenkapitalausstattung und die Liquiditätshaltung nicht den Anforderungen des § 10 Abs. 1 S. 1 bzw. des § 11 S. 1 entspricht. Vgl. über diese Anforderungen § 10 und § 11 sowie oben die Anmerkungen zu diesen Bestimmungen. **(1)**

Bevor das Bundesaufsichtsamt die in Abs. 1 aufgezählten Maßnahmen ergreifen kann, hat es dem Kreditinstitut eine Frist für die Beseitigung des Mangels zu setzen. Erst wenn nach Ablauf der Frist der Mangel nicht beseitigt ist, kann es die verschiedenen Anordnungen treffen. Die Dauer der Frist wird durch § 45 nicht vorgeschrieben. Sie liegt deshalb im freien Ermessen des Bundesaufsichtsamts. Grenzen des freien Ermessens sind der Ermessensmißbrauch (wenn der Entscheidung sach- und zweckfremde Erwägungen zugrunde liegen) und die Ermessenswillkür (z. B. Unterlassung einer sachlichen Prüfung, Verletzung des Gleichheitsgrundsatzes, grundloses Abgehen von einer bisher geübten Praxis etc.). Die Fristsetzung ist nicht etwa ein vollziehbarer Verwaltungsakt mit Bezug auf die Eigenkapitalausstattung bzw. Liquiditätshaltung. „Wird das mittelbar in ihr enthaltene Gebot, das Eigenkapital oder die Liquidität zu **(2)** verbessern, nicht befolgt, so können weder Zwangsmittel nach § 50 angewendet, noch Geldbußen nach § 56 Abs. 1 verhängt werden. Diese Maßnahmen sind nur zulässig, wenn gegen die Anordnungen des Bundesaufsichtsamts verstoßen wird, die dieses nach Ablauf der Frist erläßt" (Begr. der Regierungsvorlage zu § 45).

II. Der Inhalt der Maßnahmen (Abs. 1)

(3)   Das Bundesaufsichtsamt kann Entnahmen durch die Inhaber oder Gesellschafter des Kreditinstituts untersagen oder beschränken. Unter Entnahmen sind z. B. Entnahmen i. S. von § 122 HGB zu verstehen. Vgl. zum Begriff der Entnahmen auch oben Anm. 1 zu § 15 und Anm. 4 zu § 16. — Desgleichen kann das Bundesaufsichtsamt die Ausschüttung von Gewinnen und die Gewährung von Krediten im rechtstechnischen Sinn des § 19 Abs. 1 (vgl. oben Anm. 2—6 zu § 19) untersagen oder beschränken. „Das Verbot der Gewinnausschüttung ist geeignet, das Eigenkapital zu verstärken, da die nicht ausgeschütteten Beträge notwendigerweise den haftenden Mitteln zufließen; es kann auch einem Liquiditätsmangel abhelfen, weil es verhindert, daß Mittel, die liquide angelegt werden könnten, durch Ausschüttung verringert werden" (Begr. der Regierungsvorlage zu § 45). Mit der Krediteinschränkung können die Risiken des Aktivgeschäftes vermindert und der effektive Sicherungswert des vorhandenen Eigenkapitals erhöht werden (Begr. BT-Wirtschaftsausschuß zu § 45). Im Falle eines Verstoßes gegen die Anforderungen an eine ausreichende Liquidität kann das Bundesaufsichtsamt ferner weitere Anlagen an Grundstücken, Gebäuden, Schiffen und Beteiligungen (vgl. zu den Begriffen oben Anm. 2 zu § 12) untersagen.

„Die in § 45 vorgesehenen Maßnahmen können sich im Einzelfall auch negativ für ein Kreditinstitut auswirken, z. B. kann ein Gewinnausschüttungsverbot, das in der Öffentlichkeit bekannt wird, den Kredit des Unternehmens mindern und es damit in noch größere Schwierigkeiten führen. Das Bundesaufsichtsamt darf daher nicht schematisch vorgehen, sondern muß in jedem Einzelfall prüfen, ob die vorgesehene Maßnahme auch zu dem erstrebten Erfolg führt" (Begr. BT-Wirtschaftsausschuß zu § 45).

(4)   Ein Verstoß gegen die Anordnungen des Bundesaufsichtsamts nach Ablauf der Fristsetzung kann im Ordnungsstrafverfahren nach § 56 Abs. 1 Ziff. 3 und Abs. 2 geahndet werden. Die Untersagungen und Beschränkungen sind außerdem vollziehbare Verfügungen, die das Bundesaufsichtsamt im Wege des Verwaltungszwangs nach § 50 KWG i. V. mit §§ 6, 9, 11 und 12 (Zwangsgeld bis zu 50 000,— DM und unmittelbarer Zwang) durchsetzen kann. — Widerspruch und Anfechtungsklage gegen die Anordnungen des Bundesaufsichtsamts haben keine aufschiebende Wirkung, § 49.

Gewinnausschüttungsbeschlüsse, die gegen die Anordnungen des Bundesaufsichtsamts verstoßen, sind zwar nach Abs. 2 S. 2 nichtig, jedoch können, in Analogie zu § 56 Abs. 3 AktG und §§ 31 Abs. 2 und 32 GmbHG, Beträge nicht mehr zurückgefordert werden, die die Gesellschafter in gutem Glauben als Gewinnanteile bezogen haben (gl. M. Pröhl, Anm. 4 zu § 18 S. 457/458; a. M. Reichardt, Anm. 10 zu § 18, dessen aktienrechtliche Argumentation deshalb fehlgeht, weil sie die Nichtigkeitsbestimmung des KWG als lex specialis zu § 56 Abs. 3 AktG auffaßt. In Wirklichkeit ist umgekehrt § 56 Abs. 3 AktG eine Sonderbestimmung, die die gewöhnlichen Folgen nichtiger Hauptversammlungs- (Gewinnverteilungs-) Beschlüsse abändert. Der Meinungsstreit hat jedoch keine übermäßige praktische Bedeutung, weil auch bei Eintritt der gewöhnlichen Nichtigkeitsfolgen gutgläubige Gesellschafter, soweit sie die empfangenen Gewinnanteilszahlungen für außergewöhnliche Auslagen verwenden und deshalb i. S. von § 818 Abs. 3 BGB nicht mehr bereichert sind, keine Ersatzpflicht trifft, vgl. §§ 818 Abs. 3 und 819 BGB).

§ 46 Maßnahmen bei Gefahr

(1) Besteht Gefahr für die Erfüllung der Verpflichtungen eines Kreditinstituts gegenüber seinen Gläubigern, insbesondere für die Sicherheit der ihm anvertrauten Vermögenswerte, so kann das Bundesaufsichtsamt zur Abwendung dieser Gefahr einstweilige Maßnahmen treffen. Es kann insbesondere Anweisungen für die Geschäftsführung des Kreditinstituts erlassen, die Annahme von Einlagen und die Gewährung von Krediten (§ 19 Abs. 1) verbieten oder begrenzen, Inhabern und Geschäftsleitern die Ausübung ihrer Tätigkeit untersagen oder beschränken und Aufsichtspersonen bestellen.

(2) Soweit nach anderen Rechtsvorschriften in Fällen, in denen die erforderlichen gesetzlichen Vertreter fehlen, oder bei Kreditinstituten, die von einem Einzelkaufmann betrieben werden, der Inhaber weggefallen oder verhindert ist, auf Antrag eines Beteiligten das Gericht eine vertretungsberechtigte Person bestellen kann, steht unter den Voraussetzungen des Absatzes 1 Satz 1 das Antragsrecht auch dem Bundesaufsichtsamt zu.

I. Die Voraussetzung für einstweilige Maßnahmen (Abs. 1 S. 1)

Voraussetzung für einstweilige Maßnahmen i. S. von § 46 ist das Bestehen einer besonderen und konkreten „Gefahr für die Erfüllung der Verpflichtungen eines Kreditinstituts gegenüber seinen Gläubigern". Gleich welcher Art die Forderungen der Gläubiger sind (Zinsforderungen, Ansprüche aus Wertpapierverkäufen, Gehaltsforderungen der Angestellten, Mietforderungen aus der Vermietung von Geschäftslokalen usw.), das Bundesaufsichtsamt kann einstweilige Maßnahmen verfügen, wenn das Kreditinstitut seinen Verpflichtungen nicht rechtzeitig nachkommt. Vor

(1)

allem ist aber das Bundesaufsichtsamt zu einstweiligen Maßnahmen berechtigt, wenn Gefahr „für die Sicherheit der dem Kreditinstitut anvertrauten Vermögenswerte" besteht. Vgl. zu diesem Tatbestand oben Anm. 5 zu § 35.

II. Der Inhalt der Maßnahmen (Abs. 1 S. 2)

(2)   Das Bundesaufsichtsamt kann „einstweilige" Maßnahmen treffen. „Einstweilig sind diese Anordnungen, soweit durch die Anordnungen Maßnahmen ergriffen werden, die an sich von anderen Stellen durchgeführt werden müßten, seien diese Stellen andere Behörden oder die verfassungsmäßigen Organe der Kreditinstitute, oder die zwar das Reichs- (Bundes-) Aufsichtsamt selbst durchführen kann, aber erst auf Grund eines mehr Zeit in Anspruch nehmenden, besonders geordneten Verfahrens. Ob und welche Anordnungen es trifft, ist seinem pflichtmäßigen Ermessen überlassen. Eine Grenze besteht nur insoweit, als die einstweilige Anordnung — soweit sie die Zuständigkeit des Reichs- (Bundes-) Aufsichtsamts überschreitet keinen endgültigen, nicht wieder veränderbaren Zustand schaffen darf, da sonst die ‚Einstweiligkeit' nicht mehr vorhanden ist" (Reichardt, Anm. 14 zu § 32). Für die Dauer der Maßnahmen wurde keine Obergrenze in das Gesetz aufgenommen, weil sie von der Dauer und Art des Gefahrenzustandes abhängig ist. Ist ein Ende der Maßnahmen nicht abzusehen, so werden meist die Voraussetzungen für die Rücknahme der Erlaubnis i. S. von § 35 vorliegen (Begr. BT-Wirtschaftsausschuß zu § 46).

(3)   Das Bundesaufsichtsamt kann besondere Anweisungen für die Geschäftsführung des Kreditinstituts erlassen, die Annahme von Einlagen und die Gewährung von Krediten (im weiten rechtstechnischen Sinn des § 19 Abs. 1, vgl. oben Anm. 2—6 zu § 19) verbieten oder begrenzen und Inhabern und Geschäftsleitern unabhängig von § 1 Abs. 2 S. 2 und 3 und von § 36 die Ausübung ihrer Tätigkeit untersagen oder beschränken (Abs. 1 S. 2). Wie nach § 36 wirkt auch hier die Untersagung oder Beschränkung der Tätigkeit von Inhabern oder Geschäftsleitern nur öffentlich-rechtlich (Begr. der Regierungsvorlage zu § 46; vgl. oben Anm. 2 zu § 36).

Das Bundesaufsichtsamt kann auch Aufsichtspersonen bestellen, die aber nur intern für die Ordnungsmäßigkeit der Geschäftsführung sorgen sollen. „Hierzu können bestimmte Handlungen des Inhabers oder der Geschäftsleiter an die Zustimmung der Aufsichtsperson gebunden werden" (Begründung der Regierungsvorlage zu § 46). „Rechtshandlungen, die trotzdem ohne Zustimmung der Aufsichtsperson vorgenommen werden, bleiben wirksam" (Begr. BT-Wirtschaftsausschuß zu § 46). Zur Vertretung des Kreditinstituts kann das Bundesaufsichtsamt nicht ermächtigen, Abs. 2 e contrario.

Verstöße gegen Anordnungen des Bundesaufsichtsamts können nach § 56 **(4)**
Abs. 1 Ziff. 3 und 7 und Abs. 2 mit Geldbuße belegt werden. Zu ihrer
zwangsweisen Durchsetzung gibt § 50 KWG i. V. mit §§ 6 und 9 VwVG
die nötige rechtliche Handhabe. Ferner kann das Bundesaufsichtsamt die
Erlaubnis zum Betrieb des Kreditinstituts nach § 35 Abs. 2 Ziff. 3 und 4
zurücknehmen. — Damit die Maßnahmen des Bundesaufsichtsamts nicht
deshalb wirkungslos bleiben, weil sie im Wege des Verwaltungsstreitver-
fahrens angegriffen werden können, sieht § 49 vor, daß Widerspruch und
Anfechtungsklage gegen die Maßnahmen keine aufschiebende Wirkung
haben.

III. Die gerichtliche Bestellung eines Vertreters auf Antrag des Bundesaufsichtsamts (Abs. 2)

Das Bundesaufsichtsamt kann unter bestimmten Voraussetzungen beim **(5)**
Gericht die Bestellung einer Vertretungsperson beantragen. Voraussetzung
ist einmal, daß Gefahr für die Erfüllung der Verpflichtung des Kreditinstituts gegenüber seinen Gläubigern besteht. Vgl. dazu oben Anm. 1.
Zum andern muß ein Tatbestand verwirklicht sein, der auch anderen Beteiligten bei Fehlen der erforderlichen gesetzlichen Vertreter bzw. bei
Wegfall oder Verhinderung des Inhabers des Kreditinstituts die gerichtliche Bestellung eines Vertreters zu beantragen erlaubt. Zum Beispiel ist
auf Antrag bei der Aktiengesellschaft (§ 76 AktG) und bei Gesellschaften
mit beschränkter Haftung und anderen Körperschaften (§ 29 BGB), soweit
die erforderlichen Mitglieder des Vorstands oder die Geschäftsführer fehlen, die gerichtliche Bestellung für die Zeit bis zur Behebung des Mangels
möglich.

Der erforderliche gesetzliche Vertreter i. S. von Abs. 2 kann auch dann
fehlen, wenn das Bundesaufsichtsamt einem Inhaber oder Geschäftsleiter
seine Tätigkeit nach Abs. 1 oder nach § 36 Abs. 1 untersagt hat; denn der
betreffende Inhaber oder Geschäftsleiter ist dann öffentlich-rechtlich gehalten, seine Funktionen nicht mehr auszuüben (Begr. der Regierungsvorlage zu § 46).

§ 47 Moratorium, Einstellung des Bank- und Börsenverkehrs

*(1) Sind wirtschaftliche Schwierigkeiten bei Kreditinstituten zu befürch-
ten, die schwerwiegende Gefahren für die Gesamtwirtschaft, insbesondere
den geordneten Ablauf des allgemeinen Zahlungsverkehrs, erwarten lassen, so kann die Bundesregierung durch Rechtsverordnung*

*1. einem Kreditinstitut einen Aufschub für die Erfüllung seiner Verbind-
lichkeiten gewähren und anordnen, daß während der Dauer des Aufschubs Zwangsvollstreckungen, Arreste und einstweilige Verfügungen*

gegen das Kreditinstitut sowie das Vergleichsverfahren oder der Konkurs über das Vermögen des Kreditinstituts nicht zulässig sind;

2. *anordnen, daß die Kreditinstitute für den Verkehr mit ihrer Kundschaft vorübergehend geschlossen bleiben und im Kundenverkehr Zahlungen und Überweisungen weder leisten noch entgegennehmen dürfen; sie kann diese Anordnung auf Arten oder Gruppen von Kreditinstituten sowie auf bestimmte Bankgeschäfte beschränken;*

3. *anordnen, daß die Wertpapierbörsen vorübergehend geschlossen bleiben.*

(2) Vor den Maßnahmen nach Absatz 1 hat die Bundesregierung die Deutsche Bundesbank zu hören.

(3) Trifft die Bundesregierung Maßnahmen nach Absatz 1, so hat sie durch Rechtsverordnung die Rechtsfolgen zu bestimmen, die sich hierdurch für Fristen und Termine auf dem Gebiet des bürgerlichen Rechts, des Handels-, Gesellschafts-, Wechsel-, Scheck- und Verfahrensrecht ergeben.

(1)   § 47 ermächtigt die Bundesregierung, durch Rechtsverordnungen Maßnahmen zur Abwehr von umfassenden Funktionsstörungen der Wirtschaft zu treffen, die ihren Ursprung in wirtschaftlichen Schwierigkeiten von Kreditinstituten haben. Die Rechtsverordnungen treten spätestens nach drei Monaten wieder außer Kraft, § 48 Abs. 2. Vor Erlaß der Rechtsverordnungen hat die Bundesregierung die Deutsche Bundesbank zu hören, § 47 Abs. 2. Für die Zusammenarbeit gilt §§ 12 und 13 DBBG.

Die Erläuterungen der Bundesregierung zu Abs. 1 und 3 haben folgenden Wortlaut:

(2)   „Abs. 1 Nr. 1, der ein Moratorium zugunsten eines in Schwierigkeiten geratenen Kreditinstituts ermöglicht, berücksichtigt die in der Bankenkrise von 1931 gewonnene Erfahrung, daß der drohende Zusammenbruch eines einzigen Großinstituts den ganzen Kreditapparat und damit die gesamte Volkswirtschaft erschüttern kann. Durch das Moratorium soll der zu befürchtende weitere Abzug der dem Kreditinstitut anvertrauten Mittel aufgehalten und dem Institut Gelegenheit gegeben werden, zusammen mit den zuständigen staatlichen Stellen die erforderlichen Maßnahmen zur Behebung seiner Schwierigkeiten zu treffen.

(3)   Reicht ein Moratorium für ein Kreditinstitut oder für einzelne Kreditinstitute nicht aus, um eine Krise zu steuern, so kann die Bundesregierung ein allgemeines Ruhen des Bankenverkehrs anordnen (Abs. 1 Nr. 2). Von einer solchen Bankenschließung soll nur der Kundenverkehr erfaßt werden, nicht dagegen der Verkehr zwischen den Kreditinstituten und der Bundesbank oder sonstigen Zentralinstituten. Andernfalls würde die Zuführung liquider Mittel, die in einer solchen Lage besonders dringlich ist, verhindert werden.

Die Schließung der Wertpapierbörsen (Nr. 3) kann unabhängig von einer (4)
Bankenschließung nach Nr. 2 angeordnet werden. Mit einer Bankenschließung wird sie aber fast immer verbunden sein.

Da durch eine Bankenschließung nach Abs. 1 die Kreditinstitute gehindert (5)
werden, ihre Verpflichtungen gegenüber ihren privaten und geschäftlichen
Gläubigern zu erfüllen, muß Vorsorge getroffen werden, daß sie hierdurch
keine Rechtsnachteile erleiden. Abs. 3 verpflichtet daher die Bundesregierung, entsprechende Regelungen für Fristen und Termine auf den ein-
schlägigen Rechtsgebieten zu treffen".

Während der Regierungsentwurf voraussetzte, daß die Gefahren für die (6)
Gesamtwirtschaft bereits eingetreten sind, damit die Bundesregierung
Maßnahmen nach Abs. 1 ergreifen kann, genügt es nach dem Gesetzes-
wortlaut, wenn wirtschaftliche Schwierigkeiten bei Kreditinstituten zu
„befürchten" sind. „Die Bundesregierung kann also bereits gegen eine sich
abzeichnende Krise Maßnahmen ergreifen. Müßte sie erst den Eintritt der
Krise abwarten, so kämen die Maßnahmen meist zu spät. Die Erweiterung
der vorgesehenen Kompetenz der Bundesregierung ist verfassungspolitisch
vertretbar. Die vorgesehene Voraussetzung, daß schwerwiegende Gefahren
für die Gesamtwirtschaft zu befürchten sind, begrenzen die Ermächtigung
auf ein zulässiges Maß" (Begr. BT-Wirtschaftsausschuß zu § 47).

§ 48 Wiederaufnahme des Bank- und Börsenverkehrs

*(1) Die Bundesregierung kann nach Anhörung der Deutschen Bundesbank
für die Zeit nach einer vorübergehenden Schließung der Kreditinstitute
und Wertpapierbörsen gemäß § 47 Abs. 1 Nr. 2 und 3 durch Rechtsverordnung Vorschriften für die Wiederaufnahme des Zahlungs- und Überwei-
sungsverkehrs sowie des Börsenverkehrs erlassen. Sie kann hierbei insbesondere bestimmen, daß die Auszahlung von Guthaben zeitweiligen
Beschränkungen unterliegt. Für Geldbeträge, die nach einer vorübergehenden Schließung der Kreditinstitute angenommen werden, dürfen
solche Beschränkungen nicht angeordnet werden.*

*(2) Die nach Absatz 1 sowie die nach § 47 Abs. 1 erlassenen Rechts-
verordnungen treten, wenn sie nicht vorher aufgehoben worden sind, drei
Monate nach ihrer Verkündung außer Kraft.*

Die Vorschrift ermöglicht eine allmähliche Lockerung der nach § 47 er-
griffenen Maßnahmen der Bundesregierung, und zwar wiederum nur
durch Rechtsverordnung. Beim Erlaß dieser neuerlichen Rechtsverordnungen hat die Bundesregierung ebenfalls die Deutsche Bundesbank zu kon-
sultieren. Für die Pflichten der Deutschen Bundesbank gelten §§ 12 und
13 DBBG.

Die Auszahlung von Guthaben kann zeitweilig beschränkt werden, Abs. 1 S. 2. „Jedoch wird das Publikum nicht bereit sein, nach einer allgemeinen Bankenschließung den Kreditinstituten neuerdings Einlagen anzuvertrauen, wenn deren ungehinderte Rückzahlung nicht gewährleistet ist. Die Normalisierung des Bankverkehrs hängt aber vom Zufluß neuer Einlagen entscheidend ab. Satz 3 bestimmt deshalb, daß die Auszahlung für Einlagen, die nach der Bankenschließung geleistet werden, nicht beschränkt werden darf" (Begr. der Regierungsvorlage zu § 48).

Da § 47 unter Umständen die Grundlage für Rechtsverordnungen mit Notstandscharakter geben kann, wird deren Gültigkeit durch § 48 Abs. 2 auf drei Monate begrenzt.

5. Vollziehbarkeit, Zwangsmittel, Kosten und Gebühren

§ 49 Sofortige Vollziehbarkeit

*Widerspruch und Anfechtungsklage gegen Maßnahmen des Bundesauf-
sichtsamtes haben in den Fällen des § 35 Abs. 2 Nr. 4, der §§ 36, 45 und
46 keine aufschiebende Wirkung.*

Widerspruch und Anfechtungsklage im Verwaltungsstreitverfahren (ent- (1)
sprechend §§ 40 ff. VwGO) haben grundsätzlich aufschiebende Wirkung
(§ 80 Abs. 1 S. 1 VwGO). Das Bundesaufsichtsamt kann also nicht erst
durch seine Anordnungen vollendete Tatsachen schaffen, gegen die dann
nachträglich Rechtsschutz gewährt wird. Um zu vermeiden, daß der Verwaltungsrechtsschutz durch sofortige Vollziehung weitgehend hinfällig
wird, darf vielmehr der Verwaltungsakt nicht vollzogen werden, wenn ein
Rechtsbehelf eingelegt ist (nicht nur eingelegt werden kann!).

§ 49 hebt den grundsätzlichen Suspensiveffekt des Widerspruchs und der (2)
Anfechtungsklage im Streitverfahren gegen Verwaltungsakte des Bundesaufsichtsamts in vier Fällen auf: bei der Erlaubnisrücknahme nach
§ 35 Abs. 2 Ziff. 4, wenn Gefahr für die Sicherheit der einem Kreditinstitut anvertrauten Vermögenswerte besteht, bei der Abberufung von
Geschäftsleitern nach § 36, bei den Maßnahmen im Falle unzureichender
Eigenkapitalausstattung oder Liquiditätshaltung nach § 45 und bei den
besonderen Maßnahmen im Falle konkreter Gefahr für die Verpflichtungen des Kreditinstituts nach § 46. Dazu kommt noch als fünfte Ausnahme
§ 28 Abs. 1 S. 2 2. Halbs., wonach Widerspruch und Anfechtungsklage
gegen die Bestellung eines Ersatzprüfers keine aufschiebende Wirkung
haben.

Der Gesetzgeber hielt in all diesen Ausnahmefällen Drittinteressen, besonders die Interessen der Gläubiger des Kreditinstituts, denen die sofortige
Vollziehbarkeit des Verwaltungsakts zustatten kommt, für schutzwürdiger
als das ungeschmälerte Rechtsschutzinteresse des Kreditinstituts (vgl. Begründung BT-Wirchaftsausschuß, oben Anm. 3 zu § 28). Sollte die an-
schließende Nachprüfung des Verwaltungsakts im Verwaltungsstreitverfahren einen Ermessensmißbrauch des Bundesaufsichtsamts ergeben, so
wird dem Amt durch die sofortige Vollziehbarkeit seiner Maßnahmen
nicht etwa auch eine Schadenersatzpflicht i. S. von Art. 34 GG und § 839
BGB abgenommen.

§ 50 Zwangsmittel

*(1) Das Bundesaufsichtsamt kann die Befolgung der Verfügungen, die es
innerhalb seiner gesetzlichen Befugnisse trifft, mit Zwangsmitteln nach*

den Bestimmungen des Verwaltungs-Vollstreckungsgesetzes vom 27. April 1953 (Bundesgesetzbl. I S. 157) durchsetzen. Es kann Zwangsmittel auch gegen Kreditinstitute anwenden, die juristische Personen des öffentlichen Rechts sind.

(2) Die Höhe des Zwangsgeldes beträgt bis zu fünfzigtausend Deutsche Mark.

I. Der Verwaltungszwang des Bundesaufsichtsamts im allgemeinen
(Abs. 1 S. 1, Abs. 2)

(1)   Das Bundesaufsichtsamt kann die Befolgung seiner Verfügungen mit Zwangsmitteln durchsetzen. Verfügungen sind befehlende und belastende Verwaltungsakte, mit denen dem Betroffenen eine Verpflichtung auferlegt oder eine Verbindlichkeit angesonnen wird. Ein derartiger Verwaltungsakt liegt nur vor, wenn das Bundesaufsichtsamt an den Empfänger ein Gebot oder Verbot richtet und dadurch ein beschwerendes Rechtsverhältnis schafft. Gestaltende Verwaltungsakte, durch die ein konkretes Rechtsverhältnis oder ein Rechtszustand begründet wird (z. B. die Erlaubnis i. S. von § 32, die Bezeichnung als Geschäftsleiter i. S. von § 1 Abs. 1 S. 2 und 3) sind des Vollzugs und des Verwaltungszwangs ebenso wenig fähig und bedürftig, wie feststellende Verwaltungsakte des Bundesaufsichtsamts, die lediglich einen bestehenden Zustand oder eine bestehende Rechtslage nach außenhin kundtun oder festlegen (z. B. die Entscheidung über die Kreditinstitutseigenschaft i. S. von § 4 und die Entscheidung über die Befugnis zur Führung der Bezeichnungen Bank, Bankier, Volksbank, Sparkasse, Bausparkasse und Spar- und Darlehenskasse i. S. von § 42, vgl. Anm. 3 zu § 42). Es bedarf dann zusätzlicher behördlicher oder gesetzlicher Gebote oder Verbote, damit zusammen mit gestaltenden oder feststellenden Verwaltungsakten ein Verwaltungszwang zulässig ist (z. B. die Erlaubnisrücknahme nach § 35 und das vollziehbare Verbot, Bankgeschäfte ohne Erlaubnis zu betreiben, nach § 37). Ist der befehlende Verwaltungsakt teils begünstigend, teils belastend (z. B. die Erlaubnis unter Auflage nach § 32 Abs. 2 S. 1), so ist die Befolgung des belastenden Teils (der Auflage) selbständig erzwingbar (vgl. oben Anm. 6 zu § 32).

(2)   Nur Verfügungen, die das Bundesaufsichtsamt „innerhalb seiner gesetzlichen Befugnisse" trifft, können mit Verwaltungszwang vollzogen werden. Gegen die zwangsweise Vollziehung von Verfügungen, zu denen das Bundesaufsichtsamt nicht befugt war, können die Rechtsmittel des Widerspruchs und der Anfechtungsklage nach §§ 40 ff. VwGO i. V. mit § 18 VwVG erhoben werden, vorausgesetzt, daß die Rechtsbehelfe nach § 80 Abs. 1 VwGO aufschiebende Wirkung haben (vgl. dazu oben Anm. 1 und 2 zu § 49). Haben Widerspruch und Anfechtungsklage ausnahmsweise keine aufschiebende Wirkung, so sind diese Rechtsmittel zwar ebenfalls zulässig, sie hindern aber nicht eine zwangsweise Vollziehung des Verwaltungsakts

durch das Bundesaufsichtsamt. Ist der Verwaltungsakt nichtig, so kann der Verwaltungszwang nach § 18 VwVG durch Feststellung der Nichtigkeit des Verwaltungsakts gemäß § 43 VwGO abgewendet werden.

Die Zwangsmittel sind Ersatzvornahme, Zwangsgeld und unmittelbarer Zwang, § 9 VwVG. Abs. 2 derogiert für den Verwaltungszwang des Bundesaufsichtsamts den § 11 Abs. 3 VwVG, indem er die Höchstgrenze des Zwangsgeldes von 2000,— DM auf 50 000,— DM erhöht. Über die Voraussetzungen für die Anwendbarkeit der einzelnen Zwangsmittel und über das Verfahren vgl. §§ 6 ff. VwVG. Vollzugsbehörde ist das Bundesaufsichtsamt selbst, § 7 Abs. 1 VwVG. Es kann sich aber anderer Behörden, insbesondere der Polizei bedienen, §§ 35 GG, 15 Abs. 2 S. 1 VwVG, 8 Abs. 1 KWG. Über den unmittelbaren Zwang vgl. auch Gesetz über den unmittelbaren Zwang bei Ausübung öffentlicher Gewalt durch Vollzugsbeamte des Bundes vom 10. III. 1961 (BGBl I 165). (3)

II. Der Verwaltungszwang gegen juristische Personen des öffentlichen Rechts (Abs. 1 S. 2)

Das Bundesaufsichtsamt kann die Befolgung seiner Verfügungen auch Kreditinstituten gegenüber durchsetzen, die in der Form juristischer Personen des öffentlichen Rechts organisiert sind, Abs. 1 S. 2. Dagegen sind Zwangsmittel gegen Behörden und juristische Personen des öffentlichen Rechts (Gemeinden, Gemeindeverbände, Länder, die Bundesrepublik), die die Kreditinstitute als nicht selbständig rechtsfähige Unternehmen in eigener Regie betreiben, unzulässig, § 17 VwVG. § 50 Abs. 1 S. 2 derogiert § 17 VwVG nur für den Fall, daß die Kreditinstitute selbst juristische Personen des öffentlichen Rechts sind. (4)

§ 51 Kosten und Gebühren

(1) Die Kosten des Bundesaufsichtsamtes sind, soweit sie nicht durch Gebühren oder durch besondere Erstattung nach Absatz 3 gedeckt sind, dem Bund von den Kreditinstituten zu neunzig vom Hundert zu erstatten. Die Kosten werden anteilig auf die einzelnen Kreditinstitute nach Maßgabe ihres Geschäftsumfanges umgelegt und vom Bundesaufsichtsamt nach den Vorschriften des Verwaltungs-Vollstreckungsgesetzes beigetrieben. Das Nähere über die Erhebung der Umlage und über die Beitreibung bestimmt der Bundesminister für Wirtschaft im Einvernehmen mit dem Bundesminister der Finanzen durch Rechtsverordnung.

(2) Das Bundesaufsichtsamt kann für Entscheidungen auf Grund der §§ 32, 34 Abs. 2 und §§ 35 bis 37 Gebühren in Höhe von einhundert bis zehntausend Deutsche Mark festsetzen. Die Höhe der Gebühr soll sich im Einzelfalle nach dem für die Entscheidung erforderlichen Arbeitsaufwand und nach dem Geschäftsumfang des betroffenen Unternehmens richten.

(3) Die Kosten, die dem Bund durch die Depotprüfung (§ 30), durch eine Bekanntmachung nach § 38 Abs. 2, eine auf Grund von § 44 Abs. 1 Nr. 1 vorgenommene Prüfung oder durch die Bestellung einer Aufsichtsperson entstehen, sind von dem betroffenen Unternehmen gesondert zu erstatten und auf Verlangen des Bundesaufsichtsamtes vorzuschießen.

I. Die Umlegung der Kosten des Bundesaufsichtsamts (Abs. 1)

(1)   In Anknüpfung an § 40 KWG 1939 und § 101 VAG bestimmt Abs. 1, daß 90 % der Kosten des Bundesaufsichtsamts anteilig von den Kreditinstituten zu tragen sind. 10 % der Kosten werden aus den allgemeinen Haushaltsmitteln finanziert, da die Bankenaufsicht auch eine im öffentlichen Interesse liegende Staatsaufgabe ist und im Interesse einer sparsamen Haushaltsführung ein Kostenanteil des Bundes wünschenswert erschien. Im Freistaat Bayern wurden die Kosten der Beaufsichtigung vor Einführung des Bundesaufsichtsamts sogar ganz vom Staatshaushalt getragen. Über die verfassungsmäßigen Bedenken gegen die Kostenumlage vgl. oben Systematische Einführung *S.* 74 sowie Begr. der Regierungsvorlage, der BR-Stellng., der BReg.-Stellgn. und der Begr. BT-Wirtschaftsausschuß zu § 51.

Die Höhe der laufenden Kosten wurde von der Bundesregierung auf jährlich 1,25 Millionen DM, die Höhe der Kosten für die Erstausstattung auf 250 000,— DM geschätzt. Von den effektiven, umzulegenden Kosten werden die nach Abs. 2 von den einzelnen Kreditinstituten zu erhebenden Gebühren und die nach Abs. 3 von jedem Kreditinstitut individuell zu erstattenden Kosten abgezogen. Nicht zu erstatten und umzulegen sind, anders als nach § 40 S. 2 KWG 1939, die der Deutschen Bundesbank durch die Bearbeitung der bei ihr einzureichenden Monatsausweise und Jahresabschlüsse entstehenden Kosten. „Der Bundesbank werden durch ihre Mitwirkung bei der Bankenaufsicht keine wesentlichen Mehrkosten entstehen, weil ein Teil dieser Arbeiten, z. B. die Auswertung der Monatsausweise und der Jahresabschlüsse, ohnehin in ihren Bereich fällt. Darüber hinaus gewinnt sie durch ihre Mitwirkung bei der Bankenaufsicht wichtige zusätzliche Erkenntnisse für ihr eigenes Aufgabengebiet. § 40 sieht deshalb davon ab, die besonderen Kosten der Bundesbank, die wegen der starken Überschneidung der Aufgabengebiete kaum exakt feststellbar sind, auf die Kreditinstitute umzulegen" (Begr. der Regierungsvorlage zu § 40). Immerhin bleibt zu berücksichtigen, daß damit ein wesentlicher Teil der Aufsichtskosten von der Deutschen Bundesbank und somit vom Staatshaushalt getragen wird.

Der Kostenanteil, den die einzelnen Kreditinstitute tragen müssen, ist „nach Maßgabe ihres Geschäftsumfangs" zu ermitteln, nicht mehr, wie nach Art. 3, 4 und 5 der 2. Verordnung zur Durchführung und Ergänzung des KWG vom 27. VII. 1935 (RGBl I 1050), nach einer Grundgebühr und Zuschlägen, die sich nach der Zahl der bei den einzelnen Kreditinstituten beschäftigten Beamten und Angestellten und nach der Bilanzsumme errechnet.

Die Beitreibung der Kostenumlage richtet sich nach §§ 1—5 VwVG und nach den Rechtsverordnungen, die der Bundesminister für Wirtschaft im Einvernehmen mit dem Bundesminister der Finanzen nach Abs. 1 S. 2 erlassen kann.

II. Die Gebühren (Abs. 2)

Für bestimmte Entscheidungen (Erlaubnis zum Betreiben von Bankgeschäften, § 32; Verbot der Fortführung der Geschäfte bei Todesfall und persönlicher oder fachlicher Unzuverlässigkeit des Stellvertreters der Erben, § 34 Abs. 2　Erlaubnisrücknahme, § 35; Abberufung von Geschäftsleitern, § 36; Einschreiten gegen ungesetzliche Geschäfte, § 37) kann das Bundesaufsichtsamt Gebühren erheben. Da der Geschäftsumfang der einzelnen Kreditinstitute sehr unterschiedlich ist, überläßt Abs. 2 S. 2 die Festsetzung der Gebühr dem Bundesaufsichtsamt, das lediglich an eine Mindestsumme von 100,— DM und an eine Höchstgebühr von 10 000,— DM gebunden ist und im übrigen sein billiges Ermessen nach dem erforderlichen Arbeitsaufwand und nach dem Geschäftsumfang des betreffenden Unternehmens auszurichten hat.

　(2)

III. Die Kosten der Depotprüfung, der Bekanntmachung, der Sonderprüfung und der Bestellung von Aufsichtspersonen (Abs. 3)

Die Kosten, die dem Bund durch die Depotprüfung der vom Bundesaufsichtsamt oder der Deutschen Bundesbank bestellten Depotprüfer nach § 30, durch die Bekanntmachung der Erlaubnisrücknahme nach § 38 Abs. 2, durch die nach § 44 Abs. 1 Ziff. 1 vorgenommene Sonderprüfung und durch die Bestellung von Aufsichtspersonen nach § 46 Abs. 1 S. 2 entstehen, werden nicht i. S. von Abs. 1 anteilsmäßig auf alle Kreditinstitute und auf den Bund umgelegt, sondern sind vom einzelnen betroffenen Unternehmen gesondert zu erstatten. Das Bundesaufsichtsamt kann auch verlangen, daß die Kosten (z. B. für die Depotprüfer oder für die Aufsichtspersonen) vorgeschossen werden.

　(3)

Sondervorschriften

---

§ 52 Sonderaufsicht

(1) Soweit Kreditinstitute einer anderen staatlichen Aufsicht unterliegen, bleibt diese neben der Aufsicht des Bundesaufsichtsamtes bestehen.

(2) Die Zulassungs- und Aufsichtsrechte auf Grund des Hypothekenbankgesetzes und des Schiffsbankgesetzes gehen auf das Bundesaufsichtsamt über.

1. Die Konkurrenz von Bankenaufsicht und Sonderaufsicht (Abs. 1)

(1) Kreditinstitute i. S. von § 1 Abs. 1 können bereits auf Grund anderer Gesetze einer Staatsaufsicht unterliegen, sei es aus fachlichen Gründen, z. B. weil sie als Organe der staatlichen Wohnungspolitik anerkannt sind (vgl. § 2 Abs. 1 Ziff. 8 und oben Anm. 9 zu § 2), sei es wegen ihrer öffentlich-rechtlichen Organisation (z. B. die öffentlich-rechtlichen Sparkassen, vgl. die entsprechenden landesrechtlichen Vorschriften und die Satzungen öffentlich-rechtlicher Kreditinstitute; vgl. auch § 13 des Gesetzes über die Lastenausgleichsbank vom 28. X. 1944, BGBl I 293, § 11 des Gesetzes über die landwirtschaftliche Rentenbank i. d. F. vom 14. IX. 1953, BGBl I 1330, § 13 des Gesetzes über die Deutsche Genossenschaftskasse vom 4. IV. 1957, BGBl I 372, § 12 des Gesetzes über die Kreditanstalt für Wiederaufbau i. d. F. vom 22. I. 1952, BGBl I 65 usw.). Da sie als Kreditinstitute auch nach § 32 erlaubnispflichtig sind und damit der gewöhnlichen Überwachung durch das Bundesaufsichtsamt nach den Vorschriften des KWG unterworfen werden, konkurrieren Sonderaufsicht und allgemeine Bankenaufsicht miteinander.

Abs. 1 bestimmt, daß nicht etwa die Vorschriften über die Sonderaufsicht die Bestimmungen über die allgemeine Bankenaufsicht derogieren, sondern daß beide Gruppen von Rechtsnormen nebeneinander gelten. Vgl. auch oben Anm. 2 zu § 32 und Systematische Einführung *S. 65 ff.* Die Befugnisse, die sich aus den Vorschriften des KWG ergeben, gehen auch nicht etwa (wie zum Teil nach § 49 KWG 1939) auf die Sonderaufsichtsbehörde über. Dem Vorschlag des Bundesrats, die wichtigsten Befugnisse nach dem KWG der Sonderaufsichtsbehörde zu übertragen, ist der Bundestag nicht gefolgt, weil er sich den verfassungspolitischen Bedenken des

Bundesrats gegen die weiten Befugnisse des Bundesaufsichtsamts nicht anschloß (vgl. BRat-Stellgn., BReg-Stellgn. und Begr. BT-Wirtschaftsausschuß zu § 52 = § 57 des Entwurfs).

„Das Prinzip der gleichen Anwendung des KWG verbietet es auch, bestimmte Akte der Bankaufsichtsbehörde vom Einvernehmen der Sonderaufsichtsbehörde abhängig zu machen, weil diese sonst einen Verwaltungsakt der Bankaufsichtsbehörde verhindern könnte, der bei gleicher Sachlage bei einem anderen Kreditinstitut gesetzt würde" (Begr. BT-Wirtschaftsausschuß zu § 52 = § 57 des Entwurfs). Die ursprünglich vorgesehene Vorschrift, wonach das Bundesaufsichtsamt sich in bestimmten Fällen mit den Sonderaufsichtsbehörden ins Benehmen setzen soll, wurde als überflüssig gestrichen. Es verstehe sich von selbst, daß das Bundesaufsichtsamt dies in geeigneten Fällen tun wird (vgl. Bericht des Abgeordneten Ruland vom 15. III. 1961, Nachtrag zu BT-Drucks. 2563, 3. Wahlp.).

II. Die Übertragung der Aufsicht über Hypotheken- und Schiffsbanken auf das Bundesaufsichtsamt (Abs. 2)

Einer Sonderaufsicht unterlagen bisher auch die Hypotheken- und Schiffs- (2)
banken. Diese Sonderaufsicht wurde gemäß § 3 HypBG und § 3 Schiffs-
bankgesetz vom 8. IV. 1943 (RGBl I 241) i. d. F. vom 18. XII. 1956 (BGBl I
925) i. V. mit Art. 129 Abs. 1 und Art. 84 Abs. 1 GG zwar ebenfalls von den
Bankaufsichtsbehörden der Länder ausgeübt, ebenso wie die allgemeine
Bankenaufsicht. Das darf aber nicht darüber hinwegtäuschen, daß die
Aufsichtsaufgaben, die von denselben Behörden ausgeübt wurden, verschiedener Natur waren. Abs. 2 überträgt die regionalen Zulassungs- und
Aufsichtsrechte auf das Bundesaufsichtsamt. Damit übt das Bundesaufsichtsamt nicht nur die Aufsicht über die Einhaltung der Vorschriften des
KWG aus, sondern auch über die Erfüllung der Pflichten, die das Hypothekenbankgesetz und das Schiffsbankgesetz den privaten Realkreditinstituten auferlegen. Aus § 62 Abs. 1 S. 2 folgt, daß Vorschriften, die für die
geschäftliche Betätigung bestimmter Kreditinstitute strengere Anforderungen aufstellen als das KWG, unberührt bleiben.

§ 53 Zweigstellen ausländischer Unternehmen

(1) Unterhält ein ausländisches Unternehmen im Geltungsbereich dieses Gesetzes eine Zweigstelle, die Bankgeschäfte in dem in § 1 Abs. 1 bezeichneten Umfang betreibt, so gilt die Zweigstelle als Kreditinstitut. Unterhält das ausländische Unternehmen mehrere Zweigstellen im Sinne des Satzes 1, so gelten sie als ein Kreditinstitut.

(2) Auf die in Absatz 1 bezeichneten Kreditinstitute ist dieses Gesetz mit folgender Maßgabe anzuwenden:

1. *Das ausländische Unternehmen hat mindestens eine natürliche Person mit Wohnsitz im Geltungsbereich dieses Gesetzes zu bestellen, die für den Geschäftsbereich des Kreditinstituts zur Geschäftsführung und zur Vertretung des ausländischen Unternehmens befugt ist. Solche Personen gelten als Geschäftsleiter.*

2. *Das Kreditinstitut ist verpflichtet, über die von ihm betriebenen Geschäfte und über das seinem Geschäftsbetrieb dienende Vermögen des ausländischen Unternehmens gesondert Buch zu führen und Rechnung zu legen. Die Vorschriften des Handelsgesetzbuches über Handelsbücher gelten insoweit entsprechend. Auf der Passivseite der jährlichen Vermögensübersicht ist der Betrag des dem Kreditinstitut von dem ausländischen Unternehmen zur Verfügung gestellten Betriebskapitals und der Betrag der dem Kreditinstitut zur Verstärkung der eigenen Mittel belassenen Betriebsüberschüsse gesondert auszuweisen. Der Überschuß der Passivposten über die Aktivposten (passiver Verrechnungssaldo) oder der Überschuß der Aktivposten über die Passivposten (aktiver Verrechnungssaldo) ist am Schluß der Vermögensübersicht ungeteilt und gesondert auszuweisen.*

3. *Die nach Nummer 2 für den Schluß eines jeden Geschäftsjahres aufzustellende Vermögensübersicht mit einer Aufwands- und Ertragsrechnung gilt als Jahresabschluß (§ 26). Für die Prüfung des Jahresabschlusses gelten §§ 135, 137 bis 141, 211 Abs. 1, 3 bis 5 des Aktiengesetzes sinngemäß mit der Maßgabe, daß der Prüfer von den Geschäftsleitern gewählt und bestellt wird. Mit dem Jahresabschluß des Kreditinstituts ist der Jahresabschluß des ausländischen Unternehmens für das gleiche Geschäftsjahr einzureichen.*

4. *Als haftendes Eigenkapital des Kreditinstituts gilt die Summe der Beträge, die in dem Monatsausweis nach § 25 als dem Kreditinstitut von dem ausländischen Unternehmen zur Verfügung gestelltes Betriebskapital und ihm zur Verstärkung der eigenen Mittel belassene Betriebsüberschüsse ausgewiesen wird, abzüglich des Betrages eines etwaigen aktiven Verrechnungssaldos. Maßgebend für die Bemessung des haftenden Eigenkapitals ist der jeweils letzte Monatsausweis.*

5. *Die Aufnahme der Geschäftstätigkeit einer jeden Zweigstelle des ausländischen Unternehmens bedarf der Erlaubnis. Die Erlaubnis kann auch dann versagt werden, wenn sie unter Berücksichtigung der gesamtwirtschaftlichen Bedürfnisse nicht gerechtfertigt ist.*

6. *Für die Anwendung des § 36 Abs. 1 gilt das Kreditinstitut als juristische Person.*

(3) Für Klagen, die auf den Geschäftsbetrieb einer Zweigstelle im Sinne des Absatzes 1 Bezug haben, darf der Gerichtsstand der Niederlassung nach § 21 der Zivilprozeßordnung nicht durch Vertrag ausgeschlossen werden.

(4) Die Absätze 2 und 3 sind nicht anzuwenden, soweit zwischenstaatliche Vereinbarungen entgegenstehen, denen die gesetzgebenden Körperschaften in der Form eines Bundesgesetzes zugestimmt haben.

I. Die Fiktion der selbständigen Kreditinstitutseigenschaft der Zweigstelle (Abs. 1)

Die Bestimmungen des KWG (z. B. über die Eigenkapitalausstattung, (1)
Liquiditätshaltung, Monatsausweise u. a.) gelten für rechtlich selbständige
Kreditinstitute oder für deren privatrechtliche oder öffentlich-rechtliche Inhaber. Besonderer Vorschriften für inländische Zweigstellen bedurfte es
nicht, weil jeweils das Gesamtinstitut dem KWG unterliegt. Da aber durch
die Vorschriften des KWG nur diejenigen Inhaber und Geschäftsleiter von
Kreditinstituten, sowie gegebenenfalls diejenigen juristischen Personen
verpflichtet werden konnten, die ihren Wohnsitz oder Sitz im Inland
haben, mußten Sondernormen für inländische Zweigstellen ausländischer
Kreditinstitute geschaffen werden. Über den Begriff der Zweigniederlassung und Zweigstelle vgl. Würdinger Anm. 1—13 zu § 13. — Als
Grundsatz fingiert Abs. 1 eine rechtliche Selbständigkeit der Zweigstelle,
insoweit die Anwendung der Normen des KWG in Frage steht. Auch andere
Rechtsgebiete helfen sich mit derartigen Fiktionen hinsichtlich der inländischen Zweigstellen ausländischer Unternehmen (vgl. z. B. § 13 b HGB).
Vgl. auch oben Anm. 8 und 14 zu § 1. Die Fiktion des Abs. 1 S. 1 bewirkt
z. B., daß inländische Zweigstellen ausländischer Kreditinstitute, anders
als die Zweigstellen inländischer Kreditinstitute, einer Erlaubnis nach
§ 32 bedürfen, wenn sie einzige Zweigstelle des Kreditinstituts im Inland
sind. (Über weitere Zweigstellen vgl. unten Anm. 5.)

Abs. 1 S. 2 verhindert, daß ein ausländisches Kreditinstitut, das im Geltungsbereich des KWG mehrere Zweigstellen unterhält, im Inland mehrmals wie ein selbständiges Kreditinstitut behandelt wird. Mehrere Zweigstellen gelten deshalb als ein einheitliches Kreditinstitut.

Da die Fiktion des Abs. 1 nicht sämtliche Rechtsanwendungsschwierig-
keiten beseitigen kann, soll Abs. 2 die Bestimmungen des KWG ersetzen,
die der Sache nach nur auf selbständige Unternehmen anwendbar sind.
In Ziff. 5 wird darüber hinaus eine Benachteiligung im Zulassungsverfahren von inländischen Zweigstellen ausländischer Kreditinstitute gegenüber solchen inländischer Kreditinstitute legalisiert.

II. Die Sonderbehandlung der inländischen Zweigstelle ausländischer Kreditinstitute (Abs. 2)

1. Die Bestellung von Geschäftsleitern (Ziff. 1)

Zweigstellenleiter inländischer Kreditinstitute sind nicht Geschäftsleiter (2)
(vgl. oben Anm. 53—55 zu § 1). „Für inländische Zweigstellen ausländischer Kreditinstitute muß jedoch eine im Inland tätige Person dem Bundesaufsichtsamt gegenüber für die Einhaltung dieses Gesetzes verant-

18*

wortlich sein. Dem trägt Abs. 1 Ziff.1 Rechnung" (Begr. der Regierungsvorlage zu § 53 = § 58 des Entwurfs). Ziff. 1 S. 2 fingiert die gesetzliche Geschäftsleitereigenschaft der geschäftsführungs- und vertretungsberechtigten Zweigstellenleiter, die mindestens einen inländischen Wohnsitz haben. Vgl. zum Wohnsitzerfordernis § 7 BGB und die Kommentare zu dieser Bestimmung. Über den Begriff des gesetzlichen Geschäftsleiters vgl. § 1 Abs. 1 S. 1 und oben Anm. 52—54 zu § 1.

2. Vermögensübersichten und Prüfungen (Ziff. 2 und 3)

(3) Die Vorschriften über die Einreichung und Prüfung des Jahresabschlusses passen nicht für bloße Zweigstellen. Da auf die Übersicht über die wirtschaftliche Lage, die diese Unterlagen ermitteln sollen, bei den in Frage stehenden Zweigstellen nicht verzichtet werden kann, verpflichtet Abs. 2 Ziff. 2 die durch Abs. 1 S. 1 als selbständige Kreditinstitute fingierten Zweigstellen bzw. ihre Geschäftsleiter zur Einreichung geprüfter, jährlicher Vermögensübersichten. Zu diesem Zweck verpflichtet Ziff. 2 S. 1 zu einer gesonderten Zweigstellenbuchführung. Ziff. 2 S. 2 erklärt die HGB-Bestimmungen für entsprechend anwendbar. In Wirklichkeit wird beispielsweise die entsprechende Anwendung von § 40 Abs. 1 HGB, wonach die Bilanz in inländischer Währung aufzustellen ist, gerade für Zweigstellen ausländischer Unternehmen, z. B. für Zweigstellen amerikanischer Brokergesellschaften, auf unüberwindliche Hindernisse stoßen. Ziff. 2 S. 3 und 4 enthalten besondere Rechnungslegungsvorschriften. Ziff. 3 trägt für die Abschlußprüfung den besonderen Verhältnissen bei Zweigniederlassungen Rechnung. Neben der Vermögensübersicht der Zweigstelle ist auch der Jahresabschluß des ausländischen Unternehmens für das gleiche Geschäftsjahr einzureichen. Dieser Jahresabschluß des ausländischen Unternehmens braucht dann nur den entsprechenden ausländischen, teils bedeutend weniger strengen Buchführungs- und Bilanzierungsvorschriften zu genügen.

3. Die Eigenkapitalhaltung (Ziff. 4)

(4) „Von besonderer Bedeutung ist die Eigenkapitalregelung (Nr. 4), die festlegt, welche Mittel als haftendes Eigenkapital i. S. des § 10 Abs. 2 anzusehen sind. Als Eigenmittel der Zweigstellen gelten danach die Beträge, die im Monatsausweis der Zweigstelle als ihr vom Mutterinstitut zur Verfügung gestelltes Betriebskapital oder als ihr belassene Betriebsüberschüsse ausgewiesen sind. Ein etwaiger aktiver Verrechnungssaldo gegenüber dem Mutterinstitut, der sich ergibt, wenn die Zweigstelle Gelder bei ihrer Zentrale unterhält, ist bei der Errechnung des haftenden Eigenkapitals abzuziehen. Dies soll verhindern, daß die der Zweigstelle zur Verfügung gestellten Betriebsmittel ihr durch interne Verrechnung wieder entzogen werden" (Begr. BT-Wirtschaftsausschuß zu § 53 = § 58 des Entwurfs).

4. Konzessionspflicht und Bedürfnisprüfung (Ziff. 5)

Nach § 24 Abs. 1 Ziff. 7 wäre die Errichtung einer weiteren Zweigstelle (5)
nur dem Bundesaufsichtsamt anzuzeigen. Diese Regelung sah der Regierungsentwurf auch für die Errichtung weiterer Zweigstellen ausländischer
Kreditinstitute im Inland vor, wenn bereits eine von ihnen zugelassen
war. Der Bundestag erhielt diese Regelung jedoch nicht aufrecht, weil er
es für nötig erachtete, jede Errichtung einer Zweigstelle ausländischer
Kreditinstitute einer Bedürfnisprüfung zu unterwerfen. § 53 Abs. 2 Ziff. 5
verlangt deshalb eine besondere Erlaubnis i. S. von § 32 für jede Zweigstelle ausländischer Kreditinstitute. „Eine Erweiterung gegenüber dem
Recht für inländische Kreditinstitute enthält Abs. 2 Ziff. 5 S. 2, wonach
bei der Zulassung der Zweigstelle auch das gesamtwirtschaftliche Bedürfnis geprüft werden kann. Für Ausländer ist die Bedürfnisprüfung verfassungsrechtlich zulässig, da Art. 12 GG nur für Deutsche gilt und sich die
Urteile des Bundesverwaltungsgerichts, die die Bedürfnisprüfung im Kreditgewerbe wegen Art. 12 GG für unzulässig erklären, daher nicht auf
Ausländer beziehen können. Dieser zusätzliche Versagungsgrund entspricht einem sachlichen Bedürfnis, weil sonst Zweigstellen ausländischer
Kreditinstitute zugelassen werden müßten, die die Zulassungsvoraussetzungen hier zwar erfüllen, deren Errichtung aber — etwa wegen unübersichtlicher Verhältnisse beim Mutterinstitut — unerwünscht ist" (Begr.
BT-Wirtschaftsausschuß zu § 53 = § 58 des Entwurfs). Vgl. auch Anm. 2
zu § 32.

III. Der Gerichtsstand für inländische Zweigstellen ausländischer Kreditinstitute (Abs. 3)

Gerichtsstand für Klagen, die auf den Geschäftsbetrieb einer inländischen (6)
Zweigstelle eines ausländischen Kreditinstituts Bezug haben, ist grundsätzlich nach § 21 Abs. 1 ZPO der Ort, an dem sich die Niederlassung befindet (vgl. auch § 13 b HGB). Abs. 3 verbietet den vertraglichen Ausschluß dieses Gerichtsstands durch Vereinbarung über die Zuständigkeit
der Gerichte i. S. von §§ 38 ff. ZPO.

IV. Ausnahmen auf Grund zwischenstaatlicher Vereinbarungen (Abs. 4)

Die rechtliche Sonderstellung inländischer Zweigstellen ausländischer (7)
Kreditinstitute nach Abs. 2 und 3 wird durch Abs. 4 aufgehoben, soweit
sie zwischenstaatlichen Vereinbarungen widerspricht. Das kann insbesondere hinsichtlich der Benachteiligung der Zweigstellen ausländischer Kreditinstitute durch Abs. 2 Ziff. 5 (Bedürfnisprüfung) der Fall sein. „Soweit
den Angehörigen anderer Staaten in zwischenstaatlichen Vereinbarungen
Inländerbehandlung zugesichert worden ist, kann die Bedürfnisprüfung
nicht praktiziert werden. Dies gilt insbesondere für Kreditinstitute, die

ihren Sitz oder ihre Niederlassung in einem Staat der europäischen Wirtschaftsgemeinschaft haben" (Begr. BT-Wirtschaftsausschuß zu § 53 = § 58
des Entwurfs). Das gleiche gilt hinsichtlich der Möglichkeit der Inländer,
einen Gerichtsstand nach § 38 ff. ZPO zu prorogieren (vgl. Abs. 3 und
oben Anm. 6). Über das freie Niederlassungsrecht in den Staaten der
europäischen Wirtschaftsgemeinschaft und über das Programm der Aufhebung von Beschränkungen vgl. Art. 52 Abs. 2 und Art. 54 des Vertrages
zur Gründung der Europäischen Wirtschaftsgemeinschaft (BGBl 1957 II
766). Auf dem Gebiete des Kreditwesens ist der Abbau von Beschränkungen allerdings bis jetzt noch nicht aktuell geworden. In Frankreich z. B.
gibt es weder für Inländer noch für Ausländer eine Gewerbefreiheit hinsichtlich der Gründung von Banken. Ausländer können dort im allgemeinen noch nicht einmal Vorstandsmitglieder eines Kreditinstituts werden.

Strafvorschriften, Bußgeldvorschriften

§ 54 Verbotene Geschäfte, Handeln ohne Erlaubnis

(1) Wer vorsätzlich

1. Geschäfte betreibt, die nach § 3 verboten sind, oder

2. Bankgeschäfte ohne die nach § 32 erforderliche Erlaubnis betreibt, wird mit Gefängnis bis zu einem Jahr und mit Geldstrafe oder mit einer dieser Strafen bestraft.

(2) Wer fahrlässig eine der in Absatz 1 bezeichneten Handlungen begeht, wird mit Geldstrafe bestraft.

Die strafbare Handlung besteht im vorsätzlichen oder fahrlässigen Betreiben von Geschäften, die nach § 3 verboten sind, oder von Bankgeschäften i. S. von § 1 Abs. 2, für die die erforderliche Erlaubnis nach § 32 nicht erteilt ist. Über den Tatbestand des Betreibens von verbotenen Geschäften vgl. die Anm. zu § 3. Über die Erlaubniserteilung vgl. die Anm. zu § 32. Die Strafdrohung gilt auch demjenigen, der zwar eine beschränkte Erlaubnis zum Betrieb von Bankgeschäften besitzt (§ 32 Abs. 2 S. 2), aber Bankgeschäfte betreibt, die von der Erlaubnis nicht gedeckt werden. Über das Betreiben von Bankgeschäften vgl. oben Anm. 12 ff. zu § 1. Die Bankgeschäfte müssen den in § 1 Abs. 1 umschriebenen Umfang erreichen. Als Täter, Mittäter (§ 47 StGB) und als mittelbare Täter kommen nur die Inhaber und Geschäftsleiter des betreffenden Kreditinstituts in Frage, also Personen, die selbst „Bankgeschäfte betreiben". Soweit Organe oder sonstige Personen ein Bankgeschäft für eine juristische Person betreiben, trifft die Strafverfolgung die Organe oder die Personen, die für die juristische Person handeln, vgl. § 57. Dagegen können Anstiftung (§ 48 StGB) und Beihilfe (§ 49 StGB) auch von anderen Personen begangen werden (BGHSt 5, 75). **(1)**

Die strafbare Handlung muß vorsätzlich oder fahrlässig vorgenommen werden. Strafrechtliche Schuld ist Vorwerfbarkeit des tatbestandsmäßigen und rechtswidrigen Verhaltens (BGHSt 2, 200). Eine strafrechtliche Schuld kommt jedoch nur in Frage, wenn der Täter zurechnungsfähig war, das Unrechtsbewußtsein hatte und wenn keine besonderen Schuldausschließungsgründe vorlagen. Er handelte vorsätzlich, wenn er alle Merkmale des Tatbestands einschließlich des zwischen ihnen bestehenden Kausalzusammenhangs bewußt und gewollt verwirklicht hat (direkter Vorsatz). **(2)**

Da der Gesetzestext nichts Gegenteiliges sagt, genügt für die Anwendung von § 54 Abs. 1 auch der bedingte Vorsatz (vgl. oben Anm. 4 zu § 36), d. h. das billigende Inkaufnehmen des widerrechtlichen Erfolges, von dessen Eintreten der Täter nicht überzeugt war (vgl. auch BGHSt 7, 363; NJW 1955 S. 1688). Über den Begriff der Fahrlässigkeit vgl. oben Anm. 4 zu § 36 und Anm. 14 zu § 15. „Fahrlässige Begehung einer der in Abs. 1 bezeichneten Handlungen kann z. B. vorliegen, wenn der Täter ein Bankgeschäft in der auf Fahrlässigkeit beruhenden irrigen Meinung vornimmt, die Erlaubnis hierfür sei ihm erteilt worden, während sich in Wirklichkeit seine Erlaubnis auf dieses Bankgeschäft nicht erstreckt oder die Erlaubnis nach § 34 wieder erloschen war" (Begr. der Regierungsvorlage zu § 54 = § 50 des Entwurfs). Zum Unrechtsbewußtsein (Bewußtsein der Rechtswidrigkeit) gehört, daß sich der Täter zum Zeitpunkt der Tat darüber im klaren war, daß er etwas Unerlaubtes tut oder etwas Gebotenes unterläßt. Es genügt, wenn der Täter beim Einsatz „aller seiner Erkenntniskräfte und sittlichen Wertvorstellungen" (BGHSt 4, 1) das Unrecht seines Verhaltens hätte erkennen können.

(3) Die Strafe ist kumulativ oder wahlweise Gefängnis bis zu einem Jahr und Geldstrafe, bei Fahrlässigkeit nur Geldstrafe. Der Höchstbetrag der Gefängnisstrafe ist ein Jahr, § 54 Abs. 1, ihr Mindestbetrag ein Tag, § 16 StGB. Der Höchstbetrag für die Geldstrafe ist 10 000,— DM, der Mindestbetrag 5,— DM, § 27 StGB.

§ 55 Verletzung der Schweigepflicht

(1) Wer vorsätzlich die durch § 9 begründete Verpflichtung verletzt, wird mit Gefängnis bis zu einem Jahr und mit Geldstrafe oder mit einer dieser Strafen bestraft. Die Verfolgung tritt nur auf Antrag des Verletzten ein.

(2) Handelt der Täter gegen Entgelt oder in der Absicht, sich oder einem Dritten einen Vermögensvorteil zu verschaffen oder jemanden zu schädigen, so ist die Strafe Gefängnis bis zu zwei Jahren. Daneben kann auf Geldstrafe erkannt werden.

(1) Die Strafvorschrift schützt das Kreditinstitut gegen das unbefugte Offenbaren von Geschäfts- und Betriebsgeheimnissen durch Personen, denen aus Überwachungsgründen Einblick in die Verhältnisse des Unternehmens gestattet werden muß. § 55 begründet ein Sonderdelikt, ähnlich wie § 54, für das als mittelbare oder unmittelbare Täter und Mittäter nur bestimmte, hier die in § 9 bezeichneten, von der Schweigepflicht betroffenen Personen in Frage kommen. Dagegen können Anstiftung (§ 48 StGB) und Beihilfe (§ 49 StGB) auch von anderen Personen begangen werden (BGHSt 5, 75). Über die Verletzung der durch § 9 begründeten Verpflichtung vgl. Anm. 1—4 zu § 9. Über den Begriff Vorsatz vgl. oben Anm. 2 zu § 54. Die Strafdrohung ist dieselbe wie in § 54, vgl. oben Anm. 3 zu § 54. Doch ist die Verletzung der Schweigepflicht Antragsdelikt, das nur verfolgt wird, wenn das verletzte Kreditinstitut innerhalb einer dreimonatigen Frist i. S. von § 61 StGB Antrag auf Strafverfolgung stellt (vgl. §§ 61—65 StGB). „Wie § 300 StGB ist diese Strafvorschrift kein Blankettgesetz und in ihrer Anwendbarkeit nicht davon abhängig, daß andere Vorschriften die Offenbarung dieser Geheimnisse ausdrücklich verbieten" (Begr. der Regierungsvorlage zu § 55 = § 51 des Entwurfs).

Eine Strafverschärfung (Gefängnisstrafe bis zu zwei Jahren und gegebenenfalls kumulativ Geldstrafe bis zu 10 000,— DM) tritt ein, wenn der Täter die Schweigepflicht gegen Entgelt oder in der Absicht verletzt, sich oder einem Dritten einen Vermögensvorteil zu verschaffen. (2)

§ 56 Ordnungswidrigkeiten

(1) Ordnungswidrig handelt, wer

1. *vorsätzlich oder fahrlässig entgegen § 44 Abs. 1 Nr. 1, Abs. 2 oder 3 eine Auskunft nicht, nicht rechtzeitig, nicht vollständig oder unrichtig erteilt, die Bücher oder Schriften nicht, nicht rechtzeitig oder nicht vollständig vorlegt oder die Ausübung der in § 44 Abs. 1 Nr. 1, 2 und 3 zweiter Halbsatz und Abs. 3 Satz 1 bezeichneten Befugnisse nicht duldet,*

2. *vorsätzlich oder fahrlässig einer Vorschrift, einer auf Grund dieses Gesetzes erlassenen Rechtsverordnung, soweit für bestimmte Tatbestände diese ausdrücklich auf diese Bußgeldvorschrift verweist, zuwiderhandelt,*

3. *vorsätzlich oder fahrlässig einer auf Grund des § 23 Abs. 2, des § 32 Abs. 2 Satz 1, des § 44 Abs. 1 Nr. 3 erster Halbsatz, des § 45 oder 46 Abs. 1 erlassenen vollziehbaren Verfügung zuwiderhandelt,*

4. *vorsätzlich oder leichtfertig der Pflicht zur Anzeige nach § 13 Abs. 1 Satz 1 und 2, Abs. 2 Satz 5, § 14 Abs. 1, § 15 Abs. 4 Satz 4 zweiter Halbsatz, §§ 16, 24 Abs. 1 oder § 28 Abs. 1 Satz 1 nicht, nicht rechtzeitig oder nicht vollständig nachkommt oder in einer solchen Anzeige unrichtige Angaben macht,*

5. *vorsätzlich oder leichtfertig der Pflicht zur Einreichung von Monatsausweisen nach § 25 sowie des Jahresabschlusses und des Prüfungsberichts nach § 26 nicht, nicht rechtzeitig oder nicht vollständig nachkommt oder in einem Monatsausweis unrichtige Angaben macht,*

6. *vorsätzlich den Vorschriften des § 21 Abs. 4 Satz 1 oder 3 oder des § 22 Abs. 3 zuwiderhandelt,*

7. *vorsätzlich seine Tätigkeit als Inhaber oder Geschäftsleiter eines Kreditinstituts trotz Untersagung durch das Bundesaufsichtsamt nach § 36 Abs. 1 oder § 46 Abs. 1 Satz 2 fortsetzt.*

(2) Die Ordnungswidrigkeit kann, wenn sie vorsätzlich begangen ist, mit Geldbuße bis zu hunderttausend Deutsche Mark, wenn sie leichtfertig oder fahrlässig begangen ist, mit Geldbuße bis zu fünfzigtausend Deutsche Mark geahndet werden.

(1)   Abs. 1 qualifiziert Verstöße gegen eine Reihe von Vorschriften des KWG
als Ordnungswidrigkeiten. Auf solche Ordnungswidrigkeiten können dann
die Bestimmungen des Gesetzes über Ordnungswidrigkeiten vom 25. III.
1952 (BGBl I 177) i. d. F. der Gesetze vom 26. VII. 1957 (BGBl I 861 und
II 713) Anwendung finden, soweit Abs. 2 keine Abweichungen vorschreibt.
Abs. 2 derogiert §§ 5 und 11 des Gesetzes über Ordnungswidrigkeiten,
indem er den Höchstbetrag der Geldbuße auf 100 000,— DM bei vorsätzlicher Ordnungswidrigkeit und auf 50 000,— DM bei fahrlässiger oder
leichtfertiger Ordnungswidrigkeit heraufsetzt, und indem er zuläßt, daß
nicht nur vorsätzliche, sondern auch fahrlässige und leichtfertige Ordnungswidrigkeiten geahndet werden. „Die Verwaltungsbehörde wird jedoch bei der Festsetzung einer Geldbuße im Einzelfall sorgfältig prüfen
müssen, inwieweit es gerechtfertigt ist, den hohen Bußgeldrahmen aus-
zuschöpfen. Hierbei sind insbesondere Größe der Schuld, Unrechtsgehalt
der Tat sowie die wirtschaftlichen Verhältnisse des Täters zu berücksichtigen" (Begr. der Regierungsvorlage zu § 56 = § 52 des Entwurfs). Darüber hinaus kann die Ordnungswidrigkeit, insbesondere der wiederholte
Verstoß oder ein subjektiv besonders verwerflicher Verstoß gegen die in
§ 56 aufgezählten Vorschriften, die Rücknahme der Erlaubnis i. S. von
§ 35 Abs. 2 Ziff. 3 oder die Abberufung von Geschäftsleitern i. S. von § 36
rechtfertigen.

(2)   Über die einzelnen Tatbestände der Pflichtverletzung, die die Bußgeldvorschrift des § 56 voraussetzt, vgl. die Anm. zu den in Abs. 1 aufgezählten Bestimmungen. Über die Schuldelemente bzw. (i. S. der finalisti-
schen Strafrechtstheorie) über die subjektiven Tatbestandselemente des
Vorsatzes, der Fahrlässigkeit und der Leichtfertigkeit vgl. Anm. 2 zu § 54,
Anm. 4 zu § 36 und Anm. 14 zu § 15. Soweit die verwaltungsrechtlichen
Gebote sich an das Kreditinstitut richten, trifft die Bußgeldvorschrift auch
den, der für das Kreditinstitut handelt, vgl. § 57.

§ 57 Handeln für einen anderen

*Die Strafvorschriften des § 54 und die Bußgeldvorschriften des § 56
gelten auch für denjenigen, der als Mitglied des zur gesetzlichen Vertretung berufenen Organs einer juristischen Person oder sonst als Vertreter
eines anderen handelt. Dies gilt auch dann, wenn die Rechtshandlung, welche die Vertretungsbefugnis begründen sollte, unwirksam ist.*

„Da die verwaltungsrechtlichen Vorschriften des KWG als Normadressaten
häufig das Kreditinstitut bezeichnen und die in § 32 vorgesehene Pflicht
zur Einholung einer Erlaubnis eine juristische Person trifft, wenn diese
Bankgeschäfte betreiben will, ist es notwendig klarzustellen, daß die
Strafvorschrift des § 54 und die Bußgeldvorschrift des § 56 auch für die
Organe einer juristischen Person und für die sonstigen Vertreter, die für
ein Kreditinstitut handeln oder zu handeln verpflichtet sind, gelten sollen.

Durch sinnvolle Auslegung des Begriffs ‚Vertreter' kann erreicht werden, daß nicht etwa völig untergeordnete Hilfskräfte von der Strafgelddrohung erfaßt werden. Es wird nur eine Person, der eine gewisse Selbständigkeit und Bewegungsfreiheit eingeräumt ist und bei der demgemäß auch ein gesteigertes Maß an Verantwortung vorliegt, als Vertreter in diesem Sinne betrachtet werden können (vgl. hierzu Bruns, „Faktische Betrachtungsweise und Organhaftung" in JZ 1958 S. 461 ff.)" (Begr. der Regierungsvorlage zu § 57 = § 53 des Entwurfs).

Bei der Auslegung des § 57 ist also darauf zu achten, daß der Begriff „Vertreter" einen anderen Begriffsinhalt hat als der gewöhnliche, durch §§ 164 ff. BGB genau umrissene Rechtsbegriff „Vertreter". Da aus den Gesetzesmaterialien keine genauen Abgrenzungskriterien für die restriktive Auslegung des Begriffs Vertreter i. S. von § 57 ersichtlich sind, anderseits bei einer Auslegung i. S. von §§ 164 ff. BGB auch — was dem Gesetzgeber unerwünscht erscheint — untergeordnete Angestellte und Beamte zur Strafe bzw. zum Bußgeld herangezogen werden können, bleibt die in § 57 getroffene Regelung bedenklich.

Im Laufe der Ausschußberatungen wurde noch ein Satz 2 eingefügt, der klarstellt, daß die strafrechtliche Verantwortlichkeit der genannten Personen nicht berührt wird, wenn ihre zivilrechtliche Vertretungsbefugnis wegen Unwirksamkeit des sie begründenden Rechtsaktes (Vollmacht, Bestellung als Organmitglied) nicht entstanden ist.

§ 58 Verletzung der Aufsichtspflicht

(1) Wird im Betrieb eines Kreditinstituts eine in § 54 mit Strafe oder in § 56 Abs. 1 Nr. 1 bis 6 mit Geldbuße bedrohte Handlung begangen, so kann gegen den Inhaber oder gegen den Geschäftsleiter des Kreditinstituts eine Geldbuße festgesetzt werden, wenn sie vorsätzlich oder fahrlässig ihre Aufsichtspflicht verletzt haben und der Verstoß hierauf beruht.

(2) Die Geldbuße beträgt bei vorsätzlicher Aufsichtspflichtverletzung bis zu hunderttausend Deutsche Mark, bei fahrlässiger Aufsichtspflichtverletzung bis zu fünfzigtausend Deutsche Mark.

§ 58 droht gegen den Inhaber oder Geschäftsleiter eines Kreditinstitut Geldbuße für den Fall an, daß im Betrieb des Kreditinstituts eine nach § 54 mit Strafe oder nach § 56 Abs. 1 Ziff. 1—6 mit Geldbuße bedrohte Handlung begangen worden ist. Die Ordnungswidrigkeit des § 56 Abs. 1 Ziff. 7 kann für die Verletzung der Aufsichtspflicht nicht bedeutsam werden, weil sie ein Sonderdelikt der Inhaber oder Geschäftsleiter des Kreditinstituts darstellt. In den anderen Fällen kann zu der Strafe oder zu dem Bußgeld für denjenigen, der die Straftat oder Ordnungswidrigkeit begangen hat, noch ein Bußgeld für seine Aufsichtsperson hinzukommen.

„Vielfach wird zwar in solchen Fällen den Inhaber oder Geschäftsleiter die Strafe oder die Geldbuße schon deshalb treffen, weil sie sich, wenn ein Betriebsangehöriger eine solche Straftat oder Ordnungswidrigkeit begangen hat, einer fahrlässigen Tat, begangen durch Unterlassen, schuldig gemacht haben werden. Denn sie trifft eine Pflicht zur Erfolgsabwendung. Jedoch sind Fälle denkbar, in denen die Aufsichtspflicht verletzt ist, ohne daß ein mit Strafe oder mit Geldbuße bedrohtes Tun oder Unterlassen des Inhabers oder Geschäftsleiters vorliegt" (Begr. der Regierungsvorlage zu § 58 = § 54 des Entwurfs).

Die Höhe der Geldbuße beträgt bei vorsätzlicher Aufsichtspflichtverletzung bis zu 100 000,— DM, bei fahrlässiger Aufsichtspflichtsverletzung bis zu 50 000,— DM. Über Vorsatz und Fahrlässigkeit vgl. oben die Anm. 2 zu § 54 und Anm. 4 zu § 36.

§ 59 Geldbußen gegen Kreditinstitute

(1) Begeht ein Geschäftsleiter eines Kreditinstituts in der Rechtsform einer juristischen Person oder einer Personenhandelsgesellschaft eine in § 54 mit Strafe oder in § 56 oder 58 mit Geldbuße bedrohte Handlung, so kann eine Geldbuße auch gegen das Kreditinstitut festgesetzt werden.

(2) Die Geldbuße beträgt, wenn die Straftat oder Ordnungswidrigkeit vorsätzlich begangen ist, bis zu hunderttausend Deutsche Mark, wenn sie fahrlässig begangen ist, bis zu fünfzigtausend Deutsche Mark.

§ 59 erklärt Kreditinstitute mit eigener Rechtspersönlichkeit für selbständig deliktsfähig. Straftaten und Ordnungswidrigkeiten i. S. von §§ 54, 56 und 58 können der juristischen Person als solcher zugerechnet werden. Darüber hinaus werden im selben Umfang auch Personenhandelsgesellschaften strafrechtlich verselbständigt. § 59 entspricht dem § 41 des Gesetzes gegen Wettbewerbsbeschränkungen vom 27. VII. 1957 (BGBl I 1081). Die Geldbuße soll u. a. im Verhältnis zu dem Vorteil stehen, den das Kreditinstitut durch die Ordnungswidrigkeit möglicherweise erlangt hat oder erlangen sollte, ein Gesichtspunkt, der nicht berücksichtigt werden könnte, wenn für die Bemessung der Geldbuße nur die wirtschaftlichen Verhältnisse des schuldigen Geschäftsleiters maßgebend wären. Das Strafmaß ist das gleiche wie in § 58 Abs. 2 und § 56 Abs. 2.

§ 60 Zuständige Verwaltungsbehörde und Verjährung

(1) Verwaltungsbehörde im Sinne des § 73 des Gesetzes über Ordnungswidrigkeiten ist das Bundesaufsichtsamt für das Kreditwesen. Es entscheidet auch über die Abänderung und Aufhebung eines rechtskräftigen, gerichtlich nicht nachgeprüften Bußgeldbescheides (§ 66 Abs. 2 des Gesetzes über Ordnungswidrigkeiten).

(2) Die Verfolgung von Ordnungswidrigkeiten im Sinne dieses Gesetzes verjährt in zwei Jahren.

Für die Ahndung und Verfolgung von Ordnungswidrigkeiten i. S. der §§ 56, 58 und 59 KWG soll das Bundesaufsichtsamt selbst zuständig sein, nicht etwa die „fachlich zuständige oberste Landesbehörde", wie § 73 des Gesetzes über Ordnungswidrigkeiten bestimmt. Abs. 1 S. 2 stellt ferner klar, daß das Bundesaufsichtsamt (und nicht die oberste Landesbehörde) i. S. von § 66 Abs. 2 des Gesetzes über Ordnungswidrigkeiten über die Abänderung und Aufhebung eines rechtskräftigen, gerichtlich nicht nachgeprüften Bußgeldbescheides bestimmt.

Die Verfolgung von Ordnungswidrigkeiten verjährt nicht bereits, wie § 14 S. 1 des Gesetzes über Ordnungswidrigkeiten sagt, nach sechs Monaten, sondern erst in zwei Jahren, Abs. 2. Dagegen bleibt es bei einer zweijährigen Vollstreckungsverjährung, § 14 S. 2 des Gesetzes über Ordnungswidrigkeiten. Im übrigen gelten neben § 14 S. 3 des Gesetzes über Ordnungswidrigkeiten (Unterbrechung der Verjährung) die Bestimmungen der §§ 66 ff. StGB über die Verfolgungs- und die Vollstreckungsverjährung entsprechend.

SECHSTER ABSCHNITT

Übergangs- und Schlußvorschriften

§ 61 Erlaubnis für bestehende Kreditinstitute

Soweit ein Kreditinstitut bei Inkrafttreten dieses Gesetzes Bankgeschäfte in dem in § 1 Abs. 1 bezeichneten Umfang betreiben durfte, gilt die Erlaubnis nach § 32 als erteilt. Die in § 35 Abs. 1 genannte Frist beginnt mit dem Inkrafttreten dieses Gesetzes zu laufen.

(1) § 61 fingiert eine Erlaubniserteilung i. S. von § 32 für Kreditinstitute, die bereits nach § 3 KWG 1934/1939 eine Erlaubnis zum Betreiben von Bankgeschäften erhalten hatten oder die nach § 50 KWG 1934/1939 keiner Erlaubnis bedurften, weil sie bereits am 1. I. 1935 (§ 55 KWG 1934) ihren Geschäftsbetrieb eröffnet hatten. Soweit eine Erlaubnis nicht ausdrücklich beschränkt worden ist, gilt eine Vollkonzession als erteilt. Für Kapitalanlagegesellschaften fingiert § 24 Abs. 2 S. 2 KAGG eine Erlaubniserteilung i. S. von § 2 KAGG, wenn die Gesellschaften vor dem 17. IV. 1957 ihren Geschäftsbetrieb aufgenommen hatten. Auch diese fingierten Konzessionen „gelten" als Erlaubnisse des Bundesaufsichtsamts i. S. von § 32 KWG auf Grund der Fiktion des § 61 KWG.

(2) Die Fiktion bewirkt die Anwendbarkeit grundsätzlich aller Normen des KWG auf Kreditinstitute, die vor dem 1. I. 1962 tätig waren. Eine Ausnahme ist hinsichtlich des Kennzeichenschutzes zu beachten. Hier „gilt" die Erlaubnis nicht als erteilt, weil sonst § 39 Abs. 1 Ziff. 2 bereits mit dem Tatbestand des § 39 Abs. 1 Ziff. 1 umschrieben und deshalb überflüssig wäre; ebenso zum Teil § 40 Abs. 1 Ziff. 2 im Verhältnis zu § 40 Abs. 1 Ziff. 1. Vgl. dazu oben Anm. 5 und 6 zu § 39 und Anm. 2—4 zu § 40.

(3) „Die fingierte Erlaubnis kann nach § 35 erlöschen oder zurückgenommen werden. Satz 2 stellt im Interesse der Rechtssicherheit klar, daß der Zeitpunkt, in dem die Fiktion wirksam wird, für den Beginn der Frist des § 35 Abs. 1 maßgebend ist" (Begr. der Regierungsvorlage zu § 61 = § 59 des Entwurfs). Das heißt, daß die Erlaubnis, die vor dem 1. I. 1962 erteilt wurde, erlischt, wenn von ihr nicht bis zum 31. XII. 1962 Gebrauch gemacht wird (vgl. oben Anm. 1 zu § 35).

§ 62 Überleitungsbestimmungen

(1) Die auf dem Gebiet des Kreditwesens bestehenden Rechtsvorschriften sowie die auf Grund der bisherigen Rechtsvorschriften erlassenen Anord-

nungen bleiben aufrechterhalten, soweit ihnen nicht Bestimmungen dieses Gesetzes entgegenstehen. Rechtsvorschriften, die für die geschäftliche Betätigung bestimmter Arten von Kreditinstituten weitergehende Anforderungen stellen als dieses Gesetz, bleiben unberührt.

(2) Aufgaben und Befugnisse, die in Rechtsvorschriften des Bundes der Bankaufsichtsbehörde zugewiesen sind, gehen auf das Bundesaufsichtsamt über.

(3) Die Zuständigkeiten der Länder für die Anerkennung als verlagertes Geldinstitut nach der Fünfunddreißigsten Durchführungsverordnung zum Umstellungsgesetz, für die Bestätigung der Umstellungsrechnung und der Altbankenrechnung sowie für die Aufgaben und Befugnisse nach den Wertpapierbereinigungsgesetzen und dem Bereinigungsgesetz für deutsche Auslandsbonds bleiben unberührt.

(4) Die Vorschriften der §§ 10 bis 38, 45, 46 und 51 Abs. 1 sind auf Kreditinstitute, die Geschäfte im Sinne des § 1 Abs. 1 Satz 2 Nr. 7 betreiben, hinsichtlich der Verpflichtungen nicht anzuwenden, die sich auf vor Inkrafttreten dieses Gesetzes begründete Darlehensforderungen beziehen, wenn deren Abtretung und Rückerwerb durch das Kreditinstitut von vornherein vorgesehen war. Dies gilt nicht, wenn das Kreditinstitut die bei Inkrafttreten dieses Gesetzes bestehenden Vorkehrungen, die die Erfüllung seiner Verpflichtungen sichern sollen, zum Nachteil der Gläubiger wesentlich ändert.

(5) Die Vorschriften dieses Gesetzes gelten nicht für die Deutsche Reichsbank und die Deutsche Golddiskontbank. Die Konversionskasse für deutsche Auslandsschulden und die Deutsche Verrechnungskasse sind nicht Kreditinstitute im Sinne dieses Gesetzes.

1. Die Weitergeltung der auf dem Gebiete des Kreditwesens bestehenden Rechtsvorschriften und Anordnungen (Abs. 1 S. 1)

Auf Grund des KWG 1934/1939 sind zahlreiche Rechtsvorschriften und (1) Anordnungen der Bankaufsichtsbehörden ergangen. „Im Interesse der Kontinuität der Bankenaufsicht hält § 62 Abs. 1 S. 1 diese Vorschriften ungeachtet der Aufhebung des geltenden Kreditwesengesetzes aufrecht, soweit sie dem neuen Gesetz nicht widersprechen. Dies gilt u. a. für die auf Grund von § 36 des bisherigen Gesetzes erlassenen Anordnungen der Bankaufsichtsbehörden über die Soll- und Habenzinsen sowie über den Wettbewerb der Kreditinstitute" (Begründung BT-Wirtschaftsausschuß zu § 62 = § 60 des Entwurfs). Ungültig sind dagegen insbesondere die durch § 63 ausdrücklich aufgehobenen Gesetze und Verordnungen. Soweit Anordnungen den Bestimmungen des KWG 1961 widersprechen, werden sie stillschweigend abrogiert.

II. Die Weitergeltung von Sondergesetzen (Abs. 1 S. 2)

(2)   Abs. 1 S. 2 stellt klar, daß weitergehende Vorschriften in bundes- und
landesrechtlichen Sondergesetzen, die für bestimmte Kreditinstitute, z. B.
für Sparkassen, Hypothekenbanken, Schiffspfandbriefbanken, Kapitalanlagegesellschaften usw., besondere Anforderungen aufstellen, unberührt
bleiben. Vgl. auch oben Anm. 1 und 2 zu § 52. Soweit also Sondervorschriften für bestimmte Kreditinstitute die gleichen Materien regeln wie
das KWG, sind die KWG-Bestimmungen Mindestanforderungen; Bundes-
und Landesrecht, das für bestimmte Arten von Kreditinstituten schärfere
Vorschriften aufstellt, geht dem KWG vor. Abs. 1 S. 2 bekräftigt damit
den allgemeinen Rechtsanwendungsgrundsatz: lex posterior generalis non
derogat legi priori speciali.

III. Die Kompetenzverteilung zwischen Bund und Ländern (Abs. 2 und 3)

(3)   Das Bundesaufsichtsamt übernimmt nach § 62 Abs. 2 die in Rechtsvorschriften des Bundes, z. B. die in § 2 KAGG den Bankaufsichtsbehörden
der Länder übertragenen Aufgaben und Befugnisse. Bankaufsichtsfremde
Aufgaben, z. B. die Funktionen nach den Vorschriften über die Wert-
papierbereinigung, und auslaufende Aufgaben, die bisher von den Bankaufsichtsbehörden der Länder ausgeübt worden sind, bleiben weiterhin in
der Zuständigkeit der Länder, „weil sie im Zusammenhang mit der Zu-
teilung von Ausgleichsforderungen die finanziellen Interessen der Länder
berühren" (Begr. der Regierungsvorlage zu § 62 = § 60 des Entwurfs).

IV. Ausnahmen für Revolvinggeschäfte des Systems „7 — M" (Abs. 4)

(4)   „Die durch § 1 Abs. 1 Satz 2 Nr. 7 zu Bankgeschäften erklärten Geschäfte — eine bestimmte Art der sogenannten Revolvinggeschäfte —
unterlagen bisher nicht dem KWG. Aus Gründen der Rechtssicherheit und
der Billigkeit ist es deshalb geboten, den Altbestand dieser Geschäfte, die
für den Rest ihrer Laufzeit weiterbetrieben werden müssen, von den
materiellen Anforderungen des Gesetzes, insbesondere den Eigenkapital-
und Liquiditätserfordernissen der §§ 10 und 11, freizustellen. Abs. 4
stellt dies klar, macht aber die Freistellung davon abhängig, daß die zur
Sicherung der Verpflichtungen getroffenen Vorkehrungen nicht zum Nachteil der Gläubiger verändert werden. Eine solche Sicherheitsvorkehrung
besteht bei dem einzigen Institut, das derartige Geschäfte bisher betrieben
hat, in der Ansammlung einer sogenannten Zinsreserve, die dazu bestimmt ist, bei steigender Zinstendenz zur Gewährung marktgerechter
Zinssätze an die Geldgeber verwendet zu werden. Der Ausschuß geht davon aus, daß ein solcher Einsatz der Zinsreserve nicht als „Veränderung"
im Sinne des Absatzes 4 Satz 2 anzusehen ist und daß unter dem Begriff

„Gläubiger" die Gläubiger der Verpflichtungserklärung zu verstehen sind"
(Begr. BT-Wirtschaftsausschuß zu § 62 = § 60 des Entwurfs). Vgl. auch
oben Anm. 44 zu § 1.

V. Ausnahmen für die Deutsche Reichsbank, die Deutsche Golddiskontbank, die Konversionskasse für deutsche Auslandsschulden und die Deutsche Verrechnungskasse (Abs. 5)

Bereits § 2 Abs. 1 KWG 1939 hatte die Deutsche Reichsbank und die **(5)**
Deutsche Golddiskontbank von der Herrschaft des KWG freigestellt. Abs. 5
S. 1 bestimmt, daß auch die Vorschriften des KWG 1961 auf diese Institute
keine Anwendung finden. Die Deutsche Reichsbank und die Deutsche Golddiskontbank befinden sich in Abwicklung, vgl. Gesetz über die Liquidation
der Deutschen Reichsbank und der Deutschen Golddiskontbank vom
2. VIII. 1961 (BGBl I 1165). Ähnliches gilt für die Konversionskasse für
deutsche Auslandsschulden und für die Deutsche Verrechnungskasse, beides Tochtergesellschaften der Deutschen Reichsbank, über deren Auflösung nicht der Gesetzgeber, sondern die Bundesregierung zu entscheiden
hat (vgl. auch Obst-Hintner S. 231; ferner § 7 Abs. 1 der Satzung der
Konversionskasse für Deutsche Auslandsschulden vom 3. V. 1954, Salzmann-Eibl Nr. 557 a; Gesetz zur Bereinigung der auf Reichsmark lauten-
den Wertpapiere der Konversionskasse für deutsche Auslandsschulden
vom 5. III. 1955, BGBl I 86; Verwaltungsvereinbarung vom 27. XI./
11. XII. 1956 über die Ausübung gewisser Befugnisse gegenüber der Deutschen Verrechnungskasse in Berlin, BAnz 1957 Nr. 64).

§ 63 Aufhebung und Änderung von Rechtsvorschriften

(1) Folgende Vorschriften werden aufgehoben:

1. *das Gesetz über das Kreditwesen vom 25. September 1939 (Reichsgesetzbl. I S. 1955);*

2. *die Verordnung zur Änderung des Gesetzes über das Kreditwesen
   vom 23. Juli 1940 (Reichsgesetzbl. I S. 1047);*

3. *die Verordnung zur Änderung des Gesetzes über das Kreditwesen
   vom 18. September 1944 (Reichsgesetzbl. I S. 211);*

4. *Die Erste Verordnung zur Durchführung und Ergänzung des Reichsgesetzes über das Kreditwesen vom 9. Februar 1935 (Reichsgesetzbl. I
   S. 205);*

5. *die Zweite Verordnung zur Durchführung und Ergänzung des Reichsgesetzes über das Kreditwesen vom 27. Juli 1935 (Reichsgesetzbl. I
   S. 1050);*

6. die Dritte Verordnung zur Durchführung und Ergänzung des Reichsgesetzes über das Kreditwesen vom 30. Juni 1936 (Reichsgesetzbl. I S. 540);

7. die Vierte Verordnung zur Durchführung und Ergänzung des Reichsgesetzes über das Kreditwesen — Werksparkassen — vom 31. Mai 1937 (Reichsgesetzbl. I S. 608);

8. die Fünfte Verordnung zur Durchführung und Ergänzung des Gesetzes über das Kreditwesen vom 9. Mai 1940 (Reichsgesetzbl. I S. 768);

9. § 3 der Verordnung des Reichspräsidenten über die Spar- und Girokassen sowie die kommunalen Giroverbände und kommunalen Kreditinstitute vom 5. August 1931 (Reichsgesetzbl. I S. 429);

10. § 5 Abs. 2 bis 4, § 9 des Artikels 1 und § 2 des Artikels 2 des Fünften Teils Kapitel I der Dritten Verordnung des Reichspräsidenten zur Sicherung von Wirtschaft und Finanzen und zur Bekämpfung politischer Ausschreitungen vom 6. Oktober 1931 (Reichsgesetzbl. I S. 537);

11. das Gesetz über Zwecksparunternehmungen vom 17. Mai 1933 (Reichsgesetzbl. I S. 269);

12. die Durchführungs- und Ergänzungsverordnung über Zwecksparunternehmungen vom 2. Juni 1933 (Reichsgesetzbl. I S. 351);

13. die Zweite Durchführungs- und Ergänzungsverordnung über Zwecksparunternehmungen vom 10. Oktober 1933 (Reichsgesetzbl. I S. 725);

14. die Dritte Durchführungs- und Ergänzungsverordnung über Zwecksparunternehmungen vom 28. Mai 1934 (Reichsgesetzbl. I S. 465);

15. das Gesetz über die Auflösung der Zwecksparunternehmungen vom 13. Dezember 1935 (Reichsgesetzbl. I S. 1457);

16. die Verordnung zur Durchführung und Ergänzung des Gesetzes über die Auflösung der Zwecksparunternehmungen vom 12. März 1936 (Reichsgesetzbl. I S. 162);

17. die Durchführungs- und Ergänzungsverordnung zum Gesetz über die Auflösung der Zwecksparunternehmungen vom 18. Dezember 1936 (Reichsgesetzbl. I S. 1121);

18. das Gesetz gegen Mißbrauch des bargeldlosen Zahlungsverkehrs vom 3. Juli 1934 (Reichsgesetzbl. I S. 593);

19. die Verordnung über die Börsen-, Hypothekenbank- und Schiffspfandbriefbankaufsicht vom 28. September 1934 (Reichsgesetzbl. I S. 863);

20. das Gesetz über Staatsbanken vom 18. Oktober 1935 (Reichsgesetzbl. I S. 1247);

21. Artikel 2 des Gesetzes über die Prüfung von Jahresabschlüssen vom 3. Juni 1937 (Reichsgesetzbl. I S. 607);

22. die Verordnung über die Prüfung der Jahresabschlüsse von Kreditinstituten vom 7. Juli 1937 (Reichsgesetzbl. I S. 763);

23. die Verordnung über Maßnahmen auf dem Gebiete des Bank- und Sparkassenwesens vom 5. Dezember 1939 (Reichsgesetzbl. I S. 2413);

24. die Verordnung zur Änderung der Verordnung über Maßnahmen auf dem Gebiete des Bank- und Sparkassenwesens vom 31. Dezember 1940 (Reichsgesetzbl. 1941 I S. 19);

im Land Bayern:

25. das Gesetz Nr. 54 über das Kreditwesen vom 27. September 1946 (Bayerisches Gesetz- und Verordnungsblatt 1947 Nr. 1 S. 11);

im Land Bremen:

26. die Anordnung des Präsidenten des Senats betreffend Übernahme der Befugnisse nach dem Reichsgesetz über das Kreditwesen auf Organe des Landes Bremen vom 21. Februar 1947 (Gesetzblatt der Freien Hansestadt Bremen Nr. 7 S. 41);

im Land Hamburg:

27. die Verordnung zur Durchführung des Gesetzes über das Kreditwesen (Anzeigepflichtverordnung) vom 23. Dezember 1952 (Hamburgisches Gesetz- und Verordnungsblatt I S. 283) mit den Änderungen vom 23. September 1958 (I S. 357) und 5. April 1960 (I S. 309);

im ehemaligen Land Württemberg-Baden:

28. das Gesetz Nr. 50 über die Beaufsichtigung von Kreditinstituten vom 31. Januar 1946 (Regierungsblatt der Regierung Württemberg-Baden Nr. 5 S. 41 und Amtsblatt des Landesbezirks Baden Nr. 8 Sp. 146);

29. die Verordnung Nr. 546 des Finanzministeriums zur Durchführung des Gesetzes Nr. 50 über die Beaufsichtigung von Kreditinstituten vom 3. November 1949 (Regierungsblatt der Regierung Württemberg-Baden Nr. 25 S. 220 und Amtsblatt des Landesbezirks Baden Nr. 26 Sp. 660);

30. die Verordnung Nr. 53 des Finanzministeriums über die Regelung der Verzinsung von Kundenguthaben bei Kreditinstituten vom 15. Februar 1946 (Regierungsblatt der Regierung Württemberg-Baden Nr. 10 S. 154 und Amtsblatt des Landesbezirks Baden Nr. 11 Sp. 243);

31. die Verordnung Nr. 525 des Finanzministeriums über die Regelung der Verzinsung von Kundenguthaben bei Kreditinstituten vom 2. Juli 1948 (Regierungsblatt der Regierung Württemberg-Baden Nr. 13 S. 96 und Amtsblatt des Landesbezirks Baden Nr. 17 Sp. 294);

im ehemaligen Land Württemberg-Hohenzollern:

32. Die Rechtsanordnung über Änderungen auf dem Gebiet des Kreditwesens vom 12. März 1946 (Amtsblatt des Staatssekretariats für das französisch besetzte Gebiet Württembergs und Hohenzollerns Nr. 3 S. 23);

33. die Rechtsanordnung über die Beaufsichtigung von Kreditinstituten vom 12. März 1946 (Amtsblatt des Staatssekretariats für das französisch besetzte Gebiet Württembergs und Hohenzollerns Nr. 3 S. 23);

34. die Verordnung des Finanzministeriums über die Wiedereinführung der regelmäßigen Depotprüfungen bei den Kreditinstituten vom 1. Juni 1949 (Regierungsblatt für das Land Württemberg-Hohenzollern S. 342);
im ehemaligen Land Baden:

35. die Rechtsanordnung über die Beaufsichtigung von Kreditinstituten vom 4. September 1946 (Amtsblatt der Landesverwaltung Baden — Französisches Besatzungsgebiet — Nr. 17 S. 105).

(2) § 9 der Fünfunddreißigsten Durchführungsverordnung zum Umstellungsgesetz wird dahin geändert, daß in Absatz 1 Satz 1 und Absatz 4 an die Stelle der Worte „die Bank deutscher Länder" die Worte „das Bundesaufsichtsamt für das Kreditwesen" treten und in Absatz 1 Satz 2 die Worte „der Bank deutscher Länder" durch die Worte „des Bundesaufsichtsamtes für das Kreditwesen" ersetzt werden.

(3) Dem § 16 Abs. 1 des Gesetzes über die Deutsche Bundesbank vom 26. Juli 1957 (Bundesgesetzbl. I S. 745) wird folgender Satz 4 angefügt: „Als eine Verbindlichkeit aus Sichteinlagen im Sinne des Satzes 1 gilt bei einem Kreditinstitut im Sinne des § 53 des Gesetzes über das Kreditwesen auch ein passiver Verrechnungssaldo."

„§ 63 dient der Gesetzesbereinigung. Zu Abs. 1 ist folgendes zu bemerken: In Nr. 1 bis 8 werden das bisher geltende Kreditwesengesetz und die zu seiner Änderung, Ergänzung und Durchführung erlassenen Verordnungen aufgehoben. Nr. 9 betrifft das gegenstandslos gewordene Kommunalkreditverbot, Nr. 10 die Vorschriften über den besonderen Liquiditätszug der Sparkassen, die durch § 11 und die künftig hierzu ergehenden Grundsätze ersetzt werden. Nr. 11 bis 17 sind durch § 3 Nr. 2, Nr. 18 durch § 3 Nr. 3 ersetzt. Nr. 19, 20, 23 und 24 heben gegenstandslos gewordene Vorschriften auf. Da die Prüfung des Jahresabschlusses der Kreditinstitute durch die §§ 27 bis 29 des KWG geregelt wird, mußten die alten Vorschriften in Nr. 21 und 22 aufgehoben werden. Die Überführung der Bankenaufsicht auf den Bund macht die bisherigen landesrechtlichen Sondervorschriften, die nach Art. 125 Nr. 2 GG partielles Bundesrecht geworden sind, entbehrlich. Sie waren deshalb in Nr. 25 bis 35 aufzuheben.

Die Bestellung und Überwachung von Treuhändern für die Vermögenswerte von Kreditinstituten, die ihren Sitz am 21. Juni 1948 außerhalb des Bundesgebietes oder Berlins (West) hatten, ist eine Aufgabe von bankaufsichtlichem Charakter. Nach § 9 der 35. Durchführungsverordnung zum Umstellungsgesetz wurde sie bisher von der Deutschen Bundesbank ausgeübt. Abs. 2 überträgt sie auf das Bundesaufsichtsamt.

Die Sonderbehandlung, die inländische Zweigstellen ausländischer Kreditinstitute erfahren (vgl. hierzu § 53), macht es unter währungspolitischen Gesichtspunkten notwendig, sie hinsichtlich der Mindestreservepflicht selbständigen Tochterunternehmen ausländischer Kreditinstitute gleichzustellen. Der Ausschuß hat es deshalb für notwendig gehalten, den § 16 des Bundesbankgesetzes dahin zu ergänzen, daß als Verbindlichkeit aus Sichteinlagen bei inländischen Zweigstellen ausländischer Kreditinstitute ein passiver Verrechnungssaldo gilt. Ein solcher Verrechnungssaldo entspricht einer Einlage des ausländischen Mutterinsstituts bei einem inländischen Tochterunternehmen, die mindestreservepflichtig wäre" (Begr. BT-Wirtschaftsausschuß zu § 63 = § 61 des Entwurfs).

Vgl. auch Begr. der Regierungsvorlage zu § 63 = § 61 des Entwurfs. Zu Abs. 1 Ziff. 10 vgl. oben Anm. 2 zu § 11. Zu Abs. 1 Ziff. 11—17 vgl. oben Anm. 4 zu § 3. Zu Abs. 1 Ziff. 18 vgl. Anm. 6 zu § 3. Zu Abs. 1 Ziff. 21 und 22 vgl. Anm. 5 zu § 27.

§ 64 Berlin-Klausel

Dieses Gesetz gilt nach § 13 Abs. 1 des Dritten Überleitungsgesetzes vom 4. Januar 1952 (Bundesgesetzbl. I S. 1) auch im Land Berlin mit der Maßgabe, daß § 35 Abs. 2 Nr. 2 nicht auf solche Berliner Altbanken anzuwenden ist, die nicht zum Neugeschäft zugelassen sind. Rechtsverordnungen, die auf Grund dieses Gesetzes erlassen werden, gelten im Land Berlin nach § 14 des Dritten Überleitungsgesetzes.

§ 13 Abs. 1 des Dritten Überleitungsgesetzes vom 4. I. 1952 (BGBl I 1) **(1)** lautet: „Sonstiges Bundesrecht, das für den übrigen Geltungsbereich des Grundgesetzes gleichzeitig mit oder nach dem Inkrafttreten dieses Gesetzes verkündet wird und dessen Geltung im Gebiet des Landes Berlin ausdrücklich bestimmt ist, wird im Land Berlin binnen eines Monats nach seiner Verkündung im Bundesgesetzblatt oder im Bundesanzeiger gemäß Art. 87 Abs. 2 der Verfassung von Berlin in Kraft gesetzt." Art. 87 Abs. 2 der Verfassung von Groß-Berlin vom 1. IX. 1950 (VOBl Berlin I 433) lautet: „In der Übergangszeit kann das Abgeordnetenhaus durch Gesetz feststellen, daß ein Gesetz der Bundesrepublik Deutschland unverändert auch in Berlin Anwendung findet."

Das KWG wurde in Berlin durch ein Gesetz vom 18. VII. 1961 (GVBl S. 976) übernommen. Das Gesetz hat folgenden Wortlaut:

Artikel I

Das Gesetz über das Kreditwesen vom 10. VII. 1961 (BGBl I S. 881) — Anlage — findet in Berlin Anwendung.

Artikel II

Der Wortlaut von Rechtsverordnungen, die auf Grund des in Artikel I genannten Gesetzes erlassen werden, wird im Gesetz- und Verordnungs-

*blatt für Berlin, der Wortlaut von Verwaltungsvorschriften im Amtsblatt
für Berlin von dem zuständigen Mitglied des Senats veröffentlicht.*

Artikel III

Dieses Gesetz mit der Anlage tritt am 1. I. 1962 in Kraft.

Das vorstehende Gesetz wird hiermit verkündet.

Der Regierende Bürgermeister
B r a n d t

A n l a g e
(BGBl I S. 881)

(2) „Die Vorschrift regelt auch eine Sonderfrage der Berliner Altbanken. Die
Erlaubnis dieser Institute ist zwar nicht erloschen. Ihr Geschäft ruht jedoch, soweit sie nicht nach dem Berliner Altbankengesetz zum Neugeschäft zugelassen sind. Da dieses Ruhen nicht von dem Willen der Institute abhängt, muß für sie die Rücknahme der Erlaubnis nach § 35 Abs. 2
Nr. 2 ausgeschlossen werden" (Begr. der Regierungsvorlage zu § 64 =
§ 62 des Entwurfs).

(3) Im übrigen ist der räumliche Geltungsbereich des Kreditwesengesetzes
gleich dem des Grundgesetzes. Das KWG gilt insbesondere auch im Saar-
land. Nach der vollen wirtschaftlichen Eingliederung des Saarlandes in
die Bundesrepublik ab 1. I. 1960 (vgl. Art. 3 des Saarvertrages zwischen
der französischen Republik und der Bundesrepublik Deutschland vom
27. VIII. 1956, BGBl II 1587) ist die in § 63 des Regierungsentwurfes vorgesehene Saarklausel gegenstandslos geworden. Sie wurde gestrichen.

§ 65 Inkrafttreten

Dieses Gesetz tritt am 1. Januar 1962 in Kraft.

Die verfassungsmäßigen Rechte des Bundesrates sind gewahrt.

Das vorstehende Gesetz wird hiermit verkündet.

Bonn, den 10. Juli 1961

Der Bundespräsident
L ü b k e

Der Stellvertreter des Bundeskanzlers
L u d w i g   E r h a r d

Der Bundesminister für Wirtschaft
L u d w i g   E r h a r d

Abkürzungsverzeichnis

aaO.	am angegebenen Ort
ADHGB	Allgemeines Deutsches Handelsgesetzbuch vom 31. V. 1861 / 16. IV. 1871 (RGBl S. 63)
AGB	Allgemeine Geschäftsbedingungen; ohne näheren Zusatz: Allgemeine Geschäftsbedingungen der Banken für den Verkehr mit Nichtbankierkunden vom Dezember 1942 (RAnz. 7. XI. 1942) bzw. vom Mai 1948
AktG	Gesetz über Aktiengesellschaften und Kommanditgesellschaften auf Aktien vom 30. I. 1937 (RGBl I S. 107)
a. M.	anderer Meinung
AO	Reichsabgabenordnung vom 22. V. 1931 (RGBl I 161, unter Berücksichtigung aller ergangenen Änderungen)
BankA	Bank-Archiv, Zeitschrift für Bank- und Börsenwesen
BAnz	Bundesanzeiger, Bonn
BB	Der Betriebs-Berater, Zehntagedienst für Wirtschafts-, Steuer- und Sozialrecht, Heidelberg
BBG	Bundesbeamtengesetz i. d. F. vom 1. X. 1961 (BGBl I 1801)
BFH	Bundesfinanzhof
BGB	Bürgerliches Gesetzbuch vom 16. VIII. 1896 (RGBl S. 195, unter Berücksichtigung aller ergangenen Änderungen)
BGBl	Bundesgesetzblatt, Bonn
BGH	Bundesgerichtshof, Entscheidungen in Zivilsachen
Begr. Regierungsvorlage	Begründung zum Regierungsentwurf eines Gesetzes über das Kreditwesen 1959, BR-Drucks. 50/59, BT-Drucks. 3. Wahlp. 1114
Begr. BT-Wirtschaftsausschuß	Begründung der Beschlüsse des Wirtschaftsausschusses des Bundestages im Bericht des Abgeordneten Ruland, zu BT-Drucks. 2563, 3. Wahlp.
BetrVG	Betriebsverfassungsgesetz vom 11. X. 1952, BGBl I 681
BörsG	Börsengesetz vom 22. VI. 1896 (RGBl S. 157, unter Berücksichtigung aller ergangenen Änderungen)
BR	Bundesrat
BR-Stellgn	Stellungnahme des Bundesrats zum Regierungsentwurf eines KWG, BT-Drucks 3. Wahlp. 1114
BReg-Stellgn	Stellungnahme der Bundesregierung zu den Einwendungen des Bundesrats, BT-Drucks. 3. Wahlp. 1114
BT	Bundestag
DBBG	Gesetz über die Deutsche Bundesbank vom 26. VII. 1957 (BGBl I 745) mit der Änderung des Gesetzes vom 30. VI. 1959 (BGBl I 313)

DepG   Gesetz über die Verwahrung und Anschaffung von Wertpapieren
                vom 4. II. 1937 (RGBl I 171)

DJ   Deutsche Justiz, Berlin

DJZ   Deutsche Juristenzeitung

EG   Einführungsgesetz

EStG   Einkommensteuergesetz i .d. F. vom 15. VIII. 1961 (BGBl I 1253)

FAZ   Frankfurter Allgemeine Zeitung

FGG   Gesetz über die Angelegenheiten der freiwilligen Gerichtsbarkeit
                vom 17. V. 1898 (RGBl I 98)

GmbHG   Gesetz betreffend die Gesellschaften mit beschränkter Haftung
                vom 20. VI. 1892 (RGBl 477)

GenG   Gesetz betreffend die Erwerbs- und Wirtschaftsgenossenschaften
                vom 1. V. 1889 (RGBl S. 55)

GewO   Gewerbeordnung vom 21. VI. 1869 i. d. F. der Bekanntmachung
                vom 27. IV. 1954 (BGBl I 112, und aller seither ergangenen Ände-
                rungen)

GG   Grundgesetz für die Bundesrepublik Deutschland vom 23. V. 1949
                (BGBl 1)

GVG   Gerichtsverfassungsgesetz vom 27. I. 1877 (RGBl 41) i. d. F. der
                Bekanntmachung vom 12. IX. 1950 (BGBl 513)

HGB   Handelsgesetzbuch vom 10. V. 1897 (RGBl S. 219)

HypBG   Hypothekenbankgesetz vom 13. 7. 1899 (RGBl S. 375) i. d. F. der
                Bekanntmachung vom 29. III. 1930 (RGBl I 108)

i. d. F.   in der Fassung

JFG   Jahrbuch für Entscheidungen in Angelegenheiten der freiwilligen
                Gerichtsbarkeit und des Grundbuchrechts, begr. v. Ring

JW   Juristische Wochenschrift

KAGG   Gesetz über Kapitalanlagegesellschaften vom 16. IV. 1957
                (BGBl I 378)

KfWG   Gesetz über die Kreditanstalt für Wiederaufbau i. d. F. vom 22. I.
                1952 (BGBl I 65)

KG   Kammergericht

KGJ   Jahrbuch der Entscheidungen des Kammergerichts in Sachen der
                freiwilligen Gerichtsbarkeit

KO   Konkursordnung vom 10. II. 1877 (RGBl 351, unter Berücksichti-
                gung aller ergangenen Änderungen)

KVStG   Kapitalverkehrsteuergesetz i. d. F. vom 24. VII. 1959 (BGBl I 530)

KWG   Gesetz über das Kreditwesen vom 10. VII. 1961 (BGBl I 881)

KWG 1939   Gesetz über das Kreditwesen vom 25. IX. 1939 (RGBl I 1955)

KWG 1934	Gesetz über das Kreditwesen vom 5. XII. 1934 (RGBl I 1203)
LZ	Leipziger Zeitschrift für Deutsches Recht
MDR	Monatsschrift für Deutsches Recht
NJW	Neue Juristische Wochenschrift
OLG	Oberlandesgericht; ohne nähere Quellenangabe: Band und Seite der „Rechtsprechung der Oberlandesgerichte auf dem Gebiete des Zivilrechts", herausgegeben von Mugdan und Falkmann
OVG	Oberverwaltungsgericht
RAnz	Reichsanzeiger
RArbG	Reichsarbeitsgericht; ohne nähere Quellenangabe: Band und Seite der amtlichen Entscheidungssammlung des Reichsarbeitsgerichts
RFH	Reichsfinanzhof
RG	Reichsgericht
RGBl	Reichsgesetzblatt
RGSt	Entscheidungen des Reichsgerichts in Strafsachen
RJA	Reichsjustizamt, Entscheidungssammlung in Angelegenheiten der freiwilligen Gerichtsbarkeit und des Grundbuchrechts, zusammengestellt im Reichsjustizamt
RStBl	Reichssteuerblatt
ScheckG	Scheckgesetz vom 14. VIII. 1933 (RGBl I 597)
StGB	Strafgesetzbuch vom 15. V. 1871 (RGBl 127) i. d. F. der Bekanntmachung vom 25. VIII. 1953 (BGBl I 1083)
str.	streitig
VAG	Gesetz über die Beaufsichtigung der privaten Versicherungsunternehmungen und Bausparkassen vom 6. VI. 1931 (RGBl I 315)
VwGO	Verwaltungsgerichtsordnung vom 21. I. 1960 (BGBl I 17)
VwVG	Verwaltungsvollstreckungsgesetz vom 27. IV. 1953 (BGBl I 157)
WG	Wechselgesetz vom 21. VI. 1933 (RGBl I 399)
WiGBl	Gesetzblatt der Verwaltung des Vereinigten Wirtschaftsgebietes
ZfB	Zeitschrift für Betriebswirtschaft
ZfK	Zeitschrift für das gesamte Kreditwesen
ZPO	Zivilprozeßordnung vom 30. I. 1877 (RGBl S. 83) i. d. F. der Bekanntmachung vom 12. IX. 1950 (RGBl 533)

Literaturverzeichnis

A. Bücher

Baumbach-Duden, Kommentar zum Handelsgesetzbuch, 14. Aufl., München und Berlin 1961

Carell, Währungspolitik, Kreditwirtschaft und Revolvingsystem, München 1960

Consbruch-Möller, Gesetz über das Kreditwesen, Textsammlung, 3. Aufl., München und Berlin 1958

Ennecerus-Wolff-Raiser, Lehrbuch des Sachenrechts, 10. Aufl., Tübingen 1957

Esch-Oberbillig, Sparkassenrecht im Lande Rheinland-Pfalz, Loseblatt-Sammlung, Mainz-Gonsenheim 1958

Geisler, R., Notenbankverfassung und Notenbankentwicklung in USA und Westdeutschland, Berlin 1953

Gierke, J. v., Handels- und Schiffahrtsrecht, 8. Aufl., Berlin 1958

Hantelmann, Die Aufsicht des Staates über die Banken nach deutschem Recht, Dissertation Würzburg 1936

Herold, Das Kreditgeschäft der Banken, 14. Aufl., Hamburg 1950

Hofmann, Dermitzel u. a., Handbuch des gesamten Kreditwesens, 6. Aufl., Frankfurt a. M. 1960

Honold, Die Bankenaufsicht, Dissertation Mannheim 1956

Huber, Ernst Rudolf, Wirtschaftsverwaltungsrecht, 2. Aufl., Tübingen 1954

Hueck, Alfred, Recht der Wertpapiere, 8. Aufl., Berlin 1960

Illig, Das Recht der Bayerischen Sparkassen, Loseblatt-Sammlung, Mainz-Gonsenheim 1958

Jonas, Grenzen der Kreditfinanzierung, Wiesbaden 1960

Kantel, Zins- und Wettbewerbsabkommen, Kommentar, Stuttgart 1955

Larenz, Lehrbuch des Schuldrechts, 4. Aufl., München und Berlin 1960

Landmann-Giers-Proksch, Allgemeines Verwaltungsrecht, 2. Aufl., Düsseldorf 1960

Meyer, F. W., Wirtschaftswissenschaftliche Stellungnahme zu der Frage des geschäftlichen Charakters des Finanzierungssystems 7 M der Firma Münemann, München 1960

Milden, Die staatliche Bankenaufsicht im Deutschen Reich, Dissertation Würzburg 1934

Müller, F., Das Reichsgesetz über das Kreditwesen, Berlin 1935

Obst-Hintner, Geld-, Bank- und Börsenwesen, 34. Aufl., Stuttgart 1955

Oeckinghaus, Sparkassenrecht im Lande Nordrhein-Westfalen, Loseblatt-Sammlung, Mainz-Gonsenheim 1958

Opitz, Depotgesetz, 2. Aufl., Berlin 1955
50 depotrechtliche Abhandlungen, Berlin 1954

Palandt, Kommentar zum Bürgerlichen Gesetzbuch, 19. Aufl., München und Berlin 1960

Paulsen, Neue Wirtschaftslehre, 3. Aufl., Berlin und Frankfurt 1958

Pröhl, Reichsgesetz über das Kreditwesen, 2. Aufl., Berlin 1939

Reichardt, Das Gesetz über das Kreditwesen vom 25. Sept. 1939, Berlin 1942

Röpke, Die Lehre von der Wirtschaft, 8. Aufl., Erlenbach bei Zürich und Stuttgart 1958

Rosenberg, Leo, Lehrbuch des deutschen Zivilprozeßrechts, 8. Aufl., Berlin 1960

Salzmann — Eibl, Bankrecht, Sammlung von Gesetzen, Verordnungen usw., Loseblatt-Sammlung, München o. J.

Schlierbach, Kommentar zum Hessischen Sparkassengesetz, Loseblatt-Sammlung, Mainz-Gonsenheim 1958

Staudinger, Kommentar zum Bürgerlichen Gesetzbuch, 11. Aufl., Berlin 1957 ff.

Strub, Das Gesetz über das Kreditwesen, 3. Aufl., Berlin 1941

Tambert, Die Banken und der Staat in Deutschland, Dissertation Köln 1938

Weipert, Reichsgerichtsrätekommentar zum Handelsgesetzbuch, §§ 105—177 und §§ 335—342, 2. Aufl., Berlin 1950

Würdinger, Reichsgerichtsrätekommentar zum Handelsgesetzbuch, §§ 1—104, 2. Aufl., Berlin 1953

Zimmerer, Bankbetriebslehre, Essen 1956

    Bankkostenrechnung, Frankfurt a. M. 1956

    Kompendium der Betriebswirtschaftslehre, 2. Aufl. Düsseldorf 1959

    Kompendium der Volkswirtschaftslehre, Düsseldorf 1960

v. Zwoll, Mindestreserven als Mittel der Geld- und Kreditpolitik, Berlin 1954

Ohne Verf., Handbuch der Teilzahlungswirtschaft, Frankfurt a. M. 1958

B. Aufsätze

Brestel, Die Habenzinsen freigeben, FAZ 15. II. 1960

Bongard W., Das Dilemma der Teilzahlungsbanken, FAZ 20. V. 1959

Consbruch, Fünfundzwanzig Jahre Kreditwesengesetz, FAZ 6. I. 1960

Fleischmann, Warum Bedürfnisprüfung bei Hypothekenbanken?, ZfK 15. VI. 1959
    Nochmals: Die Zulassung von Hypothekenbanken, ZfK 15. I. 1960

Könneke, Revolvingkredite in der deutschen Geld- und Kreditordnung, ZfK 15. XII. 1960
    Neue Entwicklung des Wettbewerbs in der Kreditwirtschaft, Der Volkswirt, 25. XII. 1959

Lembke, Zinsstaffeln — eine unnötige Arbeit, Österreichisches Bankarchiv, September 1960

Meyer, F. W., Weiterhin Zinsdirigismus?, FAZ 14. IV. 1960 und „Wirtschaftspolitische Chronik des Instituts für Wirtschaftspolitik an der Universität Köln“, Heft 2/1960

Peters, Die Zulassung von Hypothekenbanken, ZfK 15. IX. 1960

Reischauer, Die Niederlassung ausländischer Banken in der Bundesrepublik, ZfK, Heft 10/1960 S. 434
    Die Auswirkungen des Kreditwesengesetzes I in: „Anpassung der Unternehmensdispositionen an die aktuelle Währungssituation“, Deutsche Gesellschaft für Betriebswirtschaft, Berlin 1961

Rittershausen, Zinsdirigismus oder wirksame Kreditpolitik?, FAZ 26. IV. 1960

Schreihage, Das Gesetz über das Kreditwesen, Die Bank, Wiesbaden 1952, 1. Band
    Wettbewerb und Wettbewerbsbeschränkung im Kreditwesen, ZfK 1. I. 1960

Schwedt, Wünsche zur Bank-Rationalisierung, ZfK 15. VI. 1958

Tomberg, Die neueste Entwicklung der Bankgesetzgebung im Ausland, Die Bank,
Heft 2, 8. VII. 1936

Veit Hermann, Ist eine zentrale Bankenaufsicht notwendig?, FAZ 16. XII. 1958

Zimmerer, Der Markt für Bankleistungen, Wirtschaft und Wettbewerb, Juni 1957

Einzelfragen der Bank-Rationalisierung, ZfK 1. XII. 1957

Die formelle und die materielle Geltung der Goldenen Bankregel, ZfB,
Dezember 1957

Rationalisierung im Zahlungsverkehr, Der Bankkaufmann, Februar 1958

Investitionssparkassen, ZfK 15. VI. 1958

Warum keine Investitionssparkassen? ZfK 1. X. 1960

Probleme des neuen Kreditwesengesetzes, ZfB, Oktober 1960

Die Auswirkungen des Kreditwesengesetzes II, in: „Anpassung der Unter-
nehmensdispositionen an die aktuelle Währungssituation", Deutsche Gesellschaft für Betriebswirtschaft, Berlin 1961

C. Gesetze und Verordnungen

Anordnung des Ministers für Wirtschaft und Verkehr des Landes Nordrhein-Westfalen, Bankenaufsicht — II/BW — 183 — 23 (1959)

Antrag der FDP an den Deutschen Bundestag: „Entwurf eines Gesetzes zur gleichmäßigen Besteuerung des Sparverkehrs", Bundestagsdrucksache 2857 / 1953

Betriebsverfassungsgesetz vom 11. X. 1952 (BGBl I 681)

Bewertungsgesetz vom 16. X. 1934 (RGBl I 1035) mit allen ergangenen Änderungen

Börsengesetz vom 22. VI. 1896 (RGBl S. 157) mit allen ergangenen Änderungen

Bundesbeamtengesetz i. d. F. vom 1. X. 1961 (BGBl I 1801)

Bundestagsdrucksache 2632 / 3. Wahlperiode (Anrufung des Vermittlungsausschusses)

Bürgerliches Gesetzbuch vom 18. VIII. 1896 (RGBl S. 195)

Durchführungsverordnung zum Bewertungsgesetz vom 2. II. 1935 (RGBl I 81) mit
allen ergangenen Änderungen

Einkommensteuergesetz i. d. F. vom 15. VIII. 1961 (BGBl I 1253)

Entwurf der Kreditrichtsätze der Deutschen Bundesbank nach dem neuesten Stand,
5. VIII. 1960 — nicht veröffentlicht —

Entwurf eines Gesetzes über das Kreditwesen, Bundestagsdrucksache 884 / 3. Wahlperiode und Bundesratsdrucksache 50/59, Bundestagsdrucksache 1114 / 3. Wahlperiode

Gemeinnützigkeitsverordnung vom 24. XII. 1953 (BGBl I 1592)

Gemeinsame Bekanntmachung der Bankenaufsichtsbehörden vom 4. V. 1951 (Min. Bl.
Fin. S. 102)

Gerichtsverfassungsgesetz vom 27. I. 1877 (RGBl S. 41) i. d. F. vom 12. IX. 1950
(BGBl S. 513)

Gesetz betreffend die Erwerbs- und Wirtschaftsgenossenschaften vom 1. V. 1889
(RGBl S. 55) mit allen ergangenen Änderungen

Gesetz betreffend die Gesellschaften mit beschränkter Haftung vom 20. IV. 1892
(RGBl S. 477)

Gesetz betreffend die Industriekreditbank Aktiengesellschaft vom 15. VII. 1951
(BGBl I 447)

Gesetz gegen Mißbrauch des bargeldlosen Zahlungsverkehrs vom 3. VII. 1934
(RGBl I 593)

Gesetz gegen Wettbewerbsbeschränkungen vom 27. VII. 1957 (BGBl I 1081)

Gesetz über Aktiengesellschaften und Kommanditgesellschaften auf Aktien vom 30. I. 1937 (BGBl I 107) mit allen ergangenen Änderungen

Gesetz über den Niederlassungsbereich von Kreditinstituten vom 29. III. 1952 (BGBl I 217) i. d. F. des Gesetzes vom 24. XII. 1956 (BGBl I 1073)

Gesetz über die Angelegenheiten der freiwilligen Gerichtsbarkeit vom 17. V. 1898 (RGBl 198) mit allen ergangenen Änderungen

Gesetz über die Beaufsichtigung der privaten Versicherungsunternehmungen und Bausparkassen vom 6. VI. 1931 (RGBl I 315) mit allen ergangenen Änderungen

Gesetz über die Deutsche Bundesbank vom 26. VII. 1957 (BGBl I 745) mit der Änderung des Gesetzes vom 30. VI. 1959 (BGBl I 313)

Gesetz über die Deutsche Genossenschaftskasse i. d. F. vom 4. IV. 1957 (BGBl I 372)

Gesetz über die Kreditanstalt für Wiederaufbau i. d. F. vom 18. X. 1961 (BGBl I 1877)

Gesetz über die Landwirtschaftliche Rentenbank i. d. F. vom 14. IX. 1953 (BGBl I 1330)

Gesetz über die Lastenausgleichsbank (Bank für Vertriebene und Geschädigte) vom 28. X. 1954 (BGBl I 293)

Gesetz über die Liquidation der Deutschen Reichsbank und der Deutschen Golddiskontbank vom 2. VIII. 1961 (BGBl I 1165) mit Durchführungsverordnung vom 6. VIII. 1961 (BGBl I 1861)

Gesetz über die Statistik für Bundeszwecke vom 3. IX. 1953 (BGBl I 1314)

Gesetz über die Verwahrung und Anschaffung von Wertpapieren (Depotgesetz) vom 4. II. 1937 (RGBl I 171)

Gesetz über Kapitalanlagegesellschaften vom 16. IV. 1957 (BGBl I 378)

Gesetz über Ordnungswidrigkeiten vom 25. III. 1952 (BGBl I 177) i. d. F. der Gesetze vom 26. VII. 1957 (BGBl I 861 und II 713)

Gesetz über Schiffspfandbriefbanken (Schiffsbankgesetz) vom 8. IV. 1946 (RGBl I 241) i. d. F. des Gesetzes vom 18. XII. 1956 (BGBl I 925)

Gesetz zur Übernahme des Gesetzes über das Kreditwesen vom 18. VII. 1961, Gesetz- und Verordnungsblatt für Berlin 1961 S. 976

Gewerbeordnung vom 21. VI. 1869 i. d. F. der Bekanntmachung vom 27. IV. 1954 (BGBl I 112) mit allen ergangenen Änderungen

Gewerbesteuergesetz vom 18. XI. 1958 (BGBl I 754)

Grundgesetz für die Bundesrepublik Deutschland vom 23. V. 1949 (BGBl 1) mit allen ergangenen Änderungen

Handelsgesetzbuch vom 10. V. 1897 (RGBl S. 219)

Hypothekenbankgesetz vom 13. VII. 1899 (RGBl 375) i. d. F. der Bekanntmachung vom 12. IX. 1930 (RGBl I 108) mit allen ergangenen Änderungen

Kapitalverkehrsteuergesetz i. d. F. vom 24. VII. 1959 (BGBl I 530)

Konkursordnung vom 10. II. 1877 (RGBl S. 351) mit allen ergangenen Änderungen
Körperschaftsteuergesetz vom 18. XI. 1958 (BGBl I 747)

Kostenordnung vom 25. XI. 1935 i. d. F. vom 26. VII. 1957 (BGBl I 960)

Rahmengesetz zur Vereinheitlichung des Beamtenrechts vom 1. VII. 1957 (BGBl I 667)

Reichsabgabenordnung vom 22. V. 1931 (RGBl I 161) mit allen ergangenen Änderungen

Reichsgesetz über das Kreditwesen vom 5. XII. 1934 (RGBl I 120), dazu erstes Änderungsgesetz vom 13. XII. 1936 (RGBl I 1456), Verordnung vom 18. IX. 1939 (RGBl I 1953), Verordnung vom 18. IX. 1944 (RGBl I 211), Durchführungsverordnungen vom 9. II. 1935 (RGBl I 205), 27. VII. 1935 (RGBl I 1050), 30. VI. 1936 (RGBl I 540), 31. V. 1937 (RGBl I 608) und 9. V. 1940 (RGBl I 768)

Scheckgesetz vom 14. VIII. 1933 (RGBl I 597)

Schriftlicher Bericht des Wirtschaftsausschusses (16. Ausschuß) über den von der Bundesregierung eingebrachten Entwurf eines Gesetzes über das Kreditwesen — Drucksache 1114 — und den vom Bundesrat eingebrachten Entwurf eines Gesetzes über Zinsen, sonstige Entgelte und Werbung der Kreditinstitute — Drucksache 884 — (Bundestagsdrucksache 2563 / 3. Wahlperiode; 1. III. 1961) und den zugehörigen Bericht des Abgeordneten Ruland (zu Drucksache 2563) nebst Nachtrag (Nachtrag zu Drucksache 2563)

Sparprämiengesetz vom 5. V. 1959 (BGBl I 241)

Steueranpassungsgesetz vom 16. X. 1934 (RGBl I 925) i. d. F. der Änderungsgesetze vom 11. VII. 1953 (BGBl I 511), 26. VII. 1957 (BGBl I 848) und 18. VII. 1958 BGBl I 473)

Strafgesetzbuch vom 15. V. 1871 (RGBl S. 127) i. d. F. der Bekanntmachung vom 25. VIII. 1953 (BGBl I 1083)

Strafprozeßordnung vom 1. II. 1877 (RGBl S. 253) i. d. F. vom 12. X. 1950 BGBl S. 629)

Vermögensteuergesetz vom 10. VI. 1954 (BGBl I 137)

Verordnung des Reichspräsidenten über Aktienrecht, Bankenaufsicht und über eine Steueramnestie (RGBl I 1931 S. 493) mit Durchführungsverordnungen (RAnz. Nr. 819 vom 11. und 12. I. 1932)

Verordnung über Formblätter für die Gliederung des Jahresabschlusses der Hypothekenbanken und der Schiffspfandbriefbanken vom 1. XII. 1953 (BGBl I 1554)

Verordnung über Formblätter für die Gliederung des Jahresabschlusses der Kreditinstitute vom 18. X. 1939 (RGBl I 2079) mit Änderungen durch VO vom 15. XII. 1950 (BGBl 1951 I 142), VO vom 20. XII. 1955 (BGBl I 812) und VO vom 28. XII. 1960 (BGBl I 1090), in West-Berlin mit Änderung durch VO vom 13. VI. 1951 (GVBl S. 407) und vom 6. II. 1961 (GVBl S. 227)

Verwaltungsgerichtsordnung vom 21. XII. 1960 (BGBl I 17)

Verwaltungs-Vollsteckungsgesetz vom 27. IV. 1953 (BGBl I 157)

Wechselgesetz vom 21. VI. 1933 (RGBl I 399)

Wirtschaftsprüferordnung vom 29. VI. 1961 (BGBl I 1049)

Zivilprozeßordnung vom 30. I. 1877 (RGBl S. 83) i. d. F. der Bekanntmachung vom 12. IX. 1950 (RGBl S. 533)

D. Zeitungsmeldungen

Frankfurter Allgemeine Zeitung

3. II. 1960
17. III. 1960
3. IX. 1960
14. IX. 1960
15. X. 1960
20. X. 1960
11. XI. 1960
19. XI. 1960

17. III. 1961
30. III. 1961
15. IV. 1961

H a n d e l s b l a t t

6./7. XI. 1959
24. III. 1960
2. VI. 1960
16./17. VI. 1960
1. IX. 1960
4. X. 1960, 31. X. 1960
11./12. XI. 1960
8. III. 1961
31. III. 1961
25. IV. 1961

Z e i t s c h r i f t f ü r d a s g e s a m t e K r e d i t w e s e n
1. IX. 1960

B u n d e s a n z e i g e r

12. X. 1960
1. IV. 1961 (Bericht über die Sitzung des Finanzausschusses des Bundesrates vom
29. III. 1961).

E. Stellungnahmen, Korrespondenzen, Berichte

Deutsche Bundesbank, Monatsbericht Juni 1960

Deutscher Genossenschaftsverband e. V.
Brief an den Vorsitzenden des Wirtschaftsausschusses des Deutschen Bundestages vom 12. X. 1960

Deutscher Raiffeisenverband e. V.
Schreiben an den Vorsitzenden des Wirtschaftsausschusses des Deutschen Bundestages vom 17. X. 1960 und vom 1. XII. 1960

Jahresbericht des Deutschen Sparkassen- und Giroverbandes e. V. für das Jahr 1959

Deutscher Sparkassen- und Giroverband e. V.
Stellungnahme vom 24. II. 1960 — Schreiben an den Vorsitzenden des Wirtschaftsausschusses des Deutschen Bundestages vom 3. IX. 1960

Kurzprotokolle der Sitzungen des Wirtschaftsausschusses des Deutschen Bundestages vom 27. X. 1960, 4. XI. 1960, 9. XI. 1960, 10. XI. 1960, 18. XI. 1960

Schreiben des Bundesministers für Wirtschaft an den Vorsitzenden des Wirtschaftsausschusses des Deutschen Bundestages vom 1. XII. 1960.

Namensverzeichnis

Stichwortverzeichnis